国际植物新品种保护联盟
植物品种特异性、一致性和稳定性测试指南
（观赏园艺卷二）

农业农村部科技发展中心　编译

中国农业科学技术出版社

图书在版编目（CIP）数据

国际植物新品种保护联盟植物品种特异性、一致性和稳定性测试指南 . 观赏园艺卷 . 二 / 农业农村部科技发展中心编译 . -- 北京：中国农业科学技术出版社，2022.12
ISBN 978-7-5116-6107-4

Ⅰ.①国… Ⅱ.①农… Ⅲ.①植物－品种－测试－指南②观赏园艺－品种－测试－指南 Ⅳ.① Q94-62 ② S602.3-62

中国版本图书馆 CIP 数据核字（2022）第 245566 号

责任编辑　任玉晶　费运巧
责任校对　马广洋
责任印制　姜义伟　王思文

出 版 者　中国农业科学技术出版社
　　　　　北京市中关村南大街 12 号　　邮编：100081
电　　话　（010）82106638（编辑室）（010）82109702（发行部）
　　　　　（010）82109709（读者服务部）
网　　址　https://castp.caas.cn
经 销 者　各地新华书店
印 刷 者　北京建宏印刷有限公司
开　　本　210 mm×297 mm　1/16
印　　张　29
字　　数　891 千字
版　　次　2022 年 12 月第 1 版　2022 年 12 月第 1 次印刷
定　　价　108.00 元

编译委员会

主 任：李 岩

副主任：张秀杰　　陈 红

委 员：杨旭红　　堵苑苑　　杨 扬　　李汝玉

编 译 组

主 编：邓 超　　刘艳芳

副主编：徐振江　　王晨宇　　庞雪兵

翻 译：刘艳芳　　徐 丽　　张 鹏　　王 晖
　　　　陈孟强　　徐振江　　刘迪发

审 校：刘小龙　　王显生　　周传猛

目　录

TG/141/3

原文：英文

日期：1992-10-23

国际植物新品种保护联盟
植物品种特异性、一致性和稳定性
测试指南

紫菀属

（*Aster* L.）

1　指南适用范围

本测试指南适用于菊科 [Asteraceae（Compositae）] 紫菀属（*Aster* L.）的所有无性繁殖品种。

2　繁殖材料要求

2.1　待测品种测试所需繁殖材料的数量和质量以及繁殖材料提交的时间和地点由主管机构决定。申请人从测试所在国境外提交繁殖材料的，必须确保符合所有海关规定。提交的繁殖材料的数量应不少于50株不带根的插条。提供的繁殖材料应没有病毒且外观健康有活力，未受到任何严重病虫害的影响。

2.2　提交的植物材料不应进行任何处理，除非主管机构允许或要求进行这种处理。如果材料已经处理，必须提供处理的详细情况。

3　测试实施

3.1　测试应进行2个生长周期。如果特异性以及一致性在2个生长周期不能确定的，则需要延长1个额外的生长周期。

3.2　测试一般在1个地点进行。如果供试品种有任何重要的性状不能在该地表达，该品种可在另一地点测试。

3.3　为确保植物的正常生长，测试应在以下环境中进行。

生根：5月中旬（北半球）在育苗盘中进行。对土壤有机质没有特殊要求。前两周每隔10 min进行喷雾10 s，第三周开始每天灌溉1次。

种植：6月的第二周进行。能够照射到自然光的露地，每平方米种植12个植株。

开花：第一次开花应发生在自然环境下，第二次开花发生在长日照处理后。

修剪：开花之后。

人工补光：修剪之后，每隔6周进行16 h的补光。

每个试验应至少包括40个植株，分成2个重复。只有在当环境条件相似时，才能使用分开种植的小区进行观测。

3.4　如有特殊需要，可进行附加测试。

4　观测方法

4.1　在测试一致性和稳定性时，经验表明对于无性繁殖的紫菀属足以判定供试的植物材料观测性状的表达状态有无稳定性并且有没有变异或混杂的情况。

4.2　所有对于植株高度以及始花期的观测应在集合10个植株上进行，所有其他的观测应在10个植株或分别来自10个植株的部位上进行。

4.3　始花期是指50%的植株的头状花序完全开放的时期。

4.4　对于始花期和植株高度的观测应在自然光照射的小区进行。

4.5　所有对于叶片的观测应在最低开花枝的基部叶片进行。

4.6　所有对于头状花序以及舌状花的观测应在完全开放的头状花序上进行。

4.7　由于日光变化的原因，在利用比色卡确定颜色时应在一个合适的由人工光源照明的小室或中午无阳光直射的房间里进行。人工光源的光谱分布应符合 CIE "理想日光标准 D6500"，且在《英国标准950：第1部分》规定的允许范围内。在鉴定颜色时，应将植株部位置于白色背景上。

5 品种分组

5.1 待测品种应分组种植以便进行特异性评价。适用于分组的性状是已知不会出现变异或者仅在品种内发生轻微变异的性状。这些性状的不同表达状态应十分均匀地分布于品种库中。

5.2 建议主管机构用以下性状进行品种分组。

（a）叶：形状（性状 9）。

（b）头状花序：舌状花的轮数（性状 17）。

（c）舌状花：上表面颜色（冬季）（性状 28）。

6 性状和符号

6.1 为评价特异性、一致性和稳定性，应使用国际植物新品种保护联盟（UPOV）使用的 3 种工作语言列出的性状及其表达状态。

6.2 为便于电子数据处理，每个性状的表达状态都赋予了相应的代码（1~9）。

6.3 注释

（*）除非前序性状的表达或区域环境条件所限使其无法测试，在测试的每一生长时期，对所有品种都要进行测试的、总要包含在品种描述中的性状。

（+）参见第 8 部分性状表解释。

7 性状表

性状编号	英文	中文	标准品种	代码
1. （*）	**Plant：height（beginning of flowering）**	植株：高度（始花期）		
	short	矮	Monte Casino	3
	medium	中	Pearl Moon，Sunset	5
	tall	高	Blue Wonder，Ideal	7
2. （*） （+）	**Stem：attitude of branches**	茎：分枝姿态		
	erect	直立	Ideal	3
	semi-erect	半直立	Blue Wonder	5
	horizontal	水平	Pink Butterfly	7
3. （*）	**Stem：thickness**	茎：粗度		
	thin	细	Ideal	3
	medium	中	Blue Wonder	5
	thick	粗	Suntop	7
4. （*） （+）	**Stem：density of branches**	茎：分枝密度		
	sparse	稀疏	Blue Wonder，Suntop	3
	medium	中等	Dark Pink Star	5
	dense	稠密	Pink Moon	7
5. （*）	**Stem：hairiness**	茎：茸毛密度		
	absent or very weak	无或极疏	Ideal	1
	weak	疏		3
	medium	中		5
	strong	密	Solidaster	7
	very strong	极密		9

性状 编号	英文	中文	标准品种	代码
6. （*）	**Stem：anthocyanin coloration of internode**	茎：节间花青苷显色		
	absent	无	Blue Wonder	1
	present	有	Suntop	9
7. （*）	**Stem：distribution of anthocyanin colorationof internodes**	茎：节间花青苷显色分布		
	in stripes	条纹状	Dark Pink Star	1
	diffuse	弥散状	Suntop	2
8. （*）	**Stem：anthocyanin coloration in leaf axil**	茎：叶腋花青苷显色		
	absent	无	Dark Pink Star	1
	present	有	Suntop	9
9. （*）	**Leaf：shape**	叶：形状		
	linear	线形	Blue Wonder	1
	elliptic	椭圆形	Suntop	2
	ovate	卵圆形	Ideal	3
	obovate	倒卵圆形		4
10. （*）	**Leaf：length**	叶：长度		
	short	短	Sunset	3
	medium	中		5
	long	长	Dark Pink Star	7
11. （*）	**Varieties with linear or elliptic leavesonly：Leaf：width**	叶：宽度（仅适用于线形或椭圆形叶片品种）		
	narrow	窄	Pearl Moon	3
	medium	中	White Moon	5
	broad	宽	Painted Lady	7
12. （*）	**Varieties with ovate oroobovate leaves only：Leaf：width**	叶：宽度（仅适用于卵圆形或倒卵圆形叶片品种）		
	narrow	窄		3
	medium	中	Ideal	5
	broad	宽		7
13. （*）	**Leaf：dentations**	叶：锯齿分布		
	absent	无	Blue Wonder	1
	on distal part of margin	边缘远基端	Suntop	2
	on wholemargin	整个边缘	Pink Skipper	3
14. （*）	**Leaf：intensity of green color**	叶：绿色程度		
	light	浅	Blue Wonder	3
	medium	中	Dark Pink Star	5
	dark	深	Monte Casino	7
15. （*）	**Leaf：anthocyanin coloration**	叶：花青苷显色		
	absent	无	fehlend	1
	present	有	vorhanden	9
16. （*）	**Side branch of first order：distribution of flower heads**	一级侧枝：头状花序分布		
	spread along axis	沿轴分布	Dark Pink Star	1
	at distal part only	仅在远基端	Monte Casino	2

性状编号	英文	中文	标准品种	代码
17. （*） （+）	**Flower head：number of whorls of ray florets**	头状花序：舌状花的轮数		
	one	1 轮	Blue Wonder	1
	two	2 轮	Dark Pink Star	2
	more than two	大于 2 轮	Kfir	3
18. （*）	**Flower heads with one or two whorls of rayflorets only：Flower head：number of rayflorets**	头状花序：舌状花数量（仅适用于头状花序具 1~2 轮舌状花品种）		
	few	少	Dark Pink Star	3
	medium	中	Mother of Pearl	5
	many	多	White Butterfly	7
19. （*）	**Flower head：diameter**	头状花序：直径		
	small	小	Monte Casino	3
	medium	中	Dark Pink Star	5
	large	大	White Butterfly	7
20. （*）	**Ray floret：length**	舌状花：长度		
	short	短	Miyosnow Star	3
	medium	中	Suntop	5
	long	长	Ziv	7
21. （*）	**Ray floret：shape**	舌状花：形状		
	narrow elliptic	窄椭圆形	Suntop	1
	narrow obovate	窄倒卵圆形	Blue Wonder	2
22. （*）	**Ray floret：attitude**	舌状花：姿态		
	semi-upright	半直立	Dark Pink Star	3
	horizontal	水平	Suntop	5
	reflexed	外翻	Blue Wonder	7
23. （*）	**Ray floret：curvature of longitudinal axis**	舌状花：纵轴弯曲程度		
	strongly incurved	强内弯		1
	incurved	内弯	Blue Wonder，Suntop	3
	straight	平直	White Butterfly	5
	recurved	外弯	White Moon	7
	strongly recurved	强外弯		9
24. （*）	**Ray floret：curvature of tip**	舌状花：尖端弯曲程度		
	incurved	内弯		1
	straight	平直	Blue Wonder，Suntop	2
	recurved	外弯	Mother of Pearl	3
25. （*）	**Ray floret：shape in cross section**	舌状花：横切面形状		
	concave	凹	Blue Wonder	1
	straight	平	Suntop	2
	convex	凸	Sunkid，White Moon	3
26. （*）	**Ray floret：shape of apex**	舌状花：先端形状		
	acute	锐尖	Painted Lady	1
	rounded	圆	Suntop	2
27. （*）	**Ray floret：dentation of apex**	舌状花：先端锯齿		
	absent	无	Blue Wonder	1
	present	有	Suntop	9

续表

性状编号	英文	中文	标准品种	代码
28.（*）	**Ray floret：color of upper side（in winter）**	舌状花：上表面颜色（冬季）		
	RHS Colour Chart（indicate reference number）	RHS 比色卡（注明参考色号）		
29.（*）	**Ray floret：distribution of intensity of color**	舌状花：颜色分布		
	lighter at base	向基部变浅	Blue Wonder	1
	evenly distributed	均匀分布	Suntop	2
	lighter at tip	向尖端变浅		3
30.（*）	**Involucre：shape**	总苞片：形状		
	cylindrical	圆柱形	Suntop	1
	campanulate	钟状	Mother of Pearl	2
	urceolate	坛状		3
	funnel-shaped	漏斗状	Ziv	4
31.（*）	**Involucre：length**	总苞片：长度		
	short	短	Blue Wonder	3
	medium	中	Lilac Blue Admiral	5
	long	长	Suntop	7
32.（*）	**Involucre：diameter**	总苞片：直径		
	small	小	Blue Wonder	3
	medium	中	Painted Lady	5
	large	大	Suntop，Ziv	7
33.（*）	**Involucre：number of involucral bracts**	总苞片：小苞片数量		
	few	少	Blue Wonder	3
	medium	中	White Butterfly	5
	many	多	Suntop	7
34.（*）	**Involucre：position of involucral bracts**	总苞片：小苞片位置		
	adpressed	紧贴	Lilac Blue Admiral	1
	free	分离	Suntop	2
35.（*）	**Involucre：overlapping of involucral bracts**	总苞片：小苞片重叠程度		
	weak	弱	Dark Pink Star	3
	medium	中	Ideal	5
	strong	强	Mother of Pearl	7
36.（*）	**Disc：diameter（before anthesis of disc florets）**	花心：直径（花心小花开放之前）		
	small	小	Monte Casino	3
	medium	中	Suntop	5
	large	大	Mother of Pearl	7
37.（*）	**Disc：color（as for 36）**	花心：颜色（同性状 36）		
	green	绿色	White Butterfly	1
	yellow	黄色	Blue Wonder	2
	orange	橙色	Suntop	3

续表

性状编号	英文	中文	标准品种	代码
38. (＊)	**Disc floret：size**	花心小花：大小		
	small	小	Blue Wonder	3
	medium	中	Suntop	5
	large	大	Mother of Pearl	7
39. (＊)	**Disc floret：shape**	花心小花：形状		
	cylindrical	圆柱形	Suntop	1
	funnel-shaped	漏斗状	Dark Pink Star	2
	petaloid	花瓣状		3
40. (＊)	**Disc floret：shape of apex of corolla lobe**	花心小花：花冠裂片先端形状		
	acute	锐尖	Monte Casino	1
	rounded	圆的	Pink Moon	2
41. (＊)	**Disc floret：color of corolla lobe**	花心小花：花冠裂片颜色		
	white	白色	Monte Casino	1
	greenish	泛绿	Pearl Moon	2
	yellowish	泛黄	Suntop	3
	purple	紫色	Ideal	4
42. (＊)	**Stigma：position compared with anthers**	柱头：相对于花药的位置		
	below	位于下部		1
	same level	同一水平		2
	above	位于上部		3
43. (＊)	**Time of beginning of flowering**	始花期		
	early	早	Ideal	3
	medium	中	Miyosnow Star	5
	late	晚	Ziv White	7

8 性状表解释

性状 2：茎分枝姿态

分枝姿态的观测应在所有的分枝至少有 1 个完全开放的头状花序时进行，在花完全开放的开花茎上的第一节枝上进行。

性状 4：茎分枝密度

对于茎上分枝密度的观测应在沿着茎向上 20 cm 的最低开花枝上进行。

性状 17：头状花序舌状花轮数

对于头状花序的舌状花轮数的观测应在舌状花开始出现颜色时的头状花序上进行。

扫码下载原文

如扫描二维码无法下载指南原文，可能是指南版本有更新，可扫描本书封底二维码查看与本文对应的指南版本

TG/144/3
原文：英文
日期：1993-10-26

国际植物新品种保护联盟
植物品种特异性、一致性和稳定性
测试指南

月见草属

（*Oenothera* L.）

1　指南适用范围

本测试指南适用月见草属（*Oenothera* L.）的所有品种。

2　繁殖材料要求

2.1　待测品种测试所需繁殖材料的数量和质量以及繁殖材料提交的时间和地点由主管机构决定。申请人从测试所在国境外提交繁殖材料的，必须确保符合所有海关规定。提交的繁殖材料的数量应不少于1 g，提交的种子质量应不低于所在国家种子认证或销售标准，特别是发芽率和水分。

2.2　提交的植物材料不应进行任何处理，除非主管机构允许或要求进行这种处理。如果材料已经处理，必须提供处理的详细情况。

3　测试实施

3.1　测试应至少进行2个相似的生长周期。

3.2　测试一般在1个地点进行。如果供试品种有任何重要的性状不能在该地表达，该品种可在另一地点测试。

3.3　试验条件应能确保品种的正常生长。小区的大小应保证因测量或计数等需要，从小区取走部分植株或植株部位后，不影响生长周期结束前的所有观测。每个试验至少包括35个植株，并分成2个或以上重复。只有在当环境条件相似时，才能使用分开种植的小区进行观测。

3.4　如有特殊需要，可进行附加测试。

4　观测方法

4.1　上述第3部分所述的所有植株都应当用于测试一致性。采用1%的群体标准和95%的接受概率。当样本量为35个时，最多允许1个异型株。

4.2　所有需要测量或计数的观测应在20个植株或分别来自20个植株的部位进行。

4.3　对于叶的所有观测都应在莲座期完全发育的叶上进行。所有其他观测都应在成熟植株抽薹之后进行。

5　品种分组

5.1　待测品种应分组种植以便进行特异性评价。适用于分组的性状是已知不会出现变异或者仅在品种内发生轻微变异的性状。这些性状的不同表达状态应十分均匀地分布于品种库中。

5.2　建议主管机构用以下性状进行品种分组。

（a）茎：毛基部花青苷显色（性状4）。

（b）花芽：花青苷显色（性状12）。

（c）荚果：弥散状花青苷显色（性状18）。

6　性状和符号

6.1　为评价特异性、一致性和稳定性，应使用性状表中给出的性状及其表达状态。

6.2　为便于电子数据处理，每个性状的表达状态都赋予了相应的代码（1～9）。

6.3 注释

（＊）除非前序性状的表达或区域环境条件所限使其无法测试，在测试的每一个生长周期，对所有品种都要进行测试的、总要包含在品种描述中的性状。

（＋）参见第 8 部分性状表解释。

7 性状表

性状编号	英文	中文	标准品种	代码
1.	**Plant：height**	植株：高度		
	short	矮	Jubilee	3
	medium	中	Constable	5
	tall	高	Epinal	7
2.	**Stem：density of pods**	茎：荚果密度		
	sparse	疏		3
	medium	中	Peter	5
	dense	密	Jubilee	7
3.	**Stem：diffuse anthocyanin pigmentation**	茎：弥散状花青苷显色		
	absent or very weak	无或极弱	Epinal	1
	weak	弱	Paul	3
	medium	中	Constable	5
	strong	强	Epitome	7
	very strong	极强		9
4.（＊）	**Stem：anthocyanin pigmentation at base of hairs**	茎：毛基部花青苷显色		
	absent	无	Epitome	1
	present	有	Peter	9
5.	**Stem：intensity of anthocyanin pigmentation at base of hairs**	茎：毛基部花青苷显色强度		
	weak	弱	Epitome	3
	medium	中	Constable	5
	strong	强	Peter	7
6.	**Leaf：size**	叶：大小		
	small	小		3
	medium	中	Constable	5
	large	大		7
7.	**Leaf：width**	叶：宽度		
	narrow	窄		3
	medium	中	Cossack	5
	broad	宽	Paul	7
8.（＊）	**Leaf：intensity of green color**	叶：绿色程度		
	light	浅		3
	medium	中	Epinal	5
	dark	深		7
9.	**Leaf：undulation of margin**	叶：边缘波状程度		
	weak	弱		3
	medium	中	Epinal	5
	strong	强	Paul	7
10.（＊）	**Leaf：blistering**	叶：泡状程度		
	weak	弱		3
	medium	中	Cossack	5
	strong	强	Paul	7

续表

性状编号	英文	中文	标准品种	代码
11.	**Flower bud：size**	**花蕾：大小**		
	small	小	Cossack	3
	medium	中	Epitome	5
	large	大	Peter	7
12.（*）	**Flower bud：anthocyanin pigmentation**	**花蕾：花青苷显色**		
	absent	无	Epinal	1
	present	有	Peter	9
13.（*）	**Flower：size**	**花：大小**		
	small	小	Cossack	3
	medium	中	Epitome	5
	large	大		7
14.（*）	**Flower：petals**	**花：花瓣**		
	absent	无		1
	present	有	Epinal	9
15.	**Flower：position of stigma compared to anthers**	**花：柱头相对花药位置**		
	beneath	低于	Epinal	3
	at the same level	平齐	Epitome	5
	above	高于		7
16.（*）	**Flower：color of petal**	**花：花瓣颜色**		
	white	白色		
	yellow	黄色	Epinal	
	orange	橙色		
	pink	粉色		
	red	红色		
	blue	蓝色		
17.（*）	**Pod：length**	**荚果：长度**		
	short	短	Constable	3
	medium	中	Peter	5
	long	长	Epinal	7
18.（*）	**Pod：diffuse anthocyanin pigmentation**	**荚果：弥散状花青苷显色**		
	absent	无	Epinal	1
	present	有	Peter	9
19.（*）	**Time of bolting**	**抽薹期**		
	early	早	Cossack	3
	medium	中	Epinal	5
	late	晚	Jubilee	7
20.	**Time of beginning of flowering**	**始花期**		
	early	早	Cossack	3
	medium	中	Constable	5
	late	晚		7

8　性状表解释

无。

TG/145/2

原文：英文

日期：1994-11-04

国际植物新品种保护联盟

植物品种特异性、一致性和稳定性

测试指南

龙胆属

（*Gentiana* L.）

1　指南适用范围

本测试指南适用于所有龙胆属（*Gentiana* L.）品种。切花品种主要基于 *G.scabra* Bungei var. *buergeri*（Miq.）Maxim. subvar. *orientalis* Toyokuni 和 *G. triflora* Pall. var. *japonica* Hara 制定，而盆栽品种则基于 *G. yakusimensis* Makino 和 *G. scabra* Bungei var. *buergeri*（Miq.）subvar. *buergeri* Maxim 制定，也可以用于其他龙胆属品种。

2　繁殖材料要求

2.1　待测品种测试所需繁殖材料的数量和质量以及繁殖材料提交的时间和地点由主管机构决定。申请人从测试所在国境外提交繁殖材料的，必须确保符合所有海关规定。提交的繁殖材料的数量应不少于：

（a）种子繁殖的品种：足以扩繁出 100 个植株的种子。

（b）无性繁殖的品种：50 个体外培养的或者带根系的扦插植株。

提供的繁殖材料应没有病毒且外观健康有活力，未受到任何严重病虫害的影响。提交种子的质量不应低于国家的用于鉴定或销售的要求。应该标明发芽率。

2.2　提交的植物材料不应进行任何处理，除非主管机构允许或要求进行这种处理。如果材料已经处理，必须提供处理的详细情况。

3　测试实施

3.1　盆栽品种通常要求进行 1 个生长周期的测试，如果特异性和 / 或一致性在一个周期内不能完全表现，则应该继续进行第二周期的测试。其他的品种则应该进行两个相似周期的测试。

3.2　测试一般在 1 个地点进行。如果供试品种有任何重要的性状不能在该地表达，该品种可在另一地点测试。

3.3　条件应能确保品种的正常生长。盆栽品种应该在温室内进行观测，露天的切花品种应该是二年龄的植株或插枝。小区大小应保证因测量或计数等需要，从小区取走部分植株或植株部位后，不影响生长周期结束前的所有观测。作为最低要求，如果是种子繁殖的植株应该共有 100 个，而无性繁殖的植株需要 25 个，这些植株应该被分为 2 个或更多重复。只有在环境条件相似时，才能使用分开种植的小区进行观测。

3.4　如有特殊需要，可进行附加测试。

4　观测方法

4.1　对于种子繁殖的后代，所有测量或者计数相关的观测数量为 50 个植株或者 50 个植株取下的部位，无性繁殖的品种则需观测 20 个植株或者 20 个植株取下的部位。

4.2　对于茎的观测，应观测正在开花的茎。

4.3　对于叶片的观测，应观测在盛花期 2/3 植株高度（从底部开始）的叶片。

4.4　对于花冠的观测，应观测盛花期完全盛开的花朵。

4.5　对于弱光（低照度）条件下开花情况的观测，应观测放入室内避免阳光直射 24 小时以上的植株。

4.6　由于日光常变化，利用比色表观测颜色时，应该在有人工光源的适宜房间内或者在中午时没有阳光直射的室内。人工光源光谱强度分布应该符合 CIE "理想日光标准 D6500"，且在《英国标准 950：第 1 部分》规定的允许范围之内。应该将植物置于白色背景上以确定其颜色。

5　品种分组

5.1　待测品种应分组种植以便进行特异性评价。首先应根据物种进行分组。

5.2　此外，适用于分组的性状是已知不会出现变异或者仅在品种内发生轻微变异的性状。这些性状的不同表达状态应十分均匀地分布于品种库中。建议主管机构用以下性状进行品种分组。

　　（a）茎：长度（性状 2）。

　　（b）花冠：长度（性状 32）。

　　（c）花冠：顶部直径（性状 35）。

　　（d）花冠：裂片内侧颜色（性状 37）。

　　（e）花冠：上部花冠筒内侧颜色（性状 38）。

　　（f）花冠：上部花冠筒外侧颜色（性状 39）。

　　（g）开花时间（性状 60）。

6　性状和符号

6.1　为评价特异性、一致性和稳定性，应使用性状表中给出的性状及其表达状态。

6.2　为便于电子数据处理，每个性状的表达状态都赋予了相应的代码（1～9）。

6.3　注释

　　（*）除非前序性状的表达或区域环境条件所限使其无法测试，在测试的每个生长时期，对所有品种都要进行测试的、总要包含在品种描述中的性状。

　　（+）参见第 8 部分性状表解释。

7　性状表

性状编号	英文	中文	标准品种	代码
1.（*）	**Plant：growth habit**	**植株：生长习性**		
	erect	直立	Haiji	1
	semi-erect	半直立	Fukujuhai	3
	spreading	平展		3
2.（*）	**Stem：length**	**茎：长度**		
	short	短	Fukujuhai	3
	medium	中	Alpen Blue	5
	long	长	Haiji	7
3.	**Stem：thickness（main flowering stem）**	**茎（开花主茎）：直径**		
	thin	细	Seishihai	3
	medium	中	Asayake	5
	broad	粗	Haiji	7
4.（*）	**Stem：shape in cross section at mid point**	**茎：中部横切面形状**		
	circular	圆形	Banfukuju	1
	square	正方形	Haiji	2
5.	**Stem：intensity of green color**	**茎：绿色程度**		
	light	浅		3
	medium	中		5
	dark	深		7

性状编号	英文	中文	标准品种	代码
6. （*）	**Stem：anthocyanin coloration at two thirds from base**	茎：2/3 高度处位置花青苷显色		
	absent	无	Nasuno-hakurei	1
	present	有	Haiji	9
7.	**Stem：filling in cross section at one quarter from base**	茎：1/4 高度处横截面是否有填充物		
	absent	无	Haiji	1
	present	有	Fukujuhai	9
8. （*） （+）	**Stem：number of internodes longer than 5 mm**	茎：长度在 5 mm 以上的节间数量		
	few	少	Fukujuhai	3
	medium	中	Haiji	5
	many	多	Nasuno-hakurei	7
9.	**Stem：length of internode in central third**	茎：中部 1/3 处节间长度		
	short	短	Fukujuhai	3
	medium	中	Banfukuju	5
	long	长		7
10. （*）	**Stem：side shoots**	茎：侧枝		
	absent	无		1
	present	有		9
11. （*） （+）	**Stem：number of side shoots with only one node**	茎：仅有一节的侧枝数量		
	very few	极少	Fukujuhai	1
	few	少	Seishihai	3
	medium	中	Asayake	5
	many	多	Haiji	7
	very many	极多		9
12. （*） （+）	**Stem：number of side shoots with more than one node**	茎：一节以上侧枝数量		
	very few	极少		1
	few	少	Haiji	3
	medium	中	Nasuno-otome	5
	many	多	Momoko	7
	very many	极多		9
13.	**Stem：position of side shoots with only one node**	茎：仅有一节的侧枝位置		
	in upper half only	仅在植株上半部	Haiji	1
	in lower half only	仅在植株下半部		2
	along whole sten	整个植株		3
14.	**Stem：position of side shoots with more than one node**	茎：一节以上的侧枝位置		
	in upper half only	仅在植株上半部	Haiji	1
	in lower half only	仅在植株下半部		2
	along whole sten	整个植株		3

续表

性状编号	英文	中文	标准品种	代码
15.（＊）	**Stem：position of longest leaf**	茎：最长叶片的位置		
	in upper third	上部 1/3 处		1
	in central third	中间 1/3 处		2
	in lower third	下部 1/3 处	Formidible	3
16.（＊）	**Leaf：length**	叶：长度		
	short	短	Seishihai	3
	medium	中	Haiji	5
	long	长	Alpen Blue	7
17.（＊）	**Leaf：width**	叶：宽度		
	narrow	窄	Fukujuhai	3
	medium	中	Banfukuju	5
	broad	宽	Okusinano	7
18.（＊）（＋）	**Leaf：shape**	叶：形状		
	cordate	心形		1
	ovate	卵圆形		2
	broad lanceolate	宽披针形	Banfukuju	3
	lanceolate	披针形	Haiji	4
	narrow lanceolate	窄披针形	Fukujuhai	5
	elliptic	椭圆形		6
	narrow elliptc	窄椭圆形		7
	linear	线形		8
	oblanceolate	倒披针形		9
19.（＋）	**Leaf：shape in cross section**	叶：横切面形状		
	folded upwards	内卷	Haiji	1
	straight	直	Fukujuhai	2
	reflexed	外翻	Asayake	3
20.（＋）	**Leaf：shape in longitudinal section**	叶：纵切面形状		
	concave	凹	Fukujuhai	1
	straight	平	Haiji	2
	convex	凸	Alpen Blue	3
21.（＊）	**Leaf：twisting**	叶：扭曲		
	absent	无	Haiji	1
	present	有	Fukujuhai	9
22.（＊）	**Leaf：number of conspicuous veins**	叶：明显叶脉数目		
	one	1 个	Fukujuhai	1
	three	3 个	Asayake	2
	five	5 个	Haiji	3
	seven or more	7 个及以上		4
23.	**Leaf：intensity of green color**	叶：绿色程度		
	light	浅		3
	medium	中		5
	dark	深		7

性状编号	英文	中文	标准品种	代码
24.（*）	**Leaf：anthocyanin coloration**	叶：花青苷显色		
	absent	无	Fukujuhai	1
	present	有	Haiji	9
25.（*）	**Inflorescence：distribution of flowers**	花序：花的分布		
	single	花单生	Fukujuhai	1
	clustered	聚合	Haiji	2
26.	**Inflorescence：position of flowers**	花序：花的着生位置		
	only terminal	顶生		1
	terminal and axillary	顶生和腋生		2
27.	**Varieties with terminal and axillary flowers only：Plant：sequence of flowering**	植株：开花顺序（仅限于顶生和腋生花同时存在的品种）		
	from top downwards	从上往下	Haiji	1
	from base pwards	从下往上		2
	from middle upwards and downwards	从中间往上和往下	Hatsukansetsu	3
	simultaneous	`同时发生	Asayake	4
28.（*）	**Clustered varieties only：Plant：number of terminal flowers**	植株：顶生花数量（仅限于聚合花品种）		
	few	少	Seishihai	3
	medium	中	Haiji	5
	many	多		7
29.	**Varieties with terminal and axillary flowers only：plant：number of flowers at central flowering node（clustered varieties only）**	植株：中部开花茎节花数量（仅限于簇生花品种，并且顶生和腋生花同时存在的品种）		
	few	少	Seishihai	3
	medium	中	Haiji	5
	many	多		7
30.（*）	**Varieties with terminal and axillary flowers only：plant：number of flowering node**	植株：开花茎节的数量（仅限于顶生和腋生花同时存在的品种）		
	few	少	Seishihai	3
	medium	中	Nasuno-hakurei	5
	many	多	Haiji	7
31.（*）	**Flower：type**	花：类型		
	single	单瓣	Haiji	1
	double	重瓣	Yae-ryukyokuin	2
32.（*）（+）	**Corolla：length**	花冠：长度		
	short	短	Alpen Blue	3
	medium	中	Haiji	5
	long	长		7
33.（+）	**Corolla：diameter at middle third**	花冠：中间 1/3 部分的直径		
	small	小	Alpen Blue	3
	medium	中	Haiji	5
	large	大	Fukujuhai	7

性状编号	英文	中文	标准品种	代码
34.（*）（+）	**Corolla：shape**	**花冠：形状**		
	campanulate	钟状		1
	funnel-shaped	漏斗状		2
35.（*）（+）	**Corolla：diameter at top**	**花冠：顶部直径**		
	small	小	Alpen Blue	3
	medium	中	Haiji	5
	large	大	Fukujuhai	7
36.（*）	**Corolla：curvature of of lobes**	**花冠：裂片弯曲方式**		
	strongly incurved	强内弯		1
	incurved	内弯	Iwate-otome	3
	straight	平直	Nasuno-hakurei	5
	reflexed	外翻	Haiji	7
	strongly reflexed	强外翻	Alpen Blue	9
37.（*）（+）	**Corolla：color of inner side of lobes**	**花冠：裂片内侧颜色**		
	RHS Colour Chart（indicate reference number）	RHS 比色卡（注明参考色号）		
38.（*）（+）	**Corolla：color of upper part of inner side of tube**	**花冠：上部花冠筒内侧颜色**		
	RHS Colour Chart（indicate reference number）	RHS 比色卡（注明参考色号）		7
39.（*）	**Corolla：color of upper part of outer side of tube**	**花冠：上部花冠筒外侧颜色**		
	RHS Colour Chart（indicate reference number）	RHS 比色卡（注明参考色号）		7
40.（*）	**Corolla：spots on inner side density of of lobes**	**花冠：裂片内侧斑点密度**		
	absent or very sparse	无或极疏	Asayake	1
	sparse	疏	Haiji	3
	medium	中	Fukujuhai	5
	dense	密		7
	very dense	极密		9
41.（*）	**Corolla：density of spots on upper part of inner side of tube**	**花冠：上部花冠筒内侧斑点密度**		
	absent or very sparse	无或极疏		1
	sparse	疏		3
	medium	中	Nasuno-hakurei	5
	dense	密	Haiji	7
	very dense	极密		9
42.（*）	**Corolla：density of spots on upper part of outer side of tube**	**花冠：上部花冠筒外侧斑点密度**		
	absent or very sparse	无或极疏	Haiji	1
	sparse	疏		3
	medium	中	Nasuno-hakurei	5
	dense	密		7
	very dense	极密		9
43.（*）	**Corolla：streaked pattern on outer side of tube**	**花冠：花冠筒外侧条纹图案**		
	absent	无	Nasuno-hakurei	1
	present	有	Okusinano	9

性状编号	英文	中文	标准品种	代码
44.	Corolla：color of streaked pattern on outer side of tube	花冠：花冠筒外侧条纹图案的颜色		
	white	白色		1
	green	绿色		2
	purplish brown	紫棕色		3
45.（*）	Corolla：number of lobes	花冠：裂片数目		
	less than five	5 片以下		1
	five	5 片		2
	more than five	5 片以上	Fukujuhai	3
46.	Corolla：length of lobes	花冠：裂片长度		
	short	短		3
	medium	中	Asayake	5
	long	长	Fukujuhai	7
47.	Corolla：width of lobes	花冠：裂片宽度		
	narrow	窄	Nasuno-hakurei	3
	medium	中	Asayake	5
	broad	宽	Fukujuhai	7
48.（*）（+）	Corolla：shape of lobes	花冠：裂片形状		
	narrow triangular	窄三角形		1
	triangular	三角形		2
	broad triangular	宽三角形	Nasuno-hakurei	3
	ovate	卵圆形	Haiji	4
	obovate	倒卵圆形		5
49.（*）	Corolla：shape of distal end of lobes	花冠：裂片远基端形状		
	acute	锐尖	Asayake	1
	obtuse	钝尖	Haiji	2
50.（+）	Paracorolla：presence	副花冠：有无		
	absent	无		1
	present	有		9
51.（*）（+）	Paracorolla：shape of apex	副花冠：先端形状		
	acute	锐尖	Haiji	1
	truncate	平截	Nasuno-hakurei	2
	concave	凹	Seishihai	3
	split	分裂	Fukujuhai	4
52.	Calyx：intensity of green color	花萼：绿色程度		
	light	浅		3
	medium	中		5
	dark	深		7
53.	Calyx：anthocyanin coloration	花萼：花青苷显色		
	absent	无		1
	present	有		9

续表

性状编号	英文	中文	标准品种	代码
54. (*) (+)	**Calyx：length of tube**	**花萼：花萼管长度**		
	short	短	Alpen Blue	3
	medium	中	Hatsukansetsu	5
	long	长	Seishihai	7
55. (+)	**Calyx：diameter of tube**	**花萼：花萼管直径**		
	small	小	Alpen Blue	3
	medium	中	Seishihai	5
	large	大	Banfukuju	7
56.	**Calyx：shape of tube**	**花萼：花萼管形状**		
	cylindrical	圆柱形		1
	campanulate	钟形		2
	funnel-shaped	漏斗形	Chiyono-sakazuki	3
57. (+)	**Calyx：shape of lobe**	**花萼：裂片形状**		
	narrow lanceolate	窄披针形		1
	lanceolate	披针形		2
	oblanceolate	倒披针形	Seishihai	3
	ovate	卵圆形		4
	triangular	三角形		5
58.	**Anther：development**	**花药：发育程度**		
	rudimentary	未成熟		1
	partly developed	部分成熟		2
	fully developed	完全成熟	Yae-ryukyokuin	3
59.	**Anther：shape**	**花药：形状**		
	cylindrical	圆柱状		1
	spatulate	铲状		2
60. (*)	**Time of flowering**	**开花时间**		
	very early	极早		1
	early	早		3
	medium	中	Nasuno-otome	5
	late	晚		7
	very late	极晚	Haiji	9
61.	**Degree of closing of flowers under low light intensity**	**低光强度下花闭合程度**		
	weak	弱		3
	medium	中	Chiyono-sakazuki	5
	strong	强		7

8 性状表解释

性状 8：茎长度 5 mm 以上节间数量

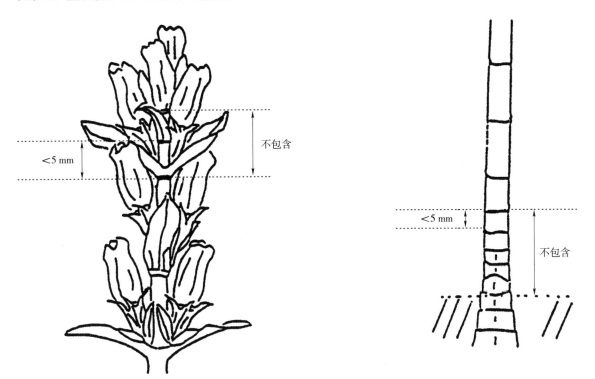

性状 11：茎只有一节的侧枝数量
性状 12：茎一节以上侧枝数量

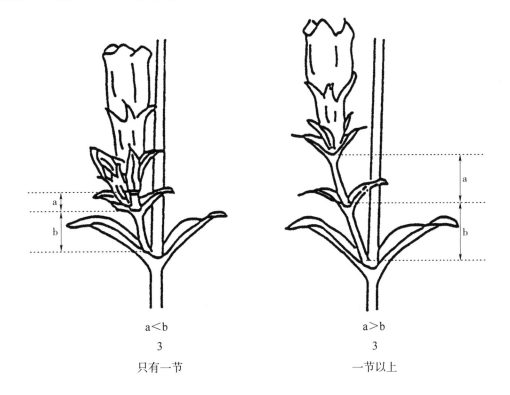

性状 18：叶形状

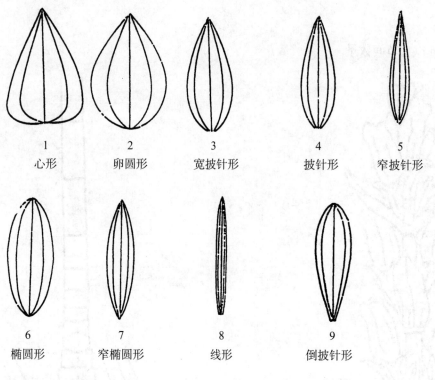

1	2	3	4	5
心形	卵圆形	宽披针形	披针形	窄披针形

6	7	8	9
椭圆形	窄椭圆形	线形	倒披针形

性状 19：叶横切面形状

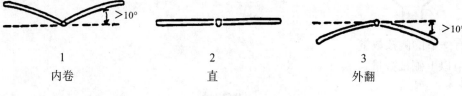

1	2	3
内卷	直	外翻

性状 20：叶纵切面形状

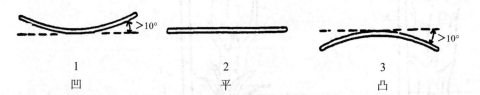

1	2	3
凹	平	凸

性状 34：花冠形状

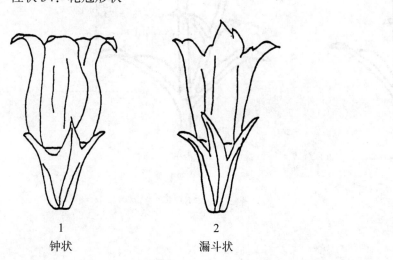

1	2
钟状	漏斗状

性状 32：花冠长度

性状 33：花冠中间 1/3 部分的直径

性状 35：花冠顶部直径

性状 54：花萼管长度

性状 55：花萼管直径

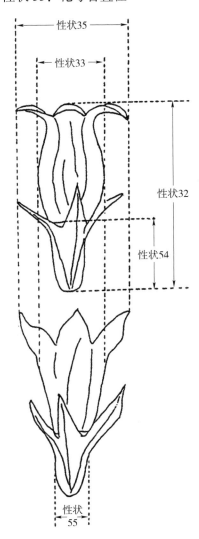

性状 37：花冠裂片内侧颜色

性状 38：花冠上部花冠筒内侧颜色

性状 50：副花冠有无

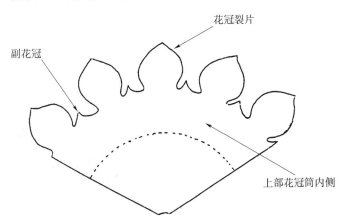

性状 48：花冠裂片形状

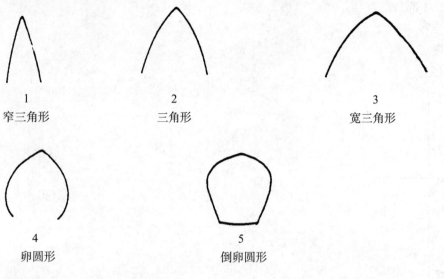

1	2	3
窄三角形	三角形	宽三角形
4	5	
卵圆形	倒卵圆形	

性状 51：副花冠先端形状

1	2	3	4
锐尖	平截	凹	分裂

性状 57：花萼裂片形状

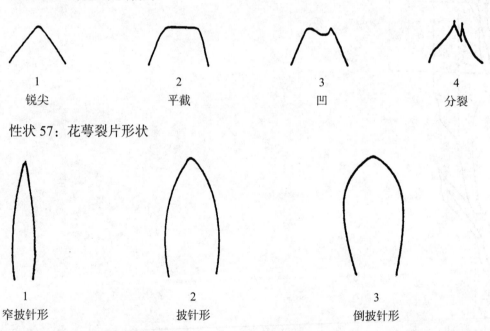

1	2	3
窄披针形	披针形	倒披针形

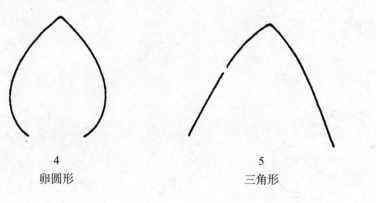

4	5
卵圆形	三角形

扫码下载原文

如扫描二维码无法下载指南原文，可
能是指南版本有更新，可扫描本书封
底二维码查看与本文对应的指南版本

TG/146/2
原文：英文
日期：1994-11-04

国际植物新品种保护联盟
植物品种特异性、一致性和稳定性
测试指南

纳丽花属

（*Nerine* Herb.）

1　指南适用范围

本测试指南适用石蒜科（Amaryllidaceae）纳丽花属（*Nerine* Herb.）的所有无性繁殖品种，但首先适用于 *N. bowdenii* W. Wats.，*N. humilis*（Jacq.）Herb.，*N. sarniensis*（L.）Herb. 和 *N. undulata*（L.）Herb.，及其杂交品种。

2　繁殖材料要求

2.1　待测品种测试所需繁殖材料的数量和质量以及繁殖材料提交的时间和地点由主管机构决定。申请人从测试所在国境外提交繁殖材料的，必须确保符合所有海关规定。提交的繁殖材料的数量应不少于20 个可正常开花的鳞茎。提供的繁殖材料应外观健康有活力，未受到任何严重病虫害的影响。

2.2　提交的植物材料不应进行任何处理，除非主管机构允许或要求进行这种处理。如果材料已经处理，必须提供处理的详细情况。

3　测试实施

3.1　测试通常进行 1 个生长周期。若 1 个生长周期无法充分确定特异性和 / 或一致性，测试应延长至第二个生长周期。

3.2　测试一般在 1 个地点进行。如果供试品种有任何重要的性状不能在该地表达，该品种可在另一地点测试。

3.3　试验条件应能确保品种的正常生长。

定植时间：全年。*Nerine bowdenii* 最好在 3—5 月。

土壤：土壤具有良好的根系穿透性十分重要，土壤需要有良好的渗透性，小于 16 μm 的土壤颗粒占比不宜过高；每 100 m^2 土地应施以 1～1.5 m^3 有机质。

施肥措施：无。

植株间距：每平方米 120 个鳞茎，间距大于 12 cm。

小区的大小应保证因测量或计数等需要，从小区取走部分植株或植株部位后，不影响生长周期结束前的所有观测。每个试验至少包括 20 个植株。只有在当环境条件相似时，才能使用分开种植的小区进行观测。

3.4　如有特殊需要，可进行附加测试。

4　观测方法

4.1　在测试一致性和稳定性时，经验表明，对于无性繁殖的纳丽花属品种，应依据观测性状的表达状态判定供试的繁殖材料是否一致并且是否存在变异或混杂。

4.2　除非另有说明，所有观测均应在 10 个植株或 10 个植株的部位上进行。

4.3　对于花的所有观测都应在第一花药裂开时进行。

4.4　除非另有说明，对花被片的所有观测都应在外侧花花被片上进行。对花被片颜色的所有观测都应在外侧花花被片的内侧进行。

4.5　为避免日光变化的影响，通过比色卡确定颜色应在有人工光源的空间内，或于中午在无阳光直射的室内进行。人工光源光谱分布应符合 CIE "理想日光标准 D6500"，且在《英国标准 950：第 1 部分》规定的允许范围之内。花的颜色应该将花放在一张白纸上观测。

5　品种分组

5.1　待测品种应分组种植以便进行特异性评价。适用于分组的性状是已知不会出现变异或者仅在品种内发生轻微变异的性状。这些性状的不同表达状态应十分均匀地分布于品种库中。

5.2　建议主管机构用以下性状进行品种分组。

（a）花被片：主色（不包括基部、中部和远基端）（性状 25），有如下分组。

第一组：白色。

第二组：黄色。

第三组：橙色。

第四组：粉色。

第五组：红色。

第六组：红紫色。

第七组：蓝紫色。

（b）植株：叶出现相对于开花时间（性状 36）。

6　性状和符号

6.1　为评价特异性、一致性和稳定性，应使用性状表中给出的性状及其表达状态。

6.2　为便于电子数据处理，每个性状的表达状态都赋予了相应的代码（1~9）。

6.3　**注释**

（*）除非前序性状的表达或区域环境条件所限使其无法测试，在测试的每个生长时期，对所有品种都要进行测试的、总要包含在品种描述中的性状。

（+）参见第 8 部分性状表的解释。

7　性状表

性状编号	英文	中文	标准品种	代码
1.（*）	**Plant：height**	**植株：高度**		
	short	矮	Lydia	3
	medium	中	Nerivetta	5
	tall	高	Corona，Jumbo，Rosita	7
2.	**Leaf：length**	**叶：长度**		
	short	短		3
	medium	中	Nerivetta，Promivetta	5
	long	长	Earlivetta，Wanda	7
3.	**Leaf：width**	**叶：宽度**		
	narrow	窄	Wanda	3
	medium	中		5
	broad	宽	Solo	7
4.（*）	**Leaf：shape of tip**	**叶：尖端形状**		
	acute	锐尖	Alisa	1
	obtuse	钝尖		2
	rounded	圆形	Grilsy	3

续表

性状编号	英文	中文	标准品种	代码
5.	**Peduncle：length**	花序梗：长度		
	short	短	Alisa，Grilsy	3
	medium	中	Nerivetta	5
	long	长	Jumbo，Rosita	7
6.	**Peduncle：thickness**	花序梗：粗细		
	thin	细	Nerivetta	3
	medium	中		5
	thick	粗	Corona	7
7. （*）	**Peduncle：anthocyanin coloration**	花序梗：花青苷显色		
	absent	无	Alisa，Rosita	1
	present	有	Grilsy，Lydia	9
8. （*）	**Peduncle：distribution of anthocyanin coloration**	花序梗：花青苷显色分布		
	at top only	仅在顶部		1
	at base only	仅在基部	Grilsy	2
	at base and at top	在顶部和基部		3
	along whole length	整个花序梗	Lydia	4
9. （*）	**Peduncle：intensity of anthocyanin coloration**	花序梗：花青苷显色强度		
	weak	弱		3
	medium	中	Grilsy	5
	strong	强	Lydia	7
10.	**Inflorescence：anthocyanin coloration of bract**	花序：苞片花青苷显色		
	absent	无	Rosita	1
	present	有	Lydia	9
11. （*）	**Inflorescence：number of flowers**	花序：花数量		
	few	少	Nerivetta	3
	medium	中	Wanda	5
	many	多	Hawaii	7
12.	**Inflorescence：length of pedicel of outer flower**	花序：外侧花花梗长度		
	short	短	Grilsy	3
	medium	中	Nerivetta	5
	long	长	Corona，Jumbo	7
13.	**Pedicel：anthocyanin coloration**	花梗：花青苷显色		
	absent	无	Alisa	1
	present	有	Corona，Lydia	9
14. （+）	**Pedicel：outer angle of outer pedicel with peduncle**	花梗：外侧花梗与花序梗的外夹角		
	small	小		3
	medium	中		5
	large	大	Corona，Lydia，Nerivetta	7
15. （*）	**Flower：diameter**	花：直径		
	small	小		3
	medium	中	Alisa，Lydia	5
	large	大	Corona，Jumbo	7
16. （*）	**Flower：height of perianth**	花：花被高度		
	short	矮	Hawaii，Lydia	3
	medium	中	Jumbo，Tempo	5
	tall	高	Earlivetta	7

续表

性状编号	英文	中文	标准品种	代码
17.（*）	**Tepal：length**	花被片：长度		
	short	短	Hawaii，Lydia	3
	medium	中		5
	long	长	Corona，Earlivetta	7
18.（*）	**Tepal：width**	花被片：宽度		
	narrow	窄	Tempo，Wanda	3
	medium	中		5
	broad	宽	Grilsy，Jumbo	7
19.（*）	**Tepal：position of recurving of longitudinal axis**	花被片：纵轴方向外弯位置		
	tip only	仅尖端		1
	distal part only	仅远基端	Lydia，Wanda	2
	whole tepal	整个花被片		3
20.	**Tepal：degree of recurving**	花被片：外弯程度		
	weak	弱	Alisa，Grilsy	3
	mcdium	中	Lydia，Nerivetta	5
	strong	强	Corona	7
21.（*）	**Tepal：undulation of margin**	花被片：边缘波状程度		
	weak	弱	Grilsy，Lydia	3
	medium	中	Rosita	5
	strong	强	Jumbo，Rolivetta	7
22.（*）	**Tepal：type of undulation of margin**	花被片：边缘波状类型		
	fine only	仅细波	Wanda	1
	coarse only	仅粗波		
	fine and coarse	细波和粗波	Jumbo，Lydia	2
23.（*）（+）	**Tepal：tendency to torsion of distal part**	花被片：远基端扭曲		
	absent	无	Corona，Tempo	1
	present	有	Rosito，Wanda	9
24.（*）	**Tepal：number of colors**	花被片：颜色数量		
	one	1 种	Alisa	1
	two	2 种		2
	more than two	多于 2 种		3
25.（*）（+）	**Tepal：main color（base，median and distal parts excluded）**	花被片：主色（不包括基部、中部和远基端）		
	RHS Colour chart（indicate reference number）	RHS 比色卡（注明参考色号）		
26.（*）	**Tepal：color at the base**	花被片：基部颜色		
	white	白色		1
	yellow	黄色		2
	orange	橙色		3
	pink	粉色		4
	red	红色		5
	red purple	红紫色		6
	blue purple	蓝紫色		7

性状编号	英文	中文	标准品种	代码
27.（*）	**Tepal：color of distal part**	花被片：远基端颜色		
	white	白色		1
	yellow	黄色		2
	orange	橙色		3
	pink	粉色		4
	red	红色		5
	red purple	红紫色		6
	blue purple	蓝紫色		7
28.	**Tepal：color of median compared with main color**	花被片：中部颜色相对于主色		
	lighter	浅于	Grilsy	1
	identical	相同	Jumbo，Lydia	2
	darker	深于		3
29.	**Filament：length**	花丝：长度		
	short	短	Lydia	3
	medium	中	Solo	5
	long	长	Rosita	7
30.（*）	**Filament：color**	花丝：颜色		
	white	白色		1
	yellow	黄色		2
	orange	橙色		3
	pink	粉色		4
	red	红色		5
	red purple	红紫色		6
	blue purple	蓝紫色		7
31.	**Filament：color at the base compared with main color**	花丝：基部颜色相对于主色		
	lighter	浅于	Jumbo	1
	identical	相同	Lydia	2
	darker	深于		3
32.（*）	**Anther color**	花药：颜色		
	white	白色		1
	yellow	黄色		2
	yellow green	黄绿色		3
	orange	橙色		4
	pink	粉色	Grilsy，Nerivetta	5
	red	红色		6
	red purple	红紫色	Corona，Jumbo	7
	blue purple	蓝紫色		8
33.	**Style：length**	花柱：长度		
	short	短	Lydia	3
	medium	中	Corona	5
	long	长	Patricia	7

性状编号	英文	中文	标准品种	代码
34.（*）	**Style：color**	花柱：颜色		
	white	白色		1
	yellow	黄色		2
	orange	橙色		3
	pink	粉色	Alisa，Corona，Jumbo	4
	red	红色		5
	red purple	红紫色		6
	blue purple	蓝紫色		7
35.	**Style：color distribution**	花柱：颜色分布		
	lighter towards the tip	向尖端渐浅		1
	lighter towards the base	向基部渐浅	Corona，Jumbo，Lydia	2
	even	均匀		3
36.（*）	**Plant：time of appearance of leaves in relation to flowring**	植株：叶出现相对于开花时间		
	before	早于	Jumbo	1
	during	在开花期	Jacoline	2
	after	晚于	Lydia	3

8 性状表解释

性状 14：外侧花梗与花序梗的外夹角

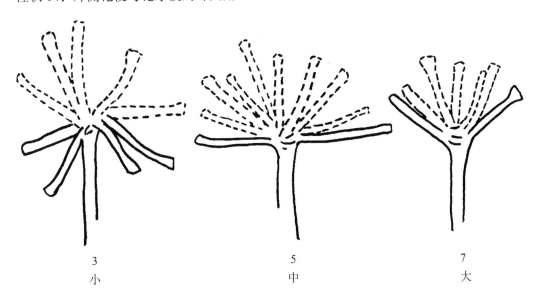

3	5	7
小	中	大

性状 23：花被片远基端扭曲

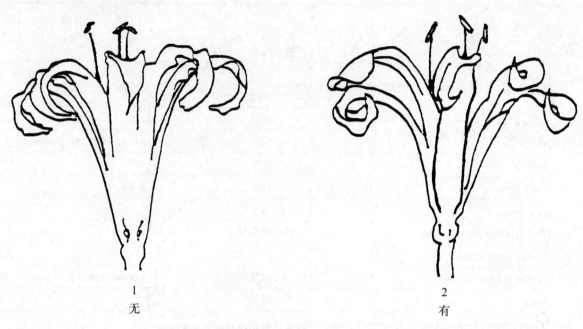

1	2
无	有

性状 25：花被片主色（不包括基部、中部和远基端）

主色是指面积最大的颜色。对于双色或多色花被片，没有一种颜色明显占主导地位，那么最浅的颜色将被视为主色。

扫码下载原文

如扫描二维码无法下载指南原文，可能是指南版本有更新，可扫描本书封底二维码查看与本文对应的指南版本

TG/147/2
原文：英文
日期：1994-11-04

国际植物新品种保护联盟
植物品种特异性、一致性和稳定性
测试指南

火棘属

（*Pyracantha* M.J. Roem.）

1　指南适用范围

本指南适用于蔷薇科火棘属（*Pyracantha* M.J. Roem.）的所有品种。性状表中提到的品种涉及进入商业化的无性繁殖系个体。

2　繁殖材料要求

2.1　待测品种繁殖材料的数量和质量要求以及提交的时间和地点由主管机构决定。申请人从测试所在国境外提交繁殖材料的，还应符合海关规定并满足相关植物检疫的要求。申请人提交繁殖材料的最小数量为至少二年生的植株 5 个。提供的繁殖材料应外观健康活力好，未受到任何严重病虫害的影响。

2.2　提交的繁殖材料不得进行任何可能影响品种性状表达的处理，除非主管机构允许或要求进行这种处理。如果材料已经处理，必须提供相关处理的详细情况。

3　测试实施

3.1　测试通常进行 1 个生长周期。如果在 1 个生长周期不能充分测试其特异性和 / 或一致性，则测试应延长到第二个生长周期。

3.2　在 1 个地点，测试的条件应能满足品种正常生长的需要，以确保品种相关性状充分表达和测试的顺利开展。如果供试品种有任何重要的性状不能在该地表达，该品种可在另一地点测试。

3.3　测试应保证在申请品种正常生长的条件下进行。试验设计应保证因测量或计数等需要，从小区取走部分植株或植株部位后，不影响生长周期结束前的所有观测。每个测试应最少包括 5 个植株。独立的观测和测量必须在相同环境条件下进行。

3.4　如有特殊需要，可进行附加测试。

4　观测方法

4.1　在测试一致性和稳定性时，经验表明，对于无性繁殖的火棘属品种，应依据观测性状的表达状态判定供试的繁殖材料是否一致并且是否存在变异或混杂。

4.2　除非另有说明，所有的观测应当盛花期或果实完全着色时在 5 个植株的典型植株部位上进行。测试结果应以 5 个植株的平均结果为准。

4.3　除非另有说明，对叶片的观测应在成熟枝条上进行。

4.4　由于日光变化，花色应在一个合适的柜子里观测，或在一个朝北的房间里提供人工光源。人工光源的光谱分布应符合 CIE "理想日光标准 D6500"，且在《英国标准 950：第 1 部分》规定的允许范围之内。花冠颜色应放置于白纸上观测。

5　分组性状

5.1　待测品种应分组种植以便进行特异性评价。适用于分组的性状是已知不会出现变异或者仅在品种内发生轻微变异的性状。这些性状的不同表达状态应十分均匀地分布于品种库中。

5.2　建议主管机构采用以下性状进行分组。

（a）植株：长势（性状 1）。

（b）果实：颜色（性状 21）。

（c）首次盛花期（性状 30）。

（d）果实成熟时间（颜色改变）（性状 31）。

6　性状和代码

6.1　为了进行特异性、一致性和稳定性评估，UPOV 的 3 种工作语言均在性状类型及表达状态中使用到。

6.2　电子数据处理的代码（1～9）是对不同的性状表达状态给出相应的代码。

6.3　**注释**

（*）除非前序性状的表达或区域环境条件所限使其无法测试，在测试的每个生长时期，对所有品种都要进行测试的、总要包含在品种描述中的性状。

（+）参见第 8 部分性状表解释。

7　性状表

性状编号	英文	中文	标准品种	代码
1.（*）	**Plant：vigor**	**植株：长势**		
	weak	弱	Navaho，P. angustifolia	3
	medium	中	Watereri	5
	strong	强	Orange Glow	7
2.（*）	**Plant：growth habit**	**植株：生长习性**		
	upright	直立	Orange Glow	1
	compact	紧凑	Red Elf	2
	drooping	下弯	Renolex，Soleil d'Or	3
3.	**One-year-old stem：density of spines**	**一年生茎干：刺密度**		
	sparse	疏	Berlioz，P. crenatoserrata	3
	medium	中	Mozart	5
	dense	密	Moretti	7
4.	**One-year-old stem：persistence of hairs**	**一年生茎干：茸毛**		
	absent	无		1
	present	有	Navaho，P. angustifolia	9
5.（*）	**Leaf：glossiness of upper side**	**叶：上表面光泽度**		
	absent	无	P. angustifolia	1
	present	有	P. atalantioides	9
6.（*）	**Leaf：pubescence of lower side**	**叶：下表面茸毛**		
	absent	无	P. atalantioides	1
	present	有	P. angustifolia	9
7.	**Leaf：length**	**叶：长度**		
	short	短	Soleil d'Or	3
	medium	中	P. rogersiana	5
	long	长	P. atalantioides，P. crenatoserrata	7

续表

性状编号	英文	中文	标准品种	代码
8.	**Leaf：width**	叶：宽度		
	narrow	窄	P. angustifolia	3
	medium	中	Golden Charmer	5
	broad	宽	Golden Glow，Mohave	7
9.（＊）	**Leaf：shape of blade compared to shape on young branch**	叶：叶片形状与嫩枝形状相比		
	similar	相似	P. coccinea	1
	different	有异	P. atalantioides，P. rogersiana	2
10.（＊）	**Leaf on mature blade：shape of blade**	成熟叶片：叶片形状		
	narrow elliptic	窄椭圆形	P. angustifolia，Ventoux Red	1
	elliptic	椭圆形	Orange Glow，P. coccinea	2
	obovate	倒卵圆形	P. atalantioides，P. crenatoserrata	3
11.	**Leaf：shape in cross section**	叶：横切面形状		
	concave	凹	P. crenatoserrata	1
	flat	平	P. angustifolia	2
	convex	凸	P. atalantioides	3
12.（＊）	**Leaf on mature blade：margin of blade**	成熟叶片：叶缘		
	entire	全缘	P. angustifolia	1
	dentate	齿状	P. coccinea	2
	crenate	圆齿状	P. crenatoserrata	3
13.	**Leaf on young branch：shape of blade**	嫩枝上的叶：叶片形状		
	elliptic	椭圆形	P. coccinea	1
	broad elliptic	宽椭圆形	P. atalantioides	2
	obovate	倒卵圆形	Renolex，P. rogersiana	3
14.	**Leaf on young branch：margin of blade**	嫩叶：叶缘		
	entire	全缘	Golden Glow，P. angustifolia，P. atalantioides	1
	dentate	齿状	P. coccinea	2
	crenate	圆齿状	P. crenatoserrata	3
15.	**Flower：color of petal**	花：花冠颜色		
	white	白色	P. atalantioides	1
	cream-white	乳白色	P. angustifolia	2
	greenish	泛绿色	Mohave	3
16.	**Flower：size**	花：大小		
	small	小	Moretti，Orange Glow	3
	medium	中	Berlioz，Sunshine	5
	large	大	Ventoux Red	7
17.（＊）（＋）	**Flower：predominant shape of upper part of petals**	花：花冠上表面形状		
	rounded	圆形	Kasan，Lalandei	1
	asymmetrically lobed	不对称分裂	P. atalantioides	2
	asymmetrically lobed and emarginate	不对称分裂和微缺	Golden Glow	3

续表

性状编号	英文	中文	标准品种	代码
18.	**Flower: shape of petal in cross section**	花：花冠横切面形状		
	concave	凹	Sunshine	1
	inrolled margins	内卷	Flava	2
	straight	平	P. crenatoserrata	3
19.（*）	**Flower: color of anthers before anthesis**	花：开花前花药颜色		
	yellow	黄色	Mozart, P. atalantioides	1
	pink	粉色	Kasan, Moretti	2
20.	**Plant: persistence of fruit on tree**	植株：果实在树上的存留时间		
	short	短	Golden Charmer, Kasan	3
	medium	中	P. rogersiana, Ventoux Red	5
	long	长	Golden Glow, Orange Glow, P. angustifolia, P. atalantioides, P. crenatoserrata	7
21.（*）	**Fruit: color**	果实：颜色		
	yellow	黄色	Golden Glow	1
	orange	橙色	Moretti	2
	red	红色	P. atalantioides	3
22.（*）	**Fruit: shape of stalk end**	果实：茎端形状		
	flattened	扁平形	Lalandei, P. rogersiana	1
	conical	圆锥形	Renolex	2
	rounded	圆形	Soleil d'Or, Watereri	3
23.（*）	**Fruit: opening of distal end**	果实：远基端开口		
	absent	无	Moretti, Watereri	1
	present	有	Lalandei, P. rogersiana	9
24.（*）	**Fruit: conspicuousness of achenes**	果实：蒴果明显度		
	not visible	不可见	Lalandei, Watereri	1
	visible but not prominent	可见但不明显	P. rogersiana	2
	visible and prominent	可见且明显	Ventoux Red	3
25.	**Fruit: color of sepals compared to color of fruit（at fruit ripening）**	果实：萼片颜色与果实颜色相比（果实成熟期）		
	similar	相似	Orange Glow, P. atalantioides	1
	different	不同	Ventoux Red	2
26.	**Fruit: persistence of petals after ripening**	果实：成熟后花冠宿存		
	absent	无	P. atalantioides	1
	present	有	Lalandei	9
27.（*）	**Fruit: conspicuousness of achenes**	果实：蒴果突出		
	short	短	Lalandei	3
	medium	中	Kasan, Orange Glow	5
	long	长	P. rogersiana, Ventoux Red	7
28.	**Fruit: pubescence of stalk**	果实：果柄软毛		
	absent	无	P. rogersiana	1
	present	有	Kasan, Lalandei, P. angustifolia	9

续表

性状编号	英文	中文	标准品种	代码
29.	**Fruit：rigidity of stalk**	**果实：果柄硬度**		
	flexible	柔软	P. rogersiana，Ventoux Red	1
	rigid	坚硬	Watereri	2
30. (＊)	**Time of first full flowering**	**首次盛花期**		
	early	早	Kasan，P. atalantioides	3
	medium	中	P. crenatoserrata，Renolex	5
	late	晚	Navaho，P. angustifolia	7
31. (＊)	**Time of fruit ripening（change of color）**	**果实成熟时间（颜色改变）**		
	early	早	Kasan	3
	medium	中	P. atalantioides，P. crenatoserrata	5
	late	晚	Navaho，P. angustifolia	7
32.	**Second flowering**	**二次开花**		
	absent	无		1
	present	有	Orange Charmer	9

8 解释和方法

性状 17：花冠上表面形状

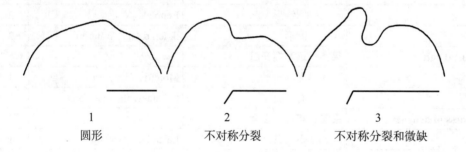

1	2	3
圆形	不对称分裂	不对称分裂和微缺

TG/148/2

原文：英文

日期：1994-11-04

国际植物新品种保护联盟
植物品种特异性、一致性和稳定性
测试指南

锦带花属

（*Weigela* Thunb.）

1 指南适用范围

本测试指南适用忍冬科（Caprifoliaceae）锦带花属（*Weigela* Thunb.）的所有无性繁殖品种，但首先适用于 *Weigela coraeensis* Thunb.，*Weigela floribunda*（Sieb. et Zucc.）K. Koch，*Weigela florida*（Bunge）A.DC. 和 *Weigela hortensis*（Sieb. et Zucc.）K. Koch. 之间的杂交品种。

2 繁殖材料要求

2.1 待测品种测试所需繁殖材料的数量和质量以及繁殖材料提交的时间和地点由主管机构决定。申请人从测试所在国境外提交繁殖材料的，必须确保符合所有海关规定。提交的繁殖材料的数量应不少于6个自生根植株（二年龄）。提供的繁殖材料应外观健康有活力，未受到任何严重病虫害的影响。

2.2 提交的植物材料不应进行任何处理，除非主管机构允许或要求进行这种处理。如果材料已经处理，必须提供处理的详细情况。

3 测试实施

3.1 测试一般进行2个相似的生长周期。

3.2 测试一般在1个地点进行。如果供试品种有任何重要的性状不能在该地表达，该品种可在另一地点测试。

3.3 试验条件应能确保品种的正常生长。小区的大小应保证因测量或计数等需要，从小区取走部分植株或植株部位后，不影响生长周期结束前的所有观测。每个试验至少包括35个植株，并分成2个或以上重复。只有在当环境条件相似时，才能使用分开种植的小区进行观测。

3.4 如有特殊需要，可进行附加测试。

4 观测方法

4.1 在测试一致性和稳定性时，经验表明，对于无性繁殖的锦带花品种，应依据观测性状的表达状态判定供试的繁殖材料是否一致并且是否存在变异或混杂。

4.2 除非另有说明，所有形态观测均应在10个一年生枝上进行。

4.3 对于叶的所有观测都应在开花之后进行。

4.4 对于花的所有观测都应在第一次完全开花时进行。

4.5 为避免日光变化的影响，通过比色卡确定颜色应在有人工光源的空间内，或于中午在无阳光直射的室内进行。人工光源光谱分布应符合 CIE "理想日光标准 D6500"，且在《英国标准：950 第1部分》规定的允许范围之内。花的颜色应该将花放在一张白纸上观测。

5 品种分组

5.1 待测品种应分组种植以便进行特异性评价。适用于分组的性状是已知不会出现变异或者仅在品种内发生轻微变异的性状。这些性状的不同表达状态应十分均匀地分布于品种库中。

5.2 建议主管机构用以下性状进行品种分组。

（a）植株：生长习性（性状3）。

（b）叶片：色斑（性状11）。

（c）花：每朵花颜色数量（性状16）。

（d）花：内侧主色（性状 17）。

（e）首次盛花期（性状 26）。

6 性状和符号

6.1 为评价特异性、一致性和稳定性，应使用性状表中给出的性状及其表达状态。

6.2 为便于电子数据处理，每个性状的表达状态都赋予了相应的代码（1～9）。

6.3 注释

（*）除非前序性状的表达或区域环境条件所限使其无法测试，在测试的每个生长周期，对所有品种都要进行测试的、总要包含在品种描述中的性状。

（+）参见第 8 部分性状表解释。

7 性状表

性状编号	英文	中文	标准品种	代码
1.	**Poidy**	**倍性**		
	diploid	二倍体	Eva Suprême	2
	triploid	三倍体	Courtalor，Courtamon，Courtared	3
	tetraploide	四倍体		4
2.	**Plant：vigor**	**植株：长势**		
	very weak	极弱	Evita	1
	weak	弱	Eva Rathke	3
	medium	中	Eva Suprême	5
	strong	强	Bristol Ruby，Le Printemps	7
	very strong	极强		9
3. （*）	**Plant：growth habit**	**植株：生长习性**		
	erect	直立	Bristol Ruby	3
	spreading	平展	Descartes	5
	weeping	下垂	Féerie，Fiesta	7
4. （*）	**One year old shoot：color（in winter）**	**一年生枝：颜色（冬季）**		
	yellowish	泛黄色	Le Printemps	1
	light brown	浅棕色		2
	red brown	红棕色	Abel Carrière	3
5. （*）	**Leaf blade：shape**	**叶片：形状**		
	ovate	卵圆形	Abel Carrière，Le Printemps	1
	elliptic	椭圆形		2
	obovate	倒卵圆形		3
6.	**Leaf blade：width**	**叶片：宽度**		
	narrow	窄		3
	medium	中		5
	broad	宽		7
7. （*）	**Leaf blade：incisions of margin**	**叶片：边缘缺刻**		
	fine	细小	Eva Rathke	3
	medium	中等	Bristol Ruby，Le Printemps	5
	coarse	粗大		7

续表

性状编号	英文	中文	标准品种	代码
8.	**Leaf blade：undulation of margin**	叶片：边缘波状程度		
	absent or very weak	无或极弱	Descartes	1
	weak	弱		3
	medium	中	Girondin	5
	strong	强		7
	very strong	极强	Conquête，Président Duschartre	9
9.（＊）	**Leaf blade：color**	叶片：颜色		
	yellow	黄色	Looymansii Aurea，Rubidor	1
	green	绿色	Eva Suprême	2
	reddish	泛红色	Bristol Ruby，Florida Purpurea	3
10.（＊）	**Leaf blade：intensity of color**	叶片：颜色强度		
	light	浅		3
	medium	中		5
	dark	深		7
11.（＊）	**Leaf blade：variegation**	叶片：色斑		
	absent	无	Ballet，Bristol Ruby	1
	present	有	Kosteriana variegate，Siebold Variegate	9
12.	**Leaf blade：intensity of variegation**	叶片：色斑强度		
	very weak	极弱	Marginata Alba	1
	weak	弱	Courtamon	3
	medium	中	Caricature，Vesicolor，Weigela	5
	strong	强	Kosteriana variegate，Siebold Variegate	7
	very strong	极强		9
13.	**Leaf blade：blistering**	叶片：泡状程度		
	weak	弱	Le Printemps	3
	medium	中	Beranger	5
	strong	强	Abel Carriere	7
14.（＊）	**Leaf blade：pubescence of lower side**	叶片：下表面茸毛		
	absent or very weak	无或极弱	Candida	1
	weak	弱		3
	medium	中	Weigela florida	5
	strong	强	Weigela hortensis	7
	very strong	极强		9
15.（＋）	**Inflorescence：type**	花序：类型		
	solitary flower	单花	Eva Suprême	1
	simple panicle	简单圆锥花序	Bristol Ruby	2
	compound panicle	复合圆锥花序	Dart's Color Dream	3
16.（＊）	**Flower：number of color per flower**	花：每朵花颜色数量		
	single-colored	单色		1
	bi-colored	双色		2
17.（＊）	**Flower：main color on inner side**	花：内侧主色		
	white	白色	Snow Flack	1
	yellow	黄色	Fiana	2
	pink	粉色	Pink Princess	3
	red	红色	Red Prince	4
	violet red	紫罗兰红色	Courtadur，Grenadine	5

性状编号	英文	中文	标准品种	代码
18.	**Flower: secondary color on inner side**	花：内侧次色		
	white	白色		1
	yellow	黄色		2
19.（*）	**Flower: size**	花：大小		
	small	小	Eva Rathke	3
	medium	中	Bristol Ruby	5
	large	大	Féerie	7
20.	**Flower: shape**	花：形状		
	campanulate	钟状	Ruby	1
	funnel-shaped	漏斗状	Eva Suprême	2
21.	**Sepal: pubescence**	萼片：茸毛		
	absent or very weak	无或极弱	New Port Red	1
	weak	弱	Bristol Ruby	3
	medium	中		5
	strong	强		7
	very strong	极强	Eva Rathke	9
22.	**Sepal: color**	萼片：颜色		
	green	绿色	New Port Red	1
	red	红色	Bristol Ruby	2
23.	**Corolla: shape of apex of lobes**	花冠：裂片先端形状		
	pointed	尖	Candida	1
	rounded	圆	Eva Suprême	2
24.	**Ovary: pubescence**	子房：茸毛		
	absent or very weak	无或极弱	Bristol Ruby, Eva Suprême	1
	weak	弱		3
	medium	中		5
	strong	强		7
	very strong	极强		9
25.（*）	**Pistil: length compared to length of corolla tube**	雌蕊：相对花冠管的长度		
	same length	等长	Bristol Ruby	1
	longer	长于	Ballet, Eva Suprême	2
26.（*）	**Time of first full flowering**	首次盛花期		
	very early	极早		1
	early	早	Féerie	3
	medium	中	Abel Carrière	5
	late	晚	Bristol Ruby	7
	very late	极晚	Descartes, Weigela coraeensis	9
27.（*）	**Duration of first flowering**	首次盛花期持续时间		
	short	短	Féerie	3
	medium	中	Bristol Ruby, Eva Suprême	5
	long	长	Le Printemps	7
28.（*）	**Second flowering（in autumn）**	二次开花（秋季）		
	absent	无	Féerie	1
	present	有	Eva Suprême	9

8　性状表解释

性状 15：花序类型

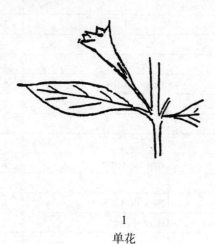

1
单花

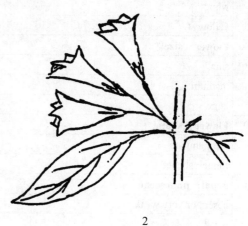

2
简单圆锥花序

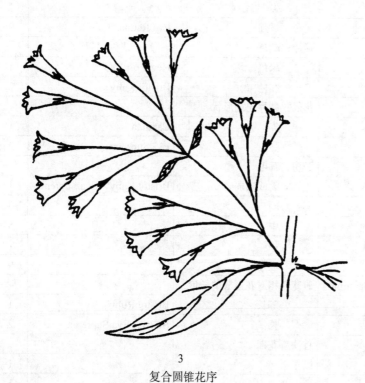

3
复合圆锥花序

性状 20：花形状

1
钟状

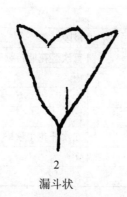

2
漏斗状

TG/156/3

原文：英文

日期：1996-10-18

国际植物新品种保护联盟
植物品种特异性、一致性和稳定性
测试指南

垂筒花属

（*Cyrtanthus* Ait.）

1　指南适用范围

本测试指南适用于石蒜科（Amaryllidaceae）所有垂筒花属（*Cyrtanthus* Ait.）无性繁殖品种。

2　繁殖材料要求

2.1　待测品种测试所需繁殖材料的数量和质量以及繁殖材料提交的时间和地点由主管机构决定。申请人从测试所在国境外提交繁殖材料的，必须确保符合所有海关规定。提交的繁殖材料的数量应不少于20个开花鳞茎。

2.2　提供的繁殖材料应外观健康有活力，未受到任何严重病虫害的影响。体外繁殖植株不包含在内。

2.3　未经主管机构允许或要求，提交的植物材料不应进行任何处理。如果材料已经处理，必须提供处理的详细情况。

3　测试实施

3.1　测试通常进行1个生长周期。如果1个生长周期不能完全判定特异性和／或一致性，测试周期应该延伸到第二个生长周期。

3.2　测试一般在1个地点进行。如果测试品种有任何重要的性状不能在该地观测，该品种可在另一地点测试。

3.3　测试应该在温室中进行，温室条件符合以下要求。

　　种植时间：3—4月（南半球）。如果开花经过抗性锻炼，种植时间可以做适当改变。

　　基质：使用含腐殖酸排水性能良好的砂壤土。

　　种植深度：不同作物需要不同种植深度，但是所有对照品种应该种植相同深度。

　　种植密度：直径12cm的盆钵种植5株。

　　肥料：低氮高钾。

　　灌溉：不灌溉期间应让生长基质完全变干。当花出现枯死应减少灌溉，当叶片开始变黄应终止灌溉。

　　鳞茎收获（Bulb lifting）：种植的鳞茎在测试结束前不需要处理。

　　试验小区大小应当满足因测量或计数等需要，从小区取走一部分植株或植株部位后，不影响生长周期结束前的所有观测。每次测试的最小数量不应低于20个植株。在相似的环境条件下，才能在不同的小区分别进行观测和测量。

3.4　如有特殊需要，可进行附加测试。

4　观测方法

4.1　所有观测应该基于20个植株或20个植株的典型部位。

4.2　对于一致性判定，采用1%群体标准和至少95%的可接受概率。比如20个植株，最多接受1个异型株。

4.3　花梗长度测量应该是从土地到苞片基部的长度。

4.4　应该在花颜色退去之前，对花序中最近开放完全的花进行花性状观测。

4.5　当花序中第一朵花已经绽开时可以认为开花期已经开始。

4.6　由于日光变化的原因，在利用比色卡确定颜色时，应在一个合适的有人工光源的或中午无阳光直射的房间内进行。人工光源光谱分布应该符合CIE "理想日光标准D6500"，并且在《英国标准950：

第 1 部分》规定的允许范围。这些测试应该使用白色背景。

5 品种分组

5.1 待测品种应分组种植以便进行特异性评价。适用于分组的性状是已知不会出现变异或者仅在品种内发生轻微变异的性状。这些性状的不同表达状态应十分均匀地分布于品种库中。

5.2 建议主管机构用以下性状进行品种分组。

（a）花序：花数量（性状 14）。

（b）花：形状（性状 19）。

（c）花被管：条纹（内侧）（性状 24）。

（d）花被管：主色（外侧）（性状 26）。

（e）始花期（性状 39）。

6 性状和符号

6.1 为评价特异性、一致性和稳定性，应使用性状表中给出的性状及其表达状态。

6.2 为便于电子数据处理，每个性状的表达状态都赋予了相应的代码（数字）。

6.3 由于目前品种较少，仅有少数标准品种和主要物种在性状表中被注明。随着更多品种出现，更多标准品种名称将标注在性状表中。

6.4 **注释**

（＊）除非前序性状的表达或区域环境条件所限使其无法测试，在测试的每个生长时期，对所有品种都要进行测试的、总要包含在品种描述中的性状。

（＋）参见第 8 部分性状表解释。

7 性状表

性状编号	英语	中文	标准品种	代码
1.	**Leaf：attitude**	叶：姿态		
	erect	直立	C. obliquus	1
	semi-erect	半直立		3
	horizontal	水平		5
2.	**Leaf：length**	叶：长度		
	short	短	C. flavus	3
	medium	中	C. elatus	5
	long	长	C. huttonii	7
3.	**Leaf：width**	叶：宽度		
	narrow	窄	C. contractus	3
	medium	中	C. sanguineus	5
	broad	宽	C. obliquus	7
4.	**Leaf：color**	叶：颜色		
	yellow green	黄绿色		1
	medium green	中等绿色	C. elatus	2
	blue green	蓝绿色		3

续表

性状编号	英语	中文	标准品种	代码
5.	**Leaf：torsion**	叶：扭曲程度		
	absent or very weak	无或极弱	C. elatus	1
	weak	弱		2
	strong	强		3
6.	**Leaf：undulation of margin**	叶：边缘波状		
	absent	无		1
	present	有		9
7.	**Leaf：degree of undulation of margin**	叶：边缘波状程度		
	weak	弱		3
	medium	中		5
	strong	强		7
8. (+)	**Peduncle：length**	花梗：长度		
	short	短	C. breviflorus	3
	medium	中	C. angustifolius	5
	long	长	C. falcatus，C. obliquus	7
9. (+)	**Peduncle：thickness**	花梗：粗度		
	thin	细		3
	medium	中		5
	thick	粗		7
10. (+)	**Peduncle：anthocyanin coloration**	花梗：花青苷显色		
	absent	无		1
	present	有		9
11. (+)	**Peduncle：hue of anthocyanin coloration**	花梗：花青苷颜色		
	red brown	红棕色	C. mackenii	1
	purple	紫色	C. falcatus	2
12.	**Peduncle：shape in cross section**	花梗：横切面形状		
	elliptic	椭圆形		1
	broad elliptic	宽椭圆形		2
	circular	圆形		3
13. (+)	**Inflorescence：length of bract**	花序：苞片长度		
	short	短		3
	medium	中		5
	long	长		7
14. (*)	**Inflorescence：number of flowers**	花序：花数量		
	few	少	C. galpinii，C. sanguineus	3
	medium	中	C. mackenii	5
	many	多	C. obliquus	7
15. (+)	**Flower：length of pedicel**	花：花柄长度		
	short	短		3
	medium	中		5
	long	长		7
16. (*)	**Flower：attitude**	花：姿态		
	erect	直立	C. montanus	1
	semi-erect	半直立		3
	horizontal	水平	C. ventricosus	5
	semi-pendulous	半下垂		7
	pendulous	下垂	C. obliquus	9

性状编号	英语	中文	标准品种	代码
17. (*) (+)	**Flower：length**	花：长度		
	short	短	C. obrienii	3
	medium	中	C. mackenii	5
	long	长	C. elatus，C. obliquus	7
18. (*) (+)	**Flower：diameter**	花：直径		
	small	小	C. parviflorus	3
	medium	中		5
	large	大	C. elatus	7
19. (*) (+)	**Flower：shape**	花：形状		
	tubular	管状	C. carneus	1
	narrow funnel-shaped	窄漏斗状		2
	broad funnel-shaped	宽漏斗状		3
	narrow campanulate	窄钟状		4
	broad campanulate	阔钟状	C. galpinii	5
20. (*) 21. (*) (+)	**Perianth tube：length**	花被管：长度		
	short	短	C. breviflorus	3
	medium	中	C. mackenii	5
	long	长	C. carneus	7
	Perianth tube：diameter at throat	花被管：花喉直径		
	small	小		3
	medium	中		5
	large	大		7
22. (*) (+)	**Perianth tube：diameter at widest part（if not throat）**	花被管：最宽部分直径（如无花喉）		
	small	小		3
	medium	中		5
	large	大		7
23. (*)	**Perianth tube：main color（inner side）**	花被管：主色（内侧）		
	RHS Colour Chart（indicate reference number）	RHS 比色卡（注明参考色号）		
24. (*) (+)	**Perianth tube：stripes（inner side）**	花被管：条纹（内侧）		
	absent	无	C. breviflorus	1
	present	有	C. striatus	9
25.	**Perianth tube：color of stripes（inner side）**	花被管：条纹颜色（内侧）		
	whitish	白色		1
	greenish	绿色		2
	yellow	黄色		3
	pink	粉色		4
	red	红色		5
	brownish	棕色		6
26. (*)	**Perianth tube：main color（outer side）**	花被管：主色（外侧）		
	RHS Colour Chart（indicate reference number）	RHS 比色卡（注明参考色号）		
27. (*)	**Perianth lobe：length**	花被裂片：长度		
	short	短	C. stenanthus	3
	medium	中	C. contractus	5
	long	长	C. montanus	7

续表

性状编号	英语	中文	标准品种	代码
28.（＊）	**Perianth lobe：width**	花被裂片：宽度		
	narrow	窄	C. attenuatus	3
	medium	中		5
	broad	宽	C. elatus	7
29.	**Perianth lobe：shape of apex**	花被裂片：先端形状		
	acute	锐尖		1
	obtuse	钝尖		2
	rounded	圆形		3
30.（＊）	**Perianth lobe：curvature**	花被裂片：弯曲程度		
	absent or very weak	无或极弱	C. obliquus	1
	weak	弱	C. striatus	3
	medium	中	C. herrei	5
	strong	强	C. contractus	7
	very strong	极强	C. galpinii	9
31.（＊）	**Perianth lobe：main color（inner side）**	花被裂片：主色（内侧）		
	RHS Colour Chart（indicate reference number）	RHS 比色卡（注明参考色号）		
32.	**Perianth lobe：color of tip relative to main color**	花被裂片：主色与尖端颜色		
	same	相同		1
	different	不同		2
33.	**Perianth lobe：color of tip if different from main color（inner side）**	花被裂片：尖端颜色（如与内侧主色不同）		
	green	绿色		1
	yellow	黄色		2
	pink	粉色		3
	red	红色		4
34.（＊）	**Perianth lobe：main color（outer side）**	花被裂片：主色（外侧）		
	RHS Colour Chart（indicate reference number）	RHS 比色卡（注明参考色号）		
35.	**Stamen：length**	雄蕊：长度		
	short	短		3
	medium	中		5
	long	长		7
36.	**Style：main color**	花柱：主色		
	white	白色		1
	green	绿色		2
	yellow	黄色		3
	pink	粉色		4
	red	红色		5
37.（＊）	**Plant：appearance of leaves in relation to flowering**	植株：叶片出现相对于开花时间		
	before	早于	C. obrienii	1
	during	同期		2
	after	晚于	C. galpinii	3

续表

性状编号	英语	中文	标准品种	代码
38.	**Plant：persistence of leaves**	**植株：叶片持久度**		
	weak	弱	C. contractus	3
	medium	中	C. angustifolius	5
	strong	强	C. obrienii	7
39. （＊）	**Time of beginning of flowering**	**始花期**		
	very early	极早	C. mackenii	1
	early	早	C. parviflorus	3
	medium	中	C. angustifolius	5
	late	晚	C. sanguineus	7
	very late	极晚		9

8　性状表解释

性状 8 至性状 11、性状 13、性状 15、性状 17、性状 18、性状 19：花梗长度（性状 8）、花梗厚度（性状 9）、花梗花青苷显色（性状 10）、花梗花青苷颜色（性状 11）、花序苞片长度（性状 13）、花柄长度（性状 15）、花长度（性状 17）、花直径（性状 18）、花形状（性状 19）

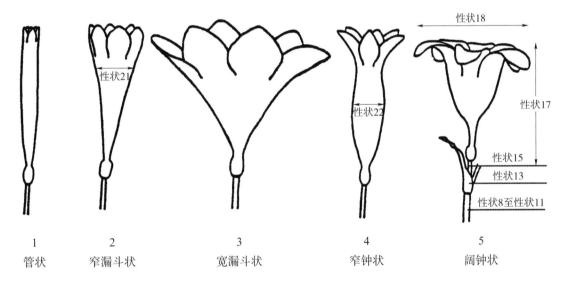

1	2	3	4	5
管状	窄漏斗状	宽漏斗状	窄钟状	阔钟状

性状 21、性状 22、性状 24：花被管花喉直径（性状 21）、花被管最宽部分直径（如无花喉）（性状 22）、花被管条纹（内侧）（性状 24）

扫码下载原文

如扫描二维码无法下载指南原文，可能是指南版本有更新，可扫描本书封底二维码查看与本文对应的指南版本

TG/157/3
原文：英文
日期：1996-10-18

国际植物新品种保护联盟
植物品种特异性、一致性和稳定性
测试指南

娇娘花属

（*Serruria* Salisb.）

1 指南适用范围

本测试指南适用于山龙眼科（Proteaceae）所有娇娘花属（*Serruria* Salisb.）无性繁殖品种。

2 繁殖材料要求

2.1 待测品种测试所需繁殖材料的数量和质量以及繁殖材料提交的时间和地点由主管机构决定。申请人从测试所在国境外提交繁殖材料的，必须确保符合所有海关规定。提交的繁殖材料的数量应不少于12根扦插条。

2.2 提供的繁殖材料应外观健康有活力，未受到任何严重病虫害的影响。体外繁殖的植株不包含在内。

2.3 未经主管机构允许或要求，提交的植物材料不应进行任何处理。如果材料已经处理，必须提供处理的详细情况。

3 测试实施

3.1 测试通常进行1个生长周期。如果1个生长周期不能完全判定特异性和／或一致性，测试周期应该延伸到第二个生长周期。

3.2 测试一般在1个地点进行。如果供试品种有任何重要的性状不能在该地表达，该品种可在另一地点测试。

3.3 测试应该在温室中进行，在确保正常生长下，应使用透气性能好、排水通畅的基质进行盆栽种植。试验小区大小应满足因测量或计数等需要，从小区取走一部分植株或植株部位后，不影响生长周期结束前的所有观测。每次测试的最小数量不应低于5个植株。在相似的环境条件下，才能在不同的小区分别进行观测和测量。

3.4 如有特殊需要，可进行附加测试。

4 观测方法

4.1 所有的观测都应在5个植株或10个植株部位上进行，每个植株对应取2个植株部位。

4.2 对于一致性判定，采用1%群体标准和至少95%的可接受概率。如样本量为5个时，不接受异型株。

4.3 应该在植株生长相同时期观测性状，植株最好不少于二年龄。

4.4 花枝是指远端生长的无枝干茎到1个头状花序（花序）或者1簇花序（复合花序）部分。

4.5 应当在盛花期花枝上1/3处观察叶片和花的性状。

4.6 除非另有说明，应当在盛花期，约10%以上小花已经开花时观测头状花序性状。

4.7 应该对头状花序中最大的苞片进行观测。

4.8 在开花期前对小花和小花苞片进行观测。

5 品种分组

5.1 待测品种应分组种植以便进行特异性评价。适用于分组的性状是已知不会出现变异或者仅在品种内发生轻微变异的性状。这些性状的不同表达状态应十分均匀地分布于品种库中。

5.2 建议主管机构用以下性状进行品种分组。

（a）植株：生长习性（性状1）。

（b）植株：块茎（性状 5）。

（c）头状花序：直径（性状 20）。

（d）头状花序：发育完全的总苞片（性状 21）。

（e）总苞片：底色（性状 27）。

（f）小花：直径（性状 29）。

6 性状和符号

6.1 为评价特异性、一致性和稳定性，应使用性状表中给出的性状及其表达状态。

6.2 为便于电子数据处理，每个性状的表达状态都赋予了相应的代码（数字）。

6.3 由于目前品种较少，仅有少数标准品种和主要物种在性状表中被注明。随着更多品种出现，更多标准品种名称将标注在性状表中。

6.4 **注释**

（*）除非前序性状的表达或区域环境条件所限使其无法测试，在测试的每一生长时期，对所有品种都要进行测试的、总要包含在品种描述中的性状。

（+）参见第 8 部分性状表解释。

7 性状表

性状编号	英语	中文	标准品种	代码
1. (*)	**Plant: growth habit**	植株：生长习性		
	upright	直立	S. florida	1
	semi-upright	半直立		2
	spreading	平展		3
	semi postrate	半匍匐		4
	prostrate	匍匐	S. cygnea, S. haemalis	5
2.	**Plant: height**	植株：高度		
	short	矮	S. rosea	3
	medium	中		5
	tall	高	S. florida	7
3.	**Plant: width**	植株：宽度		
	narrow	窄	S. candicans	3
	medium	中		5
	broad	宽	S. cygnea	7
4.	**Plant: density of foliage**	植株：叶片密度		
	sparse	疏	S. florida	3
	medium	中		5
	dense	密	S. rosea	7
5. (*) (+)	**Plant: lignotuber**	植株：块茎		
	absent	无	S. florida, S. rosea	1
	present	有	S. acrocarpa, S. leipoldtii	9
6. (+)	**Leaf: attitude**	叶：姿态		
	not always upright	不总是直立	S. florida	1
	always upright	总是直立	S. flagellifolia	2

续表

性状编号	英语	中文	标准品种	代码
7.	**Leaf: predominant angle formed with branch (always upright leaves excluded)**	叶：与枝之间的主要夹角（不包括直立叶）		
	small	小	S. millefolia	3
	medium	中		5
	large	大	S. rosea	7
8.	**Leaf: length**	叶：长度		
	short	短	S. millefolia, S. rosea	3
	medium	中		5
	long	长	S. cygnea, S. florida	7
9.	**Leaf: degree of pinnation**	叶：羽裂程度		
	weak	弱	S. trilopha	3
	medium	中		5
	strong	强	S. brownii, S. roxburghii	7
10.（*）	**Leaf: thickness of segments**	叶：裂片厚度		
	thin	薄	S. adscendens, S. conflagosa	3
	medium	中		5
	thick	厚	S. haemalis	7
11.	**Leaf: color(excluding anthocyanin)**	叶：颜色（不包括花青苷）		
	grey green	灰绿色	S. candicans	1
	yellow green	黄绿色	S. vallaris	2
	medium green	中等绿色		3
	dark green	深绿色	S. ciliata	4
12.	**Leaf: pubescence**	叶：茸毛		
	absent or very weak	无或极弱	Bridesmaid, Fairy	1
	weak	弱		2
	strong	强		3
13.	**Leaf: color of callus on tips of segments**	叶：裂片尖端胼胝体颜色		
	yellowish	泛黄色		1
	reddish	泛红色	Bridesmaid, Fairy	2
14.（+）	**Flowering branch: length**	花枝：长度		
	short	短	S. rosea	3
	medium	中		5
	long	长		7
15.	**Flowering branch: thickness**	花枝：粗度		
	thin	细	S. rosea	3
	medium	中		5
	thick	粗	S. florida	7
16.	**Flowering branch: pubescence**	花枝：茸毛		
	absent or very weak	无或极弱	Bridesmaid, Fairy	1
	weak	弱		2
	strong	强		3

续表

性状编号	英语	中文	标准品种	代码
17.	**Flowering branch：predominant color**	花枝：主色		
	greyish	泛灰色		1
	yellowish	泛黄色	S. barbigera	2
	greenish	泛绿色	S. flava	3
	reddish	泛红色	S. rosea，S. flagellifolia	4
	brownish	泛棕色		5
18. （＊） （＋）	**Flowering branch：branching**	花枝：分枝		
	absent	无	S. brownii，S. cynaroides	1
	present	有	S. rosea	9
19. （＊）	**Flowering branch：number of flower heads（if branched）**	花枝：头状花序数量（如有分枝）		
	few	少	S. florida	3
	medium	中		5
	many	多	S. rosea	7
20. （＊） （＋）	**Flower head：diameter**	头状花序：直径		
	small	小	S. rosea	3
	medium	中		5
	large	大	S. florida	7
21. （＊） （＋）	**Flower head：well developed involucral bracts**	头状花序：发育完全的总苞片		
	absent	无	S. confragosa	1
	present	有	S. florida	9
22.	**Flower head：number of well developed involucral bracts**	头状花序：发育完全的总苞片数量		
	few	少		3
	medium	中	S. rosea	5
	many	多	S. florida	7
23.	**Involucral bract：length**	总苞片：长度		
	short	短	S. rosea	3
	medium	中		5
	long	长	S. florida	7
24.	**Involucral bract：width**	总苞片：宽度		
	narrow	窄		3
	medium	中		5
	broad	宽	Bridesmaid	7
25.	**Involucral bract：length/width ratio**	总苞片：长宽比		
	small	小	Bridesmaid	3
	medium	中		5
	large	大		7
26.	**Involucral bract：shape of apex**	总苞片：先端形状		
	acute	锐尖	S. florida	1
	slightly acute	微锐尖		2
	strongly acuminate	强渐尖	S. rosea	3

续表

性状编号	英语	中文	标准品种	代码
27.（*）	**Involucral bract：ground color**	**总苞片：底色**		
	white to silvery	白色到银色	S. florida	1
	pale pink	浅粉色		2
	medium pink	中等粉色	S. rosea	3
	dark pink	深粉色		4
28.	**Involucral bract：color of midrib**	**总苞片：中脉颜色**		
	white to silvery	白色到银色		1
	pale pink	浅粉色		2
	medium pink	中等粉色		3
	dark pink	深粉色		4
29.（*）（+）	**Floret mass：diameter**	**小花：直径**		
	small	小	S. rosea	3
	medium	中		5
	large	大		7
30.	**Floret mass：color of upper part**	**小花：上部颜色**		
	greyish	泛灰色	S. rosea	1
	whitish	泛白色	S. florida	2
	pinkish	泛粉红色	S. confragosa	3
	reddish	泛红色		4
31.	**Floret mass：shape of apex**	**小花：先端形状**		
	pointed	尖	S. brownii	1
	rounded	圆	S. florida	2
	flat	平	S. rosea	3
32.	**Floret bract：color**	**小花苞片：颜色**		
	whitish	泛白色	S. florida	1
	pinkish	泛粉红色		2
	reddish	泛红色	S. rosea	3
33.	**Floret bract：length of fringe on margin**	**小花苞片：边缘长度**		
	short	短	S. rosea	3
	medium	中		5
	long	长	S. florida	7
34.	**Floret：length of perianth**	**小花：花被长度**		
	short	短	S. rosea	3
	medium	中		5
	long	长	S. florida	7
35.	**Floret：intensity of pubescence on apex of bud**	**小花：花蕾先端茸毛密度**		
	weak	弱	S. florida	3
	medium	中		5
	strong	长	S. rosea	7
36.（*）	**Floret：color of apex of bud excluding pubescence**	**小花：花蕾先端颜色（不包括茸毛）**		
	greenish	泛绿色	S. glomerata	1
	reddish	泛红色	S. rosea	2

续表

性状编号	英语	中文	标准品种	代码
37.（*）	**Floret：color of perianth below apex of bud**	**小花：花蕾下部花被颜色**		
	whitish	泛白色	S. florida	1
	pinkish	泛粉色		2
	reddish	泛红色	S. haemalis，S. rosea	3
	purplish	泛紫色	S. brownii	4
38.	**Time of flowering**	**开花期**		
	early	早	S. florida	3
	medium	中	S. confragosa	5
	late	晚	S. hirsuta	7

8　性状表解释

性状 5：植株块茎

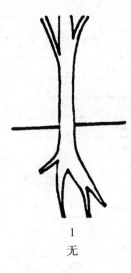

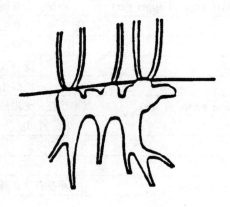

1
无

9
有

性状 6：叶姿态

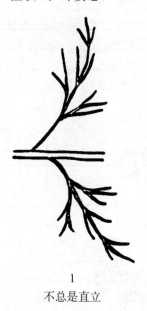

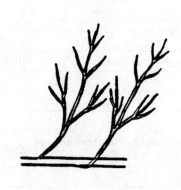

1
不总是直立

2
总是直立

性状 14、性状 18：花枝长度（性状 14）、花枝分枝（性状 18）

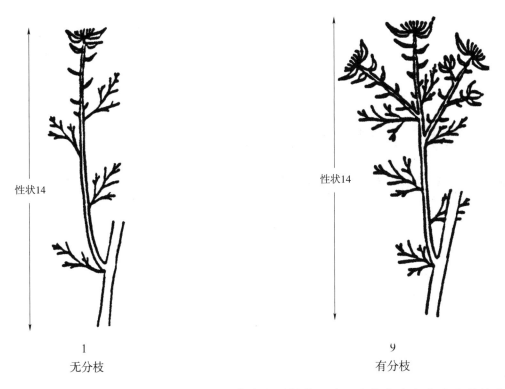

性状14

1
无分枝

9
有分枝

性状 20、性状 21、性状 29：头状花序直径（性状 20）、头状花序发育完全的总苞片（性状 21）、小花直径（性状 29）

1
无发育完全的总苞片

9
有发育完全的总苞片

扫码下载原文

如扫描二维码无法下载指南原文，可能是指南版本有更新，可扫描本书封底二维码查看与本文对应的指南版本

TG/158/3
原文：英文
日期：1998-04-01

国际植物新品种保护联盟
植物品种特异性、一致性和稳定性
测试指南

寒丁子属

(*Bouvardia* Salisb.)

1 指南适用范围

本测试指南适用于茜草科（Rubiaceae）寒丁子属（*Bouvardia* Salisb.）的所有无性繁殖品种。

2 繁殖材料要求

2.1 待测品种测试所需繁殖材料的数量和质量以及繁殖材料提交的时间和地点由主管机构决定。申请人从测试所在国境外提交繁殖材料的，必须确保符合所有海关规定。提交的繁殖材料的数量应不少于25株达到商业标准的幼苗。

2.2 提供的繁殖材料应外观健康有活力，未受到任何严重病虫害的影响。最好不是通过离体繁殖的方式获得。

2.3 提交的植物材料不应进行任何处理，除非主管机构允许或要求进行这种处理。如果材料已经处理，必须提供处理的详细情况。

3 测试实施

3.1 测试一般要进行1个生长周期。如果特异性和／或一致性在1个生长周期不能确定的，则需要延长至第二个生长周期。

3.2 测试一般在一个地点进行。如果供试品种有任何重要的性状不能在该地表达，该品种可在另一地点测试。

3.3 为确保植物的正常生长，测试应在以下环境中进行（北半球）。

土壤：排水良好，肥沃，富含有机质。

温度：白天21～23℃，夜晚16～18℃。

种植时间：5月初。

最佳光照：营养生长超过13～14 h。成花诱导少于11 h。成花诱导需要短日照环境或者短日照处理21～25 d。

试验小区大小应当满足因测量或计数等需要，从小区取走部分植株或植株部位后，不影响生长周期结束前的所有观测。每个测试应至少包含25个植株。只有在当环境条件相似时，才能使用分开种植的小区进行观测。

3.4 如有特殊需要，可进行附加测试。

4 观测方法

4.1 所有观测应在10个植株或分别来自10个植株的部位进行。

4.2 除非另有说明，所有的观测应在盛花期进行。所有对叶片的观测应在茎上1/3位置中部完全发育的叶片上进行。

4.3 评价一致性时，应采用1%的群体标准和95%的接受概率。当样本量为25个时，最多允许1个异型株。

4.4 由于日光变化的原因，在利用比色卡确定颜色时应在一个合适的由人工光源照明的小室或中午无阳光直射的房间里进行。人工光源的光谱分布应符合CIE"理想日光标准D6500"，且在《英国标准950：第1部分》规定的允许范围内。在鉴定颜色时，应将植株部位置于白色背景前。

5　品种分组

5.1　待测品种应分组种植以便进行特异性评价。适用于分组的性状是已知不会出现变异或者仅在品种内发生轻微变异的性状。这些性状的不同表达状态应十分均匀地分布于品种库中。

5.2　建议主管机构用以下性状进行品种分组。

（a）植株：高度（性状 1）。

（b）花：类型（性状 24）。

（c）花冠：直径（最大直径）（性状 26）。

（d）花冠裂片：上表面颜色数量（性状 33）。

（e）花冠裂片：上表面主色（性状 34）。

6　性状和符号

6.1　为评价特异性、一致性和稳定性，应使用性状表中给出的性状及其表达状态。

6.2　为便于电子数据处理，每个性状的表达状态都赋予了相应的代码（数字）。

6.3　**注释**

（*）除非前序性状的表达或区域环境条件所限使其无法测试，在测试的每一生长时期，对所有品种都要进行测试的、总要包含在品种描述中的性状。

（+）参见第 8 部分性状表解释。

7　性状表

性状编号	英文	中文	标准品种	代码
1. （*）	**Plant：height**	**植株：高度**		
	very short	极矮		1
	short	矮	Little Pink	3
	medium	中	Bridesmaid	5
	tall	高	Caroline，Denise	7
	very tall	极高	White Charla	9
2. （*）	**Stem：shape in cross section（at middle third）**	**茎：横切面形状（中间 1/3 处）**		
	round	圆形	Roxette	1
	obtuse-quadrangular	钝四边形	Denise，White Charla	2
	quadrangular	四边形		3
3. （*）	**Stem：color（at upper part）**	**茎：颜色（上部）**		
	light green	浅绿色	Latosca，White Dream	1
	medium green	中等绿	Royal Pauline	2
	purplish red	泛紫红色	Joanne，Royal Joanne	3
	greenish brown	泛绿棕色	Roxette，Royal Roxanne	4
	purplish brown	泛紫棕色	Roxella，White Charla	5
4.	**Stem：color shade of lower part**	**茎：下部颜色**		
	light brown	浅棕色	Caroline，White Charla	1
	medium brown	中等棕	Royal Joanne	2
	reddish	泛红色		3

续表

性状编号	英文	中文	标准品种	代码
5. (*)	**Stem：length of internode（at middle third of stem）**	**茎：节间长度（茎中部1/3处）**		
	short	短		3
	medium	中		5
	long	长		7
6. (*)	**Stem：ramification**	**茎：分枝程度**		
	weak	弱	Caroline	3
	medium	中	Bridesmaid	5
	strong	强	Lilac Latosca	7
7. (*)	**Leaf blade：length**	**叶片：长度**		
	short	短	Little Pink	3
	medium	中	Royal Jolita	5
	long	长	Roxella，Royal Tessa	7
8. (*)	**Leaf blade：width**	**叶片：宽度**		
	narrow	窄	Little Pink	3
	medium	中	Lilac Latosca	5
	broad	宽	Royal Tessa	7
9.	**Leaf blade：rigidity**	**叶片：硬度**		
	weak	软		3
	medium	中	Bridesmaid	5
	rigid	硬	Royal Jolita	7
10. (*) (+)	**Leaf blade：shape**	**叶片：形状**		
	narrow ovate	窄卵圆形	Little Pink	1
	ovate	卵圆形	Joanne，Redrox	2
	narrow elliptic	窄椭圆形	Lilac Latosca	3
	elliptic	椭圆形	La Patrice，Royal Tessa	4
	obovate	倒卵圆形		5
11. (*)	**Leaf blade：intensity of green color on upper side**	**叶片：上表面绿色程度**		
	light	浅		3
	medium	中	La Patrice，Royal Roxella	5
	dark	深	Redrox，White Charla	7
12. (*) (+)	**Leaf blade：shape of apex**	**叶片：先端形状**		
	acuminate	渐尖	La Patrice	1
	sharp acute	锐尖	Roxette，Royal Joanne	2
	blunt acute	钝尖		3
	rounded	圆形		4
13. (*) (+)	**Leaf blade：shape of base**	**叶片：基部形状**		
	attenuate	渐狭		1
	acute	锐尖		2
	obtuse	钝尖		3
	rounded	圆形		4
	cordate	心形		5
14.	**Leaf blade：shape in cross section**	**叶片：横切面形状**		
	concave	凹	White Charla	1
	flat	平	Carolina，van Zijverden	2
	convex	凸		3

续表

性状编号	英文	中文	标准品种	代码
15.	**Leaf blade：blistering**	**叶片：泡状突起**		
	absent or very weak	无或极弱		1
	weak	弱		3
	medium	中		5
	strong	强		7
	very strong	极强		9
16.（＊）	**Petiole：length**	**叶柄：长度**		
	short	短	La Patrice	3
	medium	中		5
	long	长		7
17.（＋）	**Inflorescence：length**	**花序：长度**		
	short	短		3
	medium	中		5
	long	长		7
18.（＋）	**Inflorescence：maximum diameter**	**花序：最大直径**		
	small	小		3
	medium	中		5
	large	大		7
19.（＊）（＋）	**Inflorescence：minimum diameter**	**花序：最小直径**		
	small	小		3
	medium	中		5
	large	大		7
20.（＊）	**Inflorescence：number of flowers**	**花序：花数量**		
	few	少	White Charla	3
	medium	中	Roxette	5
	many	多	Artemis	7
21.（＊）	**Inflorescence：density**	**花序：密度**		
	loose	疏	White Charla	3
	medium	中	Roxette	5
	dense	密	Bridesmaid，van Zijverden	7
22.（＊）	**Flower bud：color（before opening）**	**花蕾：颜色（开放之前）**		
	white	白色	White Charla	1
	light yellow	浅黄色		2
	light pink	浅粉色	Bridesmaid，Roxella	3
	medium pink	中等粉	Royal Roxanne	4
	dark pink	深粉色		5
	reddish orange	泛红橙色	Redrox	6
	medium red	中等红	Joanne	7
	dark red	深红色		8
23.	**Flower：size of sepal（largest sepal）**	**花：花萼大小（最大花萼）**		
	small	小	Little Pink	3
	medium	中	Redrox	5
	large	大	White Charla	7
24.（＊）	**Flower：type**	**花：类型**		
	single	单瓣	Roxella	1
	semi-double	半重瓣	van Zijverden	2
	double	重瓣	Bridesmaid，Paulette	3

续表

性状编号	英文	中文	标准品种	代码
25. （*） （+）	**Corolla：attitude of outer lobes**	花冠：外裂片姿态		
	erect	直立	Artemis，Lilac Latosca	1
	semi-erect	半直立		3
	horizontal	水平	Red Star	5
	semi-recurved	半外弯	Roxanne，Tessa	7
	recurved	外弯		9
26. （*）	**Corolla：diameter（widest diameter）**	花冠：直径（最大直径）		
	small	小	La Patrice，Lilac Latosca	3
	medium	中	Joanne，Roxette	5
	large	大	Denise，White Charla	7
27. （*）	**Corolla tube：diameter（at base of corolla lobes）**	花冠筒：直径（花冠裂片基部）		
	small	小		3
	medium	中		5
	large	大		7
28.	**Corolla tube：diameter（in middle part）**	花冠筒：直径（中部）		
	small	小		3
	medium	中		5
	large	大		7
29. （*）	**Corolla tube：length**	花冠筒：长度		
	very short	极短		1
	short	短	Paulette	3
	medium	中	Roxette，Royal Jolita	5
	long	长		7
	very long	极长	White Charla	9
30. （*）	**Corolla tube：color（outer side）**	花冠筒：颜色（外部）		
	RHS Colour Chart（indicate reference number）	RHS 比色卡（注明参考色号）		
31. （*）	**Corolla lobe：length（outer lobes）**	花冠裂片：长度（外裂片）		
	short	短	Lilac Latosca	3
	medium	中	Paulette，Redrox	5
	long	长	Joanne，Roxella	7
32. （*）	**Corolla lobe：width（as for 31）**	花冠裂片：宽度（同性状31）		
	narrow	窄	Lilac Latosca	3
	medium	中	Latosca，Tessa	5
	broad	宽	Roxella，Redrox	7
33. （*）	**Corolla lobe：number of colors on upper side**	花冠裂片：上表面颜色数量		
	one	1 种	Joanne，White Charla	1
	more than one	1 种以上	Royal Tessa，Rowena	2
34. （*）	**Corolla lobe：main color on upper side**	花冠裂片：上表面主色		
	RHS Colour Chart（indicate reference number）	RHS 比色卡（注明参考色号）		
35. （*）	**Corolla lobe：secondary color on upper side**	花冠裂片：上表面次色		
	RHS Colour Chart（indicate reference number）	RHS 比色卡（注明参考色号）		

性状编号	英文	中文	标准品种	代码
36. （*） （+）	**Corolla lobe：color pattern**	花冠裂片：颜色图案		
	at the tip	在尖端	Latosca，Roxette	1
	along margin	沿边缘分布	Roxella	2
	splashed	散点状分布		3
	eyed	眼状分布	Royal Tessa，Rowena	4
	median stripe	中间条纹分布	Red Star，R. Paulette	5
37.	**Corolla lobe：shading**	花冠裂片：阴影		
	absent	无		1
	present	有	Royal Jolita	9
38.	**Corolla lobe：rigidity of outer lobes**	花冠裂片：外部裂片硬度		
	weak	软		3
	medium	中		5
	rigid	硬		7
39. （*） （+）	**Corolla lobe：shape（as for 31）**	花冠裂片：形状（同性状31）		
	ovate	卵圆形	Redrox	1
	broad ovate	阔卵圆形	Paulette	2
	elliptic	椭圆形	Little Pink	3
	obovate	倒卵圆形		4
40. （+）	**Corolla lobe：shape of apex（as for 31）**	花冠裂片：先端形状（同性状31）		
	acuminate	渐尖		1
	sharp acute	锐尖	Roxella	2
	blunt acute	钝尖		3
	rounded	圆形		4
41. （*）	**Corolla lobe：shape in cross section**	花冠裂片：横切面形状		
	concave	凹		1
	flat	平	Royal Jolita，Royal Pauline	2
	convex	凸	White Charla	3
42. （*）	**Anthers：petaloidy**	花粉囊：花瓣化		
	absent	无	White Charla	1
	sometimes present	有时存在	La Patrice，Royal Tessa	2
	always present	存在	Royal Roxanne	3
43.	**Anthers：color（before anthesis）**	花粉囊：颜色（开花前）		
	white	白色	Royal Tessa	1
	yellowish white	黄白色	Roxella	2
	brown	棕色	Lilac Latosca	3
	purplish black	紫黑色		4
44. （*）	**Style：petaloidy**	花柱：花瓣化		
	absent	无	Red Star，White Charla	1
	sometimes present	有时存在		2
	always present	存在	Lamira	3
45.	**Style：length**	花柱：长度		
	short	短	La Patrice	3
	medium	中	Royal Joanne，Royal Roxanne	5
	long	长	Caroline，White Charla	7
46.	**Time of beginning of flowering**	始花期		
	early	早	Sappho，White Dream	3
	medium	中	Bridesmaid，Royal Jorosa	5
	late	晚	Royal Roxanne	7

8 性状表解释

性状 10：叶片形状

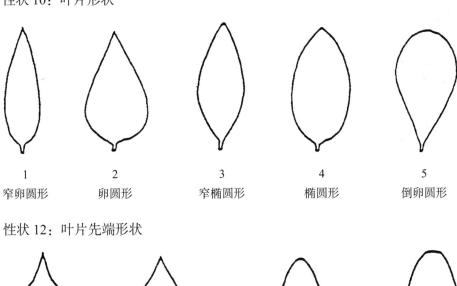

| 1 | 2 | 3 | 4 | 5 |
| 窄卵圆形 | 卵圆形 | 窄椭圆形 | 椭圆形 | 倒卵圆形 |

性状 12：叶片先端形状

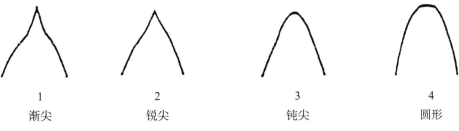

| 1 | 2 | 3 | 4 |
| 渐尖 | 锐尖 | 钝尖 | 圆形 |

性状 13：叶片基部形状

| 1 | 2 | 3 | 4 | 5 |
| 渐狭 | 锐尖 | 钝尖 | 圆形 | 心形 |

性状 17：花序长度

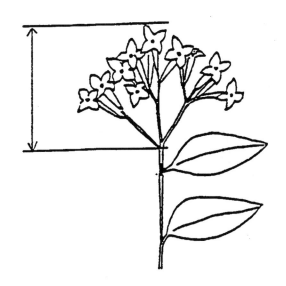

性状 18、性状 19：花序最大直径（性状 18）、花序最小直径（性状 19）

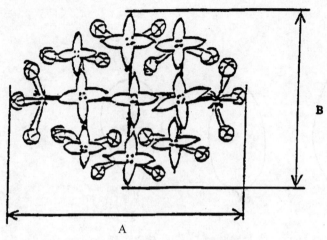

A—最大直径（性状 18）；B—最小直径（性状 19）。

性状 25：花冠外裂片姿态

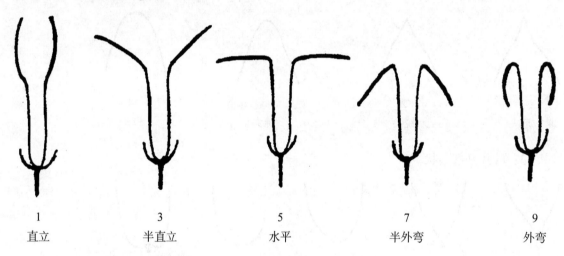

1	3	5	7	9
直立	半直立	水平	半外弯	外弯

性状 36：花冠裂片颜色图案

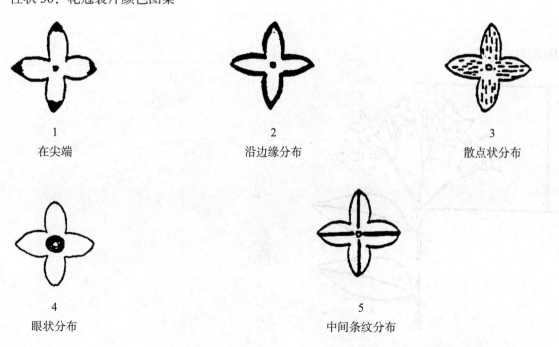

1	2	3
在尖端	沿边缘分布	散点状分布

4	5
眼状分布	中间条纹分布

性状 39：花冠裂片形状（同性状 31）

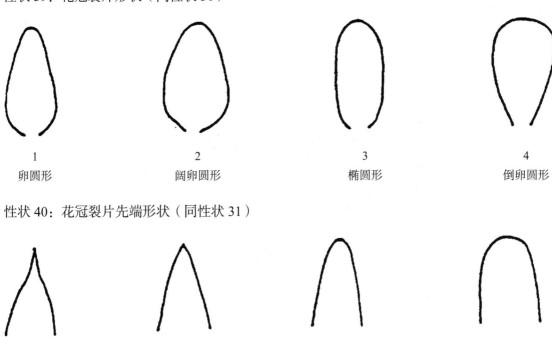

1	2	3	4
卵圆形	阔卵圆形	椭圆形	倒卵圆形

性状 40：花冠裂片先端形状（同性状 31）

1	2	3	4
渐尖	锐尖	钝尖	圆形

TG/164/3

原文：英文

日期：1999-03-24

国际植物新品种保护联盟
植物品种特异性、一致性和稳定性
测试指南

兰属

（*Cymbidium* Sw.）

1 指南适用范围

本测试指南适用于兰科（Orchidaceae）兰属（*Cymbidium* Sw.）的所有无性繁殖品种。

2 繁殖材料要求

2.1 待测品种测试所需繁殖材料的数量和质量以及繁殖材料提交的时间和地点由主管机构决定。申请人从测试所在国境外提交繁殖材料的，必须确保符合所有海关规定。提交的繁殖材料的数量应不少于15株，每个植株应为二～三年生，且至少具有 2 个假鳞茎。

2.2 提供的繁殖材料应外观健康有活力，未受到任何严重病虫害的影响。

2.3 提交的植物材料不应进行任何处理，除非主管机构允许或要求进行这种处理。如果材料已经处理，必须提供处理的详细情况。

3 测试实施

3.1 测试一般要进行 1 个生长周期。如果特异性和 / 或一致性以及 1 个生长周期不能确定的，则需要延长至第二个生长周期。

3.2 测试一般在 1 个地点进行。如果供试品种有任何重要的性状不能在该地表达，该品种可在另一地点测试。

3.3 测试一般在温室中进行以保证植物的正常生长所需要的环境。试验小区大小应当满足因测量或计数等需要，从小区取走部分植株或植株部位后，不影响生长周期结束前的所有观测。每个测试应至少包含 10 个植株。只有在当环境条件相似时，才能使用分开种植的小区进行观测。

3.4 如有特殊需要，可进行附加测试。

4 观测方法

4.1 所有观测应在 10 个植株或分别来自 10 个植株的部位进行。

4.2 评价一致性时，应采用 1% 的群体标准和 95% 的接受概率。当样本量为 10 个时，最多允许有1 个异型株。

4.3 所有对假鳞茎的观测应在开花的假鳞茎上进行。

4.4 所有对叶的观测应在开花假鳞茎上最长的叶片上进行。

4.5 所有对花序和花的观测应于花序上一半的花已经开放并且颜色没有褪去之前、在最近完全开放的花和所在花序上进行。

4.6 所有对花长度、宽度以及花的其他部位的观测应在没有被人为拉伸的花上进行。

4.7 所有对萼片、花瓣以及唇瓣三者颜色的观测应在内侧进行。

4.8 所有对合蕊柱颜色的观测应在外侧进行。

4.9 由于日光变化的原因，在利用比色卡确定颜色时应在一个合适的由人工光源照明的小室或中午无阳光直射的房间里进行。人工光源的光谱分布应符合 CIE "理想日光标准 D6500"，且在《英国标准950：第 1 部分》规定的允许范围内。在鉴定颜色时，应将植株部位置于白色背景前。

5 品种分组

5.1 待测品种应分组种植以便进行特异性评价。适用于分组的性状是已知不会出现变异或者仅在品种内发生轻微变异的性状。这些性状的不同表达状态应十分均匀地分布于品种库中。

5.2 建议主管机构用以下性状进行品种分组。

（a）植株：大小（性状1）。

（b）花序：花数量（仅适用于总状花序品种）（性状20）。

（c）花序梗：姿态（性状24）。

（d）花：花瓣和萼片的总体形态（性状28）。

（e）花：长度（性状29）。

（f）花：宽度（性状30）。

（g）开花时间（性状100）。

（h）花：主色。

6 性状和符号

6.1 为评价特异性、一致性和稳定性，应使用性状表中给出的性状及其表达状态。

6.2 为便于电子数据处理，每个性状的表达状态都赋予了相应的代码（数字）。

6.3 到目前为止只有少量的品种存在，因此主要的品种注明在性状表中，但标准品种依旧很少。所有的品种都是通过GREX暂时命名，这些暂定名称都已以双引号注明。只要更多品种一出现，更多标准品种的名称就会注明在性状表中。

6.4 注释

（*）除非前序性状的表达或区域环境条件所限使其无法测试，在测试的每一生长时期，对所有品种都要进行测试的、总要包含在品种描述中的性状。

（+）参见第8部分性状表解释。

7 性状表

性状编号	英文	中文	标准品种	代码
1.（*）	**Plant：size**	植株：大小		
	small	小		3
	medium	中	Lucky Rainbow "Sainte Lapine"	5
	large	大		7
2.（*）	**Plant：height of tip of longest leaf relative to soil level**	植株：最长叶片尖端相对于土壤水平面的高度		
	far above	远高于		1
	slightly above	稍高于	Lucky Rainbow "Sainte Lapine"	3
	same level	等高		5
	slightly below	稍低于		7
	far below	远低于		9
3.（*）（+）	**Plant：angle of longitudinal axis with line from base to highest point of curvature**	植株：基点至最高点之间连线与纵轴夹角		
	very small	极小		1
	small	小		3
	medium	中		5
	large	大		7
	very large	极大		9

性状编号	英文	中文	标准品种	代码
4. (*) (+)	**Plant: angle of longitudinal axis with line from base to tip of longest leaf**	植株：基点至最长叶片尖端之间连线与纵轴夹角		
	very small	极小		1
	small	小		3
	medium	中		5
	large	大		7
	very large	极大		9
5. (*)	**Pseudobulb: size**	假鳞茎：大小		
	very small	极小		1
	small	小		3
	medium	中	Half Moon "Banana Boat"	5
	large	大		7
6. (+)	**Pseudobulb: shape in longitudinal section**	假鳞茎：纵切面形状		
	oblong	长圆形		1
	elliptic	椭圆形		2
	circular	圆形	Sweet Love "Catilo"	3
	ovate	卵圆形	Lucky Rainbow "Sainte Lapine"	4
7.	**Pseudobulb: shape in cross section**	假鳞茎：横切面形状		
	elliptic	椭圆形	Lucky Rainbow "Sainte Lapine"	1
	circular	圆形	Lucky Rainbow "Lapine Lily"	2
8. (*)	**Plant: number of leaves**	植株：叶片数量		
	few	少		3
	medium	中		5
	many	多		7
9. (*)	**Leaf: length**	叶：长度		
	short	短		3
	medium	中	Lucky Rainbow "Sainte Lapine"	5
	long	长		7
10. (*)	**Leaf: width**	叶：宽度		
	narrow	窄		3
	medium	中		5
	broad	宽		7
11.	**Leaf: thickness**	叶：厚度		
	thin	薄		3
	medium	中	Lucky Rainbow "Sainte Lapine"	5
	thick	厚		7
12. (*) (+)	**Leaf: shape**	叶：形状		
	narrow lanceolate	窄披针形		1
	linear	线形	Lucky Rainbow "Sainte Lapine"	2
	oblanceolate	倒披针形	Lucky Rainbow "Lapine Smile"	3
	spatulate	匙形		4
13. (+)	**Leaf: shape of apex**	叶：先端形状		
	acute	锐尖		1
	obtuse	钝尖		2
	emarginate	微缺		3

性状编号	英文	中文	标准品种	代码
14.（+）	**Leaf：symmetry of apex**	**叶：先端对称性**		
	asymmetric	不对称		1
	symmetric	对称		2
15.	**Leaf：shape in cross section**	**叶：横切面形状**		
	straight	直	Lucky Rainbow "Lapine Lily"	1
	concave	凹		2
16.	**Leaf：twisting**	**叶：扭曲程度**		
	absent or very weak	无或极弱	Sweet Love "Catilo"	1
	weak	弱		3
	medium	中	Lucky Rainbow "Sainte Lapine"	5
	strong	强		7
	very strong	极强	Great Flower "Hige"	9
17.	**Leaf：green color**	**叶：绿色程度**		
	light	浅		3
	medium	中		5
	dark	深		7
18.	**Leaf sheath：anthocyanin coloration**	**叶鞘：花青苷显色**		
	absent	无		1
	present	有		9
19.（*）	**Inflorescence：type**	**花序：类型**		
	solitary	单花		1
	raceme	总状花序		2
20.（*）	**Varieties with raceme only：Inflorescence：number of flowers**	**花序：花数量（仅适用于总状花序品种）**		
	few	少		3
	medium	中	Sweet Love "Catilo"	5
	many	多		7
21.（*）	**Peduncle：length**	**花序梗：长度**		
	short	短		3
	medium	中	Lucky Rainbow "Sainte Lapine"	5
	long	长		7
22.（*）	**Peduncle：thickness**	**花序梗：粗度**		
	thin	细		3
	medium	中	Lucky Rainbow "Sainte Lapine"	5
	thick	粗		7
23.	**Peduncle：rigidity**	**花序梗：硬度**		
	weak	弱		3
	medium	中	Lucky Rainbow "Sainte Lapine"	5
	strong	强	Sweet Love "Catilo"	7
24.（*）	**Peduncle：attitude**	**花序梗：姿态**		
	erect	直立	Half Moon Banana Boat	1
	semi-erect	半直立	Lucky Rainbow "Sainte Lapine"	3
	horizontal	水平		5
	semi-pendulous	半下垂		7
	pendulous	下垂		9

性状编号	英文	中文	标准品种	代码
25. (*)	**Peduncle：anthocyanin coloration**	花序梗：花青苷显色		
	absent	无		1
	present	有		9
26.	**Peduncle：size of bract**	花序梗：苞片大小		
	small	小		3
	medium	中	Lucky Rainbow "Sainte Lapine"	5
	large	大		7
27. (*)	**Flower：type**	花：类型		
	single	单瓣		1
	semi-double	半重瓣		2
	double	重瓣		3
28. (*)	**Flower：general impression of petals and sepals**	花：花瓣和萼片的总体形态		
	all incurved	全部内弯	Lucky Rainbow "Sainte Lapine"	1
	some incurved，some spreading	部分内弯，部分平展	Great Flower "Hige"	2
	all spreading	全部平展	Fire Starter "Perfect Rouge"	3
	some spreading，some reflexed	部分平展，部分外翻		4
	all reflexed	全部外翻		5
	some incurved，some reflexed	部分内弯，部分外翻		6
29. (*) (+)	**Flower：length**	花：长度		
	short	短	Lucky Rainbow "Sainte Lapine"	3
	medium	中		5
	long	长		7
30. (*) (+)	**Flower：width**	花：宽度		
	narrow	窄	Lucky Rainbow "Sainte Lapine"	3
	medium	中	Fire Starter "Perfect Rouge"	5
	broad	宽		7
31.	**Flower：fragrance**	花：香味		
	absent or very weakly expressed	无或极弱		1
	weakly expressed	弱		2
	strongly expressed	强		3
32. (*)	**Dorsal sepal：length**	中萼片：长度		
	short	短	Green Sour "Fresh"	3
	medium	中	Fire Starter "Perfect Rouge"	5
	long	长		7
33. (*)	**Dorsal sepal：width**	中萼片：宽度		
	narrow	窄		3
	medium	中	Fire Starter "Perfect Rouge"	5
	broad	宽		7
34. (*) (+)	**Dorsal sepal：shape**	中萼片：形状		
	lanceolate	披针形		1
	linear	线形		2
	oblong	长圆形	Fire Starter "Perfect Rouge"	3
	elliptic	椭圆形	Sweet Love "Catilo"	4
	obovate	倒卵圆形		5

性状编号	英文	中文	标准品种	代码
35. (*) (+)	**Dorsal sepal: curvature of longitudinal axis**	中萼片: 纵切面弯曲		
	incurved with reflexed apex	内弯且先端外翻		1
	strongly incurved	强内弯		2
	slightly incurved	微内弯	Lucky Rainbow "Sainte Lapine"	3
	straight	直	Lucky Rainbow "Lapine Smile"	4
	slightly reflexed	微外翻		5
	strongly reflexed	强外翻		6
	reflexed with incurved apex	外翻且先端内弯		7
36. (+)	**Dorsal sepal: shape of apex**	中萼片: 先端形状		
	narrow acute	窄锐尖		1
	acute	锐尖	Lucky Rainbow "Sainte Lapine"	2
	obtuse	钝尖		3
	truncate	平截		4
	emarginate	微缺		5
37. (*)	**Dorsal sepal: recurvature of margin**	中萼片: 边缘外翻程度		
	absent or very weak	无或极弱	Lucky Rainbow "Sainte Lapine"	1
	weak	弱		3
	medium	中		5
	strong	强		7
	very strong	极强		9
38. (*)	**Dorsal sepal: undulation of margin**	中萼片: 边缘波浪程度		
	absent or very weak	无或极弱		1
	weak	弱		3
	medium	中		5
	strong	强		7
	very strong	极强		9
39. (*)	**Lateral sepal: length**	侧萼片: 长度		
	short	短	Green Sour "Fresh"	3
	medium	中	Lucky Rainbow "Lapine Smile"	5
	long	长		7
40. (*)	**Lateral sepal: width**	侧萼片: 宽度		
	narrow	窄		3
	medium	中	Lucky Rainbow "Lapine Smile"	5
	broad	宽	Lucky Rainbow "Sainte Lapine"	7
41. (*) (+)	**Lateral sepal: shape**	侧萼片: 形状		
	lanceolate	披针形		1
	linear	线形	Half Moon "Banana Boat"	2
	oblong	长圆形		3
	elliptic	椭圆形		4
	obovate	卵圆形	Lucky Rainbow "Sainte Lapine"	5

性状编号	英文	中文	标准品种	代码
42. （＊） （＋）	**Lateral sepal：curvature of longitudinal axis**	**侧萼片：纵切面弯曲**		
	incurved with reflexed apex	内弯且先端外翻		1
	strongly incurved	强内弯		2
	slightly incurved	微内弯	Lucky Rainbow "Sainte Lapine"	3
	straight	直	Lucky Rainbow "Lapine Lily"	4
	slightly reflexed	微外翻		5
	strongly reflexed	强外翻		6
	reflexed with incurved apex	外翻且先端内弯		7
43. （＋）	**Lateral sepal：shape of apex**	**侧萼片：先端形状**		
	narrow acute	窄锐尖		1
	acute	锐尖	Fire Starter "Perfect Rouge"	2
	obtuse	钝尖		3
	truncate	平截		4
	emarginate	微缺		5
44. （＊）	**Lateral sepal：recurvature of margin**	**侧萼片：边缘外翻程度**		
	absent or very weak	无或极弱	Lucky Rainbow "Sainte Lapine"	1
	weak	弱		3
	medium	中	Lucky Rainbow "Lapine Smile"	5
	strong	强		7
	very strong	极强		9
45. （＊）	**Lateral sepal：undulation of margin**	**侧萼片：边缘波状程度**		
	absent or very weak	无或极弱		1
	weak	弱		3
	medium	中	Great Flower "Hige"	5
	strong	强		7
	very strong	极强		9
46. （＊）	**Sepal：number of colors**	**花萼：颜色数量**		
	one	1 种		1
	two	2 种		2
	three	3 种		3
	more than three	多于 3 种		4
47. （＊）	**Sepal：color of middle part**	**花萼：中部颜色**		
	RHS Colour Chart（indicate reference number）	RHS 比色卡（注明参考色号）		
48. （＊）	**Sepal：border between color zones**	**花萼：两种颜色间过渡**		
	abrupt	急变		1
	gradual	渐变		2
49. （＊）	**Sepal：color of margin**	**花萼：边缘颜色**		
	RHS Colour Chart（indicate reference number）	RHS 比色卡（注明参考色号）		
50. （＊）	**Sepal：spots**	**花萼：斑点**		
	absent	无		1
	present	有		9

续表

性状编号	英文	中文	标准品种	代码
51.	**Sepal：size of spots**	**花萼：斑点大小**		
	small	小		3
	medium	中		5
	large	大		7
52.	**Sepal：color of spots**	**花萼：斑点颜色**		
	RHS Colour Chart（indicate reference number）	RHS 比色卡（注明参考色号）		
53. （*） （+）	**Sepal：cuneate area（differently colored）**	**花萼：楔形斑（不同颜色）**		
	absent	无		1
	present	有		9
54.	**Sepal：color of cuneate area（as for 53）**	**花萼：楔形斑颜色（同性状 53）**		
	RHS Colour Chart（indicate reference number）	RHS 比色卡（注明参考色号）		
55. （*）	**Sepal：stripes**	**花萼：条纹**		
	absent	无		1
	present	有		9
56.	**Sepal：color of stripes**	**花萼：条纹颜色**		
	RHS Colour Chart（indicate reference number）	RHS 比色卡（注明参考色号）		
57. （*）	**Petal：length**	**花瓣：长度**		
	short	短		3
	medium	中	Fire Starter "Perfect Rouge"	5
	long	长		7
58. （*）	**Petal：width**	**花瓣：宽度**		
	narrow	窄		3
	medium	中	Lucky Rainbow "Sainte Lapine"	5
	broad	宽	Excel Amour "Look"	7
59. （*） （+）	**Petal：shape**	**花瓣：形状**		
	linear	线形		1
	oblong	长椭圆形	Sweet Love "Catilo"	2
	elliptic	椭圆形		3
	rhombic	菱形		4
	obovate	卵圆形	Lucky Rainbow "Sainte Lapine"	5
	spatulate	匙形		6
60. （*） （+）	**Petal：curvature of longitudinal axis**	**花瓣：纵切面弯曲**		
	incurved with reflexed apex	内弯且先端外翻		1
	strongly incurved	强内弯		2
	slightly incurved	微内弯	Lucky Rainbow "Sainte Lapine"	3
	straight	直	Lucky Rainbow "Lapine Lily"	4
	slightly reflexed	微外翻		5
	strongly reflexed	强外翻		6
	reflexed with incurved apex	外翻且先端内弯		7
61. （+）	**Petal：shape of apex**	**花瓣：先端形状**		
	narrow acute	窄锐尖		1
	acute	锐尖		2
	obtuse	钝尖		3
	truncate	平截		4
	emarginate	微缺		5

性状编号	英文	中文	标准品种	代码
62. (*)	**Petal: recurvature of margin**	花瓣: 边缘外弯程度		
	absent or very weak	无或极弱		1
	weak	弱		3
	medium	中		5
	strong	强		7
	very strong	极强		9
63. (*)	**Petal: undulation of margin**	花瓣: 边缘波状程度		
	absent or very weak	无或极弱		1
	weak	弱		3
	medium	中	Half Moon "Banana Boat"	5
	strong	强		7
	very strong	极强		9
64. (*)	**Petal: number of colors**	花瓣: 颜色数量		
	one	1 种		1
	two	2 种		2
	three	3 种		3
	more than three	多于 3 种		4
65. (*)	**Petal: color of middle part**	花瓣: 中部颜色		
	RHS Colour Chart (indicate reference number)	RHS 比色卡 (注明参考色号)		
66. (*)	**Petal: border between color zones**	花瓣: 不同颜色间过渡		
	abrupt	急变		1
	gradual	渐变		2
67. (*)	**Petal: color of margin**	花瓣: 边缘颜色		
	RHS Colour Chart (indicate reference number)	RHS 比色卡 (注明参考色号)		
68. (*)	**Petal: spots**	花瓣: 斑点		
	absent	无		1
	present	有		9
69.	**Petal: size of spots**	花瓣: 斑点大小		
	small	小		3
	medium	中		5
	large	大		7
70.	**Petal: color of spots**	花瓣: 斑点颜色		
	RHS Colour Chart (indicate reference number)	RHS 比色卡 (注明参考色号)		
71. (*) (+)	**Petal: cuneate area** (differently colored)	花瓣: 楔形斑 (不同颜色)		
	absent	无		1
	present	有		9
72.	**Petal: color of cuneate area (as for 71)**	花瓣: 楔形斑颜色 (同性状 71)		
	RHS Colour Chart (indicate reference number)	RHS 比色卡 (注明参考色号)		
73. (*)	**Petal: stripes**	花瓣: 条纹		
	absent	无		1
	present	有		9

性状编号	英文	中文	标准品种	代码
74.	**Petal: color of stripes**	**花瓣：条纹颜色**		
	RHS Colour Chart（indicate reference number）	RHS 比色卡（注明参考色号）		
75.（*）	**Lip: length**	**唇瓣：长度**		
	short	短		3
	medium	中	Lucky Rainbow "Lapine Smile"	5
	long	长		7
76.（*）	**Lip: width**	**唇瓣：宽度**		
	narrow	窄		3
	medium	中	Lucky Rainbow "Sainte Lapine"	5
	broad	宽	Excel "Amour Look"	7
77.（*）（+）	**Lip: shape**	**唇瓣：形状**		
	narrow triangular	窄三角形		1
	triangular	三角形	Lucky Rainbow "Sainte Lapine"	2
	trapezium	梯形		3
	circular	圆形	Great Flower "Hige"	4
	oblate	扁圆形	Excel Amour "Look"	5
	spatulate	匙形		6
78.（*）（+）	**Lip: shape in longitudinal section**	**唇瓣：纵切面形状**		
	incurved with reflexed apex	内弯且先端外翻		1
	strongly incurved	强内弯		2
	slightly incurved	微内弯	Great Flower "Hige"	3
	straight	直		4
	slightly reflexed	微外翻	Lucky Rainbow "Sainte Lapine"	5
	strongly reflexed	强外翻		6
	reflexed with incurved apex	外翻且先端内弯		7
79.	**Lip: lobing of apex**	**唇瓣：先端裂片**		
	absent	无		1
	present	有		9
80.（*）	**Lip: recurvature of margin**	**唇瓣：边缘外弯程度**		
	absent or very weak	无或极弱		1
	weak	弱		3
	medium	中		5
	strong	强		7
	very strong	极强		9
81.（*）	**Lip: undulation of margin**	**唇瓣：边缘波状程度**		
	absent or very weak	无或极弱		1
	weak	弱		3
	medium	中	Lucky Rainbow "Sainte Lapine"	5
	strong	强		7
	very strong	极强		9
82.（*）	**Lip: number of colors**	**唇瓣：颜色数量**		
	one	1 种		1
	two	2 种		2
	three	3 种		3
	more than three	超过 3 种		4

性状编号	英文	中文	标准品种	代码
83.（*）	**Lip：color of middle part**	唇瓣：中间部分颜色		
	RHS Colour Chart（indicate reference number）	RHS 比色卡（注明参考色号）		
84.（*）	**Lip：border between color zones**	唇瓣：不同颜色的过渡		
	abrupt	急变		1
	gradual	渐变		2
85.（*）	**Lip：color of margin**	唇瓣：边缘颜色		
	RHS Colour Chart（indicate reference number）	RHS 比色卡（注明参考色号）		
86.（*）	**Lip：spots**	唇瓣：斑点		
	absent	无		1
	present	有		9
87.	**Lip：size of spots**	唇瓣：斑点大小		
	small	小		3
	medium	中		5
	large	大		7
88.	**Lip：color of spots**	唇瓣：斑点颜色		
	RHS Colour Chart（indicate reference number）	RHS 比色卡（注明参考色号）		
89.（*）（+）	**Lip：cuneate area**（differently colored）	唇瓣：楔形斑（不同颜色）		
	absent	无		1
	present	有		9
90.	**Lip：color of cuneate area（as for 89）**	唇瓣：楔形斑颜色（同性状 89）		
	RHS Colour Chart（indicate reference number）	RHS 比色卡（注明参考色号）		
91.（*）	**Lip：stripes**	唇瓣：条纹		
	absent	无		1
	present	有		9
92.	**Lip：color of stripes**	唇瓣：条纹颜色		
	RHS Colour Chart（indicate reference number）	RHS 比色卡（注明参考色号）		
93.（*）	**Column：color of middle part**	合蕊柱：中间部分颜色		
	RHS Colour Chart（indicate reference number）	RHS 比色卡（注明参考色号）		
94.（*）	**Column：color of tip**	合蕊柱：尖端颜色		
	RHS Colour Chart（indicate reference number）	RHS 比色卡（注明参考色号）		
95.（*）	**Column：border between color zones**	合蕊柱：不同颜色的过渡		
	abrupt	急变		1
	gradual	渐变		2
96.（*）	**Column：spots**	合蕊柱：斑点		
	absent	无		1
	present	有		9

续表

性状编号	英文		中文	标准品种	代码
97.	**Column：size of spots**		合蕊柱：斑点大小		
	small		小		3
	medium		中		5
	large		大		7
98.	**Column：color of spots**		合蕊柱：斑点颜色		
	RHS Color Chart（indicate reference number）		RHS 比色卡（注明参考色号）		
99.（*）	**Column：color of anther cap**		合蕊柱：花粉囊帽颜色		
	RHS Color Chart（indicate reference number）		RHS 比色卡（注明参考色号）		
100.（*）	**Flowering time**		开花时间		
	autumn		秋季	Green Sour "Fresh"	1
	early winter		早冬		2
	middle of winter		中冬	Lucky Rainbow "Sainte Lapine"	3
	spring		春季	Shellpearl "Parnasse"	4
	perpetual		四季		5

8 性状表解释

　　性状 3、性状 4：植株基点至最高点之间连线与纵轴夹角（性状 3）、植株基点至最长叶片尖端之间连线同纵轴夹角（性状 4）

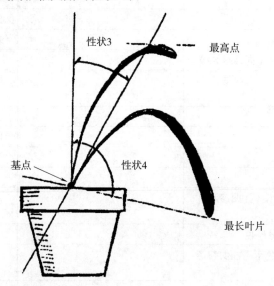

性状 6：假鳞茎纵切面形状

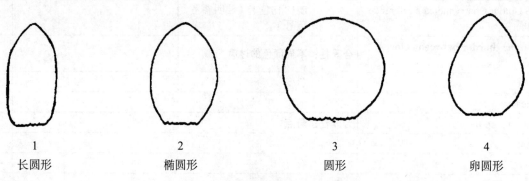

1	2	3	4
长圆形	椭圆形	圆形	卵圆形

性状 12：叶形状

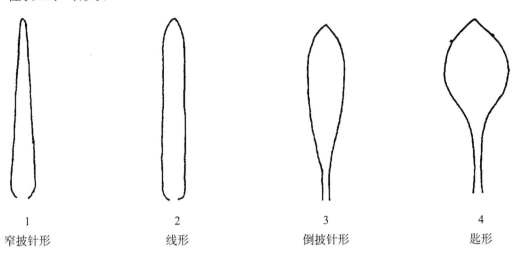

| 1 | 2 | 3 | 4 |
| 窄披针形 | 线形 | 倒披针形 | 匙形 |

性状 13、性状 14：叶先端形状（性状 13）、叶先端对称性（性状 14）

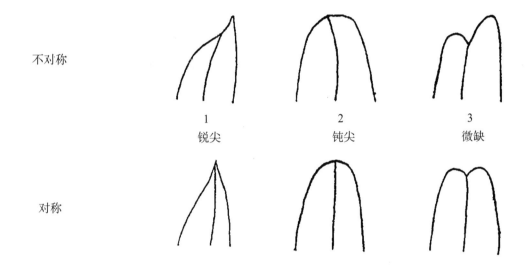

不对称

| 1 | 2 | 3 |
| 锐尖 | 钝尖 | 微缺 |

对称

性状 29、性状 30：花长度（性状 29）、花宽度（性状 30）

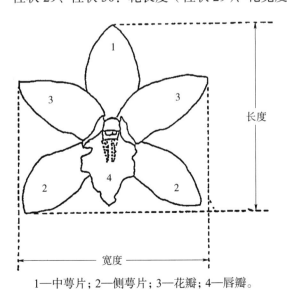

1—中萼片；2—侧萼片；3—花瓣；4—唇瓣。

性状 34、性状 41：中萼片形状（性状 34）、侧萼片形状（性状 41）

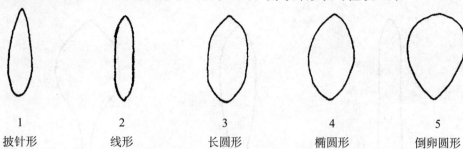

1	2	3	4	5
披针形	线形	长圆形	椭圆形	倒卵圆形

性状 36、性状 43、性状 61：中萼片先端形状（性状 36）、侧萼片先端形状（性状 43）、花瓣先端形状（性状 61）

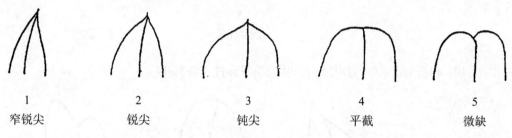

1	2	3	4	5
窄锐尖	锐尖	钝尖	平截	微缺

性状 35、性状 42、性状 60：中萼片纵切面的弯曲（性状 35）、侧萼片纵切面的弯曲（性状 42）、花瓣纵切面的弯曲（性状 60）

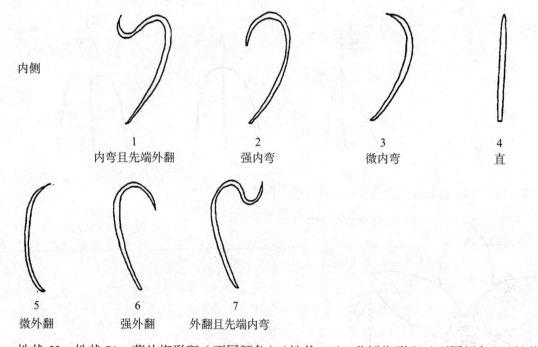

内侧

1	2	3	4
内弯且先端外翻	强内弯	微内弯	直

5	6	7
微外翻	强外翻	外翻且先端内弯

性状 53、性状 71：萼片楔形斑（不同颜色）（性状 53）、花瓣楔形斑（不同颜色）（性状 71）

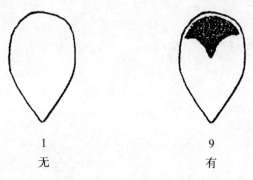

1	9
无	有

性状 59：花瓣形状

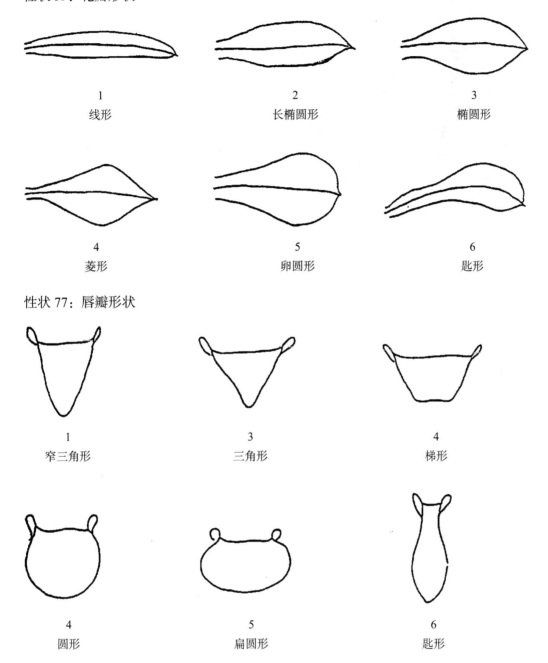

<table>
<tr><td>1
线形</td><td>2
长椭圆形</td><td>3
椭圆形</td></tr>
<tr><td>4
菱形</td><td>5
卵圆形</td><td>6
匙形</td></tr>
</table>

性状 77：唇瓣形状

1 窄三角形	3 三角形	4 梯形
4 圆形	5 扁圆形	6 匙形

性状 78：唇瓣纵切面形状

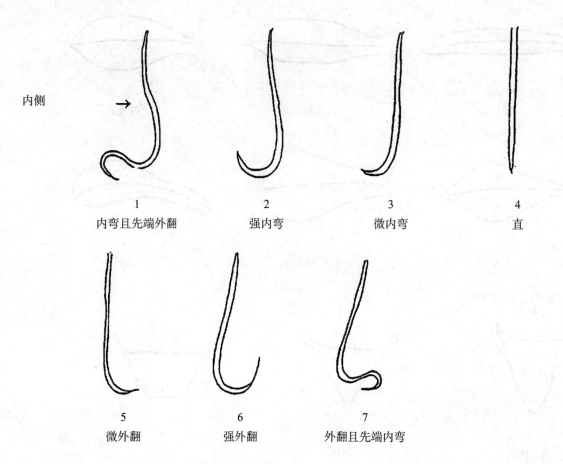

内侧

1	2	3	4
内弯且先端外翻	强内弯	微内弯	直

5	6	7
微外翻	强外翻	外翻且先端内弯

性状 89：唇瓣楔形斑（不同颜色）

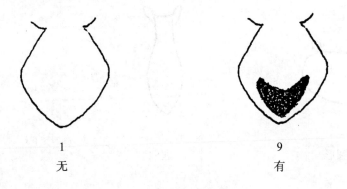

1	9
无	有

扫码下载原文

如扫描二维码无法下载指南原文，可能是指南版本有更新，可扫描本书封底二维码查看与本文对应的指南版本

TG/166/4
原文：英文
日期：2014-04-09

国际植物新品种保护联盟
植物品种特异性、一致性和稳定性
测试指南

罂粟 / 罂粟籽

UPOV 代码：PAPAV_SOM

（ *Papaver somniferum* L. ）

互用名称 *

植物学名称	英文	法文	德文	西班牙文
Papaver somniferum L.	Opium/Seed Poppy	Œillette, Pavot	Mohn, Schlafmohn	Adormidera, Amapola, Opio

---

* 这些名称在指南开始使用时是正确的，但随后可能会修改更新。读者可登录 UPOV 网站（www.upov.int），获取最新资料。

1　指南适用范围

本指南适用于罂粟（*Papaver somniferum* L.）的所有品种。特别是观赏类的罂粟品种，需要性状表中的附加性状或描述来测试其特异性、一致性和稳定性。

2　繁殖材料要求

2.1　待测品种繁殖材料的数量和质量要求以及提交的时间和地点由主管机构决定。申请人从测试所在国境外提交繁殖材料的，还应符合海关规定并满足相关植物检疫的要求。

2.2　繁殖材料以种子形式提交。

2.3　申请人提交用于测试的植物材料的最小数量为 100 g 种子。种子的发芽率、品种纯度、健康状况及含水量应符合相关主管机构规定的最低要求。为了种子的贮存，种子应保证尽量高的发芽率，申请人应对其有相关描述。

2.4　所提供的植物材料应外观健康有活力，且没有受任何严重病虫害的影响。

2.5　提交的繁殖材料不得进行任何可能影响品种性状表达的处理，除非主管机构允许或要求进行这种处理。如果材料已经处理，必须提供相关处理的详细情况。

3　测试方法

3.1　测试周期
测试的最少周期数量通常为 2 个生长周期。

3.2　测试地点
测试通常在 1 个地点进行。在 1 个以上地点进行测试时，TGP/9《特异性测试》提供了有关指导。

3.3　测试条件
3.3.1　测试的条件应能满足品种正常生长的需要，以确保品种相关性状充分表达和测试的顺利开展。

3.3.2　性状观测的最佳生育阶段由性状表第二列的数字表示。各数字所代表的生育阶段详见 8.1 部分。

3.4　试验设计
每个测试栽培试验设计时应确保至少 200 个植株，并设置至少 2 个重复。

3.5　附加测试
为测试有关性状，可以进行附加测试。

4　特异性、一致性和稳定性评价

4.1　特异性

4.1.1　一般建议
对于本指南的使用者而言，在判定特异性前参照总则特异性判定的一般原则十分重要。但为进一步说明和强调特异性判定，本指南特列出后续特异性判定的要点。

4.1.2　一致的差异
当观测到的品种之间的差异非常明显时，则没有必要种植 1 个以上生长周期。此外，在某些情况下，环境的影响并不意味着需要 1 个以上的生长周期来保证品种间观察到的差异是足够一致的。为确保在种植试验中所观测到的性状差异是足够一致的，可以对性状进行至少 2 个独立生长周期的测试。

4.1.3 明显的差异

两个品种间的差异是否明显取决于很多因素，特别应考虑所测性状的表达类型，即该性状是质量性状、数量性状还是假质量性状。因此，在作出关于特异性的判定前，本测试指南的使用者应熟悉总则中的建议。

4.1.4 植株／植株部位的观测数量

除非另有说明，在判定特异性时，对于单株的观测，应观测 20 个植株或分别从 20 个植株取下的植株部位；对于其他观测，应观测试验中的所有植株。异型株除外。

4.1.5 观测方法

性状表第二列以如下符号（见 TGP/9《特异性测试》第 4 部分"性状观测"）的形式列出了特异性判定时推荐的性状观测方法。

MG：对一批植株或植株部位进行单次测量。

MS：对一定数量的植株或植株部位进行逐一测量。

VG：对一批植株或植株部位进行单次目测。

VS：对一定数量的植株或植株部位进行逐一目测。

观测类型：目测（V）或测量（M）。

目测（V）是一种基于专家判断的观测方法。本文中的目测是指专家的感官观察，因此也包括闻、尝和触摸。目测也包括专家使用参照物（例如图表，标准品种，并排比较）或非线性的图表（例如比色卡）的观测。测量（M）是一种基于校准的、线性尺度的客观观测，例如使用尺、秤、色度计、日期和计数等进行观测。

记录类型：群体记录（G）或个体记录（S）。

以特异性为目的的观测，可被记录为一批植株或植株部位的单个记录（G），或者记录为一定数量的单个植株或植株部位的个体记录（S）。多数情况下，群体记录为一个品种提供一个单个记录，因此不可能或者不必要通过逐个植株的统计分析来判定特异性。

如果性状表中提供了不止一种观测方法（如 VG/MG），可以参考 TGP/9《特异性测试》的 4.2 部分选择合适的观测方法。

4.2 一致性

4.2.1 对于本指南的使用者而言，在判定一致性前参照总则一致性判定的一般原则十分重要。但为进一步说明和强调一致性判定，本指南特列出后续一致性判定的要点。

4.2.2 评价一致性时，应采用 1% 的群体标准和至少 95% 的接受概率。当样本量为 200 个时，最多允许有 7 个异型株。

4.3 稳定性

4.3.1 在实际操作中，通常不像测试特异性和一致性那样对稳定性进行测试以得到明确结果。经验表明，对许多类型的品种来说，当一个品种表现一致时，可认为其是稳定的。

4.3.2 适当情况下或者有疑问时，可以通过测试新的库存种子或植株的一致性表现，看其性状表现是否与之前提交的初始材料表现相同。

5 品种分组和试验组织

5.1 使用分组性状可以帮助选择与申请品种一起进行种植试验的已知品种，以及对这些品种进行合适分组以便进行特异性评价。

5.2 分组性状表达状态的数据即使来自不同地点，也可以单独或者与其他此类性状联合使用。

（a）用于特异性测试中筛选排除那些不需要安排在种植试验中的已知品种。

（b）用于组织安排种植试验，使近似品种种植在一起。

5.3 以下性状已被确认为有用的分组性状。

（a）叶：白色斑点（性状 2）。

（b）花瓣：颜色（性状 10）。

（c）花瓣：斑纹（性状 11）。

（d）荚果：纵剖面形状（性状 18）。

（e）荚果：开裂（性状 23）。

（f）种子：颜色（性状 27）。

（g）荚果：吗啡含量（性状 29）。

5.4　总则和 TGP/9《特异性测试》中提供了在特异性审查过程中使用分组性状的指导。

6　性状表介绍

6.1　性状类型

6.1.1　标准指南性状

标准指南性状是 UPOV 已同意用于特异性、一致性和稳定性（DUS）审查的性状，UPOV 成员可以从中选择与其特定环境相适应的性状。

6.1.2　带星号性状

星号性状（用"*"标记）是测试指南中对于形成国际统一的品种描述十分重要的性状，所有 UPOV 成员都应将其用于 DUS 测试并包含在品种描述中，除非前序性状的表达或区域环境条件所限使其无法测试。

6.2　表达状态及相应代码

6.2.1　为定义性状和统一描述，将每个性状划分为一系列表达状态。每个表达状态赋予一个相应的数字代码，以便于数据记录，以及品种性状描述的建立和交流。

6.2.2　对于质量性状和假质量性状（6.3），性状表中列出了所有表达状态。但对于有 5 个或 5 个以上表达状态的数量性状，可以采用缩略尺度的方法，以缩短性状表格。例如，对于有 9 个表达状态的数量性状，在测试指南的性状表中可采用以下缩略形式。

表达状态	代码
小	3
中	5
大	7

但是应该指出的是，以下 9 个表达状态都是存在的，应采用适宜的表达状态用于品种的描述。

表达状态	代码
极小	1
极小到小	2
小	3
小到中	4
中	5
中到大	6
大	7
大到极大	8
极大	9

6.2.3 TGP/7《测试指南的研制》中提供了表达状态和代码的更详尽的介绍。

6.3 表达类型

总则中对性状表达类型（质量性状、数量性状和假质量性状）进行了解释。

6.4 标准品种

在适当的情况下，举例说明各种性状的表现。

6.5 注释

（＊）星号性状（6.1.2）。

QL：质量性状（6.3）。

QN：数量性状（6.3）。

PQ：假质量性状（6.3）。

MG、MS、VG、VS：观测方法（4.1.5）。

（a）～（e）性状表解释观测方法（8.1）。

（＋）性状表解释（8.2）。

7 性状表

性状编号	观测方法	英文	中文	标准品种	代码
1. （＊） QL	VG （a）	**Leaf: hairiness**	叶：茸毛		
		absent	无	Korona，Morwin，Rubin，Zeno 2002	1
		present	有	Major，Opal，Sokol	9
2. （＊） （＋） QL	VG （a）	**Leaf: white spots**	叶：白色斑点		
		absent	无	Botond，Buddha，Major	1
		present	有	Kozmosz，Orel，Racek，Sokol	9
3. （＋） PQ	VG （a）	**Leaf: color**	叶：颜色		
		yellowish green	黄绿色		1
		green	绿色	Buddha，Zeno Morphex	2
		bluish green	蓝绿色	Leila，Morwin，Zeno 2002	3
4. （＋） QN	VG （a）	**Leaf: waxiness**	叶：蜡质		
		weak	弱	Zeno Morphex	1
		medium	中	Morwin	2
		strong	强	Kozmosz	3
5. （＋） QN	VG （a）	**Leaf: depth of incisions of margin**	叶：边缘缺口深度		
		absent or shallow	无或浅	Korona，Mieszko，Morwin	1
		medium	中间	Aristo，Major，Opal，Zeno Morphex	2
		deep	深	Agat，Kozmosz，Malsar	3
6. （＋） QN	VG/ MS （e）	**Main stem: length**	主茎：长度		
		short	短	Minoán，Tebona	3
		medium	中	Postomi	5
		long	长	Botond，Lazur，Major，Redy	7
7. （＊） （＋） QL	VG （d）	**Stem: anthocyanin coloration**	茎：花青苷显色		
		absent	无	Kozmosz，Major，Orel，Sokol	1
		present	有	Botond，Korona，Lazur，Malsar，Redy	9

续表

性状编号	观测方法	英文	中文	标准品种	代码
8. (+) QN	VG (c)	Stem: hairiness	茎：茸毛		
		absent or weak	无或弱	Botond, Lazur, Morwin, Zeno 2002	1
		medium	中	Buddha, Postomi, Sokol	2
		strong	强	Agat, Edel-Weiss, Edel-Rot, Orel, Racek	3
9. (*) (+) PQ	VG (b)	Flower bud: anthocyanin coloration	花蕾：花青苷显色		
		absent	无	Buddha	1
		in ring at base only	仅在基部周围	Botond	2
		in ring at base and on bud	在基部周围和花蕾上	Minoán	3
10. (*) PQ	VG (c)	Petal: color	花瓣：颜色		
		white	白色	Botond, Korona, Major, Sokol	1
		light pink	浅粉红色	Agat	2
		medium pink	中粉红色	Albín, Rosemarie, Rubin	3
		dark pink	深粉红色	Edel-Rot	4
		red	红色	Danish Flag	5
		light violet	浅紫罗兰色	Kozmosz	6
		medium violet	中紫罗兰色	Leila	7
		dark violet	深紫罗兰色	Zeno 2002	8
11. (*) (+) PQ	VG (c)	Petal: marking	花瓣：斑纹		
		none	无	TMO1, Afyon 95, Ofis 96	1
		blotch	斑点状	Botond, Malsar, Rosemarie, Sokol	2
		band	带状		3
		radial stripes	径向条纹状		4
12. (*) PQ	VG (c)	Petal: color of marking	花瓣：斑纹颜色		
		white	白色	Danish Flag	1
		red	红色		2
		light violet	浅紫罗兰色	KP Albakomp, Mieszkoi, Rubin	3
		medium violet	中紫罗兰色	Lazur, Morwin	4
		dark violet	深紫罗兰色	Gerlach, Major, Leila, Zeno 2002	5
13. (+) QN	VG (c)	Petal: extension of marking from base	花瓣：斑纹从基部扩展范围		
		below widest part	低于最宽部位	Rubin	1
		up to widest point	达到最宽部位	Florian, Zeno	2
		above widest part	高于最宽部位	Leila	3
14. (*) (+) QL	VG (c)	Petal: incisions	花瓣：缺口		
		absent	无	Agat, Botond, Korona, Major	1
		present	有	Danish Flag	9
15. (*) PQ	VG (c)	Filament: color	花丝：颜色		
		white	白色	Botond, Korona	1
		light violet	浅紫罗兰色		2
		dark violet	深紫罗兰色	Zeno 2002	3
16. QN	VG (d)	Capsule: waxiness	荚果：蜡质		
		absent or weak	无或弱	Gerlach, Opal	1
		medium	中	Edel-Rot, Edel-Weiss	2
		strong	强	Botond, Morwin, Kozmosz, Zeno 2002	3

续表

性状编号	观测方法	英文	中文	标准品种	代码
17. QL	VG (d)	**Capsule：anthocyanin coloration**	荚果：花青苷显色		
		absent	无	Botond	1
		present	有	Minoán	9
18. (*) (+) PQ	VG (e)	**Capsule：shape in longitudinal section**	荚果：纵剖面形状		
		ovate	卵圆形	Major，Opal	1
		oblate	扁圆形	Botond	2
		cylindrical	圆柱形	Kék Gemona，Korona	3
		round	圆形	Postomi	4
		elliptic	椭圆形	Minoán	5
19. (*) (+) PQ	VG (e)	**Capsule：shape of base**	荚果：基部形状		
		pointed	尖	Agat，Minoán	1
		truncate	平截	Albín，Morwin，Opal，Sokol	2
		depressed	凹陷	Botond，Edel-Rot，Korona，Lazur，Redy	3
20. (+) QN	VG/ MS (e)	**Capsule：length**	荚果：长度		
		short	短	Botond	3
		medium	中	Bcrgam，Edel-Rot，Kék Duna，Lazur，Tebona	5
		long	长		7
21. QN	VG/ MS (e)	**Capsule：diameter**	荚果：直径		
		small	小	Minoán，Orfeus，Tebona	3
		medium	中	Leila，Zeno Plus	5
		large	大		7
22. (+) QN	VG (e)	**Capsule：ribbing**	荚果：棱纹		
		absent or shallow	无或浅	KP Albakomp	1
		medium	中	Bergam，Korona，Lazur，Morwin	2
		deep	深	Gerlach，Zeno Plus	3
23. (*) (+) QL	VG (e)	**Capsule：dehiscence**	荚果：开裂		
		indehiscent	不开裂	Botond，Kék Gemona，Major	1
		dehiscent	开裂	Edel-Rot，Edel-Weiss	2
24. (*) (+) PQ	VG (e)	**Stigmatic disc：shape**	柱头：形状		
		erect	直立	Edel-Rot，Redy	1
		semi-erect	半直立	Albín，Botond，Mieszko，Orel，Racek	2
		horizontal	水平	Lazur，Morwin，Tebona，Zeno Morphex	3
		declined	下倾		4
		decumbent	匍匐上翘	Rubin，Zeta	5
25. QN	VG/ MS (e)	**Stigmatic disc：number of carpels**	柱头：雌蕊数		
		few	少	Alfa，Postomi，Tebona	3
		medium	中	Buddha，Rosemarie，Kék Duna，Zeno 2002	5
		many	多	Sokol	7
26. (*) (+) PQ	VG (e)	**Stigmatic disc：apex of carpels**	柱头：雌蕊先端		
		pointed	尖	Madrigal	1
		rounded	圆形	Korona，Leila，Morwin	2
		truncate	平截	Agat，Albín，Bergam，Major，Mieszko，Orfeus	3

续表

性状编号	观测方法	英文	中文	标准品种	代码
27.(*)PQ	VG(e)	Seed：color	种子：颜色		
		white	白色	Albín，KP Albakomp，Orel，Racek，Sokol	1
		yellowish brown	黄棕色		2
		brown	棕色	Redy	3
		pink	粉色		4
		grey	灰色	Edel-Rot，Edel-Weiss，Florian	5
		light bluish	浅青色	Minoán	6
		medium bluish	中青色	Agat，Morwin，Opal	7
		dark bluish	深青色	Botond，Buddha，Madrigal	8
28.(+)QN	MG	Time of flowering	开花期		
		very early	极早	Leila，Morwin	1
		early	早	Zeno 2002	3
		medium	中	Edel-Weiss，Korona	5
		late	晚	Botond，Lazur	7
		very late	极晚		9
29.(+)QN	MG(e)	Capsule：morphine content	蒴果：吗啡含量		
		very low	极低	Mieszko，Zeno Morphex	1
		low	低	Albín，Redy	3
		medium	中	Bergam，Major，Opal	5
		high	高	Postomi	7
		very high	极高	Botond，Buddha	9
30.(+)QN	MG(e)	Capsule：codeine content	蒴果：可待因含量		
		low	低	Rubin，Zeno 2002	1
		medium	中	Bergam，Maratón	3
		high	高	Botond，Tebona	5
31.(+)QN	MG(e)	Capsule：thebaine content	蒴果：蒂巴因含量		
		low	低	Leila，Kozmosz，Maratón	1
		medium	中	Kék Gemona，Tebona	3
		high	高		5
32.(+)QN	MG(e)	Capsule：narcotine content	蒴果：那可汀含量		
		none or very low	无或极低	Maratón，Opal，Tebona	1
		low	低	Kozmosz	3
		medium	中		5
		high	高	Kék Gemona	7
		very high	极高	Korona	9

8　性状表解释

8.1　对多个性状的解释

性状表第二列包含以下标注的性状应按照下述要求观测。

（a）对幼苗的观察应在 10～12 叶龄期（节间伸长之前）进行。

（b）花蕾应在花梗钩期观察。

（c）对茎和花瓣的观测应在花全面开放后。

（d）对茎和蒴果的观测应在主茎花瓣掉落 10～14 d 后。

（e）应观测主茎成熟干燥的蒴果。

8.2 对单个性状的解释

性状 2：叶白色斑点

性状 3：叶颜色

性状 4：叶蜡质

叶的白色斑点、颜色和蜡质的性状应观测叶片上面。

性状 5：叶边缘缺口深度

1	2	3
无或浅	中间	深

性状 6：主茎长度

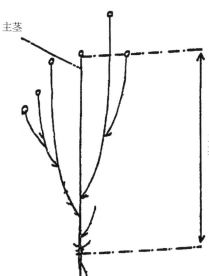

主茎

主茎长度（底部首个
茎节到荚果底部）

性状 7：茎花青苷显色

性状 8：茎茸毛

茎花青苷显色和茸毛应观测茎上部叶和荚果间的叶片。

性状 9：花蕾花青苷显色

1	2	3
无	仅在基部周围	在基部周围和花蕾上

性状 11：花瓣斑纹

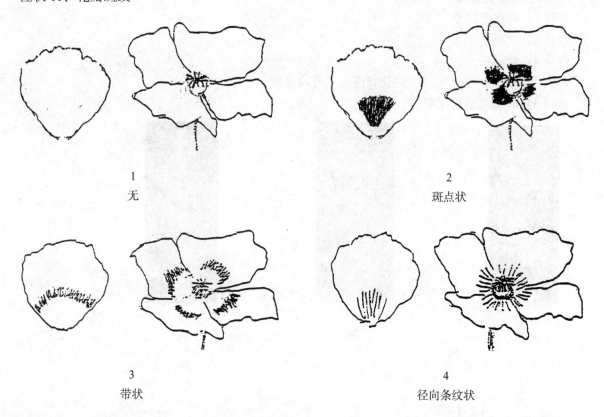

| 1 无 | 2 斑点状 |

| 3 带状 | 4 径向条纹状 |

性状 13：花瓣斑纹从基部扩展范围
应测量花瓣最宽部位。

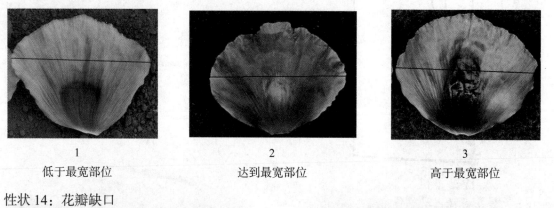

| 1 低于最宽部位 | 2 达到最宽部位 | 3 高于最宽部位 |

性状 14：花瓣缺口

| 1 无 | 9 有 |

性状 18：荚果纵剖面形状

	←最宽部分→	
	中间以下	居中
宽（低）←宽度（长宽比）→窄（高）		 5 椭圆形
	 1 卵圆形	
		 4 圆形
		 3 圆柱形
		 2 扁圆形

←最宽部分→

性状 19：荚果基部形状

性状 20：荚果长度

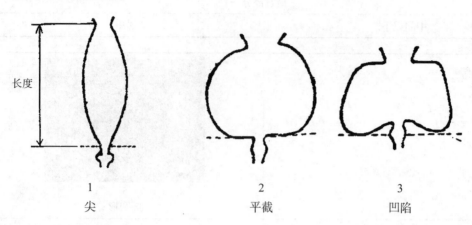

1	2	3
尖	平截	凹陷

性状 22：荚果棱纹

棱纹观测应用手来感触。

性状 23：荚果开裂

观测荚果开裂时应将荚果倒置摇晃。若无种子掉落即荚果不开裂（代码 1），若种子掉落即荚果开裂（代码 2）。

性状 24：柱头形状

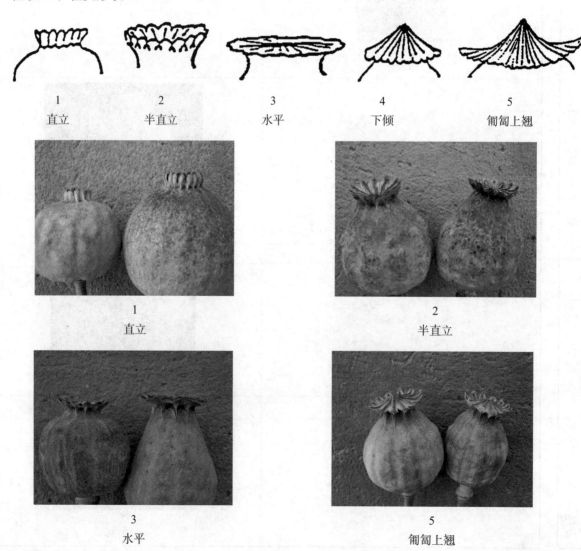

1	2	3	4	5
直立	半直立	水平	下倾	匍匐上翘

1	2
直立	半直立
3	5
水平	匍匐上翘

性状 26：柱头雌蕊先端

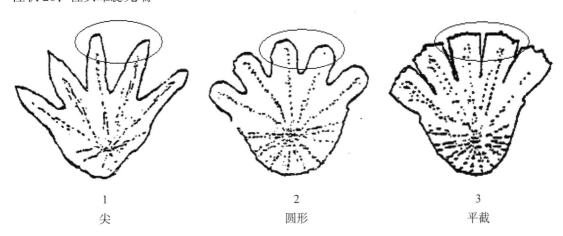

1	2	3
尖	圆形	平截

性状 28：开花期

开花期为主茎第一朵花开放的植株数量达到整个小区总植株数的 10% 时。

性状 29：蒴果吗啡含量

性状 30：蒴果可待因含量

性状 31：蒴果蒂巴因含量

性状 32：蒴果那可汀含量

性状 29 至性状 32 测量取样时，样品应从 2 个重复（每个重复 20 个）选取 40 个带有 1～2 cm 主茎的充分成熟干燥的蒴果。蒴果破碎混合后从中取 100 g（无种子）用于生物碱测定。具体方法如下。

（1）范围

用于测量吗啡、可待因、蒂巴因和罂粟壳中的那可汀含量。

检出限（LOD）：10 mg/kg/ 成分。

定量限（LOQ）：50 mg/kg/ 成分。

（2）原理

样品用每升甲醇含有 1 mL 盐酸的提取液提取。提取物中的生物碱采用 PR C18 柱高效液相色谱 - 质谱法（HPLC-MS）测定。使用外标进行定性和定量测定。

（3）操作步骤

① 样品制备

接收样品称重，风干后使用 0.5 mm 筛进行研磨。

② 提取和提纯

0.2 g 样品加入 100 ml 盐酸 - 甲醇溶液（每升甲醇含 1 mL 盐酸）。在超声波浴中保持 30 min。过滤并将过滤液注入到高效液相色谱柱。

③ 高效液相色谱（HPLC）测定

反相 C18 柱分离后，采用 MS 法（SIM 模式）测定生物碱含量。

● 高效液相色谱（HPLC）条件

下面列出高效液相色谱（HPLC）条件，但如果测出合适的结果，其他条件也可以使用。

色谱柱：NUCLEODUR C-18 Gravity 150*4.6 mm*5 μm 或同等产品。

● 流动相

洗脱液 A：HPLC 级甲醇。

洗脱液 B：每升 HPLC 级水含 2g 醋酸铵。

梯度：0～4 min 70% B，4～14 min 10% B-ig 线性梯度，14～20 min 10% B。

处理时间：5 min。

● 流量

0.9 cm³/min。

● 检测器

MS SIM APCI：2%～20%。

286.0 AMU Positive。

300.0 AMU Positive。

312.0 AMU Positive。

340.0 AMU Positive。

414.0 AMU Positive。

注射体积：2 μL。

对于定性和定量测定使用分析级的盐酸－甲醇（每升甲醇含 1 mL 盐酸）标准溶液。使用外标法（ESTD）进行校准。

扫码下载原文

如扫描二维码无法下载指南原文，可能是指南版本有更新，可扫描本书封底二维码查看与本文对应的指南版本

国际植物新品种保护联盟
植物品种特异性、一致性和稳定性
测试指南

补血草

[*Limonium* Mill.，*Goniolimon* Boiss. 和
Psylliostachys (Jaub. & Spach) Nevski]

1 指南适用范围

本测试指南适用于百花丹科及其杂交种的补血草属所有无性繁殖品种。

• *Goniolimon elatum*（Fisch. ex Spreng.）Boiss. [syn.：*Limonium elatum*（Fisch. ex Spreng.）O. Kuntze]

• *Goniolimon tataricum*（L.）Boiss. [syn.：*Limonium tataricum*（L.）Mill.]

• *Limonium* Mill.，*Psylliostachys suworowii*（Regel）Roshk. [syn.：*Limonium suworowii*（Regel）O. Kuntze]

2 繁殖材料要求

2.1 待测品种测试所需繁殖材料的数量和质量以及繁殖材料提交的时间和地点由主管机构决定。申请人从测试所在国境外提交繁殖材料的，必须确保符合所有海关规定。提交的繁殖材料的数量应不少于25株达到商业标准的幼苗。

2.2 提供的繁殖材料应无病毒且外观健康有活力，未受到任何严重病虫害的影响。最好不是通过离体繁殖的方式获得。

2.3 提交的植物材料不应进行任何处理，除非主管机构允许或要求进行这种处理。如果材料已经处理，必须提供详细的处理情况。

3 测试实施

3.1 测试周期通常为1个生长周期。如果在一个生长周期内不能充分判定特异性和/或一致性，应增加第二个生长周期。

3.2 测试一般在1个地点进行。如果供试品种有任何重要的性状不能在该地表达，该品种可在另一地点测试。

3.3 测试应在保证植株正常生长的条件下开展。小区规模应保证从小区取走部分植株或植株部位用于测量或计数后，不影响生长周期结束前的所有观测。每个试验应保证至少有20个植株。只有当环境条件相似时，才能使用独立的小区进行观测和测量。

3.4 如有特殊需要，可进行附加测试。

4 观测方法

4.1 所有包括测量、称重或计数的观测值均应在10个植株或分别来自10个植株的植株部位进行。

4.2 评价一致性时，对通过杂交育成的品种应采用1%的群体标准和至少95%的接受概率，对通过突变育成的品种应采用2%的群体标准和95%的接受概率。当样本量为20个植株时，最多允许1个异型株。

4.3 除非另有说明，所有观测应在盛花期进行。所有对叶性状的观测应在莲座叶上进行。如果没有莲座叶，观测应在最底部发育完全的叶上进行。

4.4 由于日光变化的原因，在利用比色卡确定颜色时，应在一个合适的有人工光源照明的小室或中午无阳光直射的房间内进行。人工光源的光谱分布应符合CIE"理想日光标准D6500"，且在《英国标准950：第1部分》规定的允许范围内。在鉴定颜色时，应将植株部位置于白色背景上。

5   品种分组

5.1   待测品种应分组种植以便进行特异性评价。适用于分组的性状是已知不会出现变异或者仅在品种内发生轻微变异的性状。这些性状的不同表达状态应十分均匀地分布于品种库中。

5.2   建议主管机构用以下性状进行品种分组。

（a）植株：高度（性状1）。

（b）叶：叶片形状（性状5）。

（c）花序：类型（性状24）。

（d）花萼：主色（性状31）。

（e）花冠：颜色（性状33）。

6   性状和符号

6.1   为评价特异性、一致性和稳定性，应使用性状表中给出的性状及其表达状态。

6.2   为便于电子数据处理，每个性状的表达状态都赋予了相应的代码（数字）。

6.3   到目前为止，仅有极少量真正意义上的品种，因此性状表中只列出了主要植物种和极少量的标准品种。只要获得更多品种，性状表中将列出更多标准品种名称。

6.4   注释

（*）除非前序性状的表达或区域环境条件所限使其无法测试，在测试的每一生长时期，对所有品种都要进行测试的、总要包含在品种描述中的性状。

（+）参见第8部分性状表解释。

7   性状表

性状编号	英文	中文	标准品种	代码
1. （*）	**Plant：height**	**植株：高度**		
	very short	极低		1
	short	短	Goniolimon tartaricum	3
	medium	中	Midnight Blue	5
	tall	高	L. bellidifolium	7
	very tall	极高		9
2.	**Plant：number of inflorescences**	**植株：花序数量**		
	few	少	Superlady	3
	medium	中	MidnMidnight Blue	5
	many	多	Goldmine，White Charm	7
3. （*）	**Leaf：length（petiole included）**	**叶：长度（叶柄除外）**		
	very short	极短	L. minutum	1
	short	短	L. tetragonum	3
	medium	中	Midnight Blue	5
	long	长	L. perezii	7
	very long	极长	Daijenne，Superlady	9

续表

性状编号	英文	中文	标准品种	代码
4. (*)	**Leaf: width**	**叶: 宽度**		
	very narrow	极窄	Goldmine	1
	narrow	窄	Goniolimon tartaricum	3
	medium	中	Midnight Blue	5
	broad	宽	Misty Blue	7
	very broad	极宽	Daijenne	9
5. (*) (+)	**Leaf: shape of blade**	**叶: 叶片形状**		
	elliptic	椭圆形	Goldmine	1
	broad ovate to deltoid	阔卵圆形到三角形	Daibumo	2
	narrow obovate	窄倒卵圆形	Midnight Blue	3
	obovate	倒卵圆形	Misty Blue	4
6. (*)	**Leaf: intensity of green color**	**叶: 绿色程度**		
	light	浅	L. bonduellei	3
	medium	中	L. perezii	5
	dark	深	Goniolimon tartaricum	7
7.	**Leaf: glossiness**	**叶: 光泽度**		
	weak	弱	L. bellidifolium	
	medium	中	L. perezii	
	strong	强	Goniolimon tartaricum	
8.	**Leaf: hairiness**	**叶: 茸毛**		
	absent	无	Daibumo, Emille	1
	present	有	Early Blue Birds, White Charm	9
9.	**Leaf: density of hairiness on upper side**	**叶: 上表面茸毛密度**		
	spare	疏	L. bonduellei	3
	medium	中	Midnight Blue	5
	dense	密		7
10.	**Leaf: density of hairs on margin**	**叶: 边缘茸毛密度**		
	very sparse	极疏	Emille, Superlady	1
	sparse	疏	The Blues	3
	medium	中	Crystal Pink	5
	dense	密	White Charm	7
11.	**Leaf: undulation of margin**	**叶: 边缘波状程度**		
	absent or very weak	无或极弱	Daidelft	1
	weak	弱		3
	medium	中	Avignon	5
	strong	强	Goldmine	7
	very strong	极强		9
12.	**Leaf: lobing**	**叶: 裂刻**		
	absent	无	Emille, Goldmine	1
	present	有	Crystal Dark Blue	9
13. (*)	**Leaf: intensity of lobing**	**叶: 裂刻深度**		
	very weak	极弱	L. altaica	1
	weak	弱	L. bonduellei	3
	medium	中	Midnight Blue	5
	strong	强	White Charm	7
	very strong	极强		9
14.	**Petiole: presence**	**叶柄: 有无**		
	absent	无	Goldmine, Superlady	1
	present	有	Daibumo	9

性状编号	英文	中文	标准品种	代码
15.	**Petiole：length**	**叶柄：长度**		
	very short	极短	Misty Blue	1
	short	短	Miochar	3
	medium	中	Emille	5
	long	长	Daijenne，Pioneer	7
	very long	极长		9
16.	**Petiole：intensity of anthocyanin coloration**	**叶柄：花青苷显色程度**		
	absent or very weak	无或极弱		1
	weak	弱	Avignon，Euro Blue	3
	medium	中	Misty Blue	5
	strong	强	Daicean，Pioneer	7
	very strong	极强		9
17.（*）	**Inflorescence：stem leaves**	**花序：茎叶**		
	absent	无	Avignon，Emille	1
	present	有	Misty Blue	9
18.（*）	**Inflorescence：length of peduncle**	**花序：花序梗长度**		
	short	短	Emille	3
	medium	中	Goldmine	5
	long	长	Misty Blue	7
19.	**Inflorescence：thickness of peduncle**	**花序：花序梗粗度**		
	thin	细	Goldmine	3
	medium	中	Emille	5
	thick	粗	Daijenne	7
20.	**Inflorescence：hairiness of peduncle**	**花序：花序梗茸毛**		
	absent or very sparse	无或极疏	Emille	1
	sparse	疏	Daiblue，Rose Light	3
	medium	中	Midnight Blue	5
	dense	密		7
	very dense	极密	Early Blue Birds	9
21.（*）	**Inflorescence：width of wing of peduncle（at central third）**	**花序：花序梗翼宽度（中部1/3处）**		
	absent or very narrow	无或极窄	Daijenne，Misty Blue，St. Pierre	1
	narrow	窄	Daimarin	3
	medium	中	Midnight Blue	5
	broad	宽	Early Blue Birds	7
	very broad	极宽		9
22.	**Inflorescence：degree of undulation of margin of wing of peduncle**	**花序：花序梗翼边缘波状程度**		
	absent or very weak	无或极弱		1
	weak	弱	Pink Birds	3
	medium	中	Daipink	5
	strong	强	Early Blue Birds	7
	very strong	极强	Violet Birds	9
23.	**Inflorescence：length of stipules at first branch**	**花序：一级分枝上托叶长度**		
	absent or very shotr	无或极短	Avignon，Emille	1
	short	短	Daimarin	3
	medium	中	Daiblue	5
	long	长	Violet Birds	7
	very long	极长		9

续表

性状编号	英文	中文	标准品种	代码
24. （*） （+）	**Inflorescence: type**	花序：类型		
	type Ⅰ	类型Ⅰ	Très Bien	1
	type Ⅱ	类型Ⅱ	Midnight Blue	2
	type Ⅲ	类型Ⅲ	L. perezii	3
	type Ⅳ	类型Ⅳ	Emille	4
	type Ⅴ	类型Ⅴ	L. bellidifolium	5
	type Ⅵ	类型Ⅵ	P. suworowii	6
25.	**Inflorescence: degree of ramification of peduncle**	花序：花序梗分枝程度		
	very weak	极弱	Superlady	1
	weak	弱	Daisplash	3
	medium	中	Emille	5
	strong	强	Misty Blue	7
	very strong	极强		9
26. （*）	**Inflorescence: attitude of lateral branches**	花序：侧枝姿态		
	erect	直立	Midnight Blue	1
	semi-erect	半直立	Emille	3
	horizontal	水平	Goniolimon tartaricum	5
27. （*）	**Inflorescence: number of flowers**	花序：花数量		
	few	少	Gold Coast	3
	medium	中	Midnight Blue	5
	many	多	L. latifolium	7
28.	**Calyx: length**	花萼：长度		
	short	短	Emille, Misty Blue	3
	medium	中		5
	long	长	Violet Birds, White Charm	7
29. （*）	**Calyx: diameter**	花萼：直径		
	small	小	Emille	3
	medium	中	Superlady, Violet Birds	5
	large	大	Ballerina Rose	7
30. （*） （+）	**Calyx: type**	花萼：类型		
	campanulate	钟状	Emille	1
	funnel shaped	漏斗状	Midnight Blue	2
	open campanulate	开裂钟状	Très Bien	3
31. （*）	**Calyx: main color**	花萼：主色		
	RHS Colour Chart（indicate reference number）	RHS 比色卡（注明参考色号）		
32.	**Corolla: size**	花冠：大小		
	small	小	Misty Blue	3
	medium	中	Emille	5
	large	大	Early Blue Birds, Violet Birds	7
33. （*）	**Corolla: color**	花冠：颜色		
	RHS Colour Chart（indicate reference number）	RHS 比色卡（注明参考色号）		
34.	**Flower: position of stigma relative to anthers**	花：雄蕊相对于花药的位置		
	above	高于		1
	same level	平齐	Daiceau	2
	below	低于	Misty Blue	3

续表

性状编号	英文	中文	标准品种	代码
35.（+）	**Stigma：type**	雄蕊：类型		
	cob type	圆块状	Oceanic Blue	1
	papillate type	乳突状	Misty Pink	2
	capitate type	头状		3
36.	**Flower：fragrance**	花：香味		
	absent	无	Crystal Dark Blue	1
	present	有	Superlady	9
37.（*）	**Time of beginning of flowering**	始花期		
	early	早	Early Blue	3
	medium	中	Daiblue，Emille	5
	late	晚	Miochar	7

8 性状表解释

性状 5：叶片形状

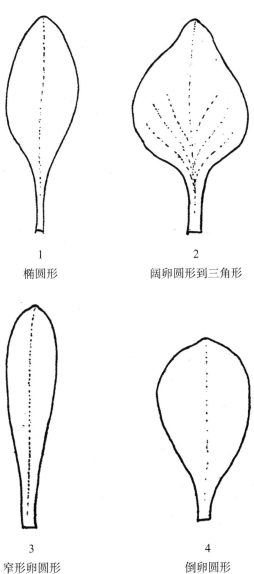

1	2
椭圆形	阔卵圆形到三角形

3	4
窄形卵圆形	倒卵圆形

性状 24：花序类型

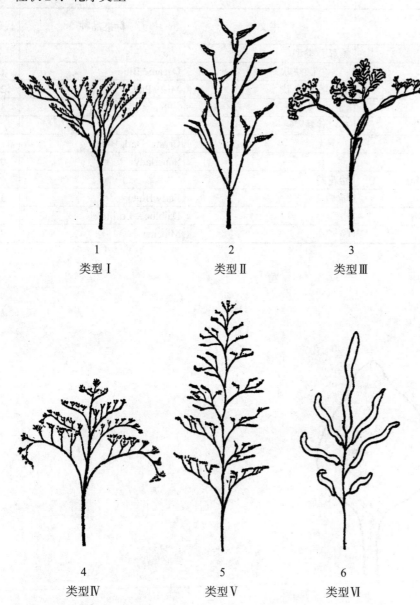

1	2	3
类型 I	类型 II	类型 III

4	5	6
类型 IV	类型 V	类型 VI

性状 30：花萼类型

1
钟状

2
漏斗状

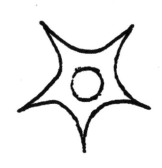 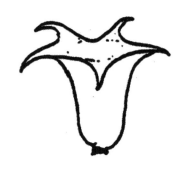

3
开裂钟状

扫码下载原文

如扫描二维码无法下载指南原文，可能是指南版本有更新，可扫描本书封底二维码查看与本文对应的指南版本

性状 35：雄蕊类型

1   2   3
圆块状   乳突状   头状

TG/171/3
原文：英文
日期：1999-03-24

国际植物新品种保护联盟
植物品种特异性、一致性和稳定性测试指南

垂叶榕

（*Ficus benjamina* L.）

1　指南适用范围

本指南适用于桑科垂叶榕（*Ficus benjamina* L.）所有无性繁殖的品种。

2　繁殖材料要求

2.1　待测品种测试所需繁殖材料的数量和质量以及繁殖材料提交的时间和地点由主管机构决定。申请人从测试所在国境外提交繁殖材料的，必须确保符合所有海关规定。提交的繁殖材料的数量应不少于25 株商品化标准的插条苗。

2.2　提供的繁殖材料应外观健康有活力，未受到任何严重病虫害的影响。并且不能是组织培养所获得的材料。

2.3　提交的繁殖材料不得进行任何可能影响品种性状表达的处理，除非主管机构允许或要求进行这种处理。如果材料已经处理，必须提供相关处理的详细情况。

3　测试实施

3.1　测试通常进行 1 个生长周期。如果 1 个生长周期不能充分满足特异性和 / 或一致性的测试需求，测试应延长至第二个生长周期。

3.2　测试一般在 1 个地点进行。如果供试品种有任何重要的性状不能在该地表达，该品种可在另一地点测试。

3.3　试验条件应能确保品种的正常生长（温度 20～22℃，相对湿度 70%～90%）。试验小区应满足因测量或计数等需要，从小区取走部分植株或植株部位后，不影响生长周期结束前的所有观测。每个试验应包括 25 个植株。只有在当环境条件相似时，才能使用分开种植的小区进行观测。

3.4　如有特殊需要，可进行附加测试。

4　方法和观测

4.1　所有测量，称重或计数的观测都在 6～8 月龄的 10 个植株或来自 10 个植株的植株部位上进行。

4.2　一致性评价时，采用 1% 的群体标准和 95% 的接受概率。当样本量为 25 个时，最多允许有 1 个异型株。

4.3　所有嫩叶和托叶的观测应在枝条近远端的发育完全的嫩叶上进行。所有成熟叶的观测应在枝条中部叶片上进行。颜色应观测上表面。

4.4　由于日光变化的原因，在利用比色卡确定颜色时应在一个合适的有人工光源照明的小室或中午无阳光直射的房间内进行。人工光源的光谱分布应符合 CIE "理想日光标准 D6500"，且在《英国标准950：第 1 部分》规定的允许范围内。在鉴定颜色时，应将植株部位置于白色背景前。

5　品种分组

5.1　试验品种应分组种植以便进行特异性评价。适用于分组的性状是已知不会出现变异，或者仅在品种内发生轻微变异的性状。这些性状的不同表达状态应十分均匀地分布于品种库中。

5.2　以下性状已被确认为有用的分组性状。

（a）植株：生长习性（性状 1）。

（b）叶片：长度（性状 17）。

（c）叶片：颜色数量（性状 21）。

（d）叶片：成熟叶颜色（仅适用于只有 1 种叶片颜色的品种）（性状 23）。

（e）叶片：成熟叶底色（仅适用于有 2 种或 2 种以上叶片颜色品种）（性状 27）。

（f）叶片：成熟叶次色（仅适用于有 2 种或 2 种以上叶片颜色品种）（性状 28）。

6 性状和代码

6.1 评价特异性、一致性和稳定性时，需使用性状表中列出的性状及其表达状态。

6.2 为便于电子数据处理，每个性状的表达状态都赋予了相应的代码（数字）。

6.3 注释

（*）星号性状在所有品种的整个测试周期中都必须采用，且通常包含在品种描述中，除非该性状的表达或区域环境条件所限使其无法测试。

（+）对性状表的解释见第 8 部分。

7 性状表

性状编号	英文	中文	标准品种	代码
1.（*）	**Plant：growth habit**	植株：**生长习性**		
	upright	直立	Natasja	1
	semi-upright	半直立	Foliole，Reginald	2
	horizontal	水平	Rianne	3
	semi-drooping	半下弯		4
2.	**Plant：inner angle of lateral shoots to main stem**	植株：**侧枝与主茎的夹角**		
	narrow acute	窄锐角		1
	broad acute	宽锐角	Esther	2
	right angle	直角	Mikki，Wianda	3
	obtuse	钝角	Rianne	4
3.（*）	**Plant：attitude of tip of shoot**	植株：**枝条尖端姿态**		
	erect	直立	Natasja，Pandora	1
	semi-erect	半直立	Fiwama	3
	horizontal	水平	Mikki，Starlight	5
	semi-drooping	半下弯	Vivian	7
	drooping	下弯	Exotica	9
4.（*）	**Plant：length of internodes（at middle third of stem）**	植株：**节间长度（主茎中部 1/3 处）**		
	very short	极短	Minetta，Pandora	1
	short	短	Marole，Natasja	3
	medium	中	Danielle，Reginald	5
	long	长	Esther，Exotica	7
	very long	极长	Foliole	9
5.	**Plant：color of young stem**	植株：**嫩茎颜色**		
	light green	浅绿色	Minetta	1
	medium green	中等绿色	Foliole	2
	greyish green	泛灰绿色	Citation，Rianne	3
	brownish green	泛棕绿色	Crespada，Starlight	4
	greyish brown	泛灰棕色	Fiwama，Wianda	5
	reddish brown	泛红棕色	Bundy，Esther	6

性状编号	英文	中文	标准品种	代码
6.（＊）	**Plant：color of older stem**	植株：老茎颜色		
	grey green	灰绿色	Crespada，Reginald	1
	light greyish brown	浅灰棕色	Nikita，Nina，Profit	2
	light brown	浅棕色	Francis	3
	medium brown	中等棕色	Exotica	4
	reddish brown	泛红棕色	Danielle，Foliole	5
7.	**Stem：torsion**	茎：扭曲		
	absent	无	Exotica，Reginald	1
	present	有	Crespada，Rianne	9
8.	**Stem：degree of torsion**	茎：扭曲程度		
	weak	弱	Wianda	3
	medium	中	Crespada	5
	strong	强	Rianne	7
9.	**Stipule：size**	托叶：大小		
	small	小	Fiwama，Minetta	3
	medium	中	Monique，Natasja	5
	large	大	Esther，Exotica	7
10.（＊）	**Stipule：color**	托叶：颜色		
	transparent greenish white	透明绿白色	Monique	1
	yellowish white	黄白色	De Gantel，Profit	2
	light yellowish green	浅黄绿色	Esther，Reginald	3
	light green	浅绿色	Francis，Jennifer	4
11.	**Stipule：color flush of tip**	托叶：尖端色变		
	absent	无	Danielle	1
	present	有	Esther，Jennifer，Profit	9
12.	**Stipule：hue of color flush of tip**	托叶：尖端色变的颜色		
	reddish	泛红色	Profit	1
	brownish red	泛棕红色	Jennifer	2
	purplish red	泛紫红色	Esther，Reginald	3
13.（＊）	**Petiole：length**	叶柄：长度		
	short	短	Minetta，Pandora	3
	medium	中	Natasja，Natura	5
	long	长	Mandy，Exotica	7
14.	**Petiole：color**	叶柄：颜色		
	light green	浅绿色	Jennifer，Profit	1
	medium green	中等绿色	Francis，De Gantel	2
	dark green	深绿色		3
	greyish green	泛灰绿色	Marole，Monique	4
	brownish green	泛棕绿色	Mandy，Reginald	5
15.	**Petiole：color flush in young stage**	叶柄：幼嫩时色变		
	absent	无	Natasja，Rianne	1
	present	有	Marole，De Gantel	9
16.	**Petiole：hue of color of flush in young stage**	叶柄：幼嫩时色变的颜色		
	light brownish red	浅棕红色	Reginald	1
	brownish	泛棕色	Marole，Mikki	2
	reddish brown	泛红棕色	Exotica，Jennifer	3

性状编号	英文	中文	标准品种	代码
17. (*)	**Leaf blade：length**	叶片：长度		
	very short	极短	Minetta	1
	short	短	Nina	3
	medium	中	Marole，Mikki	5
	long	长	Ester，Exotica	7
	very long	极长	Foliole	9
18. (*)	**Leaf blade：width**	叶片：宽度		
	very narrow	极窄	Minetta	1
	narrow	窄	Nikita，Nina	3
	medium	中	Exotic Monique，Foliole	5
	broad	宽	Exotica	7
	very broad	极宽	Naomi Beauty	9
19. (*) (+)	**Leaf blade：shape**	叶片：形状		
	narrow elliptic	窄椭圆形	Foliole，Pandora	1
	elliptic	椭圆形	Exotic Monique，Jennifer	2
	broad elliptic or broad ovate	阔椭圆形或阔卵圆形	Esther，Francis	3
	ovate	卵形	Golden King	4
20.	**Leaf blade：symmetry**	叶片：对称性		
	asymmetric	非对称	De Gantel，Profit	1
	symmetric	对称	Exotica，Reginald	2
21. (*)	**Leaf blade：number of colors**	叶片：颜色数量		
	one	1 种	Esther，Exotica	1
	two	2 种	Reginald，Vivian	2
	three or more	3 种或以上	Francis，Starlight	3
22.	**Varieties with single-colored leaf only：Leaf blade：color of young leaf**	叶片：嫩叶颜色（仅适用于只有 1 种叶片颜色的品种）		
	yellowish green	泛黄绿色	Esther，Esther Gold	1
	light green	浅绿色	Mikki	2
	medium green	中等绿色	Danielle，Exotica	3
	greyish green	泛灰绿色	Mandy	4
	dark green	深绿色	Foliole	5
	very dark green	极深绿色		6
23. (*)	**Varieties with single-colored leaf only：Leaf blade：color of mature leaf**	叶片：成熟叶颜色（仅适用于只有 1 种叶片颜色的品种）		
	yellowish green	泛黄绿色	Esther Gold	1
	light green	浅绿色	Esther	2
	medium green	中等绿色	Mikki	3
	greyish green	泛灰绿色	Jennifer，Mandy	4
	dark green	深绿色	Exotica，Minetta	5
	very dark green	极深绿色	Danielle	6
24.	**Varieties with bi- or multicolored leaf only：Leaf blade：border between colors**	叶片：不同颜色的边界（仅适用于有 2 种或 2 种以上叶片颜色的品种）		
	not clearly defined	界线不清晰	Exotic Monique，Starlight	1
	clearly defined	界线清晰	Deborah，Profit	2

性状编号	英文	中文	标准品种	代码
25.	**Varieties with bi- or multicolored leaf only：Leaf blade：regularity of color patches**	叶片：色斑的规则性（仅适用于有 2 种或 2 种以上叶片颜色的品种）		
	irregular	不规则	De Gantel，Reginald	1
	regular	规则	Fiwama，Nikita	2
26.	**Varieties with bi- or multicolored leaf only：Leaf blade：ground color of young leaf**	叶片：嫩叶的底色（仅适用于有 2 种或 2 种以上叶片颜色的品种）		
	yellowish white	泛黄白色	Curly，Samantha	1
	light yellowish green	浅黄绿色	Monique，Reginald	2
	light green	浅绿色	Golden King，Marole	3
	medium green	中等绿色	Exotic Monique	4
	greyish green	泛灰绿色	Jennifer	5
	dark green	深绿色		6
	very dark green	极深绿色		7
27.（＊）	**Varieties with bi- or multicolored leaf only：Leaf blade：ground color of mature leaf**	叶片：成熟叶的底色（仅适用于有 2 种或 2 种以上叶片颜色的品种）		
	yellowish white	泛黄白色	Curly	1
	light yellowish green	浅黄绿色	Reginald	2
	light green	浅绿色	Deborah	3
	medium green	中等绿色	Marole，Nightingale	4
	greyish green	泛灰绿色	Fiwama，Jennifer	5
	dark green	深绿色	De Gantel	6
	very dark green	极深绿色	Vivian	7
28.（＊）	**Varieties with bi- or multicolored leaf only：Leaf blade：secondary color**	叶片：次色（仅适用于有 2 种或 2 种以上叶片颜色的品种）		
	yellowish white	泛黄白色	Profit，Starlight	1
	light yellowish green	浅黄绿色	Golden King，Marole	2
	light green	浅绿色		3
	medium green	中等绿色		4
	greyish green	泛灰绿色		5
	dark green	深绿色	Bundy，Exotic Monique	6
	very dark green	极深绿色		7
29.（＊）	**Varieties with bi- or multicolored leaf only：Leaf blade：distribution of secondary color**	叶片：次色的分布（仅适用于有 2 种或 2 种以上叶片颜色的品种）		
	near main vein	近主脉	Reginald，Vivian	1
	near margin	近边缘	Golden King，Profit	2
	randomly spread	随机散布	Mandy	3
30.	**Varieties with multicolored leaf only：Leaf blade：tertiary color**	叶片：第三种颜色（仅适用于有 3 种叶片颜色的品种）		
	yellowish white	泛黄白色	Jennifer	1
	light yellowish green	浅黄绿色		2
	light green	浅绿色		3
	medium green	中等绿色		4
	greyish green	泛灰绿色	De Gantel，Profit	5
	dark green	深绿色		6

续表

性状编号	英文	中文	标准品种	代码
31. （*）	Varieties with bi- or multicolored leaf only：Leaf blade： area of ground color compared to area of other color（s）	叶片：相对于其他颜色的区域底色区域的大小（仅适用于有2种或2种以上叶片颜色的品种）		
	very small	极小	Samantha	1
	small	小		3
	medium	中	Francis	5
	large	大	Nina	7
	very large	极大	Jennifer，Nikita	9
32.	Leaf blade： color of main vein	叶片：主脉颜色		
	yellowish white	泛黄白色	De Gantel，Profit	1
	yellowish	泛黄的	Jennifer，Reginald	2
	light green	浅绿色	Marjolein	3
	medium green	中等绿色	Crespada，Exotica	4
	dark green	深绿色		5
33.	Leaf blade： degree of color contrast of venation	叶片：相对于叶脉颜色的程度		
	weak	弱	Natasja，Vivian	3
	medium	中	De Gantel，Nina	5
	strong	强	Francis，Jennifer	7
34. （*）	Leaf blade： glossiness	叶片：光泽		
	weak	弱	Fiwama，Nikita	3
	medium	中	Exotic Monique	5
	strong	强	Lydia，Mikki	7
35. （*） （+）	Leaf blade： length of tip relative to total length	叶片：尖端相对于总叶的长度		
	short	短	Fiwama，De Gantel	3
	medium	中	Francis	5
	long	长	Esther Gold，Norman S	7
36.	Leaf blade： conspicuousness of crystal cells	叶片：晶体细胞的明显度		
	absent or very weakly conspicuous	无或极弱	Francis，Starlight	1
	weakly conspicuous	略明显	Esther，Natasja	2
	strongly conspicuous	极明显	Crespada，Reginald	3
37. （*）	Leaf blade： shape in cross section	叶片：横截面的形状		
	concave	内卷	Citation	1
	flat	平展	Danielle，Exotica	2
	convex	反卷	Lydia	3
38.	Leaf blade： curvature of longitudinal axis	叶片：纵切面弯曲		
	incurved	内弯		1
	straight	平展	Exotica，Golden King	2
	recurved	外弯	Citation	3
39.	Leaf blade： torsion along main vein	叶片：沿主脉扭曲		
	absent	无	Exotica	1
	present	有	Pandora	9
40. （*）	Leaf blade： undulation of margin（number）	叶片：边缘波状（数量）		
	absent or very weak	无或极弱	Lydia	1
	weak	弱	Bundy，Vivian	3
	medium	中	Deborah	5
	strong	强	Exotic Monique	7
	very strong	极强		9

8　性状表解释

性状 19：叶片形状

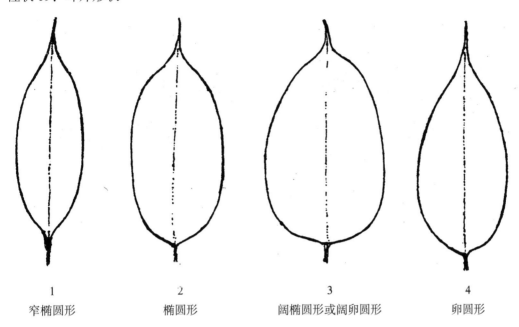

1	2	3	4
窄椭圆形	椭圆形	阔椭圆形或阔卵圆形	卵圆形

性状 35：叶片尖端相对于总叶的长度

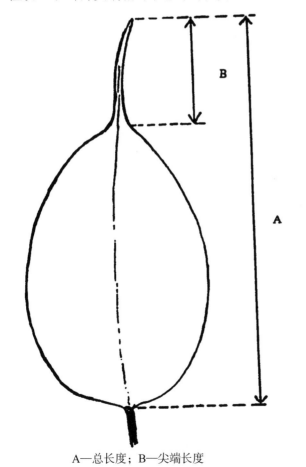

A—总长度；B—尖端长度

TG/174/3
原文：英文
日期：2000-04-05

国际植物新品种保护联盟
植物品种特异性、一致性和稳定性
测试指南

鸢尾

（*Iris* L.）

1 指南适用范围

本测试指南适用于鸢尾科鸢尾属（*Iris* L.）的所有球根类品种。包括 the Xiphion group [*Iris bakeriana* M. Foster，*Iris boissieri* Henriq.，*Iris danfordiae*（Bak.）Boiss.，*Iris filifolia* Boiss.，*Iris histrio* Rchb.，*Iris histrioides*（G.F. Wils.）S. Arnott，*Iris juncea* Poir.，*Iris reticulata* M.B.，*Iris tingitana* Boiss. et Reut.，*Iris vartanii* M. Foster，*Iris winogradowii* Fomin.，*Iris xiphium* L.]。

2 繁殖材料要求

2.1 待测品种测试所需繁殖材料的数量和质量以及繁殖材料提交的时间和地点由主管机构决定。申请人从测试所在国境外提交繁殖材料的，必须确保符合所有海关规定。申请者提供的繁殖材料最少为30个球根。

2.2 提交的繁殖材料应外观健康有活力，未受到任何严重病虫害影响。最好不要提供离体培养的球根。

2.3 提交的植物材料不应进行任何处理，除非主管机构允许或要求进行这种处理。如果材料已经处理，必须提供处理的详细情况。

3 测试实施

3.1 测试周期通常为 1 个生长周期。如果 1 个生长周期不足以充分判定特异性和／或一致性，则需延长至第二个生长周期。

3.2 测试通常在 1 个地点进行。如果待测品种有某些重要性状在该地点不能表达，可在其他符合条件的地点对其进行观测。

3.3 测试的条件应能满足品种正常生长的需要，以确保品种相关性状充分表达和测试的顺利开展。试验设计应保证因测量或计数等需要，从小区取走部分植株或植株部位后，不影响生长周期结束时的性状观测。每个测试应种植至少 30 个植株。只有当环境条件相似时才能采用单个小区进行种植观测。

3.4 如有特殊需要，可进行附加测试。

4 观测方法

4.1 观测样本应为 10 个植株或分别从 10 个植株取下的植株部位。

4.2 一致性判定时，采用 2% 的群体标准和至少 95% 的接受概率。当样本量为 30 个时，最多可以允许有 2 个异型株。

4.3 由于日光会发生变化，在利用比色卡确定颜色时，应在一个合适的有人工光源照明的小室或中午无阳光直射的房间内进行。人工光源光谱分布应符合 CIE "理想日光标准 D6500"，且在《英国标准950：第 1 部分》的允许范围之内。在鉴定颜色时，应将植株部位置于白色背景上。

5. 品种分组

5.1 待测品种应分组种植以便进行特异性评价。适用于分组的性状是基于经验已知不会出现变异或者仅在品种内发生轻微变异的性状。这些性状的不同表达状态应十分均匀地分布于品种库的品种中。

5.2 建议主管机构采用以下性状作为分组性状。

（a）花蕾：颜色（性状 6）。

（b）花：颜色数量（性状 8）。

6　性状和符号

6.1　为评价特异性、一致性和稳定性，应使用性状表中给出的性状及其表达状态。

6.2　为便于电子数据处理，每个性状的表达状态都赋予了相应的代码（数字）。

6.3　**注释**

（*）除非前序性状的表达或区域环境条件所限使其无法测试，在测试的每一个生长时期，对所有品种都要进行测试的、并用于品种描述中的性状。

（+）参见第 8 部分性状表解释。

7　性状表

性状编号	英文	中文	标准品种	代码
1.	**Leaf：width**	叶：宽度		
	narrow	窄	Carmen	3
	medium	中	Saturnus	5
	broad	宽	Paris	7
2.	**Leaf：color**	叶：颜色		
	light green	浅绿色		1
	medium green	中等绿色		2
	dark green	深绿色		3
	blue green	蓝绿色		4
3.（*）	**Leaf：profile in cross section**	叶：横截面形状		
	straight	平直	Paris	1
	U-shaped	"U"形	Pickwick	2
	V-shaped	"V"形	Telstar	3
	square	方形		4
4.（*）	**Peduncle：length**	花梗：长度		
	short	短	Carmen	3
	medium	中	White Wedgewood	5
	long	长	Saturnus	7
5.	**Peduncle：thickness**	花梗：粗度		
	thin	细	Carmen	3
	medium	中	Saturnus	5
	thick	粗		7
6.（*）	**Flower bud：color**	花蕾：颜色		
	white or near white	白色或近白色	White Bridge	1
	yellow	黄色	Golden Emperor	2
	blue	蓝色	Professor Blauw	3
7.（*）	**Flower：size**	花：大小		
	small	小		3
	medium	中	White Wedgewood	5
	large	大	Apollo	7

性状编号	英文	中文	标准品种	代码
8.（*）	**Flower：number of colors**	花：颜色数量		
	one	1 种	White Bridge	1
	two	2 种	Apollo	2
	three	3 种	Gipsy Beauty	3
	more than three	多于 3 种		4
9.	**Perianth tube：length**	花被管：长度		
	short	短		3
	medium	中	Apollo	5
	long	长	Paris	7
10.	**Outer tepal：width of blade**	外花被片：宽度		
	narrow	窄	White Wedgewood	3
	medium	中	Apollo	5
	broad	宽	Paris	7
11.（*）	**Outer tepal：shape of blade**	外花被片：形状		
	elliptic	椭圆形		1
	circular	圆形	Apollo	2
	ovate	卵圆形	Paris	3
	obovate	倒卵圆形	Telstar	4
12.（*）	**Outer tepal：recurving of blade compared to claw**	外花被片：相对于瓣爪外弯程度		
	weak	弱	Golden Emperor	3
	medium	中	White Wedgewood	5
	strong	强	Apollo	7
13.（*）	**Outer tepal：ground color of upper side of blade**	外花被片：上表面基色		
	RHS Colour Chart（indicate reference number）	RHS 比色卡（注明参考色号）		
14.	**Outer tepal：crenation of margin of blade**	外花被片：边缘锯齿状程度		
	weak	弱	Apollo	3
	medium	中		5
	strong	强		7
15.	**Outer tepal：conspicuousness of veins on upper side**	外花被片：上表面脉纹明显程度		
	weak	弱	Saturnus	3
	medium	中	Ideal	5
	strong	强	Apollo Blue	7
16.（*）	**Outer tepal：size of spot on blade**	外花被片：斑大小		
	small	小	Otzi Fischer	3
	medium	中	Saturnus	5
	large	大	Apollo Blue	7
17.（*）	**Outer tepal：color of spot on blade**	外花被片：斑颜色		
	RHS Colour Chart（indicate reference number）	RHS 比色卡（注明参考色号）		

续表

性状编号	英文	中文	标准品种	代码
18.（*）	**Outer tepal：shape of tip of spot on blade**	外花被片：斑尖端形状		
	acute	锐尖	Paris	1
	rounded	圆形	White Wedgewood	2
	flame-like	火焰状	Apollo	3
19.	**Outer tepal：width of claw**	外花被片：瓣爪宽度		
	narrow	窄	White Wedgewood	3
	medium	中	Apollo	5
	broad	宽	Amber Beauty	7
20.	**Outer tepal：ground color of upper side of claw**	外花被片：瓣爪上表面基色		
	RHS Colour Chart（indicate reference number）	RHS 比色卡（注明参考色号）		
21.（*）	**Inner tepal：length**	内花被片：长度		
	short	短	White Cloud	3
	medium	中	Paris	5
	long	长	Apollo	7
22.（*）	**Inner tepal：width**	内花被片：宽度		
	narrow	窄	Professor Blauw	3
	medium	中	Paris	5
	broad	宽	Apollo	7
23.（*）	**Inner tepal：shape of blade**	内花被片：形状		
	ovate	卵圆形	White Wedgewood	1
	elliptic	椭圆形	Paris	2
	obovate	倒卵圆形	Apollo	3
24.（*）	**Inner tepal：color**	内花被片：颜色		
	RHS Colour Chart（indicate reference number）	RHS 比色卡（注明参考色号）		
25.（*）	**Inner tepal：shape of tip**	内花被片：尖端形状		
	acute	锐尖	White Wedgewood	1
	rounded	圆形	Apollo	2
	emarginate	微凹	White Bridge	3
26.	**Inner tepal：undulation of margin**	内花被片：边缘波状程度		
	weak	弱	White Bridge	3
	medium	中	Apollo	5
	strong	强		7
27.（*）	**Filament：color**	花丝：颜色		
	white	白色	White Wedgewood	1
	yellowish	泛黄色	Golden Emperor	2
	bluish	泛蓝色	Paris	3
28.	**Anthers：color**	花药：颜色		
	whitish	泛白色	White Wedgewood	1
	yellow	黄色	Golden Emperor	2
	light brown	浅棕色		3

续表

性状编号	英文	中文	标准品种	代码
29.	Pollen：intensity of yellow color	花粉：黄色程度		
	light	浅		3
	medium	中		5
	dark	深		7
30.	Pistil：width of bridge	雌蕊：鳞桥宽度		
	narrow	窄		3
	medium	中	Carmen	5
	broad	宽	Paris	7
31.（*）	Pistil：color of upper side of bridge	雌蕊：鳞桥上表面颜色		
	RHS Colour Chart（indicate reference number）	RHS 比色卡（注明参考色号）		
32.（*）	Crest：length	脊：长度		
	short	短	Carmen	3
	medium	中	White Wedgewood	5
	long	长	Apollo	7
33.（*）	Crest：width	脊：宽度		
	narrow	窄	Carmen	3
	medium	中	White Wedgewood	5
	broad	宽	Apollo	7
34.（*）	Crest：color of upper side	脊：上表面颜色		
	RHS Colour Chart（indicate reference number）	RHS 比色卡（注明参考色号）		
35.	Crest：depth of incisions of margin	脊：边缘裂口深度		
	shallow	浅	Carmen	3
	medium	中	Apollo	5
	deep	深		7
36.（*）	Stigma：color	柱头：颜色		
	white	白色		1
	yellowish	泛黄色		2
	bluish	泛蓝色		3

8 性状表解释

无。

扫码下载原文

TG/175/4

原文：英文

日期：2019-10-29

国际植物新品种保护联盟
植物品种特异性、一致性和稳定性测试指南

袋鼠爪属

UPOV 代码：ANIGO；MACPI_FUL

[*Anigozanthos* Labill.；
Macropidia fuliginosa (Hook.) Druce]

互用名称 *

植物学名称	英文	法文	德文	西班牙文
Anigozanthos Labill., *Anigosanthos* Lemée, orth. var., *Macropidia* J. Drumm. ex Harv.	Kangaroo Paw	Anigozanthos	Känguruhblume	Anigozanthos
Macropidia fuliginosa (Hook.) Druce, *Anigozanthos fuliginosus* Hook.	Black kangaroo-paw			

---

* 这些名称在指南开始使用时是正确的，但随后可能会修改更新。读者可登录 UPOV 网站（www.upov.int），获取最新资料。

1 指南适用范围

本测试指南适用于袋鼠爪属（*Anigozanthos* Labill.）和黑袋鼠爪属 [*Macropidia fuliginosa*（Hook.）Druce] 所有品种。

2 繁殖材料要求

2.1 待测品种繁殖材料的数量和质量要求以及提交的时间和地点由主管机构决定。申请人从测试所在国境外提交繁殖材料的，还应符合海关规定并满足相关植物检疫的要求。

2.2 繁殖材料以幼苗的形式提交。

2.3 申请人提交繁殖材料的最小数量为 10 株幼苗。

2.4 提供的繁殖材料应外观健康有活力，未受到任何严重病虫害影响。

2.5 提交的繁殖材料不得进行任何可能影响品种性状表达的处理，除非主管机构允许或要求进行这种处理。如果材料已经处理，必须提供相关处理的详细情况。

3 测试方法

3.1 测试周期

测试的最少周期数量通常为 1 个生长周期。

3.2 测试地点

测试通常在 1 个地点进行。在 1 个以上地点进行测试时，TGP/9《特异性测试》提供了有关指导。

3.3 测试条件

3.3.1 测试的条件应能满足品种正常生长的需要，以确保品种相关性状充分表达和测试的顺利开展。

3.3.2 由于日光变化的原因，在利用比色卡确定颜色时，应在一个合适的有人工光源照明的小室或中午无阳光直射的房间内进行。人工光源光谱分布应符合 CIE "理想日光标准 D6500"，且在《英国标准 950：第 1 部分》规定的允许范围之内。观测在白背景下进行。品种描述中应指出比色卡及版本。

3.4 试验设计

3.4.1 每个试验应保证至少有 10 个植株。

3.4.2 试验设计应保证因测量或计数等需要，从小区取走部分植株或植株部位后，不影响生长周期结束前的所有观测。

3.5 附加测试

为测试有关性状，可以进行附加测试。

4 特异性、一致性和稳定性评价

4.1 特异性

4.1.1 一般建议

对于本指南的使用者而言，在判定特异性前参照总则特异性判定的一般原则十分重要。但为进一步说明和强调特异性判定，本指南特列出特异性判定的要点。

4.1.2 一致的差异

当观测到的品种之间的差异非常明显时，则没有必要种植 1 个以上生长周期。此外，在某些情况下，环境的影响并不意味着需要 1 个以上的生长周期来保证品种间观测到的差异是足够一致的。为确保在种植试验中所观测到的性状差异是足够一致的，可以对性状进行至少 2 个独立生长周期的测试。

4.1.3　明显的差异

两个品种间的差异是否明显取决于很多因素，特别应考虑所测性状的表达类型，即该性状是质量性状、数量性状还是假质量性状。因此，在作出关于特异性的判定前，本测试指南的使用者应熟悉总则中的建议。

4.1.4　植株 / 植株部位的观测数量

除非另有说明，在判定特异性时，对于单株的观测，应观测 9 个植株或分别从 9 个植株取下的植株部位；对于其他观测，应观测试验中的所有植株。观测时应将异型株排除在外。

4.1.5　观测方法

性状表以如下符号（见 TGP/9《特异性测试》第 4 部分"性状观测"）的形式列出了特异性判定时推荐的性状观测方法。

MG：对一批植株或植株部位进行单次测量。

MS：对一定数量的植株或植株部位进行逐一测量。

VG：对一批植株或植株部位进行单次目测。

VS：对一定数量的植株或植株部位进行逐一目测。

观测类型：目测（V）或测量（M）。

目测（V）是一种基于专家判断的观测方法。本文中的目测是指专家的感官观测，因此，也包括闻、尝和触摸。目测也包括专家使用参照物（例如图表，标准品种，并排比较）或非线性的图表（例如比色卡）的观测。测量（M）是一种基于校准的、线性尺度的客观观测，例如使用尺、秤、色度计、日期和计数等进行观测。

记录类型：群体记录（G）或个体记录（S）。

以特异性为目的的观测，可被记录为一批植株或植株部位的单个记录（G），或者记录为一定数量的单个植株或植株部位的个体记录（S）。多数情况下，群体记录为一个品种提供一个单个记录，因此不可能或者不必要通过逐个植株的统计分析来判定特异性。

如果性状表中提供了不止一种观测方法（如 VG/MG），可以参考 TGP/9《特异性测试》的 4.2 部分选择合适的观测方法。

4.2　一致性

4.2.1　对于本指南的使用者而言，在判定一致性前参照总则一致性判定的一般原则十分重要。但为进一步说明和强调一致性判定，本指南特列出一致性判定的要点。

4.2.2　该指南是为无性繁殖品种而制定。对于其他繁殖类型的品种，应遵循总则和文件 TGP/13《新类型和物种指南》4.5 部分"一致性测试"中的建议。

4.2.3　对于无性繁殖品种，应采用 1% 的群体标准和至少 95% 的接受概率。当样本量为 10 个时，允许有 1 个异型株。

4.3　稳定性

4.3.1　在实际操作中，通常不像测试特异性和一致性那样对稳定性进行测试以得到明确结果。经验表明，对许多类型的品种来说，当一个品种表现一致时，可认为其是稳定的。

4.3.2　适当情况下或者有疑问时，稳定性的测试通过测试一批新的植株，看其性状表现是否与之前提交的材料表现相同。

5　品种分组和试验组织

5.1　使用分组性状可以帮助选择与申请品种一起进行田间种植试验的已知品种，以及对这些品种进行合适分组以便进行特异性评价。

5.2　分组性状表达状态的数据即使来自不同地点，也可以单独或者与其他此类性状联合使用。

（a）用于特异性测试中筛选排除那些不需要安排在种植试验中的已知品种。

（b）用于组织安排种植试验，使近似品种种植在一起。

5.3 以下性状已被确认为有用的分组性状。

（a）植株：高度（性状1）。

（b）花序：分枝（性状8）。

（c）花被管：颜色（性状15）。

（d）花被裂片：反折度（性状20）。

总则和TGP/9《特异性测试》中提供了在特异性审查过程中使用分组性状的指导。

6 性状表介绍

6.1 性状类型

6.1.1 标准指南性状是UPOV已同意用于DUS审查的性状，UPOV成员可以从中选择与其特定环境相适应的性状。

6.1.2 星号性状（用"*"标记）是测试指南中对于形成国际统一的品种描述十分重要的性状，所有UPOV成员都应将其用于DUS测试并包含在品种描述中，除非前序性状的表达或区域环境条件所限使其无法测试。

6.2 表达状态及相应代码

6.2.1 为定义性状和统一描述，将每个性状划分为一系列表达状态。每个表达状态赋予一个相应的数字代码，以便于数据记录，以及品种性状描述的建立和交流。

6.2.2 对于质量性状和假质量性状（6.3），性状表中列出了所有表达状态。但对于有5个或5个以上表达状态的数量性状，可以采用缩略尺度的方法，以缩短性状表格。例如，对于有9个表达状态的数量性状，在测试指南的性状表中可采用以下缩略形式。

表达状态	代码
小	3
中	5
大	7

但是应指出的是，以下9个表达状态都是存在的，应采用适宜的表达状态用于品种的描述。

表达状态	代码
极小	1
极小到小	2
小	3
小到中	4
中	5
中到大	6
大	7
大到极大	8
极大	9

TGP/7《测试指南的研制》中提供了表达状态和代码的更详尽的介绍。

6.3 表达类型

总则中对性状表达类型（质量性状、数量性状和假质量性状）进行了解释。

6.4 标准品种

适当时，测试指南中提供了标准品种用于校正性状的表达状态。

6.5 注释

性状编号	星号性状	英文		中文		标准品种	代码
1	2	3	4	5	6		
		Name of characteristics in English		**性状名称**			
		states of expression		表达状态			

表中 1 为性状编号。

表中 2 为（*）星号性状（6.1.2）。

表中 3 为表达类型。

QL：质量性状（6.3）。

QN：数量性状（6.3）。

PQ：假质量性状（6.3）。

表中 4 为观测方法（和小区类型）：MG、MS、VG、VS（4.1.5）。

表中 5 为（+）性状表解释（8.2）。

表中 6 为（a）～（c）性状表解释（8.1）。

7 性状表

性状编号	星号性状	英文		中文		标准品种	代码
1.	(*)	QN	MG/VG	(+)			
		Plant: height		**植株：高度**			
		short		矮		Firefly, Rambueleg	3
		medium		中		Bush Spark, Dwarf Delight	5
		tall		高		Kings Park Federation Flame	7
2.	(*)	QN	VG				
		Plant: number of inflorescences		**植株：花序数量**			
		few		少		Rambocity, Regal Claw	3
		medium		中		Rambueleg, Regal Red	5
		many		多		Lilac Queen, Red Cross	7
3.		QN	MG/VG	(a)			
		Leaf: length		**叶：长度**			
		short		短		Bush Ranger, Firefly	3
		medium		中		Kings Park Federation Flame, Velvet Harmony	5
		long		长		Amber Velvet, Red Cross	7
4.		QN	MG/VG	(+)	(a)		
		Leaf: width		**叶：宽度**			
		narrow		窄		Bush Pearl, Pink Joey	3
		medium		中		Bush Ranger, Ruby Jools	5
		broad		宽		Rambueleg, Red Cross	7
5.	(*)	QN	VG	(+)	(a)		
		Leaf: attitude		**叶：姿态**			
		erect		直立		Kings Park Federation Flame, Joey Rouge	1
		semi erect		半直立		Bush Spark, Twilight	2
		semi erect to horizontal		半直立到水平		Pixie Paw	3

128

续表

性状编号	星号性状	英文		中文		标准品种	代码
6.		QN	VG		（a）		（a）
		Leaf：glaucosity		叶：蜡粉			
		weak		弱		Gold Velvet	1
		medium		中		Bush Games	2
		strong		强		Bush Emerald，Rambudan	3
7.	（*）	QN	VG		（a）		（a）
		Leaf：hairiness of margin		叶：边缘茸毛			
		absent or weak		无或极弱		Gold Velvet	1
		medium		中		Bush Illusion	2
		strong		强		Rambubona	3
8.	（*）	QL	VG	（+）			
		Inflorescence：ramification		花序：分枝			
		absent		无		Bush Emerald，Bush Games	1
		primary		一级分枝		Bush Nugget，Bush Ranger	2
		secondary		二级分枝		Bush Glow，Gold Velvet	3
		tertiary		三级分枝		Bush Ember，Bush Spark	4
9.	（*）	QN	MG/VG	（+）			
		Inflorescence：length of lowest lateral branch		花序：最低位侧枝长度			
		very short		极短			1
		short		短		Yellow Gem	3
		medium		中		Gold Velvet	5
		long		长			7
		very long		极长		Black Velvet	9
10.	（*）	QN	VG	（+）			
		Inflorescence：number of flowers		花序：花数量			
		few		少		Bush Emerald，Bush Games	3
		medium		中		Dwarf Delight，Rambocano	5
		many		多		Bush Spark，Red Cross	7
11.		PQ	VG				
		Pedicel：color of hairs		花梗：茸毛颜色			
		RHS Colour Chart（indicate reference number）		RHS 比色卡（注明参考色号）			
12.		QN	MG/VG	（+）	（b）		（b）
		Perianth tube：length		花被管：长度			
		short		短		Pixie Paw，Rambueleg	3
		medium		中		Joey Rouge，Rambudan	5
		long		长		Bush Emerald，Bush Games	7
13.		QN	MG/VG	（+）	（b）		（b）
		Perianth tube：width		花被管：宽度			
		narrow		窄		Amber Velvet，Velvet Harmony	3
		medium		中		Dwarf Delight，Rambudan	5
		broad		宽		Bush Games，Space Age	7

续表

性状编号	星号性状	英文		中文		标准品种	代码
14.	（＊）	PQ	VG	（＋）			
		Perianth tube：profile		花被管：外形			
		flared distally		远基端外开		Early Spring，Gold Velvet	1
		broadening evenly		均匀展宽		Bush Ranger	2
		constricted medially		中部收缩		Bush Emerald，Mini Red	3
		parallel		平行		Ramboball	4
		expanded medially		中部展宽		Rambudan	5
15.	（＊）	PQ	VG	（＋）			
		Perianth tube：color		花被管：颜色			
		green		绿色		Joey Fireworks	1
		yellow		黄色		Gold Velvet	2
		orange		橙色		Amber Velvet	3
		pink		粉红色		Bush Pearl	4
		red		红色		Bush Inferno	5
		purple		紫色		Rambodiam	6
		black		黑色			7
16.		QN	VG	（c）			（c）
		Perianth tube hair：number of colors		花被管茸毛：颜色数量			
		one		1 种		Bush Ochre	1
		two		2 种		Bush Nugget	2
		three		3 种		Bush Ember	3
17.		PQ	VG	（c）			（c）
		Perianth tube hair：color of upper third		花被管茸毛：上部 1/3 处颜色			
		RHS Colour Chart（indicate reference number）		RHS 比色卡（注明参考色号）			
18.		PQ	VG	（c）			（c）
		Perianth tube hair：color of middle third		花被管茸毛：中部 1/3 处颜色			
		yellowish white		泛黄白色		Rambodiam	1
		green		绿色		Rambudan	2
		yellow		黄色		Rambubona	3
		orange		橙色		Kings Park Federation Flame	4
		red		红色		Ramboball	5
		reddish purple		泛红紫色		Rambueleg	6
		greyed purple		灰紫色		Regal Velvet	7
		black		黑色		Black Velvet	8
19.		QN	VG	（＋）			
		Perianth lobe：length		花被裂片：长度			
		short		短		Rambueleg	1
		medium		中		Gold Velvet	2
		long		长		Ramboblitz	3
20.	（＊）	QN	VG	（＋）			
		Perianth lobes：reflexing		花被裂片：外翻度			
		absent or very weak		无或极弱		Bush Pearl，Bush Surprise	1
		weak		弱		Bush Glow，Bush Ranger	3
		medium		中		Rambubona	5
		strong		强		Amber Velvet	7
		very strong		极强		Rambudan，Red Cross	9

续表

性状编号	星号性状	英文		中文		标准品种	代码
21.	（＊）	QL	VG	（＋）			
		Flower：number of anthers at top of perianth		花：花被顶部花药数目			
		two		2个		Firefly，Bush Spark	1
		four		4个		Pixie Paw，Rambubona	2
		six		6个		Amber Velvet，Ruby Jools	3
22.		PQ	VG				
		Ovary：color of hairs		子房：茸毛颜色			
		RHS Colour Chart（indicate reference number）		RHS比色卡（注明参考色号）			
23.		QN	VG	（＋）			
		Flower：position of stigma in relation to anthers		花：柱头相对花药位置			
		below		低于		Firefly，Rambubona	1
		same level		平齐		Pixie Paw	2
		above		高于			3
24.		QN	VG	（＋）			
		Time of beginning of flowering		始花期			
		early		早		Amber Velvet	3
		medium		中		Rambubona	5
		late		晚		Ramboneer	7

8　性状表解释

8.1　对多个性状的解释

除非另有说明，所有的性状观测都应在盛花期。性状表包含以下标注的性状应按照下述要求观测：

（a）应当在莲座丛中部 1/3 处叶片完全展开时观察。

（b）花被管长和宽如下图所示。

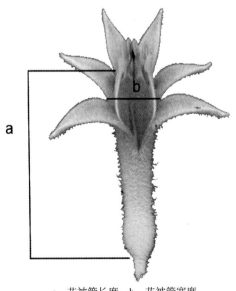

a—花被管长度；b—花被管宽度。

（c）花被管上的单毛可以有 3 个以上的颜色。

8.2 对单个性状的解释

性状 1：植株高度

高度包括花序。

性状 4：叶宽度

应测量叶的最宽处。

性状 5：叶姿态

应当观察叶片基部 1/3 处。

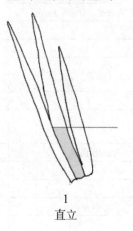　　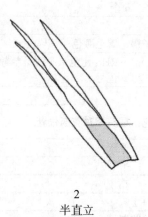　　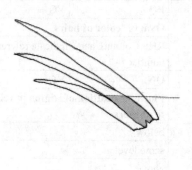

| 1 | 2 | 3 |
| 直立 | 半直立 | 半直立到平展 |

性状 8：花序分枝

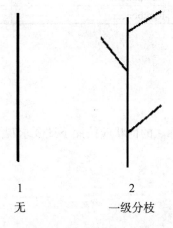　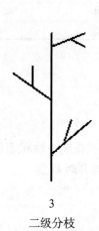　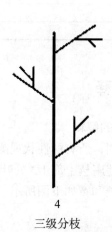

| 1 | 2 | 3 | 4 |
| 无 | 一级分枝 | 二级分枝 | 三级分枝 |

性状 9：花序最低位侧枝长度

性状 10：花序花数量
仅计数长度超过 3 mm 的花。
性状 12：花被管长度
应该观察花被管基部到最上面的花被裂片基部的距离。
性状 13：花被管宽度
应观测花被管基部横截面的宽度。
性状 14：花被管外形

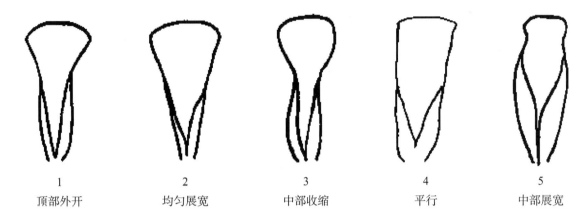

1	2	3	4	5
顶部外开	均匀展宽	中部收缩	平行	中部展宽

性状 15：花被管颜色
要观察整体颜色情况。
性状 19：花被裂片长度
应当测量最长处。
性状 20：花被管反折度

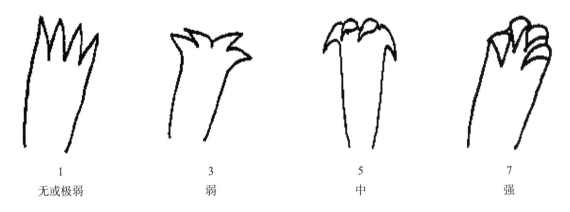

1	3	5	7
无或极弱	弱	中	强

性状 21：花被顶部花药数目

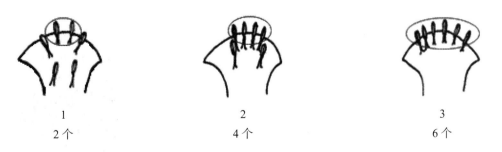

1	2	3
2个	4个	6个

性状 23：花柱头相对花药位置

1	2	3
低于	平齐	高于

性状 24：始花期

10 个植株中至少有 4 个开花则可被认为始花期时期。

国际植物新品种保护联盟
植物品种特异性、一致性和稳定性
测试指南

骨子菊属

UPOV 代码：OSTEO；OSDIM

（ *Osteospermum* L.；及其与 *Dimorphotheca*
Vaill. ex Moench 的杂交种）

互用名称 *

植物学名称	英文	法文	德文	西班牙文
Osteospermum L.	Osteospermum	Ostéospermum	Osteospermum, Kapmargerite, Kapkörbchen	Osteospermum
Osteospermum L.× *Dimorphotheca* Vaill. ex Moench				

---

* 这些名称在指南开始使用时是正确的，但随后可能会修改更新。读者可登录 UPOV 网站（www.upov.int），获取最新资料。

1 指南适用范围

本指南适用于骨子菊属（*Osteospermum* L.）及其与非洲雏菊（*Dimorphotheca* Vaill.）杂交系的所有品种。

2 繁殖材料要求

2.1 待测品种繁殖材料的数量和质量要求以及提交的时间和地点由主管机构决定。申请人从测试所在国境外提交繁殖材料的，还应符合海关规定并满足相关植物检疫的要求。

2.2 繁殖材料以带根扦插苗的形式提交。

2.3 提交繁殖材料的最小数量为 15 株带根扦插苗。

2.4 提供的繁殖材料应外观健康有活力，未受到任何严重病虫害的影响。

2.5 提交的繁殖材料不得进行任何可能影响品种性状表达的处理，除非主管机构允许或要求进行这种处理。如果材料已经处理，必须提供相关处理的详细情况。

3 测试方法

3.1 测试周期

测试的最少周期数量通常为 1 个生长周期。

3.2 测试地点

测试通常在 1 个地点进行。在 1 个以上地点进行测试时，TGP/9《特异性审查》提供了有关指导。

3.3 测试条件

3.3.1 测试的条件应能满足品种正常生长的需要，以确保品种相关性状充分表达和测试的顺利开展。除非另有说明，性状观测的最佳生育期为盛花期。

3.3.2 为避免日光变化的影响，在利用比色卡确定颜色时，应在一个合适的有人工光源照明的小室或中午无阳光直射的房间内进行。人工光源光谱分布应符合 CIE"理想日光标准 D6500"，且在《英国标准 950：第 1 部分》的允许范围之内。在确定颜色时，应将植株部位置于白色背景上。

3.4 试验设计

3.4.1 每个试验应保证至少有 15 个植株。

3.4.2 试验设计应保证因测量或计数等需要，从小区取走部分植株或植株部位后，不影响生长周期结束时的性状观测。

3.5 附加测试

为测试有关性状，可以进行附加测试。

4 特异性、一致性和稳定性评价

4.1 特异性

4.1.1 一般建议

对于本指南的使用者而言，在判定特异性前参照总则特异性判定的一般原则十分重要。但为进一步说明和强调特异性判定，本指南特列出特异性判定的要点。

4.1.2 一致的差异

当观测到的品种之间的差异非常明显时，则没有必要种植 1 个以上生长周期。此外，在某些情况下，环境的影响并不意味着需要 1 个以上的生长周期来保证品种间观察到的差异是足够一致的。为确保在种植试验中所观测到的性状差异是足够一致的，可以对性状进行至少 2 个独立生长周期的测试。

4.1.3　明显的差异

两个品种间的差异是否明显取决于很多因素，特别应考虑所测性状的表达类型，即该性状是质量性状、数量性状还是假质量性状。因此，在作出关于特异性的判定前，本测试指南的使用者应熟悉总则中的建议。

4.1.4　植株 / 植株部位的观测数量

除非另有说明，对于单株的观测，应观测 10 个植株或分别从 10 个植株取下的植株部位；对于其他观测，应观测试验中的所有植株，但异型株除外。

4.1.5　观测方法

性状表第二列以如下符号（见 TGP/9《特异性测试》第 4 部分 "性状观测"）的形式列出了特异性判定时推荐的性状观测方法。

MG：对一批植株或植株部位进行单次测量。

MS：对一定数量的植株或植株部位进行逐一测量。

VG：对一批植株或植株部位进行单次目测。

VS：对一定数量的植株或植株部位进行逐一目测。

观测类型：目测（V）或测量（M）。

目测（V）是一种基于专家判断的观测方法。本文中的目测是指专家的感官观察，因此，也包括闻、尝和触摸。目测也包括专家使用参照物（例如图表，标准品种，并排比较）或非线性的图表（例如比色卡）的观测。测量（M）是一种基于校准的、线性尺度的客观观测，例如使用尺、秤、色度计、日期和计数等进行观测。

记录类型：群体记录（G）或个体记录（S）。

以特异性为目的的观测，可被记录为一批植株或植株部位的单个记录（G），或者记录为一定数量的单个植株或植株部位的个体记录（S）。多数情况下，群体记录为一个品种提供一个单个记录，因此不可能或者不必要通过逐个植株的统计分析来判定特异性。

如果性状表中提供了不止一种观测方法（如 VG/MG），可以参考 TGP/9《特异性测试》的 4.2 部分选择合适的观测方法。

4.2　一致性

4.2.1　对于本指南的使用者而言，在判定一致性前参照总则一致性判定的一般原则十分重要。但为进一步说明和强调一致性判定，本指南特列出一致性判定的要点。

4.2.2　评价一致性时，应采用 1% 的群体标准和至少 95% 的接受概率。当样本量为 15 个时，允许有 1 个异型株。

4.3　稳定性

4.3.1　在实际操作中，通常不像测试特异性和一致性那样对稳定性进行测试以得到明确结果。经验表明，对许多类型的品种来说，当一个品种表现一致时，可认为其是稳定的。

4.3.2　适当情况下或者有疑问时，稳定性可以采用如下方法测试：种植该品种的下一代或者测试一批新种子或新植株，看其性状表现是否与之前提交的材料表现相同。

5　品种分组和试验组织

5.1　使用分组性状可以帮助选择与申请品种一起进行田间种植试验的已知品种，以及对这些品种进行合适分组以便进行特异性评价。

5.2　分组性状表达状态的数据即使来自不同地点，也可以单独或者与其他此类性状联合使用。

（a）用于特异性测试中筛选排除那些不需要安排在种植试验中的已知品种。

（b）用于组织安排种植试验，使近似品种种植在一起。

5.3 以下性状已被确认为有用的分组性状。

（a）植株：生长习性（性状1）。

（b）叶：斑（性状6）。

（c）花心：类型（性状12）。

（d）植株：舌状小花纵向内卷（性状23）。

（e）舌状小花：基部主色（性状27）。有如下分组。

第一组：白色。

第二组：黄色。

第三组：橙色。

第四组：粉红色。

第五组：红色。

第六组：紫色。

第七组：紫罗兰色。

（f）舌状小花：中部主色（性状28）。有如下分组。

第一组：白色。

第二组：黄色。

第三组：橙色。

第四组：粉红色。

第五组：红色。

第六组：紫色。

第七组：紫罗兰色。

（g）舌状小花：顶端主色（性状29）。有如下分组。

第一组：白色。

第二组：黄色。

第三组：橙色。

第四组：粉红色。

第五组：红色。

第六组：紫色。

第七组：紫罗兰色。

5.4 总则和TGP/9《特异性审查》中提供了在特异性审查过程中使用分组性状的指导。

6 性状表介绍

6.1 性状类型

6.1.1 标准指南性状

标准指南性状是UPOV已同意用于DUS审查的性状，UPOV成员可以从中选择与其特定环境相适应的性状。

6.1.2 星号性状

星号性状是测试指南中对于形成国际统一的品种描述十分重要的性状，所有UPOV成员都应将其用于DUS测试和品种描述中，除非前序性状的表达状态或区域环境条件所限使其无法测试。

6.2 表达状态及相应代码

6.2.1 为定义性状和统一描述，将每个性状划分为一系列表达状态。每个表达状态赋予一个相应的数字代码，以便于数据记录，以及品种性状描述的建立和交流。

6.2.2 对于质量性状和假质量性状（6.3），性状表中列出了所有表达状态。但对于有 5 个或 5 个以上表达状态的数量性状，可以采用缩略尺度的方法，以缩短性状表格。例如，对于有 9 个表达状态的数量性状，在测试指南的性状表中可采用以下缩略形式。

表达状态	代码
小	3
中	5
大	7

但是应该指出的是，以下 9 个表达状态都是存在的，应采用适宜的表达状态用于品种的描述。

表达状态	代码
极小	1
极小到小	2
小	3
小到中	4
中	5
中到大	6
大	7
大到极大	8
极大	9

6.2.3 TGP/7《测试指南的研制》中提供了表达状态和代码的更详尽的介绍。

6.3 表达类型

总则中对性状表达类型（质量性状、数量性状和假质量性状）进行了解释。

6.4 标准品种

必要时，提供标准品种以明确每一性状的不同表达状态。

6.5 注释

（＊）星号性状（6.1.2）。

QL：质量性状（6.3）。

QN：数量性状（6.3）。

PQ：假质量性状（6.3）。

MG、MS、VG、VS：观测方法（4.1.5）。

（a）～（e）为性状表解释（8.1）。

（＋）为性状表解释（8.2）。

7 性状表

性状编号	观测方法	英文	中文	标准品种	代码
1. （＊） （＋） **PQ**	**VG**	**Plant: growth habit**	**植株：生长习性**		
		upright	直立	SUMIPAS 0904	1
		semi-upright	半直立	SAKOST 8077	2
		spreading	平展	Duetiswila	3

性状编号	观测方法	英文	中文	标准品种	代码
2. （*） （+） QN	VG/ MS	**Plant: height**	**植株: 高度**		
		short	矮	Sir Rossa	3
		medium	中	Balserimlav	5
		tall	高	Sunny Henry	7
3. （+） QN	VG/ MS	**Leaf: length**	**叶: 长度**		
		short	短	Sir Rossa	3
		medium	中	KLEOE 05115	5
		long	长	SUNBRE 0905	7
4. （+） QN	VG/ MS （a）	**Leaf: width**	**叶: 宽度**		
		narrow	窄	Balvoyelo	3
		medium	中	Duetirevel	5
		broad	宽	Sir Whit	7
5. （*） （+） QN	VG （a）	**Leaf: indentation of margin**	**叶: 叶缘裂刻**		
		absent or very shallow	无或极浅		1
		shallow	浅		3
		medium	中		5
		deep	深		7
		very deep	极深		9
6. （*） （+） QN	VG （a）	**Leaf: variegation**	**叶: 斑**		
		absent	无	Sunny Henry	1
		present	有	Silver Sparkler	9
7. QN	VG （a）	**Leaf: intensity of green color**	**叶: 绿色程度**		
		light	浅		1
		medium	中	Sir Rossa	2
		dark	深	SUNOST 1001	3
8. （+） PQ	VG	**Young flower head: main color of ray floret**	**幼头状花序: 舌状小花主色**		
		RHS Colour Chart（indicate reference number）	RHS 比色卡（注明参考色号）		
9. （*） （+） QL	VG （b）	**Flower head: paracorolla**	**头状花序: 副花冠**		
		absent	无		1
		present	有		9
10. （*） （+） QN	VG/ MS （b）	**Flower head: number of ray florets**	**头状花序: 舌状小花数量**		
		few	少	Balvoyelo	3
		medium	中	Sunny Xandra	5
		many	多		7
11. （*） QN	VG/ MS （b）	**Flower head: diameter**	**头状花序: 直径**		
		small	小	Sir Whit	3
		medium	中		5
		large	大	Sakcadnucop	7
12. （*） （+） QL	VG （b）	**Disc: type**	**花心: 类型**		
		daisy	非托桂型	Sunny Henry	1
		anemone	托桂型	KLEOE 10180	2

续表

性状编号	观测方法	英文	中文	标准品种	代码
13. QN	VG/MS（b）	**Only varieties with disc：type：daisy Disc：diameter**	**花心：直径（仅适用于具非托桂型花心品种）**		
		very small	极小		1
		small	小	Sir Whit	2
		medium	中		3
		large	大	Sunny Xandra	4
		very large	极大		5
14. QN	VG/MS（b）	**Only varieties with disc：type：anemone Disc：diameter**	**花心：直径（仅适用于具托桂型花心品种）**		
		very small	极小		1
		small	小		2
		medium	中		3
		large	大		4
		very large	极大		5
15. （*）（+）PQ	VG	**Only varieties with disc：type：daisy Disc：color**	**花心：颜色（仅适用于具非托桂型花心品种）**		
		light grey	浅灰色		1
		yellow	黄色		2
		yellow green	黄绿色		3
		medium grey green	中等灰绿色		4
		dark grey green	深灰绿色		5
		dark grey	深灰色		6
		purple	紫色		7
		violet	紫罗兰色		8
		light blue	浅蓝色		9
		dark blue	深蓝色		10
		brown	棕色		11
		black	黑色		12
16. （+）PQ	VG	**Only varieties with disc：type：anemone：Plant：predominant type of disc floret**	**植株：花心小花主要类型（仅适用于具托桂型花心品种）**		
		funnel shaped	漏斗状		1
		petaloid and funnel shaped	花瓣状和漏斗状		2
		petaloid	花瓣状		3
17. （*）（+）PQ	VG	**Funnel shaped disc floret：main color of outer side of corolla tube**	**漏斗状花心小花：花冠筒外壁主色**		
		RHS Colour Chart（indicate reference number）	RHS 比色卡（注明参考色号）		
18 （+）PQ	VG	**Petaloid disc floret：main color of upper side**	**花瓣状花心小花：上表面主色**		
		RHS Colour Chart（indicate reference number）	RHS 比色卡（注明参考色号）		
19. （*）QN	VG/MS（b）	**Ray floret：length**	**舌状小花：长度**		
		short	短		3
		medium	中	Balvoyelo	5
		long	长	Sunny Xandra	7

性状编号	观测方法	英文	中文	标准品种	代码
20. （+） QN	VG/ MS （b）	**Ray floret：width**	舌状小花：宽度		
		very narrow	极窄		1
		narrow	窄	SUNPIX 0804	2
		medium	中		3
		broad	宽	KLEOE 06123	4
		very broad	极宽		5
21. （+） QN	VG/ MS （b）	**Ray floret：length/width ratio**	舌状小花：长宽比		
		very low	极低		1
		low	低		2
		medium	中		3
		high	高		4
		very high	极高		5
22. （+） PQ	VG （b）	**Ray floret：shape of apex**	舌状小花：先端形状		
		acute	锐尖		1
		obtuse	钝尖		2
		rounded	圆形		3
		truncate	平截		4
23. （*） （+） QN	VG （b）	**Plant：inward rolling of longitudinal margins on ray florets**	植株：舌状小花纵向内卷		
		absent on all flower heads	所有头状花序均无	Sunny Henry	1
		present on some flower heads	部分头状花序有	Osjaseclipur	2
		present on all flower heads	所有头状花序均有	Balserlabli	3
24. （*） （+） QN	VG （b）	**Ray floret：proportion with rolled margin**	舌状小花：边缘卷曲比例		
		less than one-third	不足 1/3		1
		one-third to less than one-half	1/3～1/2		2
		one-half to two-thirds	1/2～2/3		3
25. （*） （+） QN	VG （c） （d）	**Only varieties with disc：type：daisy：Ray floret：width of ring at base**	舌状小花：基部环的宽度（仅适用于具非托桂型花心品种）		
		absent or very narrow	无或极窄	Sunny Henry	1
		narrow	窄	SUMIPAS 02	2
		medium	中	Sunny Felix	3
		broad	宽	Balserimlav	4
		very broad	极宽		5
26. PQ	VG （c） （d）	**Ray floret：color of ring at base**	舌状小花：基部环颜色		
		RHS Colour Chart（indicate reference number）	RHS 比色卡（注明参考色号）		
27. （*） （+） PQ	VG （c） （d）	**Ray floret：main color of basal part**	舌状小花：基部主色		
		RHS Colour Chart（indicate reference number）	RHS 比色卡（注明参考色号）		
28. （*） （+） PQ	VG （c） （d）	**Ray floret：main color of middle part**	舌状小花：中部主色		
		RHS Colour Chart（indicate reference number）	RHS 比色卡（注明参考色号）		

性状编号	观测方法	英文	中文	标准品种	代码
29. (*) (+) PQ	VG (c) (d)	**Ray floret：main color of apical part**	**舌状小花：顶部主色**		
		RHS Colour Chart（indicate reference number）	RHS 比色卡（注明参考色号）		
30. (+) QN	VG (c)	**Ray floret：conspicuousness of longitudinal stripes**	**舌状小花：纵向条纹明显程度**		
		absent or very weak	无或极弱		1
		weak	弱		2
		medium	中		3
		strong	强		4
31. (*) (+) QN	VG (c)	**Ray floret：color of tip**	**舌状小花：尖端颜色**		
		same as color of apical part	与顶端同色		1
		slightly different from color of apical part	与顶端颜色稍有不同		2
		strongly different from color of apical part	与顶端颜色显著不同		3
32. (*) (+) PQ	VG	**Ray floret：color group of lower side**	**舌状小花：下表面颜色**		
		very light brown	极浅棕色		1
		very light yellow to light yellow	极浅黄色至浅黄色		2
		medium yellow to dark yellow	中等黄色至深黄色		3
		yellow brown	黄棕色		4
		orange with brown stripes	橙色带棕色条纹		5
		orange to brown orange	橙色至棕橙色		6
		red brown to dark brown	红棕色至深棕色		7
		purple	紫色		8
		violet	紫罗兰色		9
		brown purple to brown violet	褐紫色至棕紫罗兰色		10
		blue	蓝色		11
		yellowish white with purple stripe	泛黄白色带紫色条纹		12
		yellow with green stripe	黄色带绿色条纹		13
		yellow with brown stripe	黄色带棕色条纹		14

8　性状表解释

8.1　对多个性状的解释

观测应在盛花期进行。

性状表第二列有以下符号的性状应按以下进行观测。

（a）对叶部性状的观测应在植株中部发育完全叶的上表面进行。

（b）对头状花序、花心和舌状小花的观测应在几乎所有花心小花开放时进行。

（c）应在 2～3 轮花心小花开放时选择舌状小花上表面进行颜色观测。

（d）舌状小花个部位示意图如下。

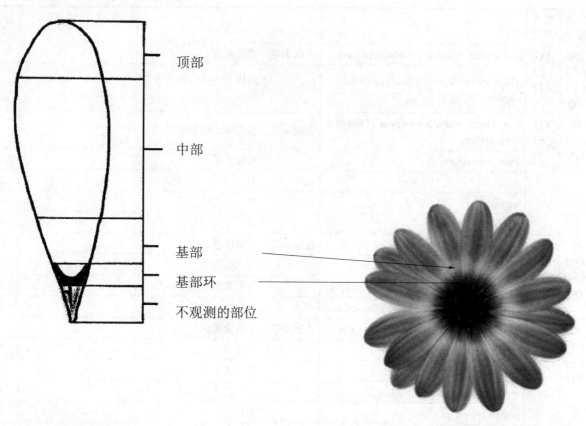

顶部

中部

基部

基部环

不观测的部位

8.2　对单个性状的解释

性状1：植株生长习性

1	2	3
直立	半直立	平展

性状2：植株高度

地面到最长茎上头状花序的高度。

性状3：叶长度

性状4：叶宽度

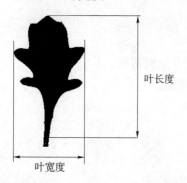

叶长度

叶宽度

性状 5：叶缘裂刻

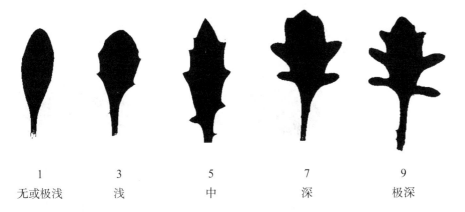

1	3	5	7	9
无或极浅	浅	中	深	极深

性状 6：叶斑

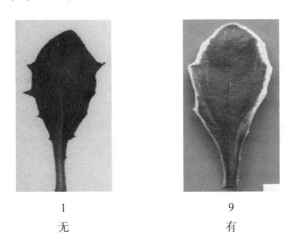

1	9
无	有

性状 8：幼头状花序舌状小花主色

应在所有舌状小花完全展开但花心小花尚未开放时观测舌状小花上表面的颜色。

主色是指面积最大的颜色。当主色和次色面积相当难以区分时，以颜色较深的为主色。

性状 9：头状花序副花冠

副花冠是指次生或内生的冠状物。

1	9
无	有

性状 10：头状花序舌状小花数量

计数头状小花时，不包括副花冠。

性状 12：花心类型

|1|2|2|
|非托桂型|托桂型（花心小花为漏斗状）|托桂型（花心小花为花瓣状）|

性状 15：花心颜色（仅适用于具非托桂型花心品种）
观测应在花心小花开放前进行。

性状 16：花心小花主要类型（仅适用于具托桂型花心品种）

|1|3|
|漏斗状|花瓣状|

　　代码 2（花瓣状和漏斗状）是指所有植株上漏斗状花心小花和花瓣状花心小花的数量相当时的情况。

性状 17：漏斗状花心小花花冠筒外壁主色
主色是指面积最大的颜色。当主色和次色面积相当难以区分时，以颜色较深的为主色。
观测应在 2/3 花心小花开放时进行。

花冠筒外壁（头状花序视图）

性状 18：花瓣状花心小花上表面主色

主色是指面积最大的颜色。当主色和次色面积相当难以区分时，以颜色较深的为主色。

观测应在 2/3 花心小花开放时进行。

———————— 花瓣状花心小花上表面

性状 20：舌状小花宽度

如舌状小花有纵向内卷应展测量最宽处。

性状 21：舌状小花长宽比

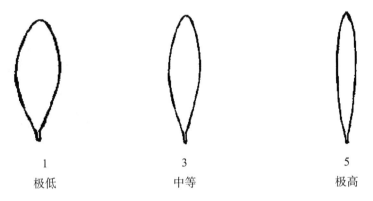

1	3	5
极低	中等	极高

性状 22：舌状小花先端形状

切口除外。

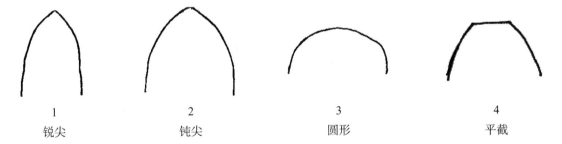

1	2	3	4
锐尖	钝尖	圆形	平截

性状 23：舌状小花纵向内卷

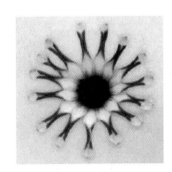

无   有

代码2（部分头状花序有纵向内卷）是指所有植株上都有部分的头状花序存在舌状小花内卷的情况。

性状24：舌状小花边缘卷曲比例

当品种内既有舌状小花边缘卷曲也有不卷曲类型的头状花序时，只需观测舌状小花边缘卷曲的头状花序。

1	2	3
不足 1/3	1/3 至 1/2	1/2 至 2/3

性状25：舌状小花基部环的宽度（仅适用于具非托桂型花心品种）

1	2	3	4	5
无或极窄	窄	中	宽	极宽

性状27：舌状小花基部主色

性状28：舌状小花中部主色

性状29：舌状小花顶部主色

主色是指面积最大的颜色。当主色和次色面积相当难以区分时，以颜色较深的为主色。对舌状小花边缘内卷的品种，在观测舌状小花的上表面时，由于内卷其下表面也是可见的，此时应注意避免误将下表面当作上表面来观测。

性状30：舌状小花纵向条纹明显程度

通过颜色对比来确定明显程度。

1	2	3	4
无或极弱	弱	中	强

性状 31：舌状小花尖端颜色

尖端颜色（粉红色）

| 1 | 3 |
| 与顶端同色 | 与顶端颜色性状不同 |

性状 32：舌状小花下表面颜色
应在 2～3 轮花心小花开放时观测。

扫码下载原文

如扫描二维码无法下载指南原文，可
能是指南版本有更新，可扫描本书封
底二维码查看与本文对应的指南版本

TG/177/3

原文：英文

日期：2001-04-04

国际植物新品种保护联盟
植物品种特异性、一致性和稳定性
测试指南

马蹄莲属

（*Zantedeschia* Spreng.）

1 指南适用范围

本测试指南适用于天南星科（Araceae）马蹄莲属（*Zantedeschia* Spreng.）的所有无性繁殖品种。

2 繁殖材料要求

2.1 待测品种测试所需繁殖材料的数量和质量以及繁殖材料提交的时间和地点由主管机构决定。申请人从测试所在国境外提交繁殖材料的，必须确保符合所有海关规定。提交的繁殖材料的数量应不少于20个开花期大小的块茎/根茎，或者20株幼苗。

2.2 提供的繁殖材料应外观健康有活力，未受到任何严重病虫害的影响。提交的植物材料不应进行任何处理，除非主管机构允许或要求进行这种处理。如果材料已经处理，必须提供处理的详细情况。

3 测试实施

3.1 测试一般要经历1个生长周期。如果特异性和/或一致性在1个生长周期不能充分确定的，则需要延长至第二个生长周期。

3.2 测试一般在1个地点进行。如果供试品种有任何重要的性状不能在该地表达，该品种可在另一地点测试。

3.3 测试应在以下生长环境下进行。

温度：最好在15～25℃之间。

种植时间：3月（北半球），8—10月（南半球）。

土壤环境：排水良好，富含腐殖质。

施肥：对于落叶品种不需要太多的氮肥，适量添加微量元素。

灌溉：保持湿润但不能潮湿（落叶品种）。

马蹄莲（*Zantedeschia aethiopica*）：需要更多的水。

空气湿度：相对于马蹄莲（*Zantedeschia aethiopica*），落叶品种需要较小的湿度。

光照：根据当地环境，不遮光或者40%遮光处理。

试验设计应保证因测量或计数等需要，从小区取走部分植株或植株部位后，不影响生长周期结束前的所有观测。每个试验应至少包括20个植株。只有在当环境条件相似时，才能使用分开种植的小区进行观测。

3.4 如有特殊需要，可进行附加测试。

4 观测方法

4.1 除非另有说明，所有观测应在10个植株或分别来自10个植株的植株部位进行。

4.2 评价一致性时，应采用1%的群体标准和95%的接受概率。当样本量为20个时，最多允许1个异型株。

4.3 所有的观测应在盛花期具有最大花的植株上进行。

4.4 所有对叶片的观测应在从花枝上抽出的最大叶片上进行。叶片宽度的测量应在最宽位置进行，有时候叶片的宽度包含浅裂在内。

4.5 除非另有说明，所有对花的观测应于花粉囊开始裂开的时候进行。

4.6 除非另有说明，所有对花朵颜色的褪色、加强以及绿色化的观测应在花粉凋谢后2～3周后进行。

4.7 由于日光变化的原因，在利用比色卡确定颜色时应在一个合适的由人工光源照明的小室或中午无阳光直射的房间里进行。人工光源的光谱分布应符合 CIE "理想日光标准 D6500"，且在《英国标准 950：第 1 部分》规定的允许范围内。在鉴定颜色时，应将植株部位置于白色背景前。

5　品种分组

5.1　待测品种应分组种植以便进行特异性评价。适用于分组的性状是已知不会出现变异或者仅在品种内发生轻微变异的性状。这些性状的不同表达状态应十分均匀地分布于品种库中。

5.2　建议主管机构用以下性状进行品种分组。

（a）植株：类型（性状 1）。

（b）叶片：上表面斑点（性状 15）。

（c）佛焰苞：自然长度（俯视）（性状 23）。

（d）佛焰苞：自然宽度（俯视）（性状 24）。

（e）佛焰苞：内侧主色（不包括喉斑颜色，如果有）（性状 27），可分为以下分组。

第一组：白色。

第二组：奶油色。

第三组：黄色。

第四组：黄棕色。

第五组：黄橙色。

第六组：橙色。

第七组：橙红色。

第八组：红色。

第九组：紫红色。

第十组：粉色。

第十一组：红粉色。

第十二组：紫色。

（f）佛焰苞：喉斑（性状 31）。

6　性状和符号

6.1　为评价特异性、一致性和稳定性，应使用性状表中给出的性状及其表达状态。

6.2　为便于电子数据处理，每个性状的表达状态都赋予了相应的代码（数字）。

6.3　**注释**

（*）除非前序性状的表达或区域环境条件所限使其无法测试，在测试的每一生长时期，需要将其用于所有的品种的 DUS 测试和品种描述。

（+）参见第 8 部分性状表解释。

7　性状表

性状编号	英文	中文	标准品种	代码
1.（*）	**Plant：type**	**植株：类型**		
	deciduous	落叶型		1
	semi-deciduous	半落叶型		2
	evergreen	常绿型		3

性状编号	英文	中文	标准品种	代码
2.（*）	**Plant：height**	植株：高度		
	short	矮	Hope Cross	3
	medium	中	Black Magic	5
	tall	高	Green Tip	7
3.	**Deciduous varieties only：Plant：total number of shoots**	芽数量（仅适用于落叶型品种植株）		
	few	少	Pink Persuasion	3
	medium	中	Inspiration	5
	many	多	Celeste	7
4.（*）	**Young shoot：color**	幼芽：颜色		
	yellow green	黄绿色	Black Magic	1
	green	绿色	Pink Persuasion	2
	red purple	红紫色		3
5.	**Petiole：length**	叶柄：长度		
	short	短	IIope Cross	3
	medium	中	Pink Persuasion	5
	long	长	Green Tip	7
6.（*）	**Petiole：color of lower part**	叶柄：下部颜色		
	yellow green	黄绿色	Schwarzwalder	1
	light green	浅绿色	Heidi	2
	medium green	中等绿色	Inspiration	3
	dark green	深绿色	Majestic Red	4
	brown red	棕红色	Black Magic	5
	purple	紫色		6
7.	**Leaf blade：attitude**	叶片：姿态		
	erect	直立		1
	semi-erect	半直立		2
	horizontal	水平		3
8.（*）	**Leaf blade：length（excluding lobes）**	叶片：长度（不包括裂片）		
	very short	极短		1
	short	短	Goldilocks	3
	medium	中	Majestic Red	5
	long	长	Schwarzwalder	7
	very long	极长	Green Tip	9
9.（*）	**Leaf blade：width**	叶片：宽度		
	narrow	窄	Celeste	1
	narrow to medium	窄至中	Inspiration	3
	medium	中	Majestic Red	5
	medium to broad	中至宽	Cameo	7
	broad	宽	Green Tip	9
10.（*）	**Leaf blade：position of broadest part**	叶片：最宽处位置		
	in middle	中部		1
	slightly below middle	中部稍偏下	Celeste	2
	far below middle	中部远偏下	Black Magic	3

性状编号	英文	中文	标准品种	代码
11.（*）	**Leaf blade：lobes**	叶片：裂片		
	absent	无	Hope Cross	1
	present	有	Black Magic	9
12.（+）	**Leaf blade：length of lobe**	叶片：裂片长度		
	short	短	Pink Persuasion	3
	medium	中	Black Magic	5
	long	长	Green Tip	7
13.	**Leaf blade：shape at apex（excluding caudate tip）**	叶片：先端形状（不包括尾尖）		
	acute	锐尖	Celeste	1
	right-angled	直角	Red Soxs	2
	obtuse	钝尖	Green Tip	3
14.（*）	**Leaf blade：intensity of green color of upper side**	叶片：上表面绿色程度		
	light	浅	Black Magic	3
	medium	中	Hope Cross	5
	dark	深	Red Soxs	7
15.（*）	**Leaf blade：spots on upper side**	叶片：上表面斑点		
	absent	无	Hope Cross	1
	present	有	Majestic Red	9
16.	**Leaf blade：size of spots on upper side**	叶片：上表面斑点大小		
	small	小	Inspiration	3
	medium	中	Majestic Red	5
	large	大	Black Magic	7
17.（*）	**Leaf blade：number of spots on upper side**	叶片：上表面斑点数量		
	very few	极少	Aries	1
	few	少	Pixie	3
	medium	中	Majestic Red	5
	many	多	Black Magic	7
	very many	极多		9
18.	**Leaf blade：undulation of margin**	叶片：边缘波状程度		
	absent or very weakly expressed	无或极弱		1
	weakly expressed	弱	Black Magic	2
	strongly expressed	强	Inspiration	3
19.	**Scape：thickness**	花葶：粗度		
	thin	细	Scarlet Pimpernel	3
	medium	中	Black Magic	5
	thick	粗	Red Soxs	7
20.	**Scape：red coloration**	花葶：花青苷显色程度		
	absent or very weak	无或极弱	Majestic Red	1
	weak	弱		3
	medium	中	Black Magic	5
	strong	强	Cameo	7
	very strong	极强		9

性状编号	英文	中文	标准品种	代码
21.	**Scape：mottling at basal part**	**花葶：基部斑点明显程度**		
	absent or very weakly expressed	无或极弱	Red Soxs	1
	weakly expressed	弱	Black Magic	2
	strongly expressed	强	Sensation	3
22. （*） （+）	**Spathe：natural height**	**佛焰苞：自然高度**		
	low	矮	Scarlet Pimpernel	1
	low to medium	矮至中	Hope Cross	3
	medium	中	Black Magic	5
	medium to high	中至高	Majestic Red	7
	high	高	Green Tip	9
23. （*） （+）	**Spathe：natural length（viewed from above）**	**佛焰苞：自然长度（俯视）**		
	short	短	Celeste	1
	short to medium	短至中	Pink Persuasion	3
	medium	中	Schwarzwalder	5
	medium to long	中至长		7
	long	长	Green Tip	9
24. （*） （+）	**Spathe：natural width（viewed from above）**	**佛焰苞：自然宽度（俯视）**		
	narrow	窄	Schwarzwalder	1
	narrow to medium	窄至中	Inspiration	3
	medium	中	Pink Persuasion	5
	medium to broad	中至宽		7
	broad	宽		9
25. （+）	**Spathe：height of overlapping part**	**佛焰苞：交叠部分高度**		
	low	矮	Green Tip	3
	medium	中	Majestic Red	5
	high	高	Cameo	7
26.	**Spathe：natural shape of distal part（excluding caudate tip）**	**佛焰苞：远基端自然形状（不包括尾尖）**		
	acute	锐尖	Inspiration	1
	obtuse	钝尖	Black Magic	2
	rounded	圆形	Green Tip	3
27. （*）	**Spathe：main color of inner side（excluding throat spot color，if present）**	**佛焰苞：内侧主色（不包括喉斑颜色，如果有）**		
	RHS Colour Chart（indicate reference number）	RHS 比色卡（注明参考色号）		
28. （*）	**Spathe：secondary color of inner side（excluding the throat spot color）**	**佛焰苞：内侧次色（不包括喉斑颜色）**		
	dark green	深绿		1
	red orange	红橙色		2
	red	红色		3
	orange pink	橙粉色		4
	pink	粉色		5
	red pink	红粉色		6
	purple pink	紫粉色		7
	blue pink	蓝粉色		8
	red purple	红紫色		9
	dark red purple	深红紫色		10

性状编号	英文	中文	标准品种	代码
29.	Spathe：gradual color change from base to apex（inner side, excluding varieties with throat spot）	佛焰苞：基部到先端颜色的渐变（内侧，不包括有喉斑的品种）		
	strongly shading off	急剧变浅	Pixie	1
	weakly shading off	逐步变浅	Inspiration	2
	no change or very little	无变化或极少变化	Celeste, Schwarzwalder	3
	weakly intensifying	逐步变深	Elmaro	4
	strongly intensifying	急剧变深	Red Soxs	5
30.	Spathe：size of un-changed color area at base（as for 29）	佛焰苞：基部未发生颜色变化区域大小（同性状29）		
	small	小	Scarlet Pimpernel	3
	medium	中	Inspiration	5
	large	大	Dominique	7
31. (*)	Spathe：presence of throat spot	佛焰苞：喉斑		
	absent	无	Inspiration	1
	present	有	Black Magic	9
32.	Spathe：size of throat spot	佛焰苞：喉斑大小		
	small	小	Treasure	3
	medium	中	Cameo	5
	large	大		7
33. (*)	Spathe：color of throat spot	佛焰苞：喉斑颜色		
	pink	粉色		1
	purple	紫色		2
34.	Spathe：main color of outer side	佛焰苞：外侧主色		
	white	白色	Green Tip	1
	greenish white	泛绿白色	Green Goddess	2
	light yellow	浅黄色	Pink Persuasion	3
	medium yellow	中等黄	Black Magic	4
	yellow orange	黄橙色	Fandango	5
	red orange	红橙色	Treasure	6
	yellow red	黄红色	Sensation	7
	red pink	红粉色	Aries	8
	purple pink	紫粉色	Hope Cross	9
	red purple	红紫色	Majestic Red	10
	brown purple	棕紫色	Scarlet Pimpernel	11
	purple	紫色	Schwarzwalder	12
35.	Spathe：recurving of margin	佛焰苞：边缘外弯程度		
	weak	弱	Black Magic	3
	medium	中	Inspiration	5
	strong	强	Aries	7
36. (*)	Spadix：length	肉穗花序：长度		
	short	短	Cameo	3
	medium	中	Pink Persuasion	5
	long	长		7
37.	Spadix：width at middle of male part	肉穗花序：雄性部分中部粗度		
	narrow	细	Black Magic	3
	medium	中	Sensation	5
	broad	粗	Majestic Red	7

性状编号	英文	中文	标准品种	代码
38.	**Spadix：main color just before pollen shed**	**肉穗花序：主色（散粉前）**		
	white	白色		1
	yellow green	黄绿色		2
	light yellow	浅黄色	Cameo	3
	medium yellow	中等黄	Pink Persuasion	4
	yellow orange	黄橙色	Majestic Red	5
	orange brown	橙棕色	Elmaro	6
	orange red	橙红色		7
	pink	粉色	Green Tip	8
	purple red	紫红色	Schwarzwalder	9
	purple	紫色		10
39.	**Degree of fading of flower color with age**	**随时间变化花褪色程度**		
	absent or very weakly expressed	无或极弱	Schwarzwalder	1
	weakly expressed	弱	Hope Cross	2
	strongly expressed	强	Sensation	3
40.	**Color change with age**	**随着时间变化，颜色变化**		
	strongly fading	明显褪色	Sensation	1
	weakly fading	稍褪色	Hope Cross	2
	no change or very little	无变化或变化极小	Dominique，Schwarzwalder	3
	weakly intensifying	稍增强	Pixie	4
	strongly intensifying	明显增强	Inspiration	5

8 性状表解释

性状 12：叶片裂片长度

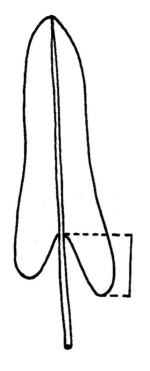

性状 22：佛焰苞自然高度

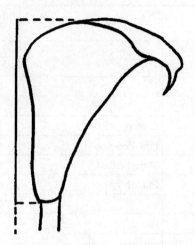

性状 23、性状 24：佛焰苞自然长度（性状 23）、佛焰苞自然宽度（俯视）（性状 24）

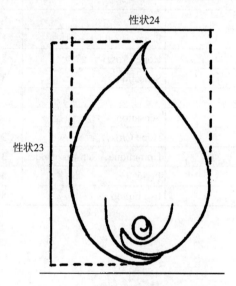

性状 25：佛焰苞交叠部分的高度

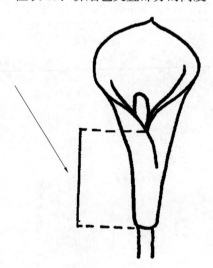

扫码下载原文

如扫描二维码无法下载指南原文，可
能是指南版本有更新，可扫描本书封
底二维码查看与本文对应的指南版本

TG/181/3

原文：英文

日期：2001-04-04

国际植物新品种保护联盟
植物品种特异性、一致性和稳定性测试指南

朱顶红属

（*Hippeastrum* Herb.）

1 指南适用范围

本指南适用于石蒜科（Amaryllidaceae）朱顶红属（*Hippeastrum* Herb.）的所有无性繁殖品种。

2 繁殖材料要求

2.1 待测品种测试所需繁殖材料的数量和质量以及繁殖材料提交的时间和地点由主管机构决定。申请人从测试所在国境外提交繁殖材料的，必须确保符合所有海关规定。提交的繁殖材料的数量应不少于20个开花时期大小的鳞茎。

2.2 提供的繁殖材料应没有病毒且外观健康有活力，未受到任何严重病虫害的影响。最好不是通过离体繁殖的方式获得。

2.3 植物材料必须保存在最低气温不能超过13～15℃的环境下，并且储存时间不能超过6～8周。提交的植物材料不应进行任何处理，除非主管机构允许或要求进行这种处理。如果材料已经处理，必须提供处理的详细情况。

3 测试实施

3.1 测试一般要经历1个生长周期。如果特异性和/或一致性在1个生长周期不能确定的，则需要延长至第二个生长周期。

3.2 测试一般在1个地点进行。如果供试品种有任何重要的性状不能在该地表达，该品种可在另一地点测试。

3.3 测试应在以下生长环境下进行。

温度：鳞茎生长在20～22℃之间（土壤温度保持在20～22℃之间）。

种植时间：12月至翌年1月（北半球）。

土壤环境：自然土。

种植密度：每平方米30个鳞茎。

施肥：E.C. 1.5～2.0的标准液。

灌溉：每天浇水量为5～6 mm（使用滴灌系统会更好）。

试验设计应保证因测量或计数等需要，从小区取走部分植株或植株部位后，不影响生长周期结束前的所有观测。每个试验应至少包括20个植株。只有在当环境条件相似时，才能使用分开种植的小区进行观测。

3.4 如有特殊需要，可进行附加测试。

4 观测方法

4.1 所有的观测应在20个植株上进行，所有通过测量或计数的结果应在10个植株或分别来自10个植株的植株部位上得到。

4.2 评价一致性时，应采用1%的群体标准和95%的接受概率。当样本量为20个时，最多允许1个异型株。

4.3 所有的观测都应在具有完全开放的花的植株上进行。

4.4 除非另有说明，所有对花的观测应在花粉囊裂开后立即进行。

4.5 由于日光变化的原因，在利用比色卡确定颜色时应在一个合适的由人工光源照明的小室或中午无阳光直射的房间里进行。人工光源的光谱分布应符合CIE"理想日光标准D6500"，且在《英国标准

950：第1部分》规定的允许范围内。在鉴定颜色时，应将植株部位置于白色背景前。

5 品种分组

5.1 待测品种应分组种植以便进行特异性评价。适用于分组的性状是已知不会出现变异或者仅在品种内发生轻微变异的性状。这些性状的不同表达状态应十分均匀地分布于品种库中。

5.2 建议主管机构用以下性状进行品种分组。

（a）花：类型（性状7）。

（b）花：花被最大宽度（性状13）。

（c）花：内侧主色（性状17），可分为以下7组。

第一组：白色。

第二组：黄色。

第三组：浅橙色。

第四组：浅粉色。

第五组：粉色。

第六组：红色。

第七组：深红色。

6 性状和符号

6.1 为评价特异性、一致性和稳定性，应使用性状表中给出的性状及其表达状态。

6.2 为便于电子数据处理，每个性状的表达状态都赋予了相应的代码（数字）。

6.3 **注释**

（＊）除非前序性状的表达或区域环境条件所限使其无法测试，在测试的每一生长时期，需要将其用于所有的品种的DUS测试和品种描述。

（＋）参见第8部分性状表解释。

7 性状表解释

性状编号	英文	中文	标准品种	代码
1. （＊）	**Leaf：width**	叶：宽度		
	narrow	窄	Pink Floyd	3
	medium	中	Orange Love	5
	broad	宽	Nellie	7
2.	**Leaf：anthocyanin coloration**	叶：花青苷显色		
	absent	无	Pink Floyd	1
	present	有	Renée	9
3. （＊）	**Peduncle：length**	花序梗：长度		
	short	短	Orange Love	3
	medium	中	Kokarde	5
	long	长	Geest Flame	7
4. （＊）	**Peduncle：maximum width at middle third**	花序梗：中间1/3处最大粗度		
	narrow	细	Pink Floyd	3
	medium	中	Orange Love	5
	broad	粗	Orion	7

续表

性状编号	英文	中文	标准品种	代码
5.	**Peduncle：anthocyanin coloration at base**	花序梗：基部花青苷显色		
	absent	无	Pink Floyd	1
	present	有	Moneymaker	9
6. （＊）	**Inflorescence：number of flowers**	花序：花数量		
	few	少	Lemon Lime	3
	medium	中	Masai	5
	many	多		7
7. （＊）	**Flower：type**	花：类型		
	single	单瓣	Orion	1
	double	重瓣	White Peacock	2
8. （＋）	**Flower：shape of petaloid staminodes（double flowers only）**	花：瓣化雄蕊形状（仅适用于重瓣品种）		
	regular	规则		1
	irregular	不规则		2
9. （＊）	**Flower：length of pedicel**	花：花梗长度		
	short	短	Orange Love	3
	medium	中	Orion	5
	long	长	Pink Floyd	7
10.	**Flower：anthocyanin coloration of pedicel**	花：花梗花青苷显色		
	absent	无	Mr. John，Pink Floyd	1
	present	有	Red Lion	9
11. （＊）	**Flower：shape in front view**	花：正面形状		
	round	圆形	Orion	1
	triangular	三角形	Loes van Velden	2
	star shaped	星形	Pink Floyd	3
12. （＊）	**Flower：maximum length of perianth**	花：花被最大长度		
	short	短	Yellow Pioneer	3
	medium	中	Orion	5
	long	长	Loes van Velden	7
13. （＊）	**Flower：maximum width of perianth**	花：花被最大宽度		
	narrow	窄	Pink Floyd	3
	medium	中	Masai	5
	broad	宽	Maria Theresa	7
14. （＊）	**Flower：overlapping of tepals**	花：花被片的重叠程度		
	weak	弱	Yellow Pioneer	3
	medium	中	Loes van Velden	5
	strong	强	Red Lion	7

性状编号	英文	中文	标准品种	代码
15. （＊）	**Flower：shape of outer tepal**	**花：外部花被片的形状**		
	narrow elliptic	窄椭圆形	Spotty	1
	elliptic	椭圆形	Yellow Pioneer	2
	broad elliptic	阔椭圆形	Masai	3
	narrow ovate	窄卵圆形		4
	ovate	卵圆形	Loes van Velden	5
	broad ovate	阔卵圆形	Orion	6
	narrow obovate	窄倒卵圆形	Pink Floyd	7
	obovate	倒卵圆形		8
	broad obovate	阔倒卵圆形		9
16.	**Flower：incisions of inner tepal**	**花：内部花被片的缺刻**		
	absent	无	Pink Floyd	1
	present	有	Maria Theresa	9
17. （＊）	**Flower：main color of inner side**	**花：内侧主色**		
	RHS Colour Chart（indicate reference number）	RHS 比色卡（注明参考色号）		
18. （＊）	**Flower：color pattern**	**花：图案**		
	one colored	单色	Red Lion	1
	veined	脉纹状	Ludwig's Dazzler	2
	flamed	火焰状	Masai	3
	picotee	康乃馨状	Picotee	4
	striped-speckled	条纹斑点状	Spotty	5
	star like striped	星状条纹	Orion	6
19.	**Tepal：degree of wrinkling**	**花被片：褶皱程度**		
	weak	弱	Masai	3
	medium	中	Mont Blanc	5
	strong	强		7
20.	**Stamens：color**	**雄蕊：颜色**		
	RHS Colour Chart（indicate reference number）	RHS 比色卡（注明参考色号）		
21.	**Anthers：color（just before dehiscence）**	**花药：颜色（散粉前）**		
	greenish	泛绿色		1
	yellowish	泛黄色		2
	reddish	泛红色		3
	pinkish	泛粉色		4
	purplish	泛紫色		5
22.	**Pistil：color**	**雌蕊：颜色**		
	RHS Colour Chart（indicate reference number）	RHS 比色卡（注明参考色号）		
23.	**Stigma：size**	**柱头：大小**		
	small	小		3
	medium	中		5
	large	大		7

8　性状表解释

性状 8：花瓣化雄蕊形状（仅适用于重瓣品种）

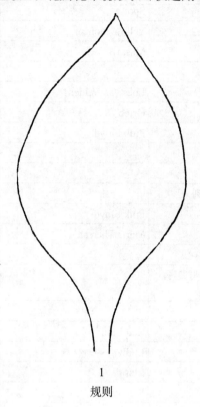

| 1 | 2 |
| 规则 | 不规则 |

国际植物新品种保护联盟
植物品种特异性、一致性和稳定性
测试指南

果子蔓属

UPOV 代码 :GUZMA

（ *Guzmania* Ruiz et Pav. ）

互用名称 *

植物学名称	英文	法文	德文	西班牙文
Guzmania Ruiz et Pav. *Guzmania* hybrid	Guzmania	Guzmania	Guzmania	Guzmania

---

* 这些名称在指南开始使用时是正确的，但随后可能会修改更新。读者可登录 UPOV 网站（www.upov.int），获取最新资料。

1　指南适用范围

本测试指南适用于果子蔓属（*Guzmania* Ruiz et Pav.）的所有品种。

2　繁殖材料要求

2.1　待测品种繁殖材料的数量和质量要求以及提交的时间和地点由主管机构决定。申请人从测试所在国境外提交繁殖材料的，还应符合海关规定并满足相关植物检疫的要求。

2.2　繁殖材料以幼苗的形式提交。

2.3　申请人提交繁殖材料的最小数量为 20 个无性繁殖品种或 40 个种子繁殖品种。

2.4　提供的繁殖材料应外观健康有活力，未受到任何严重病虫害的影响。

2.5　提交的繁殖材料不得进行任何可能影响品种性状表达的处理，除非主管机构允许或要求进行这种处理。如果材料已经处理，必须提供相关处理的详细情况。

3　测试方法

3.1　测试周期

测试的最少周期数量通常为 1 个生长周期。

3.2　测试地点

测试通常在 1 个地点进行。在 1 个以上地点进行测试时，TGP/9《特异性测试》提供了有关指导。

3.3　测试条件

3.3.1　测试的条件应能满足品种正常生长的需要，以确保品种相关性状充分表达和测试的顺利开展。

3.3.2　由于日光变化的原因，在利用比色卡确定颜色时，应在一个合适的有人工光源照明的小室或中午无阳光直射的房间内进行。人工光源光谱分布应符合 CIE "理想日光标准 D6500"，且在《英国标准 950：第 1 部分》规定的允许范围之内。在鉴定颜色时，应将植株部位置于白色背景上。比色卡及版本应在性状描述中说明。

3.4　试验设计

对于无性繁殖品种，每个试验设计总数至少 20 个植株。

对于种子繁殖品种，每个试验设计总数至少 40 个植株。

3.5　附加测试

为测试有关性状，可以进行附加测试。

4　特异性、一致性和稳定性结果的判定

4.1　特异性

4.1.1　一般建议

对于本指南的使用者而言，在判定特异性前参照总则特异性判定的一般原则十分重要。但为进一步说明和强调特异性判定，本指南特列出特异性判定的要点。

4.1.2　一致的差异

当观测到的品种之间的差异非常明显时，则没有必要种植 1 个以上生长周期。此外，在某些情况下，环境的影响并不意味着需要 1 个以上的生长周期来保证品种间观察到的差异是足够一致的。为确保在种植试验中所观测到的性状差异是足够一致的，可以对性状进行至少 2 个独立生长周期的测试。

4.1.3 明显的差异

两个品种间的差异是否明显取决于很多因素，特别应考虑所测性状的表达类型，即该性状是质量性状、数量性状还是假质量性状。因此，在作出关于特异性的判定前，本测试指南的使用者应熟悉总则中的建议。

4.1.4 测试植株或植株部位的数量

对于无性繁殖品种，除非另有说明，对于特异性测试，所有的个体观测性状，植株取样数量应不少于19个，在观测植株部位的时候，每个植株取样数量应为1个。群体观测性状应观测除异型株外的所有植株。

对于种子繁殖品种，除非另有说明，对于特异性测试，所有的个体观测性状，植株取样数量应不少于38个，在观测植株部位的时候，每个植株取样数量应为1个。群体观测性状应观测除异型株外的所有植株。

4.1.5 观测方法

特异性测试性状的推荐方法在性状表中进行了说明（见文件TGP/9《特异性测试》第4部分"性状观测"）

MG：群体测量。

MS：个体观测。

VG：群体目测。

VS：个体目测。

观测类型：目测（V）和测量（M）。

目测（V）是基于专家经验的一种测试类型。在本文件中，"目测"是指专家的感官观察，因此也包括嗅觉、味觉和触觉。目测包括专家使用参照物（如图片、标准品种、肩并肩比较等）或非线性图表（如比色卡等）的观察。测量（M）是对校准线性标尺的客观观察，例如使用尺子、天平、色度计、日期、计数等。

记录类型：群体（G）或个体（S）。

特异性测试中，测试结果可记录成群体（G）或个体（S）。在大部分情况中，群体（G）只记录一个数据，因此不能也没必要应用统计分析的方法对于单个植株进行特异性判定。

如果特性表中规定了一种以上观察特性的方法（如VG/MG），则按照文件TGP/9《特异性测试》4.2部分选择适当方法。

4.2 一致性

4.2.1 对于本指南的使用者而言，在判定一致性前参照总则一致性判定的一般原则十分重要。但为进一步说明和强调一致性判定，本指南特列出一致性判定的要点。

4.2.2 本测试指南是按照无性繁殖和种子繁殖品种来制定的。对于其他繁殖方式的品种，应遵循总则或文件TGP/13《新类型或新种属的指南》4.5部分"一致性测试"的原则。

4.2.3 评价无性繁殖品种一致性时，应采用1%的群体标准和至少95%的接受概率，当样本量为20个时，最多允许有1个异型株。

4.2.4 评价无性繁殖品种一致性时，应采用1%的群体标准和至少95%的接受概率，当样本量为40个时，最多允许有2个异型株。

4.3 稳定性

4.3.1 在实际操作中，通常不像测试特异性和一致性那样对稳定性进行测试以得到明确结果。经验表明，对许多类型的品种来说，当一个品种表现一致时，可认为其是稳定的。

4.3.2 适当情况下或者有疑问时，稳定性可以采用如下方法测试：种植该品种的下一代或者测试一批新种子，看其性状表现是否与之前提交的种子表现相同。

5　品种分组和试验组织

5.1　使用分组性状可以帮助选择与申请品种一起进行田间种植试验的已知品种，以及对这些品种进行合适分组以便进行特异性评价。

5.2　分组性状表达状态的数据即使来自不同地点，也可以单独或者与其他此类性状联合使用。

（a）用于特异性测试中筛选排除那些不需要安排在种植试验中的已知品种。

（b）用于组织安排种植试验，使近似品种种植在一起。

5.3　以下性状已被确认为有用的分组性状。

（a）植株：高度（性状 1）。

（b）花序梗：苞片次色（性状 20），有如下分组。

第一组：白色。

第二组：黄色。

第三组：橙色。

第四组：红色。

第五组：紫红。

第六组：紫色。

（c）花序：相对于叶位置（性状 22）。

（d）花苞片：内表面主色（性状 32），有如下分组。

第一组：白色。

第二组：黄色。

第三组：橙色。

第四组：红色。

第五组：紫红。

第六组：紫色。

（e）花苞片：单个苞片的花数量（性状 35）

5.4　总则和 TGP/9《特异性测试》中提供了在特异性审查过程中使用分组性状的指导。

6　性状表介绍

6.1　性状类型

6.1.1　标准指南性状

标准指南性状是 UPOV 已同意用于 DUS 审查的性状，UPOV 成员可以从中选择与其特定环境相适应的性状。

6.1.2　星号性状

星号性状（用"*"标记）是测试指南中对于形成国际统一的品种描述十分重要的性状，所有 UPOV 成员都应将其用于 DUS 测试并包含在品种描述中，除非前序性状的表达或区域环境条件所限使其无法测试。

6.2　表达状态及相应代码

6.2.1　为定义性状和统一描述，将每个性状划分为一系列表达状态。每个表达状态赋予一个相应的数字代码，以便于数据记录，以及品种性状描述的建立和交流。

6.2.2　质量性状和假质量性状（6.3），所有的表达状态在性状表中全部列出。但是对于 5 个或 5 个以上表达状态的数量性状，可省略部分表达状态。比如一个有 9 个表达状态的数量性状，表达状态可省略如下。

表达状态	代码
小	3
中	5
大	7

但是，应注意的是，以下 9 种表达状态均存在，可用于描述品种，并应恰当使用。

表达状态	代码
极小	1
极小到小	2
小	3
小到中	4
中	5
中到大	6
大	7
大到极大	8
极大	9

6.2.3 表达状态和注释的进一步解释见文件 TGP/7《测试指南的研制》。

6.3 表达类型

总则中对性状表达类型（质量性状、数量性状和假质量性状）进行了解释。

6.4 标准品种

适当时，测试指南中提供了标准品种用于校正性状的表达状态。

6.5 注释

性状编号	星号性状	英文		中文		标准品种	代码
1	2	3	4	5	6		
		Name of characteristics in English		**性状名称**			
		states of expression		表达状态			

表中 1 为性状编号。

表中 2 为（＊）星号性状（6.1.2）。

表中 3 为表达类型。

QL：质量性状（6.3）。

QN：数量性状（6.3）。

PQ：假质量性状（6.3）。

表中 4 为观测方法（或图表类型）：MG、MS、VG、VS（4.1.5）。

表中 5 为（＋）性状表解释（8.2）。

表中 6 为（a）～（d）性状表解释（8.1）。

7 性状表

性状编号	星号性状	英文		中文		标准品种	代码
1	（*）	**QN**	MG/MS/VG	（+）	（a）		
		Plant：height		植株：高度			
		short		矮		Marcella	3
		medium		中		Torch	5
		tall		高		Magenta	7
2	（*）	**QN**	MG/MS/VG	（+）	（a）		
		Plant：width		植株：宽度			
		narrow		窄		Empire	3
		medium		中		Tatiana	5
		broad		宽		Rana	7
3		**QN**	MG/MS/VG		（a）		
		Plant：number of leaves		植株：叶数量			
		few		少		Duranik	3
		medium		中		Rana	5
		many		多		Taiga	7
4		**QN**	MG/MS/VG	（+）	（a）（b）		
		Leaf sheath：length		叶鞘：长度			
		short		短		Cherry	1
		medium		中		Rana	2
		long		长		Manzana	3
5		**QN**	MG/MS/VG	（+）	（a）（b）		
		Leaf sheath：width		叶鞘：宽度			
		narrow		窄		Papilio	1
		medium		中		Cherry	2
		broad		宽		Duracan	3
6	（*）	**QN**	MG/MS/VG	（+）	（a）（b）		
		Leaf blade：length		叶片：长度			
		short		短		Victory	3
		medium		中		Torch	5
		long		长		Taiga	7
7	（*）	**QN**	MG/MS/VG	（+）	（a）（b）		
		Leaf blade：width		叶片：宽度			
		narrow		窄		Freeze	3
		medium		中		Luna	5
		broad		宽		Durafire	7
8	（*）	**PQ**	VG	（+）	（a）（b）		
		Leaf blade：shape of apex		叶片：先端形状			
		acuminate		渐尖		Rana	1
		acute		锐尖		Luna	2
		obtuse		钝尖		neptunes	3
9	（*）	**PQ**	VG		（a）（b）（c）		
		Leaf blade：main color of inner side		叶片：内表面主色			
		light green		浅绿色		Victory	1
		medium green		中等绿色		Torch	2
		dark green		深绿色		Ostara	3
		medium blue green		中等蓝绿色			4

性状编号	星号性状	英文		中文	标准品种	代码
10	（*）	**QN**	**VG**	（a）（b）		
		Leaf blade：anthocyanin coloration of basal half of inner side		**叶片：内表面基部花青苷显色程度**		
		absent or very weak		无或极弱	Hilda	1
		weak		弱	Flo	3
		medium		中	Francesca	5
		strong		强	Red Moon	7
		very strong		极强		9
11	（*）	**QL**	**VG**	（a）（b）		
		Leaf blade：variegation of inner side		**叶片：内表面彩斑**		
		absent		无	Victory	1
		present		有	Durafire，Sue Anne	9
12		**PQ**	**VG**	（a）（b）（c）		
		Leaf blade：main color of outer side		**叶片：外表面主色**		
		light green		浅绿色	Flava	1
		medium green		中等绿色	Torch	2
		dark green		深绿色	Ostara	3
		medium blue green		中等蓝绿色		4
13	（*）	**QN**	**VG**	（a）（b）		
		Leaf blade：anthocyanin coloration of outer side		**叶片：外表面花青苷显色程度**		
		absent or very weak		无或极弱	Manzana	1
		weak		弱	Sky	3
		medium		中	Fall	5
		strong		强	Francesca	7
		very strong		极强		9
14		**PQ**	**VG**	（a）（b）		
		Leaf blade：pattern of anthocyanin coloration of outer side		**叶片：外表面花青苷显色图案**		
		as a flush		晕状	Amoretto	1
		in stripes		条纹	Duranik	2
		as a flush and in stripes		晕状和条纹	Combi	3
15		**QN**	**MG/MS/VG**	（+） （a）		
		Peduncle：number of bracts		**花序梗：苞片数量**		
		few		少	Misty	3
		medium		中		5
		many		多	Mirador	7
16	（*）	**QN**	**MG/MS/VG**	（a）（d）		
		Peduncle：length of bract		**花序梗：苞片长度**		
		short		短	Misty	3
		medium		中	GUZ 008	5
		long		长	G9197	7
17		**QN**	**MG/MS/VG**	（a）（d）		
		Peduncle：width of bract		**花序梗：苞片宽度**		
		narrow		窄	Misty	3
		medium		中	GUZ 008	5
		broad		宽	Sky	7

续表

性状编号	星号性状	英文		中文		标准品种	代码
18		QN	VG	（a）（d）			
		Peduncle: intensity of green color of bract		花序梗：苞片绿色程度			
		light		浅		Tinto	3
		medium		中		Rostara	5
		dark		深		Durajen	7
19	（*）	QN	VG	（+）	（a）		
		Peduncle: position of first bi-colored bract		花序梗：第一个双色苞片位置			
		at basal third		基部 1/3		Revolution	1
		middle third		中间 1/3		Rock	2
		at distal third		远基端 1/3		Tropix	3
20	（*）	PQ	VG	（a）（c）			
		Peduncle: secondary color of bract		花序梗：苞片次色			
		RHS Colour Chart（indicate reference number）		RHS 比色卡（注明参考色号）			
21		QN	VG	（a）			
		Peduncle: area of secondary color of bract		花序梗：苞片次色面积			
		small		小			1
		medium		中			2
		large		大			3
22	（*）	QN	VG	（a）			
		Inflorescence: position in relation to leaves		花序：相对于叶位置			
		below		低于		Glossita	1
		same level		同一水平		Durabel	2
		above		高于		Torch	3
23	（*）	QN	MG/MS/VG	（+）	（a）		
		Inflorescence: length		花序：长度			
		short		短		Victory	3
		medium		中		Continental	5
		long		长		Amoretto	7
24	（*）	QN	MG/MS/VG	（+）	（a）		
		Inflorescence: length of flowering part		花序：开花部分长度			
		short		短		Manzana	3
		medium		中		Amoretto	5
		long		长		Rana	7
25	（*）	QN	MG/MS/VG	（+）	（a）		
		Inflorescence: diameter of flowering part		花序：开花部分直径			
		small		小		Duranik	3
		medium		中		Manzana	5
		large		大		Durafire	7

续表

性状编号	星号性状	英文		中文		标准品种	代码
26	(*)	QN	MG/MS/VG	(+)	(a)		
		Inflorescence: number of floral bracts		花序：花苞片数量			
		few		少		Rana	3
		medium		中		Victory	5
		many		多		Manzana	7
27		QN	MG/MS/VG	(+)	(a)		
		Floral bract: length		花苞片：长度			
		short		短		Torch	3
		medium		中		Manzana	5
		long		长		Rana	7
28	(*)	QN	MG/MS/VG	(+)	(a)		
		Floral bract: width		花苞片：宽度			
		narrow		窄		Flava	3
		medium		中		Cherry	5
		broad		宽		Manzana	7
29		QN	VG	(+)	(a)		
		Floral bract: width of apex		花苞片：先端宽度			
		narrow		窄		Victory	1
		medium		中		Cherry	2
		broad		宽		Torch	3
30	(*)	PQ	VG		(a)(c)		
		Floral bract: main color of outer side		花苞片：外表面主色			
		RHS Colour Chart (indicate reference number)		RHS 比色卡（注明参考色号）			
31	(*)	PQ	VG		(a)(c)		
		Floral bract: secondary color of outer side		花苞片：外表面次色			
		RHS Colour Chart (indicate reference number)		RHS 比色卡（注明参考色号）			
32	(*)	PQ	VG		(a)(c)		
		Floral bract: main color of inner side		花苞片：内表面主色			
		RHS Colour Chart (indicate reference number)		RHS 比色卡（注明参考色号）			
33		PQ	VG		(a)(c)		
		Floral bract: secondary color of inner side		花苞片：内表面次色			
		RHS Colour Chart (indicate reference number)		RHS 比色卡（注明参考色号）			
34		QN	VG	(+)	(a)		
		Floral bract: curvature of longitudinal section		花苞片：纵切面弯曲			
		straight		直		Durajul	1
		slightly recurved		微外弯		Techno	2
		moderately recurved		中等外弯		Hasta la Vista	3
		strongly recurved		强外弯		Duratat	4

性状编号	星号性状	英文		中文		标准品种	代码
35	（*）	QN	MG/MS/VG	（+）	（a）		
		Floral bract：number of flowers per bract		**花苞片：单个苞片小花数量**			
		few		少		Techno	3
		medium		中		Rana	5
		many		多		Continental	7
36		QN	MG/VG	（+）	（a）		
		Prophyll：length		**小花先出叶：长度**			
		short		短		Soledo	1
		medium		中		Continental	2
		long		长		Cherry	3
37		QN	MG/VG	（+）	（a）		
		Prophyll：width		**小花先出叶：宽度**			
		narrow		窄		Manzana	1
		medium		中		Rana	2
		broad		宽		Continental	3
38		PQ	VG		（a）（c）		
		Prophyll：main color		**小花先出叶：主色**			
		RHS Colour Chart（indicate reference number）		RHS 比色卡（注明参考色号）			
39	（*）	PQ	VG	（+）	（a）		
		Flower：color of the apex of the corolla		**花：花冠先端颜色**			
		RHS Colour Chart（indicate reference number）		RHS 比色卡（注明参考色号）			
40		PQ	VG		（a）		
		Ovary：color		**子房：颜色**			
		white		白色		Victory	1
		yellow		黄色		Duracla	2
		green		绿色		Torch	3
41		PQ	VG		（a）		
		Style：color of distal half		**花柱：远基端颜色**			
		white		白色		Manzana	1
		yellow		黄色		Kenbro4910	2
		green		绿色			3
42		PQ	VG		（a）		
		Stigma：color		**柱头：颜色**			
		white		白色		Victory	1
		yellow		黄色		Torch	2
		green		绿色		Soledo	3

8　性状表解释

8.1　对多个性状的解释

性状表中的性状应按照如下说明进行测试。

（a）对于植株、叶、花序、花序梗和花苞片的观测应在开花部分中部 1/3 花开放时进行观测。

（b）叶片的观测应在完全展开的最大叶片上进行观测。

（c）主色是指表面积最大的颜色。如果主色和次色面积过于相近，无法区分，则把颜色更深的定为主色。

（d）苞片的观测应在花序梗中间 1/3 处的最大苞片上进行观测。

8.2　对单个性状的解释

性状 1：植株高度

性状 2：植株宽度

性状 4：叶鞘长度

性状 5：叶鞘宽度

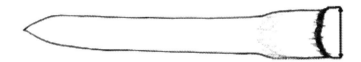

性状 6：叶片长度

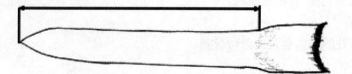

性状 7：叶片宽度

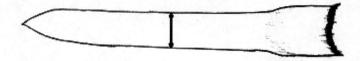

性状 8：叶片先端形状

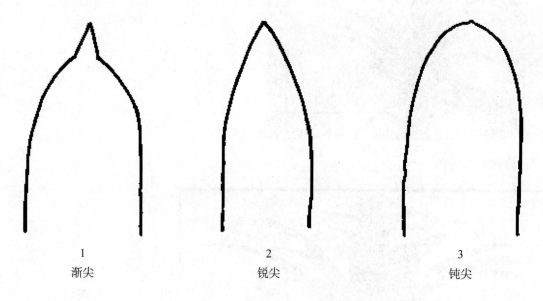

1	2	3
渐尖	锐尖	钝尖

性状 15：花序梗苞片数量
苞片是指花序梗上小鳞片状叶子。
性状 19：花序梗第一个双色苞片位置
双色苞片是指除花青苷显色具有次色的苞片。
性状 23：花序长度

性状 24：花序开花部分长度

开花部分长度应从第一个花苞片的基部到最后一朵花的顶部。

性状 25：花序开花部分直径

开花部分直径应观测最大直径处。

性状 26：花苞片数量

花苞片是与花或花簇相关联的小鳞片状叶子。

性状 27：花苞片长度

应在最长的花苞片上进行观测。

性状 28：花苞片宽度

应在最长的花苞片上进行观测。

性状 29：花苞片先端宽度

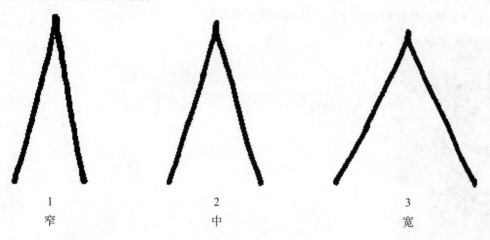

1	2	3
窄	中	宽

性状 34：花苞片纵切面弯曲

1	2	4
直	微外弯	强外弯

性状 35：单个苞片小花数量

3	7
少	多

性状 36：小花先出叶长度

小花先出叶是指包被超过 1 朵小花或花芽的二级苞片。应在每个苞片上有多个小花时进行观测。

苞片

小花/花芽

小花先出叶

性状 37：小花先出叶宽度

见性状 36。

性状 39：花冠先端颜色

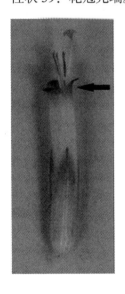

TG/188/1
原文：英文
日期：2002-04-17

国际植物新品种保护联盟

植物品种特异性、一致性和稳定性
测试指南

青葙属

（*Celosia* L.）

1 指南适用范围

本测试指南适用于苋科（Amaranthaceae）青葙属（*Celosia* L.）的所有品种。

2 繁殖材料要求

2.1 待测品种测试所需繁殖材料的数量和质量以及繁殖材料提交的时间和地点由主管机构决定。申请人从测试所在国境外提交繁殖材料的，必须确保符合所有海关规定。提交的繁殖材料的数量应不少于50株插条苗（无性繁殖品种）或2g种子（种子繁殖品种）。

2.2 提交种子时，提交的种子应满足主管机构规定的发芽率、纯度、健康程度和含水量的最低要求。当种子用于保藏时，申请者应尽可能提供发芽率高的种子并注明发芽率。

2.3 提供的繁殖材料应没有病毒且外观健康有活力，未受到任何严重病虫害的影响。

2.4 提交的植物材料不应进行任何处理，除非主管机构允许或要求进行这种处理。如果材料已经处理，必须提供处理的详细情况。

3 测试实施

3.1 测试通常进行1个生长周期。若1个生长周期无法完成测试，应当增加至第二个生长周期。

3.2 测试一般在1个地点进行。如果供试品种有任何重要的性状不能在该地表达，该品种可在另一地点测试。

3.3 测试应当在以下生长条件下，在温室中进行。

3.3.1 种子繁殖品种

（1）播种方法

适宜直播（由于为直根），为便于萌发，种子应轻微覆以蛭石。

（2）播种后

温度：22～24℃

通风温度：白天约27℃，夜间约32℃。

（3）约1周后

温度：白天约20℃，夜间约17℃。

白天通风温度：21～32℃。

夜间通风温度：约18℃

湿度：90%～95%。表层土壤应保持湿润。

（4）2～3周后

温度：白天约19℃，夜间约17℃。

通风温度：白天约20℃，夜间约18℃。

湿度：80%～85%。

（5）播种后6～8周

温度：白天约16℃，夜间约15℃。

通风温度：白天约17℃，夜间约16℃。

湿度：80%～85%。

3.3.2 无性繁殖品种

（1）温度

移植后立即保持20～25℃，缓慢降温至16℃。

（2）湿度

80%～85%。

（3）总体措施

花出现之前应进行喷灌。花出现后，土壤应保持干燥，停止喷灌以降低葡萄孢菌病害感染风险。

基肥：不需要。

生长期间施肥：不需要。

培养基：贫瘠培养基，排水性好。

植株间距：约 32 株 /m²

遮阴：无。青葙属对光极敏感。

大部分青葙属品种需要以 2～3 根金属网进行支撑。

3.4　试验设计应保证因测量或计数等需要，从小区取走部分植株或植株部位后，不影响生长周期结束前的所有观测。每个试验应保证至少有 50 个植株。只有在当环境条件相似时，才能使用分开种植的小区进行观测。

3.5　如有特殊需要，可进行附加测试。

4　观测方法

4.1　所有测量或计数的观测应在 10 个植株或分别来自 10 个植株的植株部位进行。

4.2　青葙属为自花授粉植物，对种子繁殖品种一致性评价的标准与无性繁殖品种相同。评价一致性时，采用 1% 的群体标准和 95% 的接受概率。当样本量为 50 个时，最多允许 2 个异型株。

4.3　除非另有说明，所有观测都应在有完整花序的植株上进行。所有对叶的观测应当在茎秆中部 1/3 处的完整叶上进行，所有对花的观测应当在花药刚刚开裂时进行。

4.4　为避免日光变化的影响，确定颜色时应在有人工光源的空间内，或于中午在北向的房间内进行观测。人工光源光谱分布应符合 CIE "理想日光标准 D6500"，且在《英国标准 950：第 1 部分》规定的允许范围之内。颜色的确定应该将植株部位放在一张白纸上观测。

5　品种分组

5.1　待测品种应分组种植以便进行特异性评价。适用于分组的性状是已知不会出现变异或者仅在品种内发生轻微变异的性状。这些性状的不同表达状态应十分均匀地分布于品种库中。

5.2　建议主管机构用以下性状进行品种分组。

（a）花序：颜色（性状 24）。

6　性状和符号

6.1　为评价特异性、一致性和稳定性，应使用性状表中给出的性状及其表达状态。

6.2　为便于电子数据处理，每个性状的表达状态都赋予了相应的代码（数字）。

6.3　**注释**

（*）除非前序性状的表达或区域环境条件所限使其无法测试，在测试的每个生长时期，对所有品种都要进行测试的、总要包含在品种描述中的性状。

（+）参见第 8 部分性状表解释。

7　性状表

性状编号	英文	中文	标准品种	代码
1. （*）	**Plant：height**	**植株：高度**		
	very short	极矮	Super Dwarf Kimono Orange	1
	short	矮	Century Rose	3
	medium	中	Martine	5
	tall	高	Bombay	7
	very tall	极高		9
2. （*）	**Stem：thickness**	**茎：粗细**		
	thin	细	Yellow Flame	3
	medium	中	Bombay Gold	5
	thick	粗	Boscorsun	7
3. （*）	**Stem：presence of anthocyanin color-ation at base**	**茎：基部花青苷显色**		
	absent	无	Yellow Flame	1
	present	有	Bombay，Purple Martine	9
4. （*）	**Stem：intensity of anthocyanin color-ation at base**	**茎：基部花青苷显色强度**		
	very weak	极弱	Bombay Yellow， Yellow Flame	1
	weak	弱	Bombay Gold	3
	medium	中	Boscorcass	5
	strong	强	Bombay，Bombay Purple	7
	very strong	极强	Enterprise Wine-red	9
5. （*）	**Stem：color of basal part**	**茎：基部部分颜色**		
	light green	浅绿色	Enterprise White	1
	medium green	中等绿色		2
	dark green	深绿色		3
	yellow	黄色	Celrayel，Martine Salmon	4
	orange	橙色	Bombay Salmon，Super Dwarf Kimono Orange	5
	pinkish red	泛粉红色	Super Dwarf Kimono Cherry-red	6
	purple red	紫红色	Celkopured，Enterprise Wine-red	7
6. （*）	**Stem：color of upper part**	**茎：上部颜色**		
	light green	浅绿色	Bombay Rose，Celrayel	1
	medium green	中等绿色	Martine Salmon	2
	dark green	深绿色		3
	yellow	黄色		4
	orange	橙色		5
	pinkish red	泛粉红色	Celkopured	6
	purple red	紫红色	Super Dwarf Kimono Red	7
7. （*）	**Stem：shape in cross section**	**茎：横截面形状**		
	circular	圆形	Enterprise White	1
	flattened	扁形	Boscorcass	2

性状编号	英文	中文	标准品种	代码
8. (*)	**Stem：ribs**	**茎：肋**		
	absent	无	Martine Pink，Startrek lilac	1
	present	有		9
9. (*)	**Stem：flowering laterals**	**茎：花枝**		
	absent	无	Bombay Pink，Boscorsun	1
	present	有	Enterprise White，Startrek Lilac	9
10. (*)	**Petiole：length**	**叶柄：长度**		
	short	短	Celkopured	3
	medium	中	Bombay	5
	long	长	Enterprise White	7
11. (*)	**Petiole：presence of anthocyanin coloration**	**叶柄：花青苷显色**		
	absent	无	Bombay Rose，Celrayel	1
	present	有	Caripe，Celkopured	9
12. (*)	**Leaf blade：length**	**叶片：长度**		
	short	短	Bombay Fire	3
	medium	中	Martine	5
	long	长	Bombay Rose，Caripe	7
13. (*)	**Leaf blade：width**	**叶片：宽度**		
	narrow	窄	Bombay Fire	3
	medium	中	Bombay，Caripe，Martine，Salmon	5
	broad	宽	Bombay Rose，Enterprise White	7
14. (*)	**Leaf blade：shape**	**叶片：形状**		
	narrow elliptic	窄椭圆形	Sharon	1
	elliptic	椭圆形	Bombay Rose	2
	ovate	卵圆形	Bombay Purple	3
	broad ovate	阔卵圆形		4
15. (*) (+)	**Leaf blade：shape of apex**	**叶片：先端形状**		
	acute	锐尖	Caripe，Sharon	1
	short acuminate	短渐尖	Bombay Salmon	2
	long acuminate	长渐尖	Celkopured	3
16. (*)	**Leaf blade：color**	**叶片：颜色**		
	light green	浅绿色	Bombay Salmon，Enterprise White	1
	medium green	中等绿色		2
	dark green	深绿色	Celkopured	3
	greenish red	泛绿红色	Flamingo Feather	4
	red purple	红紫色		5
17. (*)	**Leaf blade：presence of anthocyanin coloration of main vein**	**叶片：主脉花青苷显色**		
	absent	无	Enterprise White	1
	present	有	Celkopured	9

性状编号	英文	中文	标准品种	代码
18. (*)	**Leaf blade：blistering**	**叶片：起泡程度**		
	absent or very weak	无或极弱	Bombay Pink	1
	weak	若	Celrayel，EnterpriseWine-red，Startrek Lilac	3
	medium	中	Bombay Rose，Celkopured	5
	strong	强	Enterprise White	7
	very strong	极强		9
19. (*)	**Leaf blade：undulation of margin**	**叶片：边缘波状**		
	absent	无	Bombay Rose，Enterprise White	1
	present	有		9
20. (*)	**Leaf blade：curvature of longitudinal axis**	**叶片：纵轴弯曲**		
	upwards	向上弯曲		1
	straight	直		2
	downwards	向卜弯曲		3
21. (*) (+)	**Inflorescence：main shape**	**花序：主要形状**		
	spicate	穗状	Enterprise Wine-red，Flamingo Feather	1
	plumose	羽状	Hiryu no.2，Kimono Cherry-red	2
	paniculate	圆锥状	Gerana Orange	3
	cristate	鸡冠状	Bombay Rose，Martine	4
22. (*)	**Inflorescence：length of main inflorescence**	**花序：主花序长度**		
	short	短	Enterprise Salmon，Martine Pink	3
	medium	中	Bombay Salmon	5
	long	长	Caripe	7
23. (*)	**Inflorescence：width of main inflorescence**	**花序：主花序宽度**		
	narrow	窄	Caripe，Enterprise Wine-red	3
	medium	中	Bombay Fire，Martine Pink	5
	broad	宽	Bombay Salmon，Boscorcur	7
24. (*)	**Inflorescence：color**	**花序：颜色**		
	white	白色	Enterprise White	1
	green	绿色		2
	yellow	黄色	Martine Yellow	3
	orange	橙色	Super Dwarf Kimono Orange	4
	orange pink	橙粉色		5
	pink	粉色	Bombay Rose	6
	red	红色	Red Chief	7
	purple	紫色		8

续表

性状编号	英文	中文	标准品种	代码
25.（*）（+）	**Cristate group only：inflorescence：color of prophylls on edge of top**	**花序：顶部边缘先出叶颜色（仅鸡冠状组）**		
	white	白色		1
	green	绿色		2
	yellow	黄色	Bombay Gold，Bombay Yellow	3
	orange	橙色	Bombay Orange	4
	orange pink	橙粉色	Boscorora	5
	pink	粉色	Bombay Rose	6
	red	红色	Bombay Fire	7
	purple	紫色		8
26.（*）（+）	**Cristate group only：inflorescence：color of prophylls on distal part（excluding edge of top）**	**花序：远基端（排除顶部边缘）先出叶颜色（仅鸡冠状组）**		
	white	白色	Bombay Gold，Bombay Yellow	1
	green	绿色		2
	yellow	黄色		3
	orange	橙色		4
	orange pink	橙粉色		5
	pink	粉色	Bombay Orange，Bombay Pink	6
	red	红色		7
	purple	紫色	Bombay Fire	8
27.（*）	**Cristate group only：inflorescence：degree of undulation（viewed from above）**	**花序：波状程度（俯视，仅鸡冠状组）**		
	weak	弱	Bombay Rose	3
	medium	中	Bombay Fire，Celrayel	5
	strong	强	Bombay Dark-red，Boscorsun	7
28.（*）	**Tepal：shape**	**花被片：形状**		
	elliptic	椭圆形	Enterprise White，Enterprise Wine-red	1
	ovate	卵圆形	Martine，Martine Scarlet	2
29.（*）	**Tepal：color of median**	**花被片：中部颜色**		
	RHS Colour Chart（indicate reference number）	RHS 比色卡（注明参考色号）		
30.（*）	**Stamen：color of filament**	**雄蕊：花丝颜色**		
	white	白色	Enterprise White，Martine Scarlet	1
	green	绿色		2
	yellow	黄色		3
	orange	橙色		4
	orange pink	橙粉色	Boscorkir	5
	pink	粉色	Bombay Orange，Canaima	6
	red	红色		7
	purple	紫色	Bombay Purple，Boscorcass	8

性状编号	英文	中文	标准品种	代码
31. （*）	**Pistil：color of style**	**雌蕊：花柱颜色**		
	white	白色		1
	green	绿色		2
	yellow	黄色	Martine Yellow，Yellow Flame	3
	orange	橙色		4
	orange pink	橙粉色	Bombay Salmon，Bombay Velvet	5
	pink	粉色	Martine Salmon，Martine Scarlet	6
	red	红色		7
	purple	紫色	Bombay Purple	8
32. （*）	**Pistil：color of stigma**	**雌蕊：柱头颜色**		
	white	白色		1
	green	绿色		2
	yellow	黄色		3
	orange	橙色		4
	orange pink	橙粉色		5
	pink	粉色		6
	red	红色		7
	purple	紫色		8

8 性状表解释

性状 15：叶片先端形状

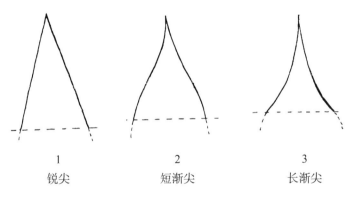

1	2	3
锐尖	短渐尖	长渐尖

性状 21：花序主要形状

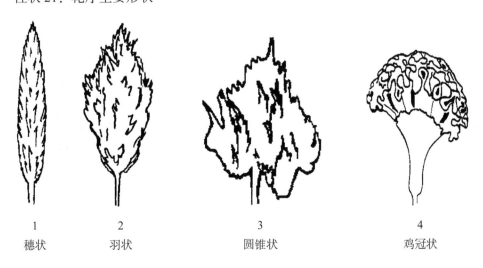

1	2	3	4
穗状	羽状	圆锥状	鸡冠状

性状 25：花序顶部边缘先出叶颜色（仅鸡冠状组）

性状 26：花序远基端（排除顶部边缘）先出叶颜色（仅鸡冠状组）

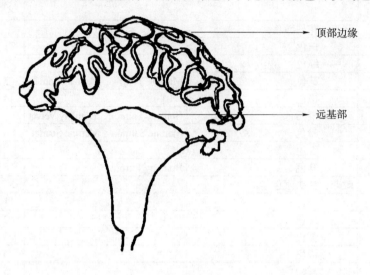

顶部边缘

远基部

扫码下载原文

如扫描二维码无法下载指南原文，可能是指南版本有更新，可扫描本书封底二维码查看与本文对应的指南版本

国际植物新品种保护联盟
植物品种特异性、一致性和稳定性
测试指南

五星花属

（*Pentas* Benth.）

1　指南适用范围

本测试指南适用于茜草科（Rubiaceae）五星花属（*Pentas* Benth.）的所有品种。

2　繁殖材料要求

2.1　待测品种测试所需繁殖材料的数量和质量以及繁殖材料提交的时间和地点由主管机构决定。申请人从测试所在国境外提交繁殖材料的，必须确保符合所有海关规定。提交的繁殖材料的量应不少于25株带根扦插条（无性繁殖品种）或发芽率至少为50%的1 g种子（种子繁殖品种）。

2.2　在种子的情况下，提交的种子应满足主管机构规定的发芽率、纯度、健康程度和含水量的最低要求。当种子用于保藏时，申请者应尽可能提供发芽率高的种子并注明发芽率。

2.3　提供的繁殖材料应没有病害且外观健康有活力，未受到任何严重病虫害的影响。

2.4　提交的植物材料不应进行任何处理，除非主管机构允许或要求进行这种处理。如果材料已经处理，必须提供处理的详细情况。

3　测试方法

3.1　对于无性繁殖品种，测试周期通常超过1个生长周期。如果在1个生长周期内不能完成测试，应增加第二个生长周期。

3.2　对于种子繁殖品种，测试周期一般超过2个生长周期。

3.3　测试一般在1个地点进行。如果供试品种有任何重要的性状不能在该地表达，该品种可在另一地点测试。

3.4　测试的条件应能满足品种正常生长的需要，以确保品种相关性状充分表达和测试的顺利开展。

3.4.1　种子繁殖品种

　　播种时间：建议1月播种（北半球），5月开花。

　　生长基质：排水良好；种子在发芽前应覆盖一薄层沙土，一层薄且透明的PVC膜和布。

　　温度：温度为18～20℃时，种子在2～3周后发芽。

3.4.2　无性繁殖品种

　　生长基质：排水系统良好，肥沃，富含有机物质或有机基质。

　　温度：最低温度为17℃。

　　小区规模应该满足因测量或计数等需要，从小区取走部分植株或植株部位后，不影响生长周期结束前的所有观测。对于无性繁殖品种，每个实验应保证至少有25个植株。对于种子繁殖品种，每个实验应保证至少有100个植株。只有在当环境条件相似时，才能使用分开种植的小区进行观测。

3.5　如有特殊需要，可进行附加测试。

4　观测方法

4.1　除非另有说明，对无性繁殖品种，所有观测应在10个植株或分别来自10个植株的植株部位进行。

4.2　评价一致性时，对植株繁殖材料应采用1%的群体标准和至少95%的接受概率，当样本量为25个时，最多允许1个异型株。

4.3　对种子繁殖品种进行一致性评价时，应参考总则中对异花授粉或杂交品种的建议。

4.4　所有对花性状的观测都应该在盛花期进行。

4.5　由于日光变化的原因，在利用比色卡确定颜色时，应在一个合适的有人工光源照明的小室或中午无阳光直射的房间内进行。人工光源光谱分布应符合 CIE "理想日光标准 D6500"，且在《英国标准 950：第 1 部分》规定的允许范围之内。观测在白背景下进行。

5 品种分组

5.1 待测品种应分组种植以便进行特异性评价。适用于分组的性状是已知不会出现变异或者仅在品种内发生轻微变异的性状。这些性状的不同表达状态应十分均匀地分布于品种库中。

5.2 建议主管机构用以下性状进行品种分组。

（a）植株：高度（性状 2）。

（b）花冠裂舌：上表面颜色数量（性状 24）。

（c）花冠裂片：上表面主色（性状 25），有以下 5 组。

第一组：白色。

第二组：浅粉色。

第三组：粉色。

第四组：红色。

第五组：紫色。

6 性状和符号

6.1 为评价特异性、一致性和稳定性，应使用性状表中给出的性状及其表达状态。

6.2 为便于电子数据处理，每个性状的表达状态都赋予了相应的代码（数字）。

6.3 注释

（*）除非前序性状的表达或区域环境条件所限使其无法测试，在测试的每一生长时期，对所有品种都要进行测试的、总要包含在品种描述中的性状。

（+）参见第 8 部分性状表解释。

7 性状表

性状编号	英文	中文	标准品种	代码
1.（*）	**Plant：growth habit**	**植株：生长习性**		
	upright	直立		1
	semi-upright	半直立		2
	spreading	平展	Mercur，Romance	3
2.（*）	**Plant：height**	**植株：高度**		
	short	矮		3
	medium	中		5
	tall	高	Festival，Partytime	7
3.（*）	**Stem：length of inter nodes（in middle third）**	**茎：节间长（中部 1/3 处）**		
	short	短		3
	medium	中	Lola，Titan	5
	long	长	Apollo，Venus	7

性状编号	英文	中文	标准品种	代码
4.（*）	**Stem：green color**	茎：绿色程度		
	light	浅	Jupiter，Mercur，Saturn	3
	medium	中		5
	dark	深	Romance	7
5.（*）	**Stem：anthocyanin coloration**	茎：花青苷显色		
	absent	无	Saturn	1
	present	有	Jupiter，?Lore	9
6.（*）	**Leaf blade：length**	叶片：长度		
	short	短		3
	medium	中	Lina，Pluto	5
	long	长	Festival，Lilac In，Saturn	7
7.（*）	**Leaf blade：width**	叶片：宽度		
	narrow	窄	Lina	3
	medium	中	Lilac In	5
	broad	宽	Jupiter	7
8.（*）	**Leaf blade：shape**	叶片：形状		
	ovate	卵圆形	Lilli	1
	elliptic	椭圆形	Comet，Lilac In，Purple Rain	2
	obovate	倒卵圆形		3
9.（*）	**Leaf blade：green color of upper side**	叶片：上表面绿色程度		
	light	浅		3
	medium	中	Galaxy	5
	dark	深	Romance，Saturn	7
10.（*）	**Leaf blade：pubescence**	叶片：茸毛		
	sparse	疏	Mars，Pink In	3
	medium	中	Festival，Partytime	5
	dense	密		7
11.	**Leaf blade：blistering**	叶片：泡状程度		
	absent or very weak	无或极弱		1
	weak	弱	Lilac In，Partytime	3
	medium	中		5
	strong	强		7
	very strong	极强		9
12.（*）（+）	**Inflorescence：maximum diameter**	花序：最大直径		
	small	小		3
	medium	中	Festival	5
	large	大	Lilac In	7
13.（*）（+）	**Inflorescence：minimum diameter**	花序：最小直径		
	small	小		3
	medium	中		5
	large	大		7

续表

性状编号	英文	中文	标准品种	代码
14. (*) (+)	**Inflorescence：height**	花序：高度		
	low	矮		3
	medium	中		5
	high	高		7
15. (*) (+)	**Inflorescence：shape of upper side**	花序：上部形状		
	flat	平		1
	rounded	圆形	Galaxy，Pluto，Titan	2
16. (*)	**Corolla：diameter**	花冠：直径		
	small	小		3
	medium	中	Lina，Lola	5
	large	大		7
17. (*) (+)	**Corolla tube：length**	花冠筒：长度		
	short	短	Red In	3
	medium	中	Lola，Venus	5
	long	长		7
18. (*)	**Corolla tube：color**	花冠筒：颜色		
	RHS Colour Chart（indicate reference number）	RHS 比色卡（注明参考色号）		
19. (*) (+)	**Corolla throat：color of distal part of hairs on inner side**	花冠喉部：内侧茸毛远基端颜色		
	whitish	泛白色	Lilli，Lola，Saturn	1
	pink	粉色		2
	red	红色		3
	red purple	红紫色	Purple Rain	4
	blue purple	蓝紫色		5
	grey purple	灰紫色	Romance	6
20. (*) (+)	**Corolla lobe：attitude**	花冠裂片：姿态		
	semi-erect	半直立	Jupiter，Lola，Saturn	1
	horizontal	水平	Festival，Partytime，Purple Rain	2
	recurved	外弯		3
21. (*)	**Corolla lobe：length**	花冠裂片：长度		
	short	短	Comet	3
	medium	中	Lina，Lola	5
	long	长		7
22. (*)	**Corolla lobe：width**	花冠裂片：宽度		
	narrow	窄		3
	medium	中	Comet，Lina，Lola	5
	broad	宽		7
23. (*)	**Corolla lobe：shape**	花冠裂片：形状		
	ovate	卵圆形	Lina，Lola，Lore	1
	elliptic	椭圆形		2
	obovate	倒卵圆形		3

性状编号	英文	中文	标准品种	代码
24.（*）	**Corolla lobe：number of colors on upper side**	**花冠裂片：上表面颜色数量**		
	one	1 种	Festival，Jupiter，Mars	1
	more than one	>1 种	Romance	2
25.（*）（+）	**Corolla lobe：main color on upper side**	**花冠裂片：上表面主色**		
	RHS Colour Chart（indicate reference number）	RHS 比色卡（注明参考色号）		
26.	**Varieties with more than one color on upper side：corolla lobe：secondary color**	**花冠裂片：次色（上表面颜色多于 1 种的品种）**		
	white	白色		1
	pink	粉色		2
	red	红色		3
	red purple	红紫色		4
	blue purple	蓝紫色	Romance	5
27.（*）	**Varieties with more than one color on upper side：corolla lobe：distribution of secondary color**	**花冠裂片：次色分布（上表面颜色多于 1 种的品种）**		
	at the tip	尖端		1
	along margin	沿边缘		2
	splashed	泼墨状		3
	eyed	眼状		4
	median stripe	中间条纹状		5
28.（*）	**Anthers：level in relation to top of limb**	**花药：相对于花药梗顶部的高度**		
	above	在上面	Purple Rain	1
	same level	平齐	Apollo	2
	below	在下面		3
29.	**Anther：color of pollen**	**花药：花粉颜色**		
	whitish	泛白色		1
	yellowish	泛黄色	Jupiter，Mars，Mercur	2
	greyish	泛灰色	Purple Rain	3
30.（*）	**Pistil：length of style**	**雌蕊：花柱长度**		
	short	短	Purple Rain	3
	medium	中	Lore，Venus	5
	long	长	Jupiter，Saturn	7
31.（*）	**Stigma：size of lobes**	**柱头：裂片大小**		
	small	小	Comet	3
	medium	中	Galaxy，Jupiter	5
	large	大		7
32.（*）	**Stigma：color of lobes**	**柱头：裂片颜色**		
	white	白色	Romance	1
	yellow green	黄绿	Galaxy，Purple Rain	2
	pink	粉色	Lilli，Lola	3
	red	红色		4
	red purple	红紫色	Lilo，Partytime	5
	blue purple	蓝紫色	Jupiter	6
	greyish	泛灰色	Comet，Pluto	7

8 性状解释

性状 12：花序最大直径

性状 13：花序最小直径

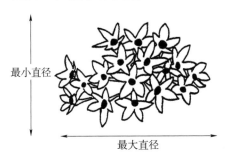

性状 14：花序高度

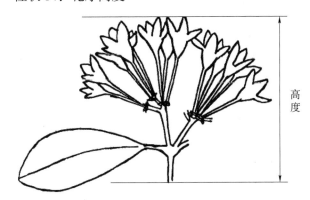

性状 15：花序上部形状

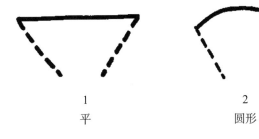

1	2
平	圆形

性状 17：花冠筒长度

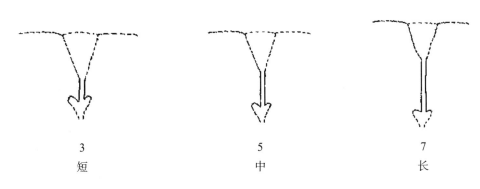

3	5	7
短	中	长

性状 17、性状 19 花冠筒和花冠喉部

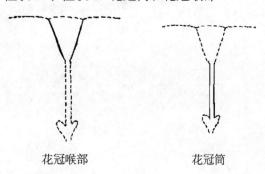

花冠喉部　　　　　　花冠筒

性状 20：花冠裂片姿态

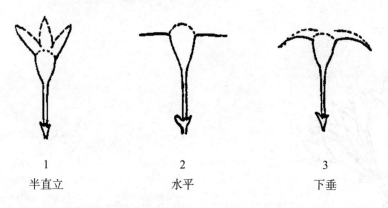

1	2	3
半直立	水平	下垂

性状 25：花冠裂片上表面主色

花主色是由上表面内部花被片的主色决定的；主色是最大区域所呈现的颜色；在 2 种颜色或更多颜色中，没有明显主色的，以较淡的颜色作为主色。

TG/190/1

原文：英文

日期：2002-04-17

国际植物新品种保护联盟
植物品种特异性、一致性和稳定性
测试指南

百里香

(*Thymus vulgaris* L.)

1　指南适用范围

本测试指南适用于唇形科 [Labiatae（Lamiaceae）] 所有百里香（*Thymus vulgaris* L.）品种。

2　繁殖材料要求

2.1　待测品种测试所需繁殖材料的数量和质量以及繁殖材料提交的时间和地点由主管机构决定。申请人从测试所在国境外提交繁殖材料的，必须确保符合所有海关规定。提交的繁殖材料的数量应不少于2 g 种子（有性繁殖品种）或 20 根扦插条（无性繁殖品种）。

2.2　若是提交种子，提交的种子应满足主管机构规定的发芽率、纯度、健康程度和含水量的最低要求。若当种子用于保藏时，申请者应尽可能提供发芽率高的种子并注明发芽率。

2.3　提供的繁殖材料应外观健康有活力，未受到任何严重病虫害的影响。

2.4　未经主管机构允许或要求，提交的植物材料不应进行任何处理。如果材料已经处理，必须提供处理的详细情况。

3　测试实施

3.1　对于有性繁殖品种，建议执行 2 个以上的独立生长周期的生长试验。

3.2　对于无性繁殖品种，测试试验通常为 1 个生长周期（如果必要，在大田种植一年后开始）。如果特异性和 / 或一致性不能在 1 个生长周期内充分测试，测试周期应当增加至第二个生长周期。

3.3　测试一般在 1 个地点进行。如果品种的任何重要的性状不能在该地表达，该品种可在另一地点测试。

3.4　在满足测试品种相关性状正常表达和测试过程正常进行条件下执行试验。测试基地大小应该满足植物或部分植株部位离体用于测量或计数，但不能影响生长周期结束时做出的观察。对于无性繁殖品种，每次试验应该至少设计 20 个植株，并且不少于 2 个重复。对于有性繁殖品种，每次试验应该至少设计 60 个植株，并且不少于 2 个重复。仅在相似的环境条件下，才能在不同的小区分别进行观测和测量。

3.5　如有特殊需要，可进行附加测试。

4　观测方法

4.1　有性繁殖品种所有测量或计数性状基于 60 个植株或来自 60 个植株部位。对于无性繁殖品种其测量或计数性状基于 20 个植株或来自 20 个植株部。

4.2　对于无性繁殖品种一致性评价，采用 1% 的群体标准和 95% 以上的可接受概率。例如 20 个植株，最大允许 1 个异型株。

4.3　对于有性繁殖品种一致性判定，建议视情况而定采用总则中异花授粉或杂交品种判定方式。

5　品种分组

5.1　待测品种应分组种植以便进行特异性评价。适用于分组的性状是已知不会出现变异或者仅在品种内发生轻微变异的性状。这些性状的不同表达状态应十分均匀地分布于品种库中。

5.2　建议主管机构用以下性状进行品种分组。

（a）叶：斑（性状 16）。

（b）叶：主色（性状 17）。

（c）花：花瓣颜色（性状 20）。

（d）植株：雄性不育（性状 25）。

6 性状和符号

6.1 为评价特异性、一致性和稳定性，应使用性状表中给出的性状及其表达状态。

6.2 为便于电子数据处理，每个性状的表达状态都赋予了相应的代码（数字）。

6.3 **注释**

（*）除非前序性状的表达或区域环境条件所限使其无法测试，在测试的每个生长时期，对所有品种都要进行测试的、总要包含在品种描述中的性状。

（+）参见第 8 部分性状表解释。

7 性状表

性状编号	英语	中义	标准品种	代码
1.（*）	**Plant：growth habit**	**植株：生长习性**		
	Erect	直立	Gambaru，Valdeyron	1
	semi erect	半直立	Allemand	3
	Prostrate	匍匐	Heili，Savoie	5
2.（*）	**Plant：height**	**植株：高度**		
	very short	极矮		1
	Short	矮	Savoie	3
	Medium	中	Heili，Passet	5
	Tall	高	Valdeyron	7
	very tall	极高	Gambaru，Ygor	9
3.（*）	**Plant：diameter**	**植株：直径**		
	Small	小	5.77	3
	Medium	中	Escalin，Ygor	5
	Large	大	Gambaru	7
4.（*）	**Foliage：density**	**叶：密度**		
	Sparse	疏	1.52	3
	Medium	中	Allemand，Passet	5
	Dense	密	Pegase，Ygor	7
5.（*）	**Stem：length**	**茎：长度**		
	Short	短	Pegase，Savoie	3
	Medium	中	Heili，Ygor	5
	Long	长	Gambaru，Passet	7
6.	**Stem：thickness**	**茎：粗度**		
	Thin	细	Gambaru，Heili	3
	Medium	中	Pegase	5
	Thick	粗	Passet	7

性状编号	英语	中文	标准品种	代码
7. (*)	**Stem：distribution of leaves**	茎：叶片分布		
	only at base	仅在基部	Escalin，Passet	1
	only in middle	仅在中部	2.40	2
	only in upper part	仅在上部	Pegase，Ygor	3
	along whole stem	整个茎秆	Gambaru，Valdeyron	4
8. (*)	**Stem：position of flowering part**	茎：开花位置		
	at tip	尖端	1.44，3.49	1
	along upper quarter	上部1/4	Allemand，Escalin	2
	along upper half	中部	1.52，Heili	3
	along upper two thirds	上部2/3	Gambaru	4
	along whole stem	整个茎秆	Passet	5
9.	**Stem：density of flowers**	茎：花密度		
	Sparse	疏	Gambaru，Ygor	3
	Medium	中	Allemand，Escalin，Valdeyron	5
	Dense	密		7
10.	**Stem：length of flowering part**	茎：开花部分长度		
	Short	短	Allemand，Escalin，Valdeyron	3
	Medium	中	Gambaru，Pegase，Ygor	5
	Long	长	Passet	7
11. (*)	**Leaf：shape**	叶：形状		
	Elliptic	椭圆形	2.40	1
	Ovate	卵圆形	Savoie，Ygor	2
	rhombic	菱形	Allemand，Gambaru	3
12. (*)	**Leaf：length**	叶：长度		
	Short	短	7.56	3
	Medium	中	Heili，Passet，Pegase	5
	Long	长	Allemand，Savoie	7
13. (*)	**Leaf：width at basal part**	叶：基部宽度		
	Narrow	窄	5.46.1	3
	Medium	中	3.49	5
	Broad	宽	Passet，Savoie	7
14.	**Leaf：ratio length/width**	叶：长宽比		
	Low	低	5.46.1	3
	Medium	中	3.49	5
	High	高	Passet，Savoie	7
15.	**Leaf：prominence of veins on lower side**	叶：下表面叶脉明显程度		
	Weak	弱	Escalin，Valdeyron，Ygor	3
	Medium	中	Allemand，Heili	5
	Strong	强	3.07，4.77，Savoie	7
16. (*)	**Leaf：variegation**	叶：斑		
	Absent	无	Valdeyron	1
	Present	有	Silver Posie	9

续表

性状编号	英语	中文	标准品种	代码
17. （＊）	**Leaf: main color**	叶：主色		
	yellow green	黄绿色		1
	Green	绿色	Allemand，Escalin	2
	blue green	蓝绿色	Passet，Ygor	3
	grey green	灰绿色	Pegase，Valdeyron	4
18. （＊）	**Leaf：intensity of main color**	叶：主色亮度		
	Light	浅		3
	Medium	中		5
	Dark	深		7
19. （＊）	**Flower：size**	花：大小		
	Small	小	Luberon，Passet	3
	Medium	中	Allemand，Gambaru	5
	Large	大	Heili，Ygor，	7
20. （＊）	**Flower：color of petal**	花：花瓣颜色		
	white or slightly pink	白色或浅粉红色	Passet	1
	Pink	粉红色	Escalin，Ygor	2
	light violet	浅紫罗兰色	4.77	3
	Violet	紫罗兰色	Pegase，Valdeyron	4
21. （＊）	**Flower：length of style**	花：花柱长度		
	Short	短		3
	Medium	中	3.07	5
	Long	长	Gambaru，Escalin	7
22.	**Flower：main color of style**	花：花柱主色		
	White	白色		1
	Pink	粉红色	Ygor	2
	light violet	浅紫罗兰色		3
	Violet	紫罗兰色	Escalin，Gambaru，Luberon	4
23.	**Style：more intense colored zone**	花柱：颜色明显区域		
	Absent	无		1
	Present	有		9
24. （＊）	**Time of beginning of flowering**	始花期		
	very early	极早	3.49，Ygor	1
	Early	早	Allemand，Valdeyron	3
	Medium	中	Luberon，Pegase	5
	Late	晚	Gambaru，Passet	7
	very late	极晚	Savoie	9
25. （＊） （＋）	**Plant：male sterility**	植株：雄性不育		
	Absent	无	Heili，Ygor	1
	Present	有	Escalin，Valdeyron	9

8 性状表解释

性状 25：植株雄性不育

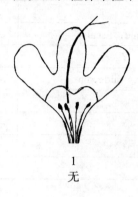

1
无

9
有

无雄蕊花

非功能雄蕊花

TG/194/1

原文：英文

日期：2002-04-17

国际植物新品种保护联盟
植物品种特异性、一致性和稳定性
测试指南

薰衣草属

（*Lavandula* L.）

1 指南适用范围

本测试指南适用于唇形科 [Labiatae（Lamiaceae）] 薰衣草属（*Lavandula* L.）的所有无性繁殖品种。本测试指南特别适用于以下类型。

1.1 真薰衣草类型

花序的顶部无不育苞片，花的基部有小苞片。

狭叶薰衣草 *L. angustifolia* Mill.（Lavender，English lavender，Lavande）（syn. *L. vera* DC.，*L. officinalis* Chaix）。

醒目薰衣草 *L. × burnatii* Briq.（Lavendin，Spike Lavender，Lavandin）（syn. *L. × hybrida* Reverchon）。

穗花薰衣草 *L. latifolia* Medik.（aspic）（syn. *L. spica* L.）。

1.2 法国薰衣草类型

花序顶部有像不育苞片的花瓣，花的基部无小苞片。

法国薰衣草 *L. stoechas* L.（Italian lavender，Spanish lavender，lavande à toupet）[包括 syn. *L. pedunculata* 和 *L. stoechas* L. subsp. *canariensis*（Boiss.）Rozeira]。

绿薰衣草 *L. viridis* L'Herit.。

齿状薰衣草 *L. dentata* L.（French lavender，lavande anglaise）。

1.3 羽叶薰衣草类型

花序的顶部无不育苞片，有像花冠一样带翼的多分枝茎秆，花的基部无小苞片。

蕨叶薰衣草 *L. multifida* L.。

羽叶薰衣草 *L. pinnata* L.。

1.4 杂交薰衣草类型

L. × allardii。

甜薰衣草 *L. × heterophylla*。

2 繁殖材料要求

2.1 待测品种测试所需繁殖材料的数量和质量以及繁殖材料提交的时间和地点由主管机构决定。申请人从测试所在国境外提交繁殖材料的，必须确保符合所有海关规定。提交的繁殖材料的数量应不少于 8 株幼苗（苗龄小于 1 年）。

2.2 提供的繁殖材料外观健康有活力，且未受到任何严重病虫害的影响。

2.3 提交的植物材料不应进行任何处理，除非主管机构允许或要求进行这种处理。如果材料已经处理，必须提供处理的详细情况。

3 测试实施

3.1 测试周期通常为 1 个生长周期。如果在 1 个生长周期内不能满意地开展测试，应增加第二个生长周期。

3.2 测试一般在 1 个地点进行。如果供试品种有任何重要的性状不能在该地表达，该品种可在另一地点测试。

3.3 测试的条件应能满足品种正常生长的需要，以确保品种相关性状充分表达和测试的顺利开展。小区规模应保证从小区取走部分植株或植株部位用于测量或计数后，不影响生长周期结束前的所有观测。每个试验应保证至少有 8 个植株。只有当环境条件相似时，才能使用独立的小区进行观测和测量。

3.4 如有特殊需要，可进行附加测试。

4　观测方法

4.1　所有观测应该在 8 个植株或分别来自 8 个植株的植株部位进行。

4.2　评价一致性时，应采用 1% 的群体标准和至少 95% 的接受概率，当样本量为 8 个时，最多允许 1 个异型株。

4.3　除非另有说明，所有对植株的观测应该在冬季且在花的茎秆没有发育前进行。

4.4　所有对叶、花茎、花序以及花的观测应该在盛花期进行。

4.5　所有对花茎的观测应该在主花茎上进行。

4.6　对于真薰衣草类型品种，对小苞片的观测应在花首次开放时进行。

4.7　对于某些性状，真薰衣草类型和法国薰衣草类型或羽叶薰衣草类型都给出了不同的标准品种，前者标注为 L，后者标注为 S/Ps。

4.8　由于日光变化的原因，在利用比色卡确定颜色时，应在一个合适的有人工光源照明的小室或中午无阳光直射的房间内进行。人工光源光谱分布应符合 CIE "理想日光标准 D6500"，且在《英国标准 950：第 1 部分》规定的允许范围之内。观测在白背景下进行。

5　品种分组

5.1　待测品种应分组种植以便进行特异性评价。适用于分组的性状是已知不会出现变异或者仅在品种内发生轻微变异的性状。这些性状的不同表达状态应十分均匀地分布于品种库中。

5.2　建议主管机构用以下性状进行品种分组。

（a）植株：生长习性（性状 1）。

（b）植株：大小（性状 2）。

（c）叶：边缘刻缺（性状 7）。

（d）花茎：侧枝（簇叶以上）（性状 13）。

（e）穗状花序：不育小花苞片（性状 28）。

（f）穗状花序：不育小花苞片主色（仅适用于法国薰衣草类型）（性状 31），有以下 6 组。

第一组：白色。

第二组：绿色。

第三组：粉色。

第四组：浅紫色。

第五组：深紫色。

第六组：紫罗兰色。

（g）花冠：颜色（性状 35）。

6　性状和符号

6.1　为评价特异性、一致性和稳定性，应使用性状表中给出的性状及其表达状态。

6.2　为便于电子数据处理，每个性状的表达状态都赋予了相应的代码（数字）。

6.3　**注释**

（*）除非前序性状的表达或区域环境条件所限使其无法测试，在测试的每一生长时期，对所有品种都要进行测试的、总要包含在品种描述中的性状。

（+）参见第 8 部分性状表解释。

（L）真薰衣草类型。

（S/Ps）法国薰衣草类型或羽叶薰衣草类型。

7　性状表

性状编号	英文	中文	标准品种	代码
1.（*）（+）	**Plant：growth habit**	植株：生长习性		
	upright	直立	Folgate（L），James Compton（S/Ps）	1
	bushy	丛生	Twickel Purple（L），Pippa White（S/Ps）	2
	globular	球状	Munstead（L），Major（S/Ps）	3
	spreading	平展		4
2.（*）	**Plant：size**	植株：大小		
	very small	极小	Nana Alba（L）	1
	small	小	Maillette（L），Evelyn Cadzow（S/Ps）	3
	medium	中	Major（S/Ps）	5
	large	大	Capsiclair（L），WillowbridgeSnow（S/Ps）	7
	very large	极大	Super（L），Marshwood（S/Ps）	9
3.	**Plant：intensity of green color of foliage**	植株：叶片绿色程度		
	light	浅	Super（L），Pippa White（S/Ps）	3
	medium	中	Twickel Purple（L），Sugar Plum（S/Ps）	5
	dark	深	Grosso（L），Helmsdale（S/Ps）	7
4.	**Plant：intensity of grey tinge of foliage**	植株：叶片灰色程度		
	absent or very weak	无或极弱	Grosso（L），Sugar Plum（S/Ps）	1
	weak	弱	James Compton（S/Ps）	3
	medium	中	Avonview（S/Ps），Tickled Pink（S/Ps）	5
	strong	强	Hazel（S/Ps）	7
	very strong	极强	Reydovan（L），Pukehou（S/Ps）	9
5.（*）	**Plant：attitude of outer flowering stems（at full flowering）**	植株：外侧花茎姿态（花完全开放时）		
	erect	直立	Reydovan（L），James Compton（S/Ps）	1
	semi-erect	半直立	Grosso（L），Marshwood（S/Ps）	2
	spreading	平展	Twickel Purple（L），Pippa White（S/Ps）	3
6.（*）	**Plant：density（at full flowering）**	植株：紧密度（花完全开放时）		
	Sparse	疏	Twickel Purple（L），Pippa White（S/Ps）	3
	medium	中	Abrial（L），Greenwings（S/Ps）	5
	dense	密	Reydovan（L），Helmsdale（S/Ps）	7
7.（*）	**Leaf：incisions of margin**	叶：边缘缺刻		
	absent	无	Abrial（L）	1
	weakly expressed	弱	Pure Harmony（S/Ps）	2
	strongly expressed	强	Sidonie（S/Ps）	3
8.（+）	**Flowering stem：length（including spike）**	花茎：长度（包括穗状花序）		
	very short	极短	Lady（L），Clair de Lune（S/Ps）	1
	short	短	Munstead（L），Sugar Plum（S/Ps）	3
	medium	中	Abrial（L），Helmsdale（S/Ps）	5
	long	长	Reydovan（L），James Compton（S/Ps）	7
	very long	极长	Capsiclair（L）	9

性状编号	英文	中文	标准品种	代码
9.	**Flowering stem: thickness at middle third（not including the spike）**	花茎：中部第三节粗度（不包括穗状花序）		
	very thin	极细	Lady（L），James Compton（S/Ps）	1
	thin	细	Maillette（L），Sugar Plum（S/Ps）	3
	medium	中	Grosso（L），Marshwood（S/Ps）	5
	thick	粗	Reydovan（L）	7
	very thick	极粗		9
10. **（*）**	**Flowering stem: intensity of green color**	花茎：绿色程度		
	very light	极浅	Capsiclair（L），Azur（L）	1
	light	浅	Super（L），Pippa White（S/Ps）	3
	medium	中	Grosso（L），Tickled Pink（S/Ps）	5
	dark	深	36.70（L）	7
	very dark	极深		9
11.	**Lavandula section only: Flowering stem: rigidity of basal part**	花茎：基部硬度（仅适用于真薰衣草类型）		
	weak	弱	Capsiclair（L）	3
	medium	中	Grosso（L）	5
	strong	强	Reydovan（L）	7
12.	**Stoechas and Pterostoechas sections only: Flowering stem: intensity of pubescence**	花茎：茸毛密度（仅适用于法国薰衣草类型和羽叶薰衣草类型）		
	weak	弱	Major（S/Ps）	3
	medium	中	Sugar Plum（S/Ps）	5
	strong	强	Marshwood（S/Ps）	7
13. **（*）**	**Flowering stem: lateral branching（above foliage）**	花茎：侧枝（簇叶以上）		
	absent	无	Lady（L），Clozone（L），Blue River（L）	1
	present	有	Grosso（L）	9
14.	**Flowering stem: number of lateral branches（as for 13）**	花茎：侧枝数目（仅适用于有侧枝的品种，如性状13）		
	few	少	Reydovan（S/Ps），Willowbridge White（S/Ps）	3
	medium	中	Grosso（L），Clair de Lune（S/Ps）	5
	many	多	Bogone（L），Azur（L）	7
15. **（*）**	**Flowering stem: length of longest lateral branch above foliage（including spike）**	花茎：簇叶上面最长侧枝长度（包括穗状花序）		
	very short	极短	Maillette（L）	1
	short	短	Reydovan（L），Avice Hill（S/Ps）	3
	medium	中	Capsiclair（L）	5
	long	长	Grosso（L）	7
	very long	极长		9

续表

性状编号	英文	中文	标准品种	代码
16. (＊)	**Spike：maximum width**	穗状花序：最大宽度		
	very narrow	极窄	Grey Hedge（L），Pippa White（S/Ps）	1
	narrow	窄	Hidcote Pink（L），Major（S/Ps）	3
	medium	中	Grosso（L），Marshwood（S/Ps）	5
	broad	宽	Pelleret 18（L）	7
	very broad	极宽	Reydovan（L），Hidcote Giant（L）	9
17. (＊)(＋)	**Spike：total length（including first whorl）**	穗状花序：长度（包括第一轮花序）		
	very short	极短	Lady（L），James Compton（S/Ps）	1
	short	短	Munstead（L），Major（S/Ps）	3
	medium	中	Grosso（L），Pippa White（S/Ps）	5
	long	长	Azur（L）	7
	very long	极长		9
18. (＊)(＋)	**Lavandula section only：Spike：length from second whorl**	穗状花序：第二轮花以上的花序长度（仅适用于真薰衣草类型）		
	very short	极短	Lady（L）	1
	short	短	Capsiclair（L）	3
	medium	中	Grosso（L）	5
	long	长	B 110（L）	7
	very long	极长		9
19. (＊)	**Lavandula section only：Spike：number of whorls（excluding first whorl）**	穗状花序：花轮数（不包括第一轮花，仅适用于真薰衣草类型）		
	few	少	Reydovan（L）	3
	medium	中	Capsiclair（L）	5
	many	多	Jaubert（L）	7
20. (＊)(＋)	**Lavandula section only：Spike：distance between whorls（as for 19）**	穗状花序：轮间距（不包括第一轮花，仅适用于真薰衣草类型，如性状19）		
	very short	极短	Lady（L）	1
	short	短	Grosso（L）	3
	medium	中	Abrial（L）	5
	long	长	Super（L）	7
	very long	极长		9
21. (＊)(＋)	**Spike：shape**	穗状花序：形状		
	narrow conical	窄圆锥形	Grey Hedge（L）	1
	conical	圆锥形	Abrial（L），Silver Ghost（S/Ps）	2
	truncate conical	截圆锥形	Reydovan（L），Tickled Pink（S/Ps）	3
	cylindrical	圆柱形	36.70（L），Willowbridge White（S/Ps）	4
	fusi form	纺锤形	Lady（L），Sidonie（S/Ps）	5
	narrow trullate	窄镘形	Yuulong（L）	6
22.	**Spike：number of flowers**	穗状花序：小花数量		
	few	少	Capsiclair（L）	3
	medium	中	Abrial（L），James Compton（S/Ps）	5
	many	多	Suad 32（L），Willowbridge White（S/Ps）	7

性状编号	英文	中文	标准品种	代码
23.	**Lavandula section only：Spike：number of flowers on apical whorl**	穗状花序：顶轮小花数量（仅适用于真薰衣草类型）		
	few	少	Abrial（L）	3
	medium	中	Reydovan（L）	5
	many	多	36.70（L）	7
24.（+）	**Spike：width of fertile bracts**	穗状花序：可育小花苞片宽度		
	narrow	窄	Grey Hedge（L），Sidonie（S/Ps）	3
	medium	中	Impress Purple（L），Roxlea Park（S/Ps）	5
	broad	宽	Munstead（L），Willowbridge White（S/Ps）	7
25.（*）（+）	**Stoechas and Pterostoechas sections only：Spike：main color of fertile bracts**	穗状花序：可育小花苞片主色（仅适用于法国薰衣草类型和羽叶薰衣草类型）		
	white	白色	Silver Ghost（S/Ps）	1
	green	绿色	Pippa White（S/Ps）	2
	violet	紫罗兰色	Blue Canaries（S/Ps）	3
	red purple	红紫色	Roxlea Park（S/Ps）	4
	brown	棕色	Sidonie（S/Ps）	5
26.	**Lavandula section only：Spike：presence of bracteole**	穗状花序：小苞片（仅适用于真薰衣草类型）		
	sometimes present	有时存在	Munstead（L）	1
	always present	一直存在	Impress Purple（L）	2
27.	**Lavandula section only：Spike：length of bracteole**	穗状花序：小苞片长度（仅适用于真薰衣草类型）		
	short	短	Pacific Blue（L）	3
	medium	中	Munstead（L）	5
	long	长	Super（L）	7
28.（*）（+）	**Spike：presence of infertile bracts**	穗状花序：不育小花苞片		
	absent	无	Abrial（L），Maillette（L）	1
	present	有	James Compton（S/Ps）	9
29.（*）（+）	**Stoechas section only：Spike：length of infertile bracts**	穗状花序：不育小花苞片长度（仅适用于法国薰衣草类型）		
	short	短	Evelyn Cadzow（S/Ps）	3
	medium	中	Tickled Pink（S/Ps）	5
	long	长	James Compton（S/Ps）	7
30.（*）	**Stoechas section only：Spike：shape of infer tile bracts**	穗状花序：不育小花苞片形状（仅适用于法国薰衣草类型）		
	linear	线形	James Compton（S/Ps）	1
	elliptic	椭圆形	Pippa White（S/Ps）	2
	oblong	长圆形	Pukehou（S/Ps）	3
	oblanceolate	倒披针形	Tickled Pink（S/Ps）	4
	obovate	倒卵圆形	Plum（S/Ps）	5
	spatulate	匙形	Otto Quast（S/Ps）	6
31.（*）	**Stoechas section only：Spike：main color of infer tile bracts**	穗状花序：不育小花苞片主色（仅适用于法国薰衣草类型）		
	RHS Colour Chart（indicate reference number）	RHS 比色卡（注明参考色号）		

性状编号	英文	中文	标准品种	代码
32.	**Stoechas section only: Spike: undulation of margin of infer tile bracts**	穗状花序：不育小花苞片边缘波状程度（仅适用于法国薰衣草类型）		
	weak	弱	Greenwings（S/Ps）	3
	medium	中	Helmsdale（S/Ps）	5
	strong	强	Merle（S/Ps）	7
33. （＊） （＋）	**Flower: color of calyx**	花：花萼颜色		
	greenish	泛绿色	Azur（L），Pippa White（S/Ps）	1
	purplish	泛紫色	Regal Splendour（S/Ps）	2
	violet	紫罗兰色	Grosso（L）	3
	greyish	泛灰色	Jaubert（L）	4
34.	**Flower: pubescence of calyx**	花：花萼茸毛密度		
	weak	弱	Capsiclair（L），Sidonie（S/Ps）	3
	medium	中	Avice Hill（L），Willowbridge White（S/Ps）	5
	strong	强	Reydovan（L），Roxlea Park（S/Ps）	7
35. （＊） （＋）	**Corolla: color**	花冠：颜色		
	white	白色	Nana alba（L），WillowbridgeSnow（S/Ps）	1
	pink	粉色	Rosea（L）	2
	purple	紫色	Munstead（L），Regal Splendour（S/Ps）	3
	violet	紫罗兰色	Roxlea Park（S/Ps），Twickel Purple（L）	4
	light blue	浅蓝色	Super（L）	5
	medium blue	中等蓝色	Abrial（L），Willowbridge Calico（S/Ps）	6
	dark blue	深蓝色	Grosso（L），Sidonie（S/Ps）	7
36.	**Time of beginning of flowering**	始花期		
	early	早	Azur（L），James Compton（S/Ps）	3
	medium	中	Sumian（L），Pippa White（S/Ps）	5
	late	晚	Abrial（L）	7

8　性状表的解释

性状 1：植株生长习性

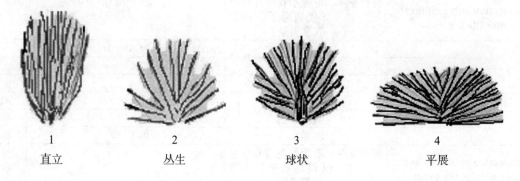

1	2	3	4
直立	丛生	球状	平展

性状 8：花茎长度（包括穗状花序）

性状 17：穗状花序长度（包括第一轮花序）

性状 18：穗状花序第二轮花以上的花序长度（仅适用于真薰衣草类型）

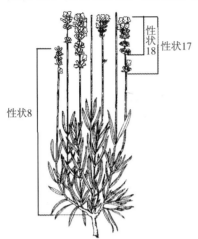

性状 20：穗状花序轮间距（不包括第一轮花，仅适用于真薰衣草类型）

花序轮间距是指花序长度与花轮数（不包括第一轮花）的比例。

性状 21：穗状花序形状

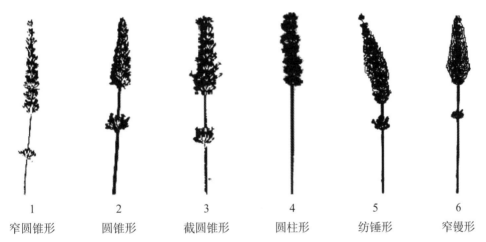

1	2	3	4	5	6
窄圆锥形	圆锥形	截圆锥形	圆柱形	纺锤形	窄镘形

性状 24：穗状花序可育小花苞片宽度

性状 25：穗状花序可育小花苞片主色（仅适用于法国薰衣草类型和羽叶薰衣草类型）

性状 28：穗状花序不育小花苞片

性状 29：穗状花序不育小花苞片长度（仅适用于法国薰衣草类型）

性状 33：花萼颜色

性状 35：花冠颜色

法国薰衣草类型

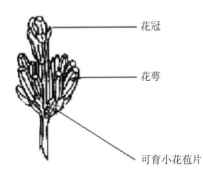

真薰衣草类型

扫码下载原文

如扫描二维码无法下载指南原文，可能是指南版本有更新，可扫描本书封底二维码查看与本文对应的指南版本

TG/196/2 Rev.

原文：英文

日期：2012-03-28

国际植物新品种保护联盟
植物品种特异性、一致性和稳定性
测试指南

新几内亚凤仙

UPOV 代码：IMPAT_NGH

（ *Impatiens New Guinea* Group ）

互用名称 *

植物学名称	英文	法文	德文	西班牙文
Impatiens New Guinea Group	New Guinea Impatiens	Impatiente de Nouvelle-Guinée	Neuguinea-Impatiens	Impatiens de Nueva Guinea

---

* 这些名称在指南开始使用时是正确的，但随后可能会修改更新。读者可登录 UPOV 网站（www.upov.int），获取最新资料。

1 指南适用范围

本指南适用于凤仙科（Balsaminaceae）新几内亚凤仙（*New Guinea Impatiens* Group）的所有品种。

2 繁殖材料要求

2.1 待测品种繁殖材料的数量和质量要求以及提交的时间和地点由主管机构决定。申请人从测试所在国境外提交繁殖材料的，还应符合海关规定并满足相关植物检疫的要求。

2.2 繁殖材料以插条苗的形式提交。

2.3 申请人提交繁殖材料的最小数量为 20 根插条苗。

2.4 提供的繁殖材料应外观健康有活力，未受到任何严重病虫害的影响。

2.5 提交的繁殖材料不得进行任何可能影响品种性状表达的处理，除非主管机构允许或要求进行这种处理。如果材料已经处理，必须提供相关处理的详细情况。

3 测试方法

3.1 测试周期
测试的最少周期数量通常为 1 个生长周期。

3.2 测试地点
测试通常在 1 个地点进行。在 1 个以上地点进行测试时，TGP/9《特异性测试》提供了有关指导。

3.3 测试条件
3.3.1 测试的条件应能满足品种正常生长的需要，以确保品种相关性状充分表达和测试的顺利开展。

3.3.2 由于日光变化的原因，在利用比色卡确定颜色时，应在一个合适的有人工光源照明的小室或中午无阳光直射的房间内进行。人工光源光谱分布应符合 CIE "理想日光标准 D6500"，且在《英国标准950：第 1 部分》规定的允许范围之内。在鉴定颜色时，应将植株部位置于白色背景上。

3.4 试验设计
3.4.1 对于无性繁殖品种，每个试验设计总数至少 20 个植株。

3.4.2 试验设计应保证因测量或计数等需要，从小区取走部分植株或植株部位后，不影响生长周期结束前的所有观测。

3.5 植株 / 植株部位的观测数量
除非另有说明，应对所有 10 个植株或对分别来自 10 个植株的植株部位进行观测。

3.6 附加测试
为测试有关性状，可以进行附加测试。

4 特异性、一致性和稳定性评价

4.1 特异性

4.1.1 一般建议
对于本指南的使用者而言，在判定特异性前参照总则特异性判定的一般原则十分重要。但为进一步说明和强调特异性判定，本指南特列出特异性判定的要点。

4.1.2 一致的差异
当观测到的品种之间的差异非常明显时，则没有必要种植 1 个以上生长周期。此外，在某些情况下，环境的影响并不意味着需要 1 个以上的生长周期来保证品种间观察到的差异是足够一致的。

为确保在种植试验中所观测到的性状差异是足够一致的，可以对性状进行至少2个独立生长周期的测试。

4.1.3　明显的差异

两个品种间的差异是否明显取决于很多因素，特别应考虑所测性状的表达类型，即该性状是质量性状、数量性状还是假质量性状。因此，在作出关于特异性的判定前，本测试指南的使用者应熟悉总则中的建议。

4.2　一致性

4.2.1　对于本指南的使用者而言，在判定一致性前参照总则一致性判定的一般原则十分重要。但为进一步说明和强调一致性判定，本指南特列出一致性判定的要点。

4.2.2　评价无性繁殖品种一致性时，应采用1%的群体标准和至少95%的接受概率，当样本量为20个时，允许有1个异型株。

4.3　稳定性

4.3.1　在实际操作中，通常不像测试特异性和一致性那样对稳定性进行测试以得到明确结果。经验表明，对许多类型的品种来说，当一个品种表现一致时，可认为其是稳定的。

4.3.2　适当情况下或者有疑问时，可以通过种植测试材料的下一代或新提交的无性繁殖材料对稳定性进行测试，以确保他们表现出和以前提供的测试材料相同的性状。

5　品种分组和试验组织

5.1　使用分组性状可以帮助选择与申请品种一起进行田间种植试验的已知品种，以及对这些品种进行合适分组以便进行特异性评价。

5.2　分组性状表达状态的数据即使来自不同地点，也可以单独或者与其他此类性状联合使用。

（a）用于特异性测试中筛选排除那些不需要安排在种植试验中的已知品种。

（b）用于组织安排种植试验，使近似品种种植在一起。

5.3　以下性状已被确认为有用的分组性状。

（a）叶片：上表面斑纹（性状9）。

（b）花：类型（性状17）。

（c）花：颜色数量（眼区除外）（性状19）。

（d）花：上表面主色（性状20），有如下分组。

第一组：白色。

第二组：橙粉色。

第三组：橙红色。

第四组：红色。

第五组：泛蓝粉色。

第六组：蓝红色。

第七组：紫红色。

第八组：紫色。

第九组：紫罗兰色。

第十组：蓝紫罗兰色。

5.4　总则和TGP/9《特异性测试》中提供了在特异性审查过程中使用分组性状的指导。

6 性状表介绍

6.1 性状类型

6.1.1 标准指南性状

标准指南性状是 UPOV 已同意用于 DUS 审查的性状，UPOV 成员可以从中选择与其特定环境相适应的性状。

6.1.2 星号性状

星号性状（用"*"标记）是测试指南中对于形成国际统一的品种描述十分重要的性状，所有 UPOV 成员都应将其用于 DUS 测试并包含在品种描述中，除非前序性状的表达或区域环境条件所限使其无法测试。

6.2 表达状态及相应代码

为定义性状和统一描述，将每个性状划分为一系列表达状态。每个表达状态赋予一个相应的数字代码，以便于数据记录，以及品种性状描述的建立和交流。

6.3 表达类型

总则中对性状表达类型（质量性状、数量性状和假质量性状）进行了解释。

6.4 标准品种

适当时，测试指南中提供了标准品种用于校正性状的表达状态。

6.5 注释

（ * ）星号性状（6.1.2）。

QL：质量性状（6.3）。

QN：数量性状（6.3）。

PQ：假质量性状（6.3）。

（ + ）性状表解释（8）。

7 性状表

性状编号	英文		中文	标准品种	代码
1. (*) (+) **QN**	**Plant：height of foliage**		**植株：叶丛高度**		
	short		矮	Kijos	3
	medium		中	Colombo	5
	tall		高	Firenze	7
2. (*) **QN**	**Plant：width**		**植株：宽度**		
	narrow		窄	Kimpgua	3
	medium		中	Kitotoya	5
	broad		宽	Kibarbu	7
3. **QN**	**Shoot：anthocyanin coloration（on upper part of shoot）**		**枝条：花青苷显色（枝条上半部分）**		
	absent or very weak		无或极弱	Vienna	1
	weak		弱	Duesweetres	3
	medium		中	Firenze	5
	strong		强	Kitotoya	7
	very strong		极强	Kimali	9

性状编号	英文	中文	标准品种	代码
4. QN	**Petiole: length**	叶柄：长度		
	short	短		3
	medium	中		5
	long	长		7
5. QN	**Petiole: anthocyanin coloration on upper side**	叶柄：上表面花青苷显色		
	absent or very weak	无或极弱	Kijos	1
	weak	弱	Ricky Gini	3
	medium	中	Firenze	5
	strong	强	Kinepor	7
	very strong	极强		9
6. （＊） QN	**Leaf blade: length**	叶片：长度		
	short	短	Duesweetres	3
	medium	中	Kitotoya	5
	long	长	Firenze	7
7. （＊） QN	**Leaf blade: width**	叶片：宽度		
	narrow	窄	Kiluis	3
	medium	中	Duesweetres	5
	broad	宽	Firenze	7
8. QN	**Leaf blade: length/width ratio**	叶片：长宽比		
	small	小	Kimpslav	3
	medium	中	Kitotoya	5
	large	大	Kimaris	7
9. （＊） （＋） QL	**Leaf blade: marking of upper side**	叶片：上表面斑纹		
	absent	无	Kitotoya	1
	present	有	Tempest	9
10. （＊） PQ	**Varieties with marking only: Leaf blade: color of marking of upper side**	叶片：上表面斑纹颜色（仅适用于有斑纹品种）		
	light yellow	浅黄色	Solared	1
	medium yellow	中等黄色	Red Planet	2
	yellow with red	黄中带红	Tempest	3
	light green	浅绿色	Celsal	4
11. （＊） QN	**Leaf blade: anthocyanin coloration of upper side**	叶片：上表面花青苷显色		
	absent or very weak	无或极弱	Ballet	1
	weak	弱	Kicarl	3
	medium	中		5
	strong	强		7
	very strong	极强	Vulcain	9
12. （＊） QL	**Leaf blade: color of lower side between veins**	叶片：下表面叶脉间颜色		
	green	绿色	Kitotoya	1
	red	红色	Tempest	2

性状编号	英文	中文	标准品种	代码
13. QN	**Varieties with red lower side only: Leaf blade: intensity of red coloration on lower side between veins**	叶片：下表面叶脉间红色程度（仅适用于下表面为红色品种）		
	weak	弱		3
	medium	中		5
	strong	强		7
14. （*） QL	**Leaf blade: color of veins on lower side**	叶片：下表面叶脉颜色		
	green	绿色	Kijos	1
	red	红色	Kitotoya	2
15. QN	**Pedicel: length**	花梗：长度		
	short	短		3
	medium	中		5
	long	长		7
16. QN	**Pedicel: anthocyanin coloration**	花梗：花青苷显色		
	absent or very weak	无或极弱	Tempest	1
	weak	弱	Ricky Gini	3
	medium	中	Firenze	5
	strong	强	Kimpslav	7
	very strong	极强		9
17. （*） QL	**Flower: type**	花：类型		
	single	单瓣	Kitotoya	1
	double	重瓣		2
18. （*） （+） QN	**Flower: width**	花：宽度		
	very narrow	极窄	Kitol	1
	narrow	窄	Duesweetpur	3
	medium	中	Kitotoya	5
	broad	宽	Kibetio	7
	very broad	极宽	Kimpslav	9
19. （*） QL	**Flower: number of colors (eye zone excluded)**	花：颜色数量（眼区除外）		
	one	1 种	Kitotoya	1
	two	2 种	Kiluis	2
	three or more	≥3 种		3
20. （*） PQ	**Flower: main color of upper side**	花：上表面主色		
	RHS Colour Chart (indicate reference number)	RHS 比色卡（注明参考色号）		
21. （*） PQ	**Varieties with bi-or multicolored flowers only: Flower: secondary color of upper side**	花：上表面次色（仅适用于双色或多色品种）		
	RHS Colour Chart (indicate reference number)	RHS 比色卡（注明参考色号）		
22. （*） （+） PQ	**Varieties with bi-or multicolored flowers only: Flower: distribution of secondary color**	花：次色分布（仅适用于双色或多色品种）		
	mainly on upper petal	主要分布在上花瓣	Vulcain	1
	on all petals around base	在所有花瓣基部	Balcelisow	2
	on all petals along mid-rib	在所有花瓣中脉	Kiluis	3

性状编号	英文	中文	标准品种	代码
22.（*）（+）PQ	on all petals v-shaped at distal end	在所有花瓣远基端呈"V"字分布	Danharpurcrown	4
	on all petals irregularly distributed	在所有花瓣不规则分布	Fisnics Magpink	5
	mainly on lateral petals	主要分布在侧花瓣		6
	on all petals as some longitudinal stripes and on upper petal as spot	在所有花瓣分布，上花瓣为斑点，其他花瓣为纵向条纹		7
23.（*）（+）QL	**Flower：eye zone**	**花：花眼**		
	absent	无	Kibetio	1
	present	有	Kitotoya	9
24.（*）QN	**Flower：size of eye zone**	**花：花眼大小**		
	small	小	Firenze	3
	medium	中	Tempest	5
	large	大	Kianton	7
25.PQ	**Flower：main color of eye zone**	**花：花眼主色**		
	RHS Colour Chart（indicate reference number）	RHS 比色卡（注明参考色号）		
26.（+）QN	**Varieties with single flowers only：Upper petal：width**	**上花瓣：宽度（仅适用于单瓣品种）**		
	narrow	窄	Kipaqui	3
	medium	中	Kijos	5
	broad	宽	Kimali	7
27.（+）QN	**Varieties with single flowers only：Lateral petal：width**	**侧花瓣：宽度（仅适用于单瓣品种）**		
	narrow	窄	Kitotoya	3
	medium	中	Firenze	5
	broad	宽	Duesweetres	7
28.（+）QN	**Varieties with single flowers only：Lower petal：length**	**下花瓣：长度（仅适用于单瓣品种）**		
	short	短		3
	medium	中		5
	long	长		7
29.（+）QN	**Varieties with single flowers only：Lower petal：depth of incision**	**下花瓣：裂刻深度（仅适用于单瓣品种）**		
	absent or very shallow	无或极浅		1
	shallow	浅		3
	medium	中		5
	deep	深		7
	very deep	极深		9
30.（+）QN	**Spur：degree of curvature**	**花距：弯曲程度**		
	absent or very weak	无或极弱		1
	weak	弱		3
	medium	中		5
	strong	强		7
	very strong	极强		9

8 性状表解释

性状 1：植株叶丛高度
叶丛高度指基质表面至叶丛最高处的距离。
性状 9：叶片上表面斑纹

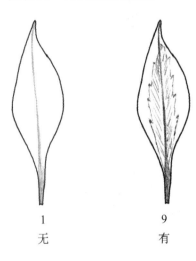

| 1 | 9 |
| 无 | 有 |

性状 18：花宽度
性状 23：花眼

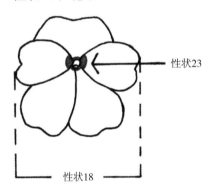

性状 22：花次色分布（仅适用于双色或多色品种）

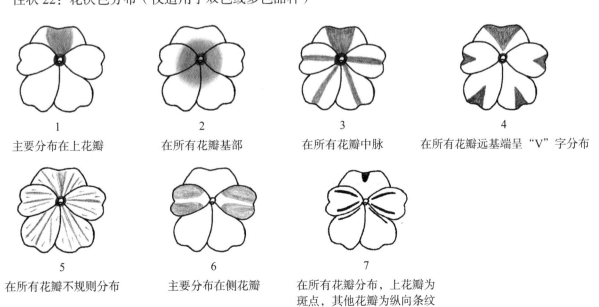

| 1 | 2 | 3 | 4 |
| 主要分布在上花瓣 | 在所有花瓣基部 | 在所有花瓣中脉 | 在所有花瓣远基端呈"V"字分布 |

| 5 | 6 | 7 |
| 在所有花瓣不规则分布 | 主要分布在侧花瓣 | 在所有花瓣分布，上花瓣为斑点，其他花瓣为纵向条纹 |

性状 26：上花瓣宽度（仅适用于单瓣品种）
性状 27：侧花瓣宽度（仅适用于单瓣品种）
性状 28：下花瓣长度（仅适用于单瓣品种）
性状 29：下花瓣缺刻深度（仅适用于单瓣品种）

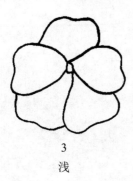　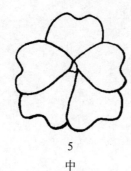　

　　　3　　　　　　　　　5　　　　　　　　　7
　　　浅　　　　　　　　　中　　　　　　　　　深

性状 30：花距弯曲程度

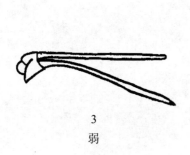　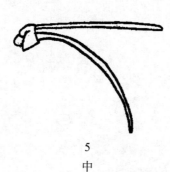　

　　　3　　　　　　　　　5　　　　　　　　　7
　　　弱　　　　　　　　　中　　　　　　　　　强

TG/197/1
原文：英文
日期：2002-04-17

国际植物新品种保护联盟
植物品种特异性、一致性和稳定性
测试指南

洋桔梗

[*Eustomagrandiflorum*（Raf.）Shinners]

1 指南适用范围

本测试指南适用于龙胆科（Gentianaceae）洋桔梗属 [*Eustoma grandiflorum*（Raf.）Shinners] 的所有品种。

2 繁殖材料要求

2.1 待测品种测试所需繁殖材料的数量和质量以及繁殖材料提交的时间和地点由主管机构决定。申请人从测试所在国境外提交繁殖材料的，必须确保符合所有海关规定。提交的繁殖材料的数量应不少于1 000 粒种子（种子繁殖品种）或 40 株苗（无性繁殖品种）。

2.2 在种子的情况下，提交的种子应满足主管机构规定的发芽率、纯度、健康程度和含水量的最低要求。当种子用于保藏时，申请者应尽可能提供发芽率高的种子并注明发芽率。

2.3 提交的植物材料不应进行任何处理，除非主管机构允许或要求进行这种处理。如果材料已经处理，必须提供处理的详细情况。

3 测试实施

3.1 测试周期通常为 1 个生长周期。如果在 1 个生长周期内不能充分判定特异性和 / 或一致性，应增加至第二个生长周期。

3.2 测试一般在 1 个地点进行。如果供试品种有任何重要的性状不能在该地表达，该品种可在另一地点测试。

3.3 测试可在温室条件下进行，以满足品种相关性状的完全表达以及测试的顺利开展。

3.3.1 种子繁殖品种

播种时间：1—2 月（北半球）。

温度：最低 15℃。

播种介质：排水良好、保湿、肥沃，pH 值为 6.0～6.5。

适用播苗盘（2.5 cm × 2.5 cm × 4.5 cm）。

育苗移栽：4 片真叶（生长阶段）。

时间：3 月中旬至 5 月（北半球）。

土壤：排水良好、保湿、肥沃、富含有机质，pH 值为 6.0～6.5。

种植密度：15 cm × 15 cm。

温度：白天 20～25℃，晚上 13～15℃。

3.3.2 无性繁殖品种

种植：3 月中旬（北半球），温度 18℃。

种植密度：20 cm × 20 cm。

待出现 3 片真叶后摘心。

3.4 在取样用于测量的植株或植株部位后，应保证小区的大小，不影响后续直至生长周期结束前的观测。对于无性繁殖品种，每次测试至少包含 40 个植株，以便将试验设计分为 2 个或多个重复。对于种子繁殖品种，每次测试至少包含 60 个植株，以便将试验设计分为 2 个或多个重复。每个小区必须保证观察和测试的环境条件是相似的。

3.5 如有特殊需要，可进行附加测试。

4   观测方法

4.1   所有观测须在 40 个植株或 40 个植株的植株部位。

4.2   对于无性繁殖品种的一致性测试，须达到 2% 群体标准和至少 95% 的接受概率。如果样本量为 40 个植株，异型株不超过 2 个。对于种子繁殖品种的一致性测试，需根据总则中对异花授粉或杂交品种的推荐指标来做。

4.3   所有观测需在正在开花的植株上进行。

4.4   节间长度和茎秆绿色应在从顶部数起的第四个节间部位进行观测。

4.5   所有叶子的观测须在从顶部数起的第三片叶上进行，为了观测叶片和茎秆的颜色，应擦除蜡质。

4.6   所有对花和花梗的观测，应在第二朵开花的花上进行。对花瓣颜色的观测应在花瓣内侧。

4.7   由于日光变化，利用比色卡目测颜色时，应在一个合适的人工光源照明的小室或中午无阳光直射的房间内进行。人工光源的光谱分布应符合 CIE "理想日光标准 D6500"，且在《英国标准 950：第 1 部分》规定的允许范围内。在鉴定颜色时，应将植株部位置于白色背景上。

5   品种分组

5.1   待测品种应分组种植以便进行特异性评价。适用于分组的性状是已知不会出现变异或者仅在品种内发生轻微变异的性状。这些性状的不同表达状态应十分均匀地分布于品种库中。

5.2   建议主管机构用以下性状进行品种分组。

（a）花：类型（性状 15）。

（b）花瓣：颜色数量（性状 24）。

（c）花瓣：上表面颜色（仅适用于单色品种）（性状 25），分组如下。

第一组：白色。

第二组：黄色。

第三组：浅绿色。

第四组：粉色。

第五组：橙色。

第六组：红色。

第七组：紫色。

第八组：紫罗兰色。

（d）花瓣：上表面主色（仅适用于双色品种）（性状 26），有以下 8 组。

第一组：白色。

第二组：黄色。

第三组：浅绿色。

第四组：粉色。

第五组：橙色。

第六组：红色。

第七组：紫色。

第八组：紫罗兰色。

（e）花瓣：上表面次色（仅适用于双色品种）（性状 27），有以下 8 组。

第一组：白色。

第二组：黄色。

第三组：浅绿色。

第四组：粉色。

第五组：橙色。

第六组：红色。

第七组：紫色。

第八组：紫罗兰色。

（f）花瓣：基部颜色（性状31）。

（g）始花期（性状36）。

6　性状和符号

6.1　为评价特异性、一致性和稳定性，应使用性状表中给出的性状及其表达状态。

6.2　为便于电子数据处理，每个性状的表达状态都赋予了相应的代码（数字）。

6.3　**注释**

（*）除非前序性状的表达或区域环境条件所限使其无法测试，在测试的每一生长时期，对所有品种都要进行测试的、总要包含在品种描述中的性状。

（+）参见第8部分性状表解释。

7　性状表

性状编号	英文	中文	标准品种	代码
1.（*）	**Plant：height**	植株：高度		
	short	矮	WhiteCoronet	3
	medium	中	DeepPurple，MomoSen	5
	tall	高	YukinoMine	7
2.	**Stem：thickness**	茎：粗度		
	thin	细	WhiteCoronet	3
	medium	中	MomoSen	5
	thick	粗	YukinoMine	7
3.	**Stem：number of nodes**	茎：节间数目		
	few	少	WhiteCoronet	
	medium	中	MomoSen	
	many	多	PurpleRobin	
4.	**Stem：length**	茎：长度		
	short	短	WhiteCoronet	3
	medium	中	MomoSen	5
	long	长		7
5.	**Stem：intensity of green color**	茎：绿色程度		
	light	浅		3
	medium	中	YukinoMine	5
	dark	深	FukuShihai	7
6.	**Stem：number of branches on main stem**	茎：主茎分枝数		
	few	少	WhiteCoronet	3
	medium	中	MomoSen	5
	many	多	PurpleRobin	7

性状编号	英文	中文	标准品种	代码
7.	**Stem：position of branching**	**茎：分枝部位**		
	Upper part only	仅在上部	PurpleMoon	1
	Upper and middle part only	仅在上部和中部	MomoSen	2
	Whole stem	全部		3
8. （+）	**Leaf：attitude relative to stem**	**叶：相对于茎的姿态**		
	semi-erect	半直立	WhiteCoronet	1
	horizontal	水平	MomoSen	2
	semi-drooping	半下弯		3
9. （*） （+）	**Leaf：length**	**叶：长度**		
	short	短	WhiteCoronet	3
	medium	中	MomoSen	5
	long	长		7
10. （*） （+）	**Leaf：width**	**叶：宽度**		
	narrow	窄	WhiteCoronet	3
	medium	中	MomoSen	5
	broad	宽		7
11. （*） （+）	**Leaf：shape**	**叶：形状**		
	lanceolate	披针形		1
	ovate	卵圆形	MomoSen	2
	broadovate	阔卵圆形		3
12. （*）	**Leaf：bloom**	**叶：白霜**		
	Absent or very Weakly expressed	无或极弱		1
	Weakly expressed	弱		2
	Strongly expressed	强		3
13. （*）	**Leaf：intensity of green color of upper side（without bloom）**	**叶：上表面绿色程度（去除白霜后）**		
	light	浅		3
	medium	中	MomoSen	5
	dark	深		7
14. （*）	**Flower buds：number**	**花芽：数量**		
	few	少		3
	medium	中		5
	many	多	BlueCoronet	7
15. （*）	**Flower：type**	**花：类型**		
	single	单瓣		1
	double	重瓣		2
16. （*）	**Varieties with double flowers only：Flower：number of petals**	**花：花瓣数量（仅适用于重瓣型品种）**		
	few	少		3
	medium	中	KingofBlueFlash	5
	many	多	DeepPurple	7
17. （*）	**Flower：diameter**	**花：直径**		
	small	小		3
	medium	中	MomoSen	5
	large	大	DeepPurple	7

性状编号	英文	中文	标准品种	代码
18. (*) (+)	**Flower：shape**	花：形状		
	campanu late	钟形	MomoSen	1
	Narrow funnel-shaped	窄漏斗形	PurpleComet	2
	Wide funnel-shaped	宽漏斗形	FukuShihai	3
	saucer-shaped	蝶形	DeepPurple	4
19. (*)	**Petal：length**	花瓣：长度		
	short	短		3
	medium	中	MomoSen	5
	long	长	YukinoMine	7
20. (*)	**Petal：width**	花瓣：宽度		
	narrow	窄	DeepPurple	3
	medium	中	YukinoMine	5
	broad	宽		7
21. (*) (+)	**Petal：shape of top margin**	花瓣：顶部边缘形状		
	retuse	微凹		1
	flat	平		2
	rounded	圆形		3
	acute	锐尖		4
22. (*)	**Petal：undulation of margin**	花瓣：边缘波状程度		
	weak	弱	MomoSen	3
	medium	中	YukinoMine	5
	strong	强	DeepPurple	7
23. (*)	**Petal：fringing of margin**	花瓣：边缘缺刻		
	Absent or very Weakly expressed	无或极弱		1
	Weakly expressed	弱		2
	Strongly expressed	强		3
24. (*)	**Petal：number of colors**	花瓣：颜色数量		
	One colored	1 种		1
	bi-colored	2 种		2
25. (*)	**One-colored varieties only：Petal：color of upper side**	花瓣：上表面颜色（仅适用于单色的品种）		
	RHS Colour Chart（indicate reference number）	RHS 比色卡（注明参考色号）		
26. (*)	**Bi-colored varieties only：Petal：main color of upper side**	花瓣：上表面主色（仅适用于双色品种）		
	RHS Colour Chart（indicate reference number）	RHS 比色卡（注明参考色号）		
27. (*)	**Bi-colored varieties only：Petal：secondary color of upper side**	花瓣：上表面次色（仅适用于双色品种）		
	RHS Colour Chart（indicate reference number）	RHS 比色卡（注明参考色号）		
28. (*)	**Bi-colored varieties only：Petal：relative area of secondary color**	花瓣：次色相对面积（仅适用于双色品种）		
	small	小		3
	medium	中		5
	large	大		7
29. (*) (+)	**Bi-colored varieties only：Petal：color pattern**	花瓣：颜色图案（仅适用于双色品种）		
	spotted tip	顶斑状		1

续表

性状编号	英文	中文	标准品种	代码
29. （*） （+）	picotee	覆轮状	AzumanoYosooi	2
	shaded	晕染状	RainyOrange	3
	splashed	散点状	KingofBlueFlash	4
	median stripe	中条斑状		5
30. （*）	**Petal：main color of lower side**	**花瓣：下表面主色**		
	RHS Colour Chart （indicate reference number）	RHS 比色卡（注明参考色号）		
31. （*）	**Petal：color of base**	**花瓣：基部颜色**		
	green	绿色	HakuSen	1
	violet	紫罗兰色	FukuShihai	2
	brown	棕色	DeepPurple	3
32. （+）	**Calyx：length**	**花萼：长度**		
	short	短		3
	medium	中	YukinoMine	5
	long	长		7
33.	**Calyx：anthocyanin coloration**	**花萼：花青苷显色**		
	absent	无	HakuSen	1
	present	有	ShiSen	9
34.	**Pedicel：length**	**花梗：长度**		
	short	短	WhiteCoronet	3
	medium	中	HakuSen	5
	long	长		7
35. （*） （+）	**Pistil：shape**	**雌蕊：形状**		
	Type Ⅰ	类型1		1
	Type Ⅱ	类型2		2
36. （*）	**Time of beginning of flowering**	**始花期**		
	early	早	AzumanoYosooi	3
	medium	中	HakuSen	5
	late	晚	FukuShihai	7

8　性状表的解释

性状 8：叶相对茎的姿态

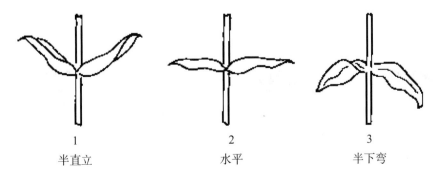

1	2	3
半直立	水平	半下弯

性状 9、性状 10：叶长度（性状 9）、叶宽度（性状 10）

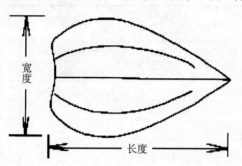

性状 11：叶形状

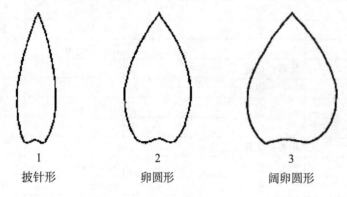

1	2	3
披针形	卵圆形	阔卵圆形

性状 18：花形状

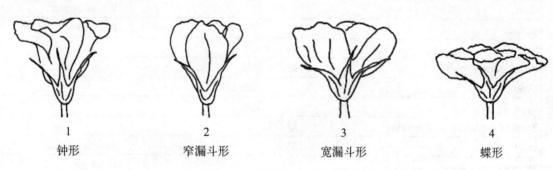

1	2	3	4
钟形	窄漏斗形	宽漏斗形	蝶形

性状 21：花瓣顶部边缘形状

1	2	3	4
微凹	平	圆形	锐尖

性状 29：花瓣颜色图案（仅适用于双色品种）

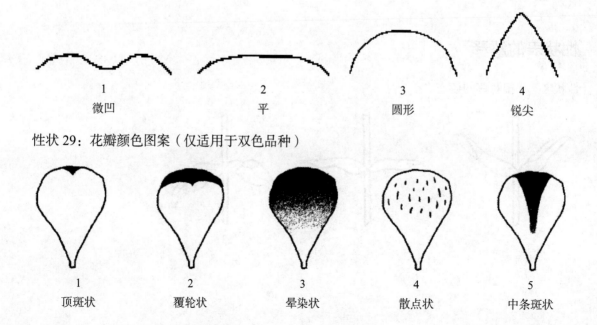

1	2	3	4	5
顶斑状	覆轮状	晕染状	散点状	中条斑状

性状 32：花萼长度

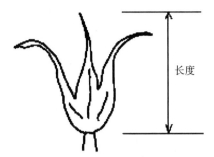

性状 35：雌蕊形状

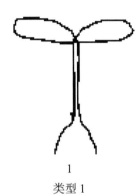 

1	2
类型 1	类型 2

国际植物新品种保护联盟
植物品种特异性、一致性和稳定性
测试指南

麦秆菊

（*Bracteantha* Anderb.）

互用名称 *

植物学名称	英文	法文	德文	西班牙文
Bracteantha Anderb.	Everlasting Daisy, Strawflower	Immortelle à bractées	Gartenstrohblume	Siempreviva, Perpetua

---

* 这些名称在指南开始使用时是正确的，但随后可能会修改更新。读者可登录 UPOV 网站（www.upov.int），获取最新资料。

1 指南适用范围

本指南适用于菊科（Asteraceae）麦秆菊（*Bracteantha* Anderb.）的所有品种。

2 繁殖材料要求

2.1 待测品种繁殖材料的数量和质量要求以及提交的时间和地点由主管机构决定。申请人从测试所在国境外提交繁殖材料的，还应符合海关规定并满足相关植物检疫的要求。

2.2 繁殖材料以没有发芽的带根扦插条形式提交。

2.3 申请人提交繁殖材料的最小数量为 15 个没有发芽的带根扦插条。

2.4 提供的繁殖材料应外观健康有活力，未受到任何严重病虫害的影响。

2.5 提交的繁殖材料不得进行任何可能影响品种性状表达的处理，除非主管机构允许或要求进行这种处理。如果材料已经处理，必须提供相关处理的详细情况。所提交的繁殖材料最好不是通过组织培养方式获得。如果繁殖材料通过组培方式获得，需注明。

3 测试方法

3.1 测试周期

测试的最少周期数量通常为 1 个生长周期。

3.2 测试地点

测试通常在 1 个地点进行。在 1 个以上地点进行测试时，TGP/9《特异性测试》提供了有关指导，如果在这个地方不能观测到某些性状，那么这个品种应该在另一个地方进行测试。

3.3 测试条件

3.3.1 测试的条件应能满足品种正常生长的需要，以确保品种相关性状充分表达和测试的顺利开展。特别需要指出的是，观测应该在植株 3～6 个月大小并且头状花序上 1/3 的管状小花打开的时候进行观测。

3.3.2 由于日光变化的原因，在利用比色卡确定颜色时，应在一个合适的有人工光源照明的小室或中午无阳光直射的房间内进行。人工光源光谱分布应符合 CIE "理想日光标准 D6500"，且在《英国标准950：第 1 部分》规定的允许范围之内。观测在白背景下进行。

3.4 实验设计

3.4.1 试验设计应保证因测量或计数等需要，从小区取走部分植株或植株部位后，不影响生长周期结束前的所有观测。

3.4.2 每个试验应保证至少有 10 个植株。

3.5 植株或植株某部位的观测数量

除非另有说明，所有的通过测量或计数的观察，应观测 10 个植株或分别从 10 个植株取下的植株部位。

3.6 附加测试

为测试有关性状，可以进行附加测试。

4 特异性、一致性和稳定性评价

4.1 特异性

4.1.1 一般建议

对于本指南的使用者而言，在判定特异性前参照总则特异性判定的一般原则十分重要。但为了进一步说明和强调特异性判定，本指南特列出特异性判定的要点。

4.1.2　一致的差异

3.1 中所建议的测试最短时间基本考虑了确保性状间的差异是充分一致的需要。

4.1.3　明显的差异

两个品种间的差异是否明显取决于很多因素，特别应考虑所测性状的表达类型，即该性状是质量性状、数量性状还是假质量性状。因此，在作出关于特异性的判定前，本测试指南的使用者应熟悉总则中的建议。

4.2　一致性

4.2.1　对于本指南的使用者而言，在判定一致性前参照总则一致性判定的一般原则十分重要。但为进一步说明和强调一致性判定，本指南特列出一致性判定的要点如下。

4.2.2　对一致性评价时，应采用 1% 的群体标准和至少 95% 的接受概率。当样本量为 10 个时，允许有 1 个异型株。

4.3　稳定性

4.3.1　在实际操作中，通常不像测试特异性和一致性那样对稳定性进行测试以得到明确结果。经验表明，对许多类型的品种来说，当一个品种表现一致时，可认为其是稳定的。

4.3.2　适当情况下或者有疑问时，稳定性的测试通过测试一批新的种子或砧木，确保其与最初提供的材料表现出一致的性状。

5　品种分组和试验组织

5.1　使用分组性状可以帮助选择与申请品种一起进行田间种植试验的已知品种，以及对这些品种进行合适分组以便进行特异性评价。

5.2　分组性状表达状态的数据即使来自不同地点，也可以单独或者与其他此类性状联合使用。

（a）用于特异性测试中筛选排除那些不需要安排在种植试验中的已知品种。

（b）用于组织安排种植试验，使近似品种种植在一起。

5.3　以下性状已被确认为有用的分组性状。

（a）植株：类型（性状 1）。

（b）叶：斑（性状 12）。

（c）总苞：颜色数量（性状 26）。

（d）总苞：主色（性状 27）。

5.4　总则中提供了在特异性审查过程中使用分组性状的指导。

6　性状表介绍

6.1　性状类型

6.1.1　标准指南性状

标准指南性状是 UPOV 已同意用于 DUS 审查的性状，UPOV 成员可以从中选择与其特定环境相适应的性状。

6.1.2　星号性状

星号性状（用 "*" 标记）是测试指南中对于形成国际统一的品种描述十分重要的性状，所有 UPOV 成员都应将其用于 DUS 测试并包含在品种描述中，除非前序性状的表达或区域环境条件所限使其无法测试。

6.2　表达状态及相应代码

为定义性状和统一描述，将每个性状划分为一系列表达状态。每个表达状态赋予一个相应的数字代码，以便于数据记录，以及品种性状描述的建立和交流。

6.3　表达类型

总则中对性状表达类型（质量性状、数量性状和假质量性状）进行了解释。

6.4　标准品种

适当时，测试指南中提供了标准品种用于校正性状的表达状态。

6.5　注释

（＊）星号性状（6.1.2）。

QL：质量性状（6.3）。

QN：数量性状（6.3）。

PQ：假质量性状（6.3）。

（a）～（c）性状表解释（8.1）。

（＋）性状表解释（8.2）。

7　性状表

性状编号	观测方法	英文	中文	标准品种	代码
1. （＊） （＋） QL		**Plant：type**	**植株：类型**		
		Basal clusters	基部簇生	Wanetta Gold	1
		bushy	丛生	Menindee Magic	2
2. PQ		**Bushy types only：Plant：growth habit**	**植株：生长习性（仅适用于植株类型为丛生型品种）**		
		upright	直立	Menindee Magic	1
		semi-upright	半直立	Gold 'n' Bronze	2
		spreading	平展		3
3. （＋） QN		**Plant：height including flowers**	**植株：高度（包括花）**		
		short	矮	Menindee Magic	3
		medium	中		5
		tall	高	Wanetta Gold	7
4. （＋） QN		**Plant：height of foliage**	**植株：叶高度**		
		short	矮	Wanetta Gold，Menindee Magic	3
		medium	中		5
		tall	高	Golden Wish	7
5. QN		**Plant：density**	**植株：密度**		
		sparse	疏	Gold 'n' Bronze	3
		medium	中	Colourburst Gold，Colourburst Pink	5
		dense	密	Sunraysia Splendour，Menindee Magic	7
6. QN		**Stem：hairiness**	**茎：茸毛**		
		absent or weak	无或弱		1
		medium	中		2
		strong	强		3
7. （＋） QN	（a）	**Leaf：length**	**叶：长度**		
		very short	极短		1
		short	短	Sweet Sensation	3
		medium	中	Golden Wish	5
		long	长	Yellow Gem	7
		very long	极长		9

性状编号	观测方法	英文	中文	标准品种	代码
8. (+) QN	(a)	**Leaf: width**	叶：宽度		
		narrow	窄	Gold 'n' Bronze	3
		medium	中	Sweet Sensation	5
		broad	宽	Yellow Gem	7
9. (+) QN	(a)	**Leaf: ratio length/ width**	叶：长宽比		
		small	小	Golden Wish	3
		medium	中	Yellow Gem	5
		large	大	Lemon Mist	7
10. (+) QN	(a)	**Leaf: position of broadest part**	叶：最宽处位置		
		lower third	下部 1/3 处		1
		middle third	中部 1/3 处		2
		upper third	上部 1/3 处		3
11. PQ	(a)	**Leaf: shape of apex**	叶：先端形状		
		acuminate	渐尖		1
		acute	锐尖		2
		obtuse	钝尖		3
		rounded	圆形		4
12. (*) QL	(a)	**Leaf: variegation**	叶：斑		
		absent	无		1
		present	有		9
13. PQ	(a)	**Leaf: main color of upper side**	叶：上表面主色		
		yellowgreen	黄绿色	Colourburst Gold, Colourburst Pink	1
		lightgreen	浅绿色	Menindee Magic	2
		mediumgreen	中等绿色	Gold 'n' Bronze	3
		darkgreen	深绿色	Coolgardie Gold	4
		greygreen	灰绿色		5
14. QN	(a)	**Leaf: hairiness of upper side**	叶：上表面茸毛		
		absent or weak	无或弱		1
		medium	中		2
		strong	强		3
15. QN	(a)	**Leaf: hairiness of lower side**	叶：下表面茸毛		
		absent or weak	无或弱		1
		medium	中		2
		strong	强		3
16. QN	(a)	**Leaf: undulation of margin**	叶：边缘波状程度		
		absent or weak	无或弱		1
		medium	中		2
		strong	强		3
17. (+) QN		**Flowering shoot: length**	花枝：长度		
		short	短	Coolgardie Gold	3
		medium	中	Broome Pearl	5
		long	长	Gold 'n' Bronze	7
18. (+) QN		**Flowering shoot: branching**	花枝：分枝程度		
		absent or weak	无或弱		1
		medium	中		2
		strong	强		3

续表

性状编号	观测方法	英文	中文	标准品种	代码
19. (+) QL		**Flower bud：profile of apex**	**花蕾：先端形状**		
		pointed	尖	Dargan Hill Monarch White	1
		rounded	圆	Gold 'n' Bronze	2
20. (+) PQ		**Flower bud：main color**	**花蕾：主色**		
		RHS Colour Chart（indicatereferen-cenumber）	RHS 比色卡（注明参考色号）		
21. (+) QN	(c)	**Flower head：predominant Posi-tion in relation to foliage**	**头状花序：与叶的相对位置**		
		slightly below to slightly above	略低于至略高于	Coolgardie Gold	1
		moderately above	高于	Dargan Hill White	2
		far above	明显高于	Wanetta Gold	3
22. QN	(c)	**Flower head：diameter**	**头状花序：直径**		
		very small	极小	Diamond Head	1
		small	小	Argyle Star，Gold 'n' Bronze	3
		medium	中	Broome Pearl	5
		large	大	Wanetta Gold	7
		very large	极大		9
23. (+) QN	(c)	**Flower head：side view of lower part**	**头状花序：下部侧面形状**		
		concave	凹		1
		flat	平		2
		convex	凸		3
24. (+) QN	(c)	**Flower head：side view of upper part**	**头状花序：上部侧面形状**		
		concave	凹		1
		flat	平		2
		convex	凸		3
25. QN	(c)	**Flower head：number of bracts**	**头状花序：苞片数量**		
		few	少	Citron Spice	3
		medium	中	Pink Star	5
		many	多	Yellow Gem	7
26. (*) (+) QL	(c)	**Involucre：number of colors**	**总苞：颜色数量**		
		Only one	1 种	Lemon Colourburst	1
		More than one	>1 种		
27. (*) (+) PQ	(c)	**Involucre：main color**	**总苞：主色**		
		white	白色		1
		yellow	黄色		2
		orange	橙色		3
		pink	粉色		4
		red	红色		5
28. (+) QN	(b) (c)	**Bract：length**	**苞片：长度**		
		short	短	Golden Yellow	3
		medium	中	Dargan Hill White	5
		long	长	Golden Wish，Princess of Wales	7
29. (+) QN	(b) (c)	**Bract：width**	**苞片：宽度**		
		narrow	窄	Golden Yellow	3
		medium	中	Dargan Hill White，Golden Wish，Princess of Wales	5
		broad	宽		7

续表

性状编号	观测方法	英文	中文	标准品种	代码
30. （+） QN	（b） （c）	**Bract：ratio length/width**	苞片：长宽比		
		as long as broad	长宽一样		1
		twice as long as broad	长是宽 2 倍		2
		three times as long as broad	长是宽 3 倍	Dargan Hill White，Golden Wish	3
		four times as long as broad	长是宽 4 倍	Sweet Sensation	4
31. （+） PQ	（b） （c）	**Bract：main color of lower third of bract from inner third of involucre**	苞片：总苞内侧 1/3 处苞片下部 1/3 处主色		
		RHS Colour Chart（indicate reference number）	RHS 比色卡（注明参考色号）		
32. （+） PQ	（b） （c）	**Bract：main color of middle third of bract from inner third of involucre**	苞片：总苞内侧 1/3 处苞片中部 1/3 处主色		
		RHS Colour Chart（indicate reference number）	RHS 比色卡（注明参考色号）		
33. （+） PQ	（b） （c）	**Bract：main color of upper third of bract from inner third of involucre**	苞片：总苞内侧 1/3 处苞片上部 1/3 处主色		
		RHS Colour Chart（indicate reference number）	RHS 比色卡（注明参考色号）		
34. （+） PQ	（b） （c）	**Bract：main color of lower third of bract from middle third of involucre**	苞片：总苞中部 1/3 处苞片下部 1/3 处主色		
		RHS Colour Chart（indicate reference number）	RHS 比色卡（注明参考色号）		
35. （+） PQ	（b） （c）	**Bract：main color of middle third of bract from middle third of involucre**	总苞中部 1/3 处苞片中部 1/3 处主色		
		RHS Colour Chart（indicate reference number）	RHS 比色卡（注明参考色号）		
36. （+） PQ	（b） （c）	**Bract：main color of upper third of bract from middle third of involucre**	苞片：总苞中部 1/3 处苞片顶部 1/3 处主色		
		RHS Colour Chart（indicate reference number）	RHS 比色卡（注明参考色号）		
37. （+） PQ	（b） （c）	**Bract：main color of lower third of bract from outer third of involucre**	苞片：总苞外侧 1/3 处苞片下部 1/3 处主色		
		RHS Colour Chart（indicate reference number）	RHS 比色卡（注明参考色号）		
38. （+） PQ	（b） （c）	**Bract：main color of middle third of bract from outer third of involucre**	苞叶：总苞外侧 1/3 处苞片中部 1/3 处主色		
		RHS Colour Chart（indicate reference number）	RHS 比色卡（注明参考色号）		
39. （+） PQ	（b） （c）	**Bract：main color of upper third of bract from outer third of involucre**	苞片：总苞外侧 1/3 处苞片上部 1/3 处主色		
		RHS Colour Chart（indicate reference number）	RHS 比色卡（注明参考色号）		
40. PQ	（b） （c）	**Pappus：color**	冠毛：颜色		
		white	白色	Colourburst Pink	1
		yellow	黄色		2
		yellowgreen	黄绿色	Colourburst Gold	3

8　性状表解释

8.1　对多个性状的解释

在性状表的第二列中包含以下性状特征的应按以下说明进行测试。

（a）对叶片性状的观测应在叶片充分平展后进行。对于丛生类型的植株，观测应选择在开花植株的中间部分的叶片上进行。对于基部簇生类型的植株，应选择从基部中部取下的叶片进行观测。

（b）苞片长度和宽度，苞片颜色和冠毛颜色的观测应在从头状花序去掉苞片后进行观测。对苞片长度和宽度的观测，应在总苞片中间的苞片上进行。

（c）涉及头状花序、花被片、苞片和冠毛的观测，应在头状花序 1/3 的花开放时进行。

8.2 对单个性状的解释

性状 1：植株类型

1   2

基部簇生   丛生

性状 3、性状 4：植株高度（包括花）（性状 3）、叶高度（性状 4）

植株高度，包括花的高度，测量从土壤到植株顶部的高度，在第一朵头状花序上的 1/3 的小花开放时进行测量。

植株高度应观测从土壤到叶片顶部，当 1/3 的小花在第一朵头状花序上开放时进行测量。

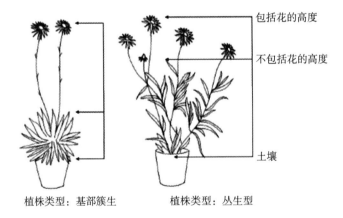

植株类型：基部簇生   植株类型：丛生型

性状 7、性状 8、性状 9、性状 10：叶长度（性状 7）、叶宽度（性状 8）、叶长宽比（性状 9）、叶最宽处位置（性状 10）

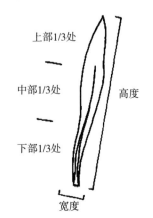

上部1/3处

中部1/3处   高度

下部1/3处

宽度

性状 17：花枝长度

在开放的第一朵头状花序上，有 1/3 的小花开放时进行观测。

从花的基部开始测量到花枝与植株主茎连接的点的长度。

植株类型：基部簇生 植株类型：丛生型

性状 18：花枝分枝程度

在第一朵开放的头状花序上，有 1/3 的小花开放时进行观测。

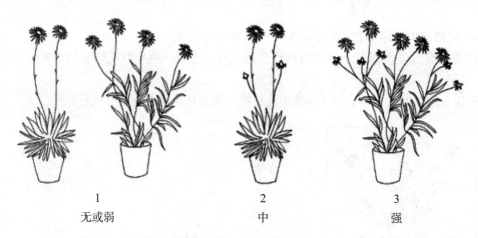

| 1 | 2 | 3 |
| 无或弱 | 中 | 强 |

性状 19、性状 20：花蕾先端形状（性状 19）、花蕾主色（性状 20）

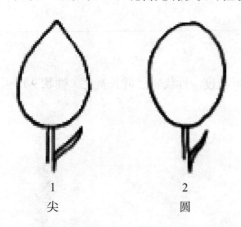

| 1 | 2 |
| 尖 | 圆 |

对花蕾的观测应在较低位花蕾的开放之前，并在最大的花蕾上进行。

花蕾的主色应在去除一个花被片后，从花蕾的中部 1/3 处观测花被片外侧 1/3 处的颜色。

性状 21：头状花序与叶的相对位置

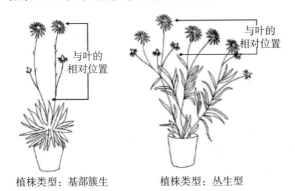

植株类型：<u>基部簇生</u>　　　　　植株类型：<u>丛生型</u>

性状 23：头状花序下部侧面形状

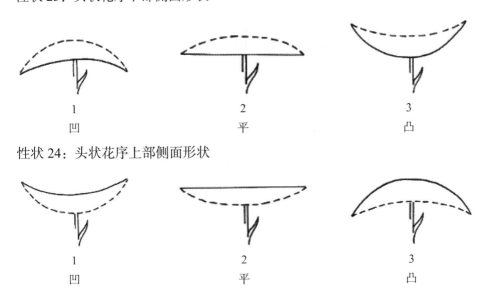

1	2	3
凹	平	凸

性状 24：头状花序上部侧面形状

1	2	3
凹	平	凸

性状 26：总苞颜色数量

观测应在整个进程中进行，并在没有剥除总苞之前。

只有一种颜色：例如白色；或超过一种颜色，但观察到的所有颜色都属于一种色系，如性状 27 所示淡黄色、中黄色和深黄色。

超过一种颜色：可以观察到的颜色分为多个色系，如性状 27 所示黄色和橙色。

性状 28 至性状 39：苞片长度（性状 28）、苞片宽度（性状 29）、苞片长宽比（性状 30）、总苞内侧 1/3 处苞片下部 1/3 处主色（性状 31）、总苞内侧 1/3 处苞片中部 1/3 处主色（性状 32）、总苞内侧 1/3 处苞片上部 1/3 处主色（性状 33）、总苞中部 1/3 处苞片下部 1/3 处主色（性状 34）、总苞中部 1/3 处苞片中部 1/3 处主色（性状 35）、总苞中部 1/3 处苞片上部 1/3 处主色（性状 36）、总苞外侧 1/3 处苞片下部 1/3 处主色（性状 37）、总苞外侧 1/3 处苞片中部 1/3 处主色（性状 38）、总苞外侧 1/3 处苞片上部 1/3 处主色（性状 39）

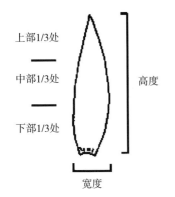

扫码下载原文

如扫描二维码无法下载指南原文，可能是指南版本有更新，可扫描本书封底二维码查看与本文对应的指南版本

TG/207/2 Rev.

原文：英文

日期：2016-03-16，

2020-12-17

国际植物新品种保护联盟

植物品种特异性、一致性和稳定性

测试指南

小花矮牵牛

UPOV 代码：CALIB

（ *Calibrachoa* Cerv. ）

互用名称 *

植物学名称	英文	法文	德文	西班牙文
Calibrachoa Cerv., *Calibrachoa* Lave & Lex.	Calibrachoa	Calibrachoa	Calibrachoa	Calibrachoa

其他相关 UPOV 文件：

　　TG/212 矮牵牛（碧冬茄）

---

* 这些名称在指南开始使用时是正确的，但随后可能会修改更新。读者可登录 UPOV 网站（www.upov.int），获取最新资料。

1　指南适用范围

本指南适用于小花矮牵牛（Calibrachoa Cerv.）的所有品种，但不适用于与矮牵牛的杂交品种（*Petunia × Calibrachoa*）。小花矮牵牛与矮牵牛的杂交品种的指南见 TG/212 矮牵牛（碧冬茄）。

2　繁殖材料要求

2.1　待测品种繁殖材料的数量和质量要求以及提交的时间和地点由主管机构决定。申请人从测试所在国境外提交繁殖材料的，还应符合海关规定并满足相关植物检疫的要求。

2.2　繁殖材料以带根扦插苗的形式提交。

2.3　申请人提交繁殖材料的最小数量为 15 株带根扦插苗。

2.4　提供的繁殖材料应外观健康有活力，未受到任何严重病虫害的影响。

2.5　提交的繁殖材料不得进行任何可能影响品种性状表达的处理，除非主管机构允许或要求进行这种处理。如果材料已经处理，必须提供相关处理的详细情况。

3　测试方法

3.1　测试周期

测试的最少周期数量通常为 1 个生长周期。

3.2　测试地点

测试通常在 1 个地点进行。在 1 个以上地点进行测试时，TGP/9《特异性测试》提供了有关指导。

3.3　测试条件

3.3.1　测试的条件应能满足品种正常生长的需要，以确保品种相关性状充分表达和测试的顺利开展。

3.3.2　由于日光变化的原因，在利用比色卡确定颜色时，应在一个合适的有人工光源照明的小室或中午无阳光直射的房间内进行。人工光源光谱分布应符合 CIE "理想日光标准 D6500"，且在《英国标准 950：第 1 部分》规定的允许范围之内。在鉴定颜色时，应将植株部位置于白色背景上。比色卡及版本应在性状描述中说明。

3.4　试验设计

3.4.1　每个测试应保证至少有 15 个植株。

3.4.2　试验设计应保证因测量或计数等需要，从小区取走部分植株或植株部位后，不影响生长周期结束前的所有观测。

3.5　附加测试

为测试有关性状，可以进行附加测试。

4　特异性、一致性和稳定性评价

4.1　特异性

4.1.1　一般建议

对于本指南的使用者而言，在判定特异性前参照总则特异性判定的一般原则十分重要。但为进一步说明和强调特异性判定，本指南特列出特异性判定的要点。

4.1.2　一致的差异

当观测到的品种之间的差异非常明显时，则没有必要种植 1 个以上生长周期。此外，在某些情况下，环境的影响并不意味着需要 1 个以上的生长周期来保证品种间观察到的差异是足够一致的。为确保在种植试验中所观测到的性状差异是足够一致的，可以对性状进行至少2个独立生长周期的测试。

4.1.3　明显的差异

两个品种间的差异是否明显取决于很多因素，特别应考虑所测性状的表达类型，即该性状是质量性状、数量性状还是假质量性状。因此，在作出关于特异性的判定前，本测试指南的使用者应熟悉总则中的建议。

4.1.4　植株/植株部位的观测数量

除非另有说明，在判定特异性时，所有对于单株的观测，应观测10个植株或分别从10个植株取下的植株部位；对于其他观测，应观测试验中的所有植株。观测时应将异型株排除在外。

4.1.5　观测方法

性状表第二列以如下符号（见TGP/9《特异性测试》第4部分"性状观测"）的形式列出了特异性判定时推荐的性状观测方法。

MG：对一批植株或植株部位进行单次测量。

MS：对一定数量的植株或植株部位进行逐一测量。

VG：对一批植株或植株部位进行单次目测。

VS：对一定数量的植株或植株部位进行逐一目测。

观测类型：目测（V）或测量（M）。

目测（V）是一种基于专家判断的观测方法。本文中的目测是指专家的感官观察，因此，也包括闻、尝和触摸。目测也包括专家使用参照物（例如图表，标准品种，并排比较）或非线性的图表（例如比色卡）的观测。测量（M）是一种基于校准的、线性尺度的客观观测，例如使用尺、秤、色度计、日期和计数等进行观测。

记录类型：群体记录（G）或个体记录（S）。

以特异性为目的的观测，可被记录为一批植株或植株部位的单个记录（G），或记录为一定数量的单个植株或植株部位的个体记录（S）。多数情况下，群体记录为一个品种提供一个单个记录，因此不可能或不必要通过逐个植株的统计分析来判定特异性。

如果性状表中提供了不止一种观测方法（如VG/MG），可以参考TGP/9《特异性测试》的4.2部分选择合适的观测方法。

4.2　一致性

4.2.1　对于本指南的使用者而言，在判定一致性前参照总则一致性判定的一般原则十分重要。但为进一步说明和强调一致性判定，本指南特列出一致性判定的要点。

4.2.2　评价一致性时，应采用1%的群体标准和至少95%的接受概率。当样本量为15个时，允许有1个异型株。

4.3　稳定性

4.3.1　在实际操作中，通常不像测试特异性和一致性那样对稳定性进行测试以得到明确结果。经验表明，对许多类型的品种来说，当一个品种表现一致时，可认为其是稳定的。

4.3.2　适当情况下或有疑问时，稳定性可以采用如下方法测试：测试一批新植株，看其性状表现是否与之前提交的植株表现相同。

4.3.3　适当情况下或有疑问时，杂交种的稳定性除直接对杂交种本身进行测试外，还可以通过对其亲本系的一致性和稳定性进行测试来评价。

5　品种分组和试验组织

5.1　使用分组性状可以帮助选择与申请品种一起进行田间种植试验的已知品种，以及对这些品种进行合适分组以便进行特异性评价。

5.2　分组性状表达状态的数据即使来自不同地点，也可以单独或与其他此类性状联合使用。

（a）用于特异性测试中筛选排除那些不需要安排在种植试验中的已知品种。

（b）用于组织安排种植试验，使近似品种种植在一起。

5.3　以下性状已被确认为有用的分组性状。

（a）植株：高度（性状2）。

（b）叶：斑（性状7）。

（c）花：类型（性状12）。

（d）花：宽度（性状13）。

（e）花：脉明显程度（性状15）。

（f）花：到花冠筒的过渡区域主色（仅适用于单瓣品种花）（性状16），有以下分组。

第一组：白色。

第二组：黄色。

第三组：橙红色。

第四组：红色。

第五组：紫色。

第六组：紫罗兰色。

第七组：棕色。

第八组：黑色。

（g）花：主色（性状21），可分为以下七组。

第一组：白色。

第二组：黄色。

第三组：橙色。

第四组：红色。

第五组：蓝粉色。

第六组：紫色。

第七组：紫罗兰色。

5.4　总则和TGP/9《特异性测试》中提供了在特异性审查过程中使用分组性状的指导。

6　性状表介绍

6.1　性状类型

6.1.1　标准指南性状

标准指南性状是UPOV已同意用于DUS审查的性状，UPOV成员可以从中选择与其特定环境相适应的性状。

6.1.2　星号性状

星号性状（用"*"标记）是测试指南中对于形成国际统一的品种描述十分重要的性状，所有UPOV成员都应将其用于DUS测试并包含在品种描述中，除非前序性状的表达或区域环境条件所限使其无法测试。

6.2　表达状态及相应代码

6.2.1　为定义性状和统一描述，将每个性状划分为一系列表达状态。每个表达状态赋予一个相应的数字代码，以便于数据记录，以及品种性状描述的建立和交流。

6.2.2　对于质量性状和假质量性状（6.3），性状表中列出了所有表达状态。但对于5个或5个以上表达状态的数量性状，可以采用缩略尺度的方法，以缩短性状表格。例如，对于有9个表达状态的数量性状，在测试指南的性状表中可采用以下缩略形式。

表达状态	代码
小	3
中	5
大	7

但是应该指出的是，以下9个表达状态都是存在的，应采用适宜的表达状态用于品种的描述。

表达状态	代码
极小	1
极小到小	2
小	3
小到中	4
中	5
中到大	6
大	7
大到极大	8
极大	9

6.2.3　TGP/7《测试指南的研制》中提供了表达状态和代码的更详尽的介绍。

6.3　表达类型

总则中对性状表达类型（质量性状、数量性状和假质量性状）进行了解释。

6.4　标准品种

适当时，测试指南中提供了标准品种用于校正性状的表达状态。

6.5　注释

（*）星号性状（6.1.2）。

QL：质量性状（6.3）。

QN：数量性状（6.3）。

MG、MS、VG、VS：观测方法（4.1.5）。

（a）～（c）性状表解释（8.1）。

（+）性状表解释（8.2）。

7　性状表

性状编号	观测方法	英文		中文	标准品种	代码
1. （+） QN	VG	**Plant：growth habit**		植株：生长习性		
		upright		直立		1
		semi-upright		半直立		2
		spreading		平展		3
2. （*） （+） QN	MS/ VG	**Plant：height**		植株：高度		
		short		矮	KLECA 08170	3
		medium		中	KLECA 11227	5
		tall		高	USCAL 5302 M	7

续表

性状编号	观测方法	英文	中文	标准品种	代码
3. （*） （+） QN	MS/ VG	**Shoot：length**	**枝条：长度**		
		short	短	Balcabpiken	3
		medium	中	Duealkocher	5
		long	长	KLECA 10218	7
4. （*） QN	MS/ VG （a）	**Leaf：length**	**叶：长度**		
		short	短	Balcabdebu	3
		medium	中	Duealkohopi	5
		long	长	USCAL 5302 M	7
5. （*） QN	MS/ VG （a）	**Leaf：width**	**叶：宽度**		
		narrow	窄	CBRZ 0002	3
		medium	中	KLECA 11227	5
		broad	宽	USCAL 5302 M	7
6. （+） PQ	VG （a）	**Leaf：shape of apex**	**叶：先端形状**		
		narrow acute	窄锐尖		1
		obtuse	钝尖		2
		rounded	圆形		3
7. （*） （+） QL	VG （a）	**Leaf：variegation**	**叶：斑**		
		absent	无		1
		present	有		9
8. （+） PQ	VG （a）	**Leaf：main color**	**叶：主色**		
		light yellow	浅黄色		1
		light green	浅绿色		2
		medium green	中等绿	KLECA 10216	3
		dark green	深绿色	SUNBEL 0778	4
9. （*） QN	MS/ VG	**Pedicel：length**	**花序梗：长度**		
		very short	极短	Duealkodlav	1
		short	短	CBRZ 0002	2
		medium	中	KLECA 11227	3
		long	长	USCAL 5302 M	4
		very long	极长	Duealtiman	5
10. （*） （+） QN	VG	**Calyx lobe：length**	**萼片：长度**		
		very short	极短		1
		short	短	Balcabdebu	2
		medium	中	Sunbelriki	3
		long	长	KLECA 07112	4
		very long	极长	Cal Yell 08	5
11. （+） QN	VG	**Calyx lobe：width**	**萼片：宽度**		
		very narrow	极窄		1
		narrow	窄	Sunbelriki	2
		medium	中	KLECA 10216	3
		broad	宽	KLECA 07112	4
		very broad	极宽	Dualkospi	5
12. （*） （+） QL	VG	**Flower：type**	**花：类型**		
		single	单瓣		1
		double	重瓣		2

续表

性状编号	观测方法	英文	中文	标准品种	代码
13. （*） （+） QN	**MS/ VG** （b）	**Flower: width**	花：宽度		
		narrow	窄	Sunbelriki	3
		medium	中	Ficallinpur	5
		broad	宽	Duealfir	7
14. （*） （+） QN	**VG** （b）	**Flower: lobing**	花：裂刻程度		
		absent or very weak	无或极弱		1
		weak	弱		2
		medium	中		3
		strong	强		4
		very strong	极强		5
15. （*） （+） QN	**VG** （b） （c）	**Flower: conspicuousness of veins**	花：脉明显程度		
		absent or very weak	无或极弱		1
		weak	弱		2
		medium	中		3
		strong	强		4
		very strong	极强		5
16. （*） （+） PQ	**VG** （b） （c）	**Only varieties with Flower: type: single: Flower: main color at transition to corolla tube**	花：到花冠筒的过渡区域主色（仅适用于单瓣品种）		
		RHS Colour Chart（indicate reference number）	RHS 比色卡（注明参考色号）		
17. （*） （+） QN	**VG** （b） （c）	**Only varieties with Flower: type: single: Flower: area of main color at transition to corolla tube**	花：到花冠筒的过渡区域主色面积（仅适用于单瓣品种）		
		absent or very small	无或极小		1
		small	小		3
		medium	中		5
		large	大		7
		very large	极大		9
18. （+） PQ	**VG** （b）	**Only varieties with Flower: type: single: Flower: pattern of main color at transition to corolla tube**	花：到花冠筒的过渡区域主色图案（仅适用于单瓣品种）		
		partially rounded	部分圆形		1
		rounded	圆形		2
		partially star-shaped	部分星形		3
		star-shaped	星形		4
19. （+） QN	**VG** （b）	**Only varieties with Flower: type: single: Flower: size of marking at transition to corolla tube**	花：到花冠筒的过渡区域斑点大小（仅适用于单瓣品种）		
		absent or very small	无或极小		1
		small	小		2
		medium	中		3
		large	大		4
		very large	极大		5
20. PQ	**VG** （b）	**Only varieties with Flower: type: single: Flower: color of marking at transition to corolla tube**	花：到花冠筒的过渡区域斑点颜色（仅适用于单瓣品种）		
		white	白色		1
		yellow	黄色		2
		yellow orange	黄橙色		3

性状编号	观测方法	英文	中文	标准品种	代码
21. （*） （+） PQ	**VG** （b） （c）	**Flower：main color**	花：主色		
		RHS Colour Chart（indicate reference number）	RHS 比色卡（注明参考色号）		
22. （*） （+） PQ	**VG** （b） （c）	**Flower：secondary color**	花：次色		
		RHS Colour Chart（indicate reference number）	RHS 比色卡（注明参考色号）		
23. （+） PQ	**VG** （b）	**Flower：distribution of secondary color**	花：次色分布		
		narrow along the fused parts of the corolla lobes	沿着花瓣相连处狭条状分布		1
		medium along the fused parts of the corolla lobes	沿着花瓣相连处中等条状分布		2
		broad along the fused parts of the corolla lobes	沿着花瓣相连处阔条状分布		3
		at distal part of corola lobes	在花瓣远基端		4
		at margin of corolla lobes	在花瓣边缘		5
		irregular	不规则分布		6
24. （+） PQ	**VG**	**Young flower：main color**	幼花：主色		
		RHS Colour Chart（indicate reference number）	RHS 比色卡（注明参考色号）		
25. （+） PQ	**VG**	**Aged flower：main color**	老花：主色		
		RHS Colour Chart（indicate reference number）	RHS 比色卡（注明参考色号）		
26. （+） QN	**VG** （b）	**Flower：color change during growing season**	花：生长期颜色变化程度		
		absent or weak	无或弱		1
		medium	中		2
		strong	强		3
27. （+） PQ	**VG** （b）	**Corolla lobe：shape of apex**	花瓣：先端形状		
		cuspidate	骤尖		1
		rounded	圆形		2
		truncate	平截		3
		emarginate	微缺		4
28. （*） （+） PQ	**VG**	**Only varieties with Flower：type：single：Corolla tube：main color of inner side**	花冠筒：内表面主色（仅适用于单瓣品种）		
		RHS Colour Chart（indicate reference number）	RHS 比色卡（注明参考色号）		
29. （+） QN	**VG**	**Only varieties with Flower：type：single Corolla tube：conspicuousness of veins on inner side**	花冠筒：内表面脉明显程度（仅适用于单瓣品种）		
		absent or very weak	无或极弱		1
		weak	弱		2
		medium	中		3
		strong	强		4
		very strong	极强		5

8　性状表解释

8.1　对多个性状的解释

除非另有说明，应在花完全开放的时候进行观测。

性状表第二列包含以下标注的性状应按照下述要求观测。

（a）叶片的观测应在嫩茎中部的完全展开叶的上表面进行。

（b）花的观测应在中期花的花瓣的内表面进行。所有对于花色变化品种的观测应在生长期花的主色上进行。所有对于重瓣的品种的观测应在外围花瓣上进行。

（c）花颜色性状注释如下。

脉　　　　　　　　　　　　　　　　　　　　　主色（浅橙色）

过渡区域到花冠筒主色（红色）

次色（浅黄色）

8.2　对单个性状的解释

性状1：植株生长习性

1	2	3
直立	半直立	平展

性状2：植株高度

植株高度是指地面到植株最高点的距离。观测应该在测试后期进行。

性状3：枝条长度

枝条的长度的观测应在最长枝条（地面到枝条顶端的距离）。观测应该在测试后期进行。

性状6：叶先端形状

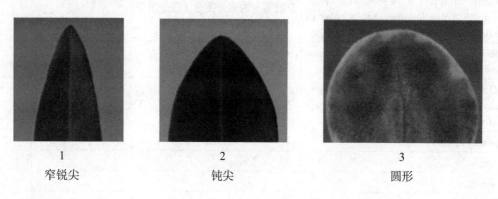

1	2	3
窄锐尖	钝尖	圆形

性状 7：叶斑

　　　　1　　　　　　　　　　　　　　　9
　　　　无　　　　　　　　　　　　　　　有

性状 8：叶主色

主色是指占据最大面积的颜色。当主色与次色的面积相对一致，不能确定哪种颜色占据最大的面积的时候，将较深的颜色作为主色。

性状 10：萼片长度

性状 11：萼片宽度

所有对于萼片的观测应在最宽的萼片上进行。

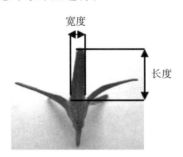

性状 12：花类型

重瓣是指多于一轮花冠的花。

　　　　1　　　　　　　　　　　　　　　2
　　　单瓣　　　　　　　　　　　　　　重瓣

性状 13：花宽度

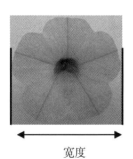

性状 14：花裂刻程度

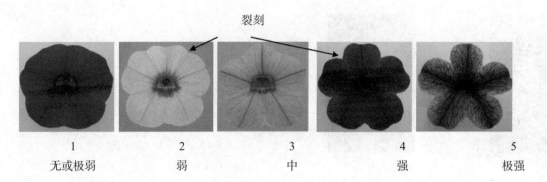

1	2	3	4	5
无或极弱	弱	中	强	极强

性状 15：花脉明显程度

脉络的明显程度是通过颜色的对照以及明显脉的数量来决定的。

1	2	3	4	5
无或极弱	弱	中	强	极强

性状 16：花到花冠筒的过渡区域主色（仅适用于单瓣品种）

过渡到花冠筒的主色是指占据最大面积的颜色。当主色与次色的面积相对一致，不能确定哪种颜色占据最大的面积的时候，将较深的颜色作为主色。

只有在到花冠筒的过渡区的主色面积（性状 17）至少为小（代码 3）的情况下才需要观测。

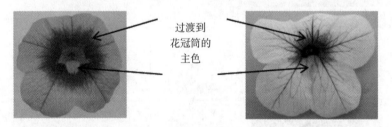

过渡到花冠筒的主色

性状 17：花到花冠筒的过渡区域主色面积

1	3	5	7	9
无或极小	小	中	大	极大

性状 18：花到花冠筒的过渡区域主色图案

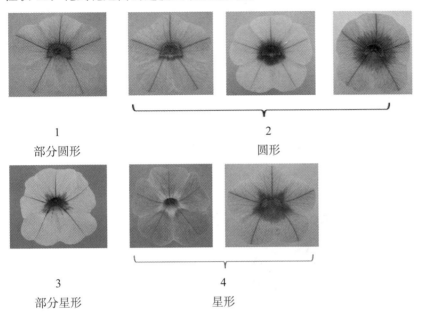

1	2
部分圆形	圆形

3	4
部分星形	星形

性状 19：花到花冠的过渡区域斑点大小斑大小

1	2	3	4	5
无或极小	小	中	大	极大

性状 21：花主色

主色是指除去过渡到花冠筒颜色以及脉络之外占据最大面积的颜色。当主色与次色的面积相对一致，不能确定哪种颜色占据最大的面积的时候，将较深的颜色作为主色。

性状 22：花次色

次色是指除去过渡到花冠筒颜色以及脉络之外占据第二大面积的颜色。当主色与次色的面积相对一致，不能确定哪种颜色占据最大面积的时候，将较浅的颜色作为次色。

性状 23：花次色分布

1	2	3
沿着花瓣相连处 狭条状分布	沿着花瓣相连处 处中等条状分布	沿着花瓣相连处 阔条状分布

4	5	6
在花瓣远基端	在花瓣边缘	不规则分布

性状 24：幼花主色

所有幼花的观测都应在刚刚完全开放的花的花瓣内表面进行。所有对于重瓣品种的观测都应在外围花瓣上进行。关于主色的定义见性状 21。

性状 25：老花主色

所有老花的观测都应在刚开始凋谢的花的花瓣内表面进行。所有对于重瓣品种的观测都应在外围花瓣上进行。关于主色的定义见性状 21。

性状 26：花生长期颜色的变化程度

一些小花矮牵牛品种对于光照和温度有很灵敏的反应。当环境改变时，在同一个植株同一发育期会出现不同颜色的花。

| 1 | 3 |
| 无或弱 | 强 |

性状 27：花瓣先端形状

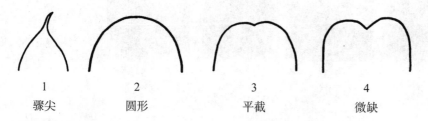

| 1 | 2 | 3 | 4 |
| 骤尖 | 圆形 | 平截 | 微缺 |

性状 28：花冠筒内表面主色（仅适用于单瓣品种）

主色是指占据最大面积的颜色。当主色与次色的面积相对一致，不能确定哪种颜色占据最大的面积的时候，将较深的颜色作为主色。

性状 29：花冠筒内表面脉明显程度（仅适用于单瓣品种）

脉的明显程度是通过颜色的对照以及明显脉的数量来决定的。

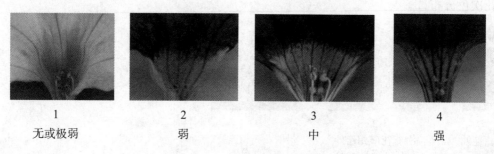

| 1 | 2 | 3 | 4 |
| 无或极弱 | 弱 | 中 | 强 |

扫码下载原文

如扫描二维码无法下载指南原文，可能是指南版本有更新，可扫描本书封底二维码查看与本文对应的指南版本

TG/209/1 Rev.

原文：英文

日期：2003-04-09，
2006-04-05，
2009-04-01

国际植物新品种保护联盟
植物品种特异性、一致性和稳定性
测试指南

石斛属

（*Dendrobium* Sw.）

互用名称 *

植物学名称	英文	法文	德文	西班牙文
Dendrobium Sw.	Dendrobium	Dendrobium	Dendrobium	Dendrobium

---

* 这些名称在指南开始使用时是正确的，但随后可能会修改更新。读者可登录 UPOV 网站（www.upov.int），获取最新资料。

1　指南适用范围

本指南适用于 sect. *Brachyanthe*，sect. *Callista*，sect. *Calyptochilus*，sect. *Ceratobium*，sect. *Dendrocoryne*，sect. *Eleutheroglossum*，sect. *Eugenanthe*，sect. *Latourea*，sect. *Oxygenianthe*，sect. *Oxyglossum*，sect. *Pedilonum*，sect. *Phalaenanthe*，sect. *Stachyobium*，of *Dendrobium* Sw. 等兰科品种及其杂交后代。

2　繁殖材料要求

2.1　待测品种繁殖材料的数量和质量要求以及提交的时间和地点由主管机构决定。申请人从测试所在国境外提交繁殖材料的，还应符合海关规定并满足相关植物检疫的要求。

2.2　繁殖材料以生长了两年且之前未开花的植株形式提交。

2.3　申请人提交繁殖材料的最小数量为 10 个两年龄的植株（每个植株至少有两个假鳞茎）。

2.4　提供的繁殖材料应外观健康有活力，未受到任何严重病虫害的影响。

2.5　提交的繁殖材料不得进行任何可能影响品种性状表达的处理，除非主管机构允许或要求进行这种处理。如果材料已经处理，必须提供相关处理的详细情况。

3　测试方法

3.1　测试周期

测试的最少周期数量通常为 1 个生长周期。

3.2　测试地点

测试通常在 1 个地点进行。如果与 DUS 测试相关的品种性状在检测地点无法表达，那么该品种可在另一地点测试。

3.3　测试条件

3.3.1　测试的条件应能满足品种正常生长的需要，以确保品种相关性状充分表达和测试的顺利开展。

3.3.2　测试应在北半球具有以下条件的温室中进行。

提交植物材料的时间：2 月的上半月。

栽培时间：2—3 月。

栽培基质：透气性好。

花盆大小：中等。

温度：金钗石斛类（D. nobile）品种最低 10 ℃。

蝴蝶石斛类（D. phalaenopsis）品种最低 20 ℃。

遮光：夏季遮光率为 30%（最佳光强度 50K Lux）。

施肥：4—7 月。

低温处理（花芽分化）：金叉石斛类（D. nobile）品种 11 月时 10～13 ℃处理 1 个月。

3.4　试验设计

3.4.1　试验设计应保证因测量或计数等需要，从小区取走部分植株或植株部位后，不影响生长周期结束前的所有观测。

3.4.2　每个试验应保证至少有 10 个植株。

3.5　测试的植株或植株部位数量

除非另有说明，对于测量或计数的观察，应观测 10 个植株或分别从 10 个植株取下的植株部位。

3.6　附加测试

为测试有关性状，可以进行附加测试。

4 特异性、一致性和稳定性评价

4.1 特异性

4.1.1 一般建议

对于本指南的使用者而言，在判定特异性前参照总则特异性判定的一般原则十分重要。但为进一步说明和强调特异性判定，本指南特列出特异性判定的要点。

4.1.2 一致的差异

原则上最少的观测周期如 3.1 所推荐，但是应该保证性状的任何差异是足够一致的。

4.1.3 明显的差异

两个品种间的差异是否明显取决于很多因素，特别应考虑所测性状的表达类型，即该性状是质量性状、数量性状还是假质量性状。因此，在作出关于特异性的判定前，本测试指南的使用者应熟悉总则中的建议。

4.2 一致性

4.2.1 对于本指南的使用者而言，在判定一致性前参照总则一致性判定的一般原则十分重要。但为进一步说明和强调一致性判定，本指南特列出一致性判定的要点如下。

4.2.2 评价一致性时，应采用 1% 的群体标准和至少 95% 的接受概率。当样本量为 10 个时，允许有 1 个异型株。

4.3 稳定性

4.3.1 在实际操作中，通常不像测试特异性和一致性那样对稳定性进行测试以得到明确结果。经验表明，对许多类型的品种来说，当一个品种表现一致时，可认为其是稳定的。

4.3.2 适当情况下或者有疑问时，自交系和开放性授粉品种的稳定性可以采用如下方法测试：种植该品种的下一代或者测试一批新种子，看其性状表现是否与之前提交的种子表现相同。

4.3.3 杂交种的稳定性除直接对杂交种本身进行测试外，还可以通过对其亲本系的一致性和稳定性进行测试来评价

5 品种分组和试验组织

5.1 使用分组性状可以帮助选择与申请品种一起进行田间种植试验的已知品种，以及对这些品种进行合适分组以便进行特异性评价。

5.2 分组性状表达状态的数据即使来自不同地点，也可以单独或者与其他此类性状联合使用。

（a）用于特异性测试中筛选排除那些不需要安排在种植试验中的已知品种。

（b）用于组织安排种植试验，使近似品种种植在一起。

5.3 以下性状已被确认为有用的分组性状。

（a）植株：大小（性状 1）。

（b）花序：花的着生位置（性状 18）。

（c）花：纵径（性状 27）。

（d）花：横径（性状 28）。

（e）唇瓣：侧裂片（性状 71）。

（f）唇瓣：眼（性状 77）。

（g）唇瓣：颜色图案（不包括中间部分、眼和喉）（性状 80）。

（h）唇瓣：主色（性状 82），包含以下分组。

第一组：绿色。

第二组：白色。

第三组：黄色。

第四组：粉色。

第五组：红色。

第六组：紫色。

第七组：淡红色。

5.4 总则和 TGP/9《特异性测试》中提供了在特异性审查过程中使用分组性状的指导。

6 性状表介绍

6.1 性状类型

6.1.1 标准指南性状

标准指南性状是 UPOV 已同意用于 DUS 审查的性状，UPOV 成员可以从中选择与其特定环境相适应的性状。

6.1.2 星号性状

星号性状（用"*"标记）是测试指南中对于形成国际统一的品种描述十分重要的性状，所有 UPOV 成员都应将其用于 DUS 测试并包含在品种描述中，除非前序性状的表达或区域环境条件所限使其无法测试。

6.2 表达状态及相应代码

为定义性状和统一描述，将每个性状划分为一系列表达状态。每个表达状态赋予一个相应的数字代码，以便于数据记录，以及品种性状描述的建立和交流。

6.3 表达类型

总则中对性状表达类型（质量性状、数量性状和假质量性状）进行了解释。

6.4 标准品种

6.4.1 适当情况下，测试指南中提供了标准品种用于校正性状的表达状态。由于至今为止品种较少，所以将主要的品种和标准品种列于性状表中。所有品种名称之前有一个组名（GREX）。一般说明：在兰科植物中，已知亲缘关系基础上的一个特定分组，GREX 是一个长期使用的分组单位。

6.4.2 品种名称置于单引号之间（例如'Akebono'）。

6.5 注释

（*）星号性状（6.1.2）。

QL：质量性状（6.3）。

QN：数量性状（6.3）。

PQ：假质量性状（6.3）。

（a）～（e）性状表解释（8.1）。

（+）性状表解释（8.2）。

7 性状表

性状编号	观测方法	英文	中文	标准品种	代码
1. （*） **QN**		**Plant: size**	**植株：大小**		
		very small	极小	Enobi Komachi 'Shirayukihime'	1
		small	小	*Dendrobium kingianum*	3
		medium	中	Wave King 'Akebono'	5
		large	大	Lucky Girl 'Emiko'	7
		very large	极大		9

性状编号	观测方法	英文	中文	标准品种	代码
2. (*) QN	(a)	**Pseudobulb：attitude**	假鳞茎：姿态		
		erect	直立	'Formidible'	1
		semi-erect	半直立		3
		horizontal	水平		5
		semi-drooping	半下弯		7
		drooping	下弯		9
3. (*) QN	(a)	**Pseudobulb：length**	假鳞茎：长度		
		very short	极短	Enobi Komachi 'Shirayukihime'	1
		short	短	*Dendrobium kingianum*	3
		medium	中	Wave King 'Akebono'	5
		long	长	Snow Cap 'Love Song'	7
		very long	极长		9
4. (*) QN	(a)	Pseudobulb：thickness	假鳞茎：直径		
		very thin	极细		1
		thin	细	Enobi Komachi 'Shirayukihime'	3
		medium	中	Enobi Parade 'Milky Way'	5
		thick	粗		7
		very thick	极粗		9
5. (*) PQ	(a)	**Pseudobulb：shape in longitudinal section**	假鳞茎：纵切面形状		
		linear	线形	'Formidible'	1
		lanceolate	披针形		2
		ovate	卵圆形		3
6. PQ	(a)	**Pseudobulb：shape in cross section**	假鳞茎：横切面形状		
		elliptic	椭圆形		1
		circular	圆形	'Formidible'	2
		angular	角形	*Dendrobium densiflorum*	3
7. QL		**Plant：age of flowering pseudobulb（principally）**	植株：开花假鳞茎的年数（主要的）		
		one year	1 年	'Formidible'	1
		two years or more	2 年及以上		2
8. (*) QN	(b)	**Leaf：length**	叶：长度		
		short	短	Stardust 'Chiyomi'	3
		medium	中	Wave King 'Akebono'	5
		long	长		7
9. (*) QN	(b)	**Leaf：width**	叶：宽度		
		narrow	窄	Stardust 'Chiyomi'	3
		medium	中	Wave King 'Akebono'	5
		broad	宽	Snow Cap 'Love Song'	7
10. (*) (+) PQ	(b)	**Leaf：shape**	叶：形状		
		narrow elliptic	窄椭圆形		1
		elliptic	椭圆形		2
		narrow ovate	窄卵圆形		3
		narrow obovate	窄倒卵圆形		4
		spatulate	匙形		5

性状 编号	观测 方法	英文	中文	标准品种	代码
11. QN	（b）	**Leaf: main green color**	叶：主要绿色程度		
		light	浅		3
		medium	中	Enobi Komachi 'Shirayukihime'	5
		dark	深	Enobi Parade 'Milky Way'	7
12. QL	（b）	**Leaf: presence of variega- tion**	叶：斑有无		
		absent	无	Enobi Komachi 'Shirayukihime'	1
		present	有		9
13. （+） QL	（b）	**Leaf: type of variegation**	叶：斑类型		
		brindled	虎斑		1
		spotted	点斑		2
		striped	条纹		3
		centered	心斑		4
		edged	镶边		5
14. QL	（b）	**Leaf: color of variegation**	叶：斑颜色		
		white	白色		1
		yellow	黄色		2
		yellow green	黄绿色		3
		white and yellow	白色和黄色		4
		white and yellow green	白色和黄绿色		5
		yellow and yellow green	黄色和黄绿色		6
15. QL	（b）	**Leaf: pubescence**	叶：茸毛		
		absent	无		1
		present	有	'Formidible'	9
16. QL	（b）	**Leaf: color of pubescence**	叶：茸毛颜色		
		white	白色		1
		black	黑色	'Formidible'	2
17. （*） QL	（c）	**Inflorescence: position of adherence to pseudobulb**	花序：假鳞茎着生位置		
		along whole length	全部节		1
		top part only	仅顶部节	*Dendrobium kingianum*	2
18. （*） QL	（c）	**Inflorescence: position of flowers**	花序：花的着生位置		
		along peduncle	整个花序梗	Snow Cap 'Love Song'	1
		apex only	仅先端	Pink Beauty 'Queen'	2
19. （*） QN	（c）	**Inflorescence: number of flower**	花序：花数量		
		few	少	Enobi Komachi 'Shirayukihime'	3
		medium	中	Snow Cap 'Love Song'	5
		many	多		7
20. （*） （+） QN		**Peduncle: length**	花序梗：长度		
		short	短	Lucky Girl 'Emiko'	3
		medium	中	Enobi Parade 'Milky Way'	5
		long	长	Queen Southeast 'Crystal Queen'	7
21. （*） QN		**Peduncle: thickness**	花序梗：直径		
		thin	细		3
		mediun	中	Lucky Girl 'Emiko'	5
		thick	粗		7

性状编号	观测方法	英文	中文	标准品种	代码
22. （*） PQ		**Peduncle：attitude**	花序梗：姿态		
		erect	直立	Enobi Komachi 'Shirayukihime'	1
		semi-erect	半直立	Snow Cap 'Love Song'	2
		horizontal	水平		3
		recurving	外弯		4
23. （*） （+） QN		**Pedicellate-ovary：length**	花梗：长度		
		short	短	Wave King 'Akebono'	3
		medium	中	Snow Cap 'Love Song'	5
		long	长		7
24. （*） QN		**Pedicellate-ovary：thickness**	花梗：直径		
		thin	细	Wave King 'Akebono'	3
		medium	中		5
		thick	粗		7
25. （*） PQ	（c）	**Flower：general appearance of petals and sepals**	花：花瓣和萼片姿态		
		all incurving	全部内弯		1
		some incurving，some spreading	部分内弯，部分平展	Stardust 'Chiyomi'	2
		all spreading	全部平展		3
		some spreading，some reflexing	部分平展，部分外翻	Enobi Komachi 'Shirayukihime'	4
		all reflexing	全部外翻		5
		some incurving，some reflexing	部分内弯，部分外翻		6
26. QN	（d）	**Flower：length of mentum**	花：距长度		
		short	短	*Dendrobium kingianum*	3
		medium	中	'Formidible'	5
		long	长		7
27. （*） （+） QN	（d）	**Flower：length in front view**	花：纵径		
		short	短	Enobi Komachi 'Shirayukihime'	3
		medium	中	Lucky Girl 'Emiko'	5
		long	长		7
28. （*） （+） QN	（d）	**Flower：width in front view**	花：横径		
		narrow	窄	Enobi Komachi 'Shirayukihime'	3
		medium	中	Lucky Girl 'Emiko'	5
		broad	宽		7
29. QL	（c）	**Flower：fragrance**	花：香味		
		absent	无		1
		present	有	Snow Cap 'Love Song'	9
30. （*） QN	（c）	**Dorsal sepal：curvature of longitudinal axis**	中萼片：纵轴方向姿态		
		strongly incurving	强内弯		1
		moderately incurving	微内弯		3
		straight	平直	Snow Cap 'Love Song'	5
		moderately recurving	微外弯	Enobi Komachi 'Shirayukihime'	7
		strongly recurving	强外弯		9

性状编号	观测方法	英文	中文	标准品种	代码
31. (*) QN	(d)	Dorsal sepal: length	中萼片：长度		
		short	短	Enobi Parade 'Milky Way'	3
		medium	中	Wave King 'Akebono'	5
		long	长		7
32. (*) QN	(d)	Dorsal sepal: width	中萼片：宽度		
		narrow	窄	Enobi Parade 'Milky Way'	3
		medium	中	Wave King 'Akebono'	5
		broad	宽		7
33. (*) (+) PQ	(d)	Dorsal sepal: shape	中萼片：形状		
		narrow elliptic	窄椭圆形	Stardust 'Chiyomi'	1
		elliptic	椭圆形	Lucky Girl 'Emiko'	2
		ovate	卵圆形		3
		obovate	倒卵圆形		4
		transverse elliptic	横椭圆形		5
		spatulate	匙形		6
34. (*) (+) QN	(c)	Dorsal sepal: cross section	中萼片：横截面		
		strongly concave	极凹		1
		moderately concave	微凹		3
		flat	平	Snow Cap 'Love Song'	5
		moderately convex	微凸		7
		strongly convex	极凸	Pink Beauty 'Queen'	9
35. (*) QN	(c)	Dorsal sepal: twisting	中萼片：扭曲程度		
		absent or very weak	无或极弱		1
		weak	弱	Stardust 'Chiyomi'	3
		medium	中		5
		strong	强		7
		very strong	极强		9
36. (*) QN	(c)	Dorsal sepal: undulation of margin	中萼片：边缘波状程度		
		absent or very weak	无或极弱		1
		weak	弱		3
		medium	中	Pink Beauty 'Queen'	5
		strong	强		7
		very strong	极强		9
37. (*) QN	(c)	Lateral sepal: curvature of longitudinal axis	侧萼片：纵轴方向姿态		
		strongly incurving	强内弯		1
		moderately incurving	微内弯	Snow Cap 'Love Song'	3
		straight	平直	Enobi Komachi 'Shirayukihime'	5
		moderately recurving	微外弯		7
		strongly recurving	强外弯		9
38. (*) QN	(d)	Lateral sepal: length	侧萼片：长度		
		short	短	Enobi Parade 'Milky Way'	3
		mediun	中	Wave King 'Akebono'	5
		long	长		7
39. (*) QN	(d)	Lateral sepal: width	侧萼片：宽度		
		narrow	窄	Enobi Parade 'Milky Way'	3
		medium	中	Wave King 'Akebono'	5
		broad	宽		7

性状编号	观测方法	英文	中文	标准品种	代码
40. (*) (+) PQ	(c)	**Lateral sepal: shape**	侧萼片：形状		
		narrow elliptic	窄椭圆形		1
		elliptic	椭圆形	Enobi Komachi 'Shirayukihime'	2
		ovate	卵圆形		3
		obovate	倒卵圆形		4
		transverse elliptic	横椭圆形		5
		spatulate	匙形		6
41. (*) (+) QN	(c)	**Lateral sepal: cross section**	侧萼片：横截面		
		strongly concave	极凹		1
		moderately concave	微凹	Stardust 'Chiyomi'	3
		straight	平直	Enobi Parade 'Milky Way'	5
		moderately convex	微凸		7
		strongly convex	极凸		9
42. (*) QN	(c)	**Lateral sepal: twisting**	侧萼片：扭曲程度		
		absent or very weak	无或极弱		1
		weak	弱	Stardust 'Chiyomi'	3
		medium	中		5
		strong	强		7
		very strong	极强		9
43. (*) QN	(c)	**Lateral sepal: undulation of margin**	侧萼片：边缘波状程度		
		absent or very weak	无或极弱		1
		weak	弱	Wave King 'Akebono'	3
		medium	中	Pink Beauty 'Queen'	5
		strong	强		7
		very strong	极强		9
44. (*) QL	(c) (e)	**Sepal: number of colors**	萼片：颜色数量		
		one	1种		1
		two	2种	Snow Cap 'Love Song'	2
		three	3种		3
		more than three	3种以上		4
45. (*) QL	(c) (e)	**Sepal: color pattern**	萼片：图案模式		
		self-colored	无	Stardust 'Chiyomi'	1
		shaded	晕	Snow Cap 'Love Song'	2
		edged	镶边	Holy Night 'Yumeji'	3
		striped	条状		4
		netted	网状		5
		spotted	点状		6
		shaded and striped	晕和条状		7
		shaded and netted	晕和网状		8
		shaded and spotted	晕和点状		9
46. PQ	(c) (e)	**Sepal: main color**	萼片：主色		
		RHS Colour Chart (indicate reference number)	RHS比色卡（注明参考色号）		

性状编号	观测方法	英文	中文	标准品种	代码
47. QN	（c） （e）	**Varieties with shaded sepals only: Sepal: extent of shading**	萼片：晕的大小（仅适用于图案模式为晕的品种）		
		small	小		3
		medium	中	Snow Cap 'Love Song'	5
		large	大		7
48. PQ	（c） （e）	**Varieties with shaded sepals only: Sepal: color of shading**	萼片：晕的颜色（仅适用于图案模式为晕的品种）		
		RHS Colour Chart（indicate reference number）	RHS比色卡（注明参考色号）		
49. PQ	（c） （e）	**Varieties with edged sepals only: Sepal: color of edging**	萼片：镶边图案的颜色（仅适用于图案模式为镶边的品种）		
		RHS Colour Chart（indicate reference number）	RHS比色卡（注明参考色号）		
50. PQ	（c） （b）	**Varieties with striped sepals only: Sepal: color of stripes**	萼片：条状图案的颜色（仅适用于图案模式为条状的品种）		
		RHS Colour Chart（indicate reference number）	RHS比色卡（注明参考色号）		
51. PQ	（c） （e）	**Varieties with netted sepals only: Sepal: color of netting**	萼片：网状图案的颜色（仅适用于图案模式为网状的品种）		
		RHS Colour Chart（indicate reference number）	RHS比色卡（注明参考色号）		
52. PQ	（c） （e）	**Varieties with spotted sepals only: Sepal: color of spots**	萼片：点状图案的颜色（仅适用于图案模式为点状的品种）		
		RHS Colour Chart（indicate reference number）	RHS比色卡（注明参考色号）		
53. （*） QN	（c）	**Petal: curvature of longitudinal axis**	花瓣：纵轴方向姿态		
		strongly incurving	强内弯		1
		moderately incurving	微内弯		3
		straight	平直	Lucky Girl 'Emiko'	5
		moderately recurving	微外弯	Enobi Komachi 'Shirayukihime'	7
		strongly recurving	强外弯		9
54. （*） QN	（d）	**Petal: length**	花瓣：长度		
		short	短	Enobi Parade 'Milky Way'	3
		medium	中	Wave King 'Akebono'	5
		long	长		7
55. （*） QN	（d）	**Petal: width**	花瓣：宽度		
		narrow	窄	Enobi Parade 'Milky Way'	3
		medium	中	Wave King 'Akebono'	5
		broad	宽		7
56. （*） （+） PQ	（c）	**Petal: shape**	花瓣：形状		
		narrow elliptic	窄椭圆形		1
		elliptic	椭圆形	Stardust 'Chiyomi'	2

性状编号	观测方法	英文	中文	标准品种	代码
56. （ * ） （ + ） PQ	（ c ）	ovate	卵圆形		3
		obovate	倒卵圆形		4
		transverse elliptic	横椭圆形		5
		spatulate	匙形		6
57. （ * ） （ + ） QN	（ c ）	**Petal: cross section**	**花瓣：横截面**		
		strongly concave	极凹		1
		moderately concave	微凹		3
		straight	平直	Enobi Parade 'Milky Way'	5
		moderately convex	微凸		7
		strongly convex	极凸		9
58. （ * ） QN	（ c ）	**Petal: twisting**	**花瓣：扭曲程度**		
		absent or very weak	无或极弱		1
		weak	弱	Pink Beauty 'Queen'	3
		medium	中		5
		strong	强		7
		very strong	极强		9
59. （ * ） QN	（ c ）	**Petal: undulation of margin**	**花瓣：边缘波状程度**		
		absent or very waek	无或极弱		1
		weak	弱	Stardust 'Chiyomi'	3
		medium	中	Wave King 'Akebono'	5
		strong	强	Pink Beauty 'Queen'	7
		very strong	极强		9
60. （ * ） QL	（ c ） （ e ）	**Petal: number of colors**	**花瓣：颜色数量**		
		one	1 种		1
		two	2 种	Holy Night 'Yumeji'	2
		three	3 种		3
		more than three	3 种以上		4
61. （ * ） QL	（ c ） （ e ）	**Petal: color pattern**	**花瓣：图案模式**		
		self-colored	无		1
		shaded	晕		2
		edged	镶边	Holy Night 'Yumeji'	3
		striped	条状		4
		netted	网状		5
		spotted	点状		6
		shaded and striped	晕和条状		7
		shaded and netted	晕和网状		8
		shaded and spotted	晕和点状		9
62. PQ	（ c ） （ e ）	**Petal: main color**	**花瓣：主色**		
		RHS Colour Chart（indicate reference number）	RHS 比色卡（注明参考色号）		
63. QN	（ c ） （ e ）	**Varieties with shaded petals only: Petal: extent of shading**	**花瓣：晕的大小（仅适用于图案模式为晕的品种）**		
		small	小		3
		medium	中		5
		large	大		7

性状编号	观测方法	英文	中文	标准品种	代码
64. PQ	(c) (e)	**Varieties with shaded petals only：Petal：color of shading**	花瓣：晕的颜色（仅适用于图案模式为晕的品种）		
		RHS Colour Chart（indicate reference number）	RHS 比色卡（注明参考色号）		
65. PQ	(c) (e)	**Varieties with edged petals only：Petal：color of edging**	花瓣：镶边图案的颜色（仅适用于图案模式为镶边的品种）		
		RHS Colour Chart（indicate reference number）	RHS 比色卡（注明参考色号）		
66. PQ	(c) (e)	**Varieties with striped petals only：Petal：color of stripes**	花瓣：条状图案的颜色（仅适用于图案模式为条状的品种）		
		RHS Colour Chart（indicate reference number）	RHS 比色卡（注明参考色号）		
67. PQ	(c) (e)	**Varieties with netted petals only：Petal：color of netting**	花瓣：网状图案的颜色（仅适用于图案模式为网状的品种）		
		RHS Colour Chart（indicate reference number）	RHS 比色卡（注明参考色号）		
68. PQ	(c) (e)	**Varieties with spotted petals only：Petal：color of spots**	花瓣：点状图案的颜色（仅适用于图案模式为点状的品种）		
		RHS Colour Chart（indicate reference number）	RHS 比色卡（注明参考色号）		
69. (*) QN	(c) (d)	**Lip：length**	唇瓣：长度		
		short	短	Enobi Parade 'Milky Way'	3
		medium	中	Wave King 'Akebono'	5
		long	长		7
70. (*) QN	(c) (d)	**Lip：width**	唇瓣：宽度		
		narrow	窄	Enobi Parade 'Milky Way'	3
		medium	中	Himezakura 'Fujikko'	5
		broad	宽	Wave King 'Akebono'	7
71. (*) QL	(c)	**Lip：presence of lateral lobe**	唇瓣：侧裂片		
		absent	无	Stardust 'Chiyomi'	1
		present	有	*Dendrobium bellatulum*	9
72. (*) (+) PQ	(c)	**Varieties without lateral lobes only：Lip：shape**	唇瓣：形状（仅适用于唇瓣无侧裂片的品种）		
		elliptic	椭圆形	Stardust 'Chiyomi'	1
		circular	圆形	Pink Beauty 'Queen'	2
		transverse elliptic	横椭圆形		3
73. (*) (+) QL	(c)	**Varieties without lateral lobes only：Lip：overlapping of basal part**	唇瓣：基部叠合（仅适用于唇瓣无侧裂片的品种）		
		absent	无	Stardust 'Chiyomi'	1
		present	有		9
74. (*) (+) PQ	(c)	**Varieties with lateral lobes only：Lip：shape of lateral lobe**	唇瓣：侧裂片形状（仅适用于唇瓣有侧裂片的品种）		
		triangular	三角形		1

性状编号	观测方法	英文	中文	标准品种	代码
74. （*） （+） PQ	（c）	ovate	卵圆形		2
		narrow trapeaoid	窄梯形		3
		broad trapezoid	宽梯形		4
75. （*） （+） PQ	（c）	**Varieties with lateral lobes only：Lip：shape of apical lobe**	唇瓣：中裂片形状（仅适用于唇瓣有侧裂片的品种）		
		reniform	肾形		1
		rhombic	菱形		2
		transverse elliptic	横椭圆形		3
		elliptic	椭圆形		4
76. （*） （+） PQ	（c）	**Lip：type of curving**	唇瓣：弯曲类型		
		type Ⅰ	类型Ⅰ		1
		type Ⅱ	类型Ⅱ		2
		type Ⅲ	类型Ⅲ		3
		type Ⅳ	类型Ⅳ		4
		type Ⅴ	类型Ⅴ		5
		type Ⅵ	类型Ⅵ		6
77. （*） （+） QL	（c）	**Lip：eye**	唇瓣：眼		
		absent	无	Enobi Komachi 'Shirayukihime'	1
		present	有	Fantasia 'King'	9
78. （*） （+） PQ	（c）	**Lip：shape of eye**	唇瓣：眼类型		
		type Ⅰ	类型Ⅰ		1
		type Ⅱ	类型Ⅱ		2
		type Ⅲ	类型Ⅲ		3
		type Ⅳ	类型Ⅳ		4
79. （*） QL	（c） （e）	**Lip：number of colors（excluding eye and throat）**	唇瓣：颜色数量（除眼和喉外）		
		one	1 种		1
		two	2 种		2
		three	3 种		3
		four	4 种		4
		five	5 种		5
		more than five	5 种以上		6
80. （*） QL	（c） （e）	**Lip：color pattern（except middle part，eye and throat）**	唇瓣：颜色图案（除中间部分、眼和喉外）		
		self-colored	无		1
		shaded	晕	Snow Cap 'Love Song'	2
		edged	镶边	Pink Beauty 'Queen'	3
		striped	条状		4
		netted	网状		5
		spotted	点状		6
		shaded and striped	晕和条状		7
		shaded and netted	晕和网状		8
		shaded and spotted	晕和点状		9

性状编号	观测方法	英文	中文	标准品种	代码
81. QN	(c) (e)	**Varieties with shaded lips only: Lip: extent of shading**	唇瓣：晕的大小（仅适用于唇瓣图案模式为晕的品种）		
		small	小		3
		medium	中		5
		large	大	Snow Cap 'Love Song'	7
82. PQ	(c) (e)	**Lip: main color**	唇瓣：主色		
		RHS Colour Chart（indicate reference number）	RHS 比色卡（注明参考色号）		
83. PQ	(c) (e)	**Lip: color of middle part（if different from 82.）**	唇瓣：中间部分颜色（如果与性状 82 不一致）		
		RHS Colour Chart（indicate reference number）	RHS 比色卡（注明参考色号）		
84. PQ	(c) (e)	**Varieties with shaded lips only: Lip: color of shading**	唇瓣：晕图案的颜色（仅适用于唇瓣图案模式为晕的品种）		
		RHS Colour Chart（indicate reference number）	RHS 比色卡（注明参考色号）		
85. PQ	(c) (e)	**Varieties with edged lips only: Lip: color of edging**	唇瓣：镶边图案的颜色（仅适用于唇瓣图案模式为镶边的品种）		
		RHS Colour Chart（indicate reference number）	RHS 比色卡（注明参考色号）		
86. PQ	(c) (e)	**Varieties with striped lips only: Lip: color of stripes**	唇瓣：条状图案的颜色（仅适用于唇瓣图案模式为条状的品种）		
		RHS Colour Chart（indicate reference number）	RHS 比色卡（注明参考色号）		
87. PQ	(c) (e)	**Varieties with netted lips only: Lip: color of netting**	唇瓣：网状图案的颜色（仅适用于唇瓣图案模式为网状的品种）		
		RHS Colour Chart（indicate reference number）	RHS 比色卡（注明参考色号）		
88. PQ	(c) (e)	**Varieties with spotted lips only: Lip: color of spots**	唇瓣：点状图案的颜色（仅适用于唇瓣图案模式为点状的品种）		
		RHS Colour Chart（indicate reference number）	RHS 比色卡（注明参考色号）		
89. PQ	(c) (e)	**Varieties with eye only: Lip: color of eye**	唇瓣：眼的颜色（仅适用于有眼的品种）		
		RHS Colour Chart（indicate reference number）	RHS 比色卡（注明参考色号）		
90. PQ	(c) (e)	**Varieties with different colored throat only: Lip: color of throat**	唇瓣：喉的颜色（仅适用于喉颜色与唇瓣主色不一致的品种）		
		RHS Colour Chart（indicate reference number）	RHS 比色卡（注明参考色号）		
91. (*) QN	(c)	**Lip: twisting**	唇瓣：扭曲程度		
		absent or weak	无或弱	Enobi Komachi 'Shirayukihime'	1
		intermediate	中		2
		strong	强		3

性状编号	观测方法	英文	中文	标准品种	代码
92. （*） QN	（c）	**Lip：undulation of margin**	唇瓣：边缘波状程度		
		absent or weak	无或弱	Enobi Parade 'Milky Way'	1
		intermediate	中	Stardust 'Chiyomi'	2
		strong	强	Pink Beauty 'Queen'	3
93. （*） QN	（c）	**Lip：fringing of margin**	唇瓣：边缘流苏状程度		
		absent or very fine	无或极平滑	Enobi Komachi 'Shirayukihime'	1
		fine	平滑		3
		medium	中		5
		coarse	粗糙		7
94. （*） QL	（c）	**Lip：callus**	唇瓣：胼胝质		
		absent	无		1
		present	有	*Dendrobium bellatulum*	9
95. （*） QN	（c）	**Lip：pubescence**	唇瓣：茸毛		
		absent or weak	无或弱		1
		intermediate	中		2
		strong	强	*Dendrobium 'Parishii'*	3
96. （*） QN	（c）	**Column：length**	蕊柱：长度		
		short	短		3
		medium	中		5
		long	长		7
97. PQ （+）	（f）	**Column：color of anther cap**	蕊柱：花药帽颜色		
		RHS Colour Chart（indicate reference number）	RHS 比色卡（注明参考色号）		
98. （*） PQ	（c）	**Time of flowering**	始花期		
		very late	极晚		1
		early	早		2
		spring	春		3
		summer	夏		4
		medium	中		5

8　性状表解释

8.1　对多个性状的解释

性状表第二列包含以下标注的性状应按照下述要求观测。

（a）假鳞茎性状的观测应在开花假鳞茎上进行。

（b）叶片的观测应在开花假鳞茎上的最大叶上进行。

（c）花序和花的性状观测应在花序上 50% 花朵开放时进行，选取花序上最新完全开放且未开始褪色的花朵。

（d）在花序上最近开放的花朵上进行评估，在颜色还未褪去前，此时花序上 50% 的花朵开放。

（e）花萼、花瓣和唇瓣的颜色应观测其内侧。

8.2　对单个性状的解释

性状 10：叶形状

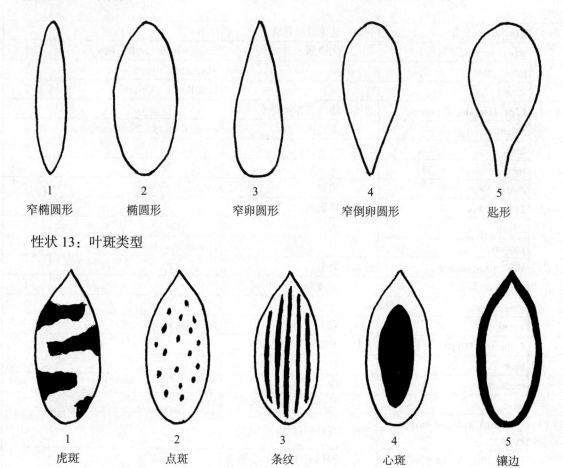

1	2	3	4	5
窄椭圆形	椭圆形	窄卵圆形	窄倒卵圆形	匙形

性状 13：叶斑类型

1	2	3	4	5
虎斑	点斑	条纹	心斑	镶边

性状 20：花序梗长度
性状 23：花梗长度

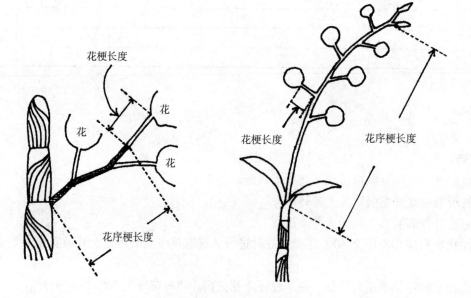

性状 27：花纵径

性状 28：花横径

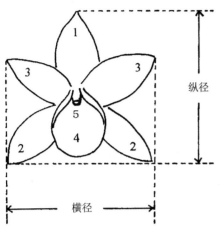

1—中萼片；2—侧萼片；3—花瓣；4—唇瓣；5—蕊柱。

性状 33：中萼片形状

性状 40：侧萼片形状

性状 56：花瓣形状

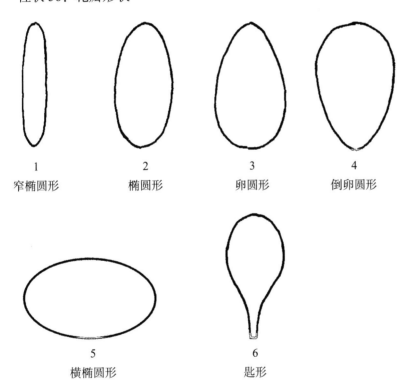

1	2	3	4
窄椭圆形	椭圆形	卵圆形	倒卵圆形

5	6
横椭圆形	匙形

性状 34：中萼片横截面

性状 41：侧萼片横截面

性状 57：花瓣横截面

内侧↑

1	3	5	7	9
极凹	微凹	平直	微凸	极凸

性状 72：唇瓣形状（仅适用于唇瓣无侧裂片的品种）

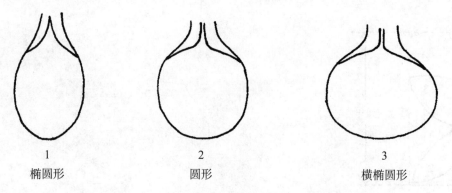

1	2	3
椭圆形	圆形	横椭圆形

性状 73：唇瓣基部叠合（仅适用于唇瓣无侧裂片的品种）

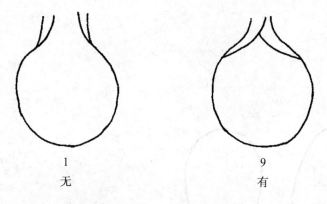

1	9
无	有

性状 74：唇瓣侧裂片形状（仅适用于唇瓣有侧裂片的品种）

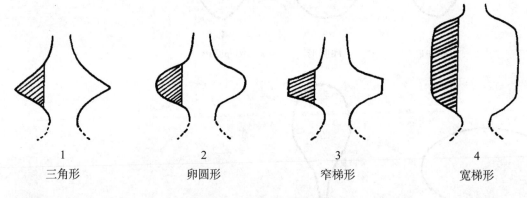

1	2	3	4
三角形	卵圆形	窄梯形	宽梯形

性状 75：唇瓣中部裂片形状（仅适用于唇瓣有侧裂片的品种）

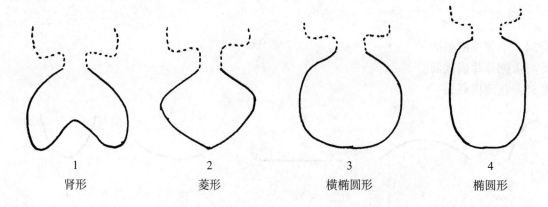

1	2	3	4
肾形	菱形	横椭圆形	椭圆形

性状 76：唇瓣弯曲类型

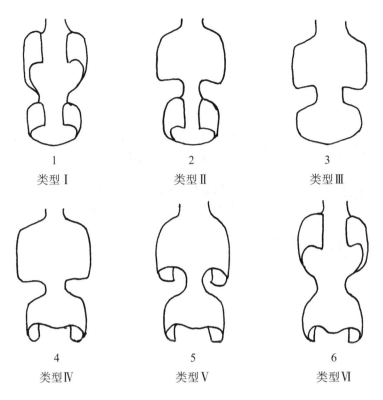

1	2	3
类型 I	类型 II	类型 III
4	5	6
类型 IV	类型 V	类型 VI

性状 77：唇瓣眼

性状 83：唇瓣中间部分颜色（如果与性状 82 不一致）

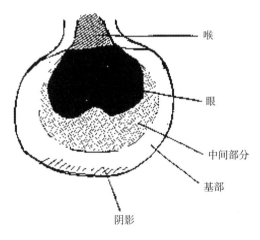

喉

眼

中间部分

基部

阴影

扫码下载原文

如扫描二维码无法下载指南原文，可能是指南版本有更新，可扫描本书封底二维码查看与本文对应的指南版本

性状 78：唇瓣眼类型

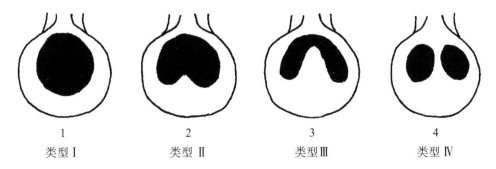

1	2	3	4
类型 I	类型 II	类型 III	类型 IV

性状 97：蕊柱花药帽颜色
应从背侧观察花柱的颜色。

TG/211/1
原文：英文
日期：2003-04-09

国际植物新品种保护联盟
植物品种特异性、一致性和稳定性
测试指南

细子木属

（*Leptospermum* J.R. Forst. et G. Forst.）

互用名称 *

植物学名称	英文	法文	德文	西班牙文
Leptospermum J.R. Forst. et G. Forst.	Tea Tree, Manuka	Leptosperme	Südseemyrte	Leptospermum

---

* 这些名称在指南开始使用时是正确的，但随后可能会修改更新。读者可登录 UPOV 网站（www.upov.int），获取最新资料。

1 指南适用范围

本指南适用于桃金娘科（Myrtaceae）细子木属（*Leptospermum* J.R. Forst. et G. Forst.）的所有品种。

2 繁殖材料要求

2.1 待测品种繁殖材料的数量和质量要求以及提交的时间和地点由主管机构决定。申请人从测试所在国境外提交繁殖材料的，还应符合海关规定并满足相关植物检疫的要求。

2.2 繁殖材料以插条苗的形式提交。

2.3 申请人提交繁殖材料的最小数量为 10 株插条苗。

2.4 提供的繁殖材料应外观健康有活力，未受到任何严重病虫害的影响。

2.5 提交的繁殖材料不得进行任何可能影响品种性状表达的处理，除非主管机构允许或要求进行这种处理。如果材料已经处理，必须提供相关处理的详细情况。

3 测试方法

3.1 测试周期

测试的最少周期数量通常为 1 个生长周期。

3.2 测试地点

测试通常在 1 个地点进行。如果该品种的任何用于 DUS 测试的相关性状在该地点不能观测，则该品种可能需要在另外的地方进行测试。

3.3 测试条件

3.3.1 测试的条件应能满足品种正常生长的需要，以确保品种相关性状充分表达和测试的顺利开展。观测须在至少二年生的植株上进行。

3.3.2 由于日光变化的原因，在利用比色卡确定颜色时应在一个合适的有人工光源照明的小室或中午无阳光直射的房间内进行。人工光源的光谱分布应符合 CIE "理想日光标准 D6500"，且在《英国标准 950：第 1 部分》规定的允许范围内。在鉴定颜色时，应将植株部位置于白色背景前。使用的比色卡及版本应在品种描述中说明。

3.4 试验设计

3.4.1 试验设计应保证因测量或计数等需要，从小区取走部分植株或植株部位后，不影响生长周期结束前的所有观测。

3.4.2 每个试验应保证至少有 10 个植株。

3.5 植株／植株部位的观测数量

除非另有说明，所有需要测量或计数的观测都应在 10 个植株或分别从 10 个植株取下的植株部位上进行。

3.6 附加测试

为测试有关性状，可以进行附加测试。

4 特异性、一致性和稳定性评价

4.1 特异性

4.1.1 一般建议

对于本指南的使用者而言，在判定特异性前参照总则特异性判定的一般原则十分重要。但为进一步说明和强调特异性判定，本指南特列出特异性判定的要点。

4.1.2 一致的差异

在 3.1 部分中推荐了测试的最少周期，总体上要求性状的任何差异是足够一致的。

4.1.3 明显的差异

两个品种间的差异是否明显取决于很多因素，特别应考虑所测性状的表达类型，即该性状是质量性状、数量性状还是假质量性状。因此，在作出关于特异性的判定前，本测试指南的使用者应熟悉总则中的建议。

4.2 一致性

4.2.1 对于本指南的使用者而言，在判定一致性前参照总则一致性判定的一般原则十分重要。但为进一步说明和强调一致性判定，本指南特列出一致性判定的要点。

4.2.2 对于一致性判定，采用 1% 的群体标准和至少 95% 的接受概率。当样本量为 10 个时，允许有 1 个异型株。

4.3 稳定性

4.3.1 在实际操作中，通常不像测试特异性和一致性那样对稳定性进行测试以得到明确结果。经验表明，对许多类型的品种来说，当一个品种表现一致时，可认为其是稳定的。

4.3.2 适当情况下或者有疑问时，需要种植该品种的下一代或一批新种苗进一步测试其稳定性，看其性状表现是否与之前提交的种子表现相同。

5 品种分组和试验组织

5.1 使用分组性状可以帮助选择与申请品种一起进行田间种植试验的已知品种，以及对这些品种进行合适分组以便进行特异性评价。

5.2 分组性状表达状态的数据即使来自不同地点，也可以单独或者与其他此类性状联合使用。

（a）用于特异性测试中筛选排除那些不需要安排在种植试验中的已知品种。

（b）用于组织安排种植试验，使近似品种种植在一起。

5.3 以下性状已被确认为有用的分组性状。

（a）植株：生长习性（性状 1）。

（b）叶片：色斑（性状 15）。

（c）叶片：上表面主色（除茸毛外）（性状 16），有以下分组。

第一组（绿色）：黄绿色、浅绿色、中等绿色、深绿色。

第二组（灰绿色）：灰绿色。

第三组（红色）：红色、红褐色、红紫色、深紫色。

（d）花：花瓣轮数（性状 22）。

（e）花瓣：初开时的主色（性状 36），有以下分组。

第一组：绿黄色。

第二组：白色。

第三组：红粉色。

第四组：红色。

第五组：红紫色。

第六组：紫色。

第七组：紫罗兰色。

5.4 总则中提供了在特异性审查过程中使用分组性状的指导。

6　性状表介绍

6.1　性状类型

6.1.1　标准指南性状

标准指南性状是 UPOV 已同意用于 DUS 审查的性状，UPOV 成员可以从中选择与其特定环境相适应的性状。

6.1.2　星号性状

星号性状（用"*"标记）是测试指南中对于形成国际统一的品种描述十分重要的性状，所有 UPOV 成员都应将其用于 DUS 测试并包含在品种描述中，除非前序性状的表达或区域环境条件所限使其无法测试。

6.2　表达状态及相应代码

为定义性状和统一描述，将每个性状划分为一系列表达状态。每个表达状态赋予一个相应的数字代码，以便于数据记录，以及品种性状描述的建立和交流。

6.3　表达类型

总则中对性状表达类型（质量性状、数量性状和假质量性状）进行了解释。

6.4　标准品种

适当时，测试指南中提供了标准品种用于校正性状的表达状态。

6.5　注释

（*）星号性状（6.1.2）。

QL：质量性状（6.3）。

QN：数量性状（6.3）。

PQ：假质量性状（6.3）。

（a）～（d）性状表解释（8.1）。

（+）性状表解释（8.2）。

7　性状表

性状编号	观测方法	英文	中文	标准品种	代码
1. （+） PQ		**Plant：growth habit**	植株：生长习性		
		upright	直立	Ruby Glow	1
		bushy	丛状	Nanum	2
		spreading	平展	Pacific Beauty	3
		prostrate	匍匐	Backwater Beauty	4
2. QN		**Plant：height**	植株：高度		
		very short	极矮	Julie Ann	1
		short	矮	Pink Cascade	3
		medium	中	Fairy Rose	5
		tall	高	Copper Sheen	7
		very tall	极高	*Leptospermum laevigatum*	9
3. （+） QN		**Plant：attitude of branches**	植株：分枝姿态		
		erect	直立		1
		semi-erect	半直立		2
		horizontal	水平		3

性状编号	观测方法	英文		中文	标准品种	代码
4. (+) QN		**Plant: curvature of branches at distal end**	植株：分枝远基端弯曲			
		upwards		向上		1
		straight		平直		2
		downwards		向下		3
5. QN		**Plant: width**	植株：宽度			
		narrow		窄		3
		medium		中	Julie Ann	5
		broad		宽	Album Flore-pleno	7
6. PQ	(a)	**Young shoot: main color**	嫩枝：主色			
		yellow green		黄绿色		1
		light green		浅绿色		2
		medium green		中等绿色		3
		reddish green		泛红绿色		4
		orange brown		橙棕色		5
		red		红色		6
		purple		紫色		7
7. QN	(a)	**Young shoot: hairiness**	嫩枝：毛			
		absent or weak		无或弱		1
		medium		中		2
		strong		强		3
8. (*) PQ	(a)	**Young leaf: main color**	嫩枝：主色			
		yellow		黄色	Pacific Beauty	1
		yellow green		黄绿色	Aphrodite	2
		light green		浅绿色		3
		medium green		中等绿色		4
		dark green		深绿色		5
		grey green		灰绿色		6
		orange brown		橙棕色		7
		red		红色		8
		red brown		红棕色		9
		red purple		红紫色	Copper Glow	10
		dark purple		深紫色	Rudolph	11
9. (+) QN	(b)	**Leaf blade: attitude in relation to stem**	叶片：相对于茎的姿态			
		adpressed		紧贴		1
		oblique		斜生		2
		perpendicular		垂直		3
10. (*) QN	(b)	**Leaf blade: length**	叶片：长度			
		very short		极短		1
		short		短	Rhiannon	3
		medium		中	Aphrodite	5
		long		长		7
		very long		极长		9
11. (*) QN	(b)	**Leaf blade: width**	叶片：宽度			
		narrow		窄	BY 11	3
		medium		中	Rhiannon	5
		broad		宽		7
12. PQ	(b)	**Leaf blade: shape**	叶片：形状			
		linear		线形		1
		ovate		卵形		2
		oblong		长方形		3

性状编号	观测方法	英文	中文	标准品种	代码
12. PQ	（b）	elliptic	椭圆形		4
		orbicular	圆形		5
		obovate	倒卵形		6
13. （+） PQ	（b）	**Leaf blade：profile in cross section**	**叶片：横截面形状**		
		v-shaped	"V"形		1
		incurved	内弯		2
		flat	平展		3
		recurved	外弯		4
14. PQ	（b）	**Leaf blade：shape of apex**	**叶片：先端形状**		
		acute	锐尖	Aphrodite，Rhiannon	1
		obtuse	钝尖	Rudolph	2
		rounded	圆形		3
15. （*） QL	（b）	**Leaf blade：variegation**	**叶片：色斑**		
		absent	无		1
		prescnt	有	Raelene	9
16. PQ	（b）	**Leaf blade：main color of upper side（excluding hairs）**	**叶片：上表面土色（除茸毛外）**		
		yellow green	黄绿色	Lemon Frost	1
		light green	浅绿色		2
		medium green	中等绿色		3
		dark green	深绿色	Pink Cascade	4
		grey green	灰绿色		5
		red	红色		6
		red brown	红棕色		7
		red purple	红紫色		8
		dark purple	深紫色		9
17. PQ	（b）	**Varieties with variegated leaves only：** **Leaf blade：secondary color of upper side**	**叶片：上表面次色（仅适用于具色斑品种）**		
		yellowish white	泛黄白色		1
		light yellowish green	浅黄绿色		2
		light green	浅绿色		3
		medium green	中等绿色		4
18. QN	（b）	**Leaf blade：glossiness of upper side**	**叶片：上表面光泽**		
		absent or very weak	无或极弱		1
		weak	弱		3
		medium	中		5
		strong	强		7
		very strong	极强		9
19. QN	（b）	**Leaf blade：hairiness on lower side**	**叶片：下表面的毛**		
		absent or weak	无或弱		1
		medium	中		2
		strong	强		3
20. QN	（c）	**Flower bud：hairiness**	**花苞：毛**		
		absent or weak	无或弱		1
		medium	中		2
		strong	强		3

性状编号	观测方法	英文	中文	标准品种	代码
21. PQ	(c)	**Flower bud：predominant color**	花苞：主色		
		white	白色		1
		pink	粉色		2
		red	红色		3
		purple	紫色		4
22. (*) QL	(d)	**Flower：number of whorls of petals**	花：花瓣轮数		
		one	1轮		1
		more than one	多于1轮		2
23. QN	(d)	**Flower：arrangement of petals**	花：花瓣排列		
		free	分离		1
		touching	相接		2
		overlapping	重叠		3
24. QN	(d)	**Flower：number of fertile stamens**	花：可育雄蕊的数量		
		none or very few	无或极少		1
		few	少		2
		many	多		3
25. QN	(d)	**Flower：diameter**	花：直径		
		very small	极小		1
		small	小	*Leptospermum neglectum*	3
		medium	中		5
		large	大		7
		very large	极大	Lavender Queen	9
26. (+) QN	(d)	**Flower：diameter of disc in relation to diameter of flower**	花：花的直径相对于花盘的直径		
		less than one third	小于1/3		1
		one third to two thirds	1/3~2/3		2
		more than two thirds	大于2/3		3
27. (+) PQ	(d)	**Disc：color**	花盘：颜色		
		yellow green	黄绿色		1
		light green	浅绿色		2
		medium green	中等绿色		3
		dark green	深绿色	Copper Sheen	4
		dark purple	深紫色		5
28. QN	(d)	**Sepal：length in relation to length of petal**	萼片：相对于花瓣的长度		
		less than one third	小于1/3		1
		one third to two thirds	1/3~2/3		2
		more than two thirds	大于2/3		3
29. PQ	(d)	**Sepal：shape of apex**	萼片：先端形状		
		acute	锐尖		1
		obtuse	钝尖		2
		rounded	圆形		3
30. PQ	(d)	**Sepal：predominant color**	萼片：主色		
		white	白色		1
		yellow green	黄绿色	Aphrodite	2
		green	绿色	Backwater Beauty	3
		pink	粉色	Lambethii	4
		red	红色	Copper Sheen	5

续表

性状编号	观测方法	英文	中文	标准品种	代码
31. QN	（d）	**Sepal：hairiness**	萼片：毛		
		absent or very weak	无或极弱		1
		weak	弱		2
		strong	强		3
32. （+） QN	（d）	**Petal：ratio length/ width**	花瓣：长宽比		
		broader than long	宽大于长		1
		as long as broad	长宽同等		2
		longer than broad	长大于宽		3
33. QL	（d）	**Petal： number of colors on upper side**	花瓣：上表面颜色数量		
		one	1 种		1
		two or more	2 种或以上	Keatleyi，Sunraysia	2
34. QL	（d）	**Varieties with two or more colors on upper side of petal only：Petal：distribution of secondary color**	花瓣：次色的分布（仅适用于花瓣上表面具有 2 种或 2 种以上颜色数量的品种）		
		marginal	沿边缘		1
		striated	条纹状		2
		flushed	散射状		3
35. QL	（d）	**Petal： color change after first opening**	花瓣：初开后颜色的变化		
		absent	无		1
		present	有	Nanum	9
36. PQ	（d）	**Petal： main color at first opening**	花瓣：初开时的主色		
		RHS Colour Chart（indicate reference number）	RHS 比色卡（注明参考色号）		
37. PQ	（d）	**Varieties with two or more colors on upper side of petal only：Petal：secondary color at first opening**	花瓣：初开时的次色（仅适用于花瓣上表面具有 2 种或 2 种以上颜色数量的品种）		
		RHS Colour Chart（indicate reference number）	RHS 比色卡（注明参考色号）		
38. QN	（d）	**Petal： undulation of margin**	花瓣：边缘波状		
		weak	弱		3
		medium	中		5
		strong	强		7
39. PQ	（d）	**Petal： main color two weeks after first opening**	花瓣：初开后 2 周的主色		
		RHS Colour Chart（indicate reference number）	RHS 比色卡（注明参考色号）		
40. PQ	（d）	**Varieties with two or more colors on upper side of petal only：Petal：secondary color two weeks after first opening**	花瓣：初开后 2 周的次色（仅适用于花瓣上表面具有 2 种或 2 种以上颜色数量的品种）		
		RHS Colour Chart（indicate reference number）	RHS 比色卡（注明参考色号）		
41. PQ	（d）	**Disc： main color two weeks after first opening**	花盘：初开后 2 周的主色		
		greenish	泛绿色		1
		brownish	泛棕色	Lambethii	2
42. QN	（d）	**Stamen： length of fertile stamen in relation to length of petal**	雄蕊：相对于花瓣可育雄蕊的长度		
		up to half as long	接近 1/2		1
		more than half as long but less than equal	大于 1/2 但小于 1		2
		equal	等长		3

性状编号	观测方法	英文	中文	标准品种	代码
43. PQ	（d）	**Filaments：main color**	**花丝：主色**		
		white	白色	Rudolph，Aphrodite	1
		pink	粉色		2
		red	红色		3
		brown	棕色		4
44. QN		**Time of beginning of flowering**	**始花期**		
		early	早		3
		medium	中		5
		late	晚		7

8　性状表解释

8.1　对多个性状的解释

性状表第二列包含以下标注的性状应按照下述要求观测。

（a）嫩枝和嫩叶的观测应在活跃生长期枝条末梢完全展开叶上进行。嫩叶的颜色应观测上表面。

（b）成熟叶片的观测应在夏季枝条中部叶片上进行。颜色应观测上表面。

（c）花苞性状的观测应在萼片即将反折时进行。

（d）除非另有说明，花的观测应在"初开"进行。"初开"是指花瓣从花蕾中的卷缩状态到打开的时间在同一天。

8.2　对单个性状的解释

花的图示。

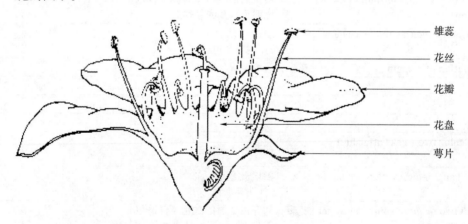

雄蕊

花丝

花瓣

花盘

萼片

性状 1：植株生长习性

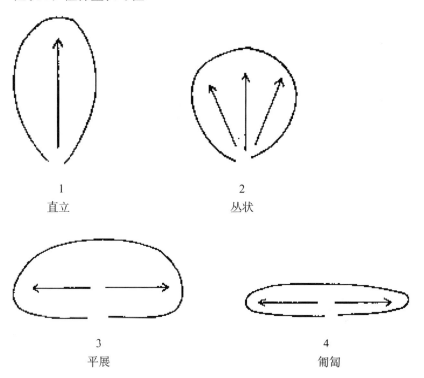

| 1 | 2 |
| 直立 | 丛状 |

| 3 | 4 |
| 平展 | 匍匐 |

性状 3：植株分枝姿态

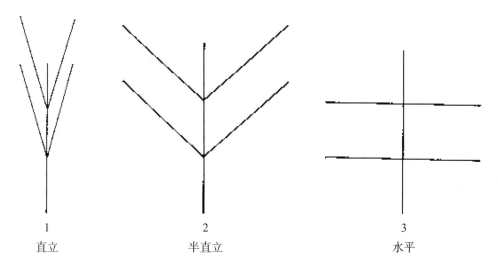

| 1 | 2 | 3 |
| 直立 | 半直立 | 水平 |

性状 4：植株分枝远基端弯曲

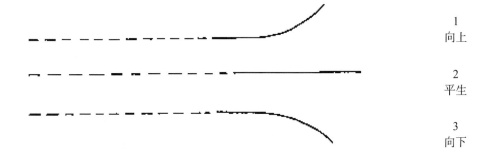

1
向上

2
平生

3
向下

性状 9：叶片相对于茎的姿态

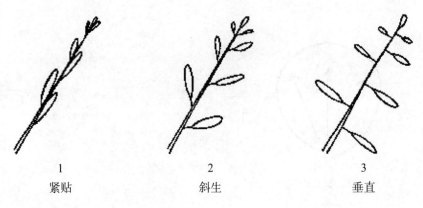

1	2	3
紧贴	斜生	垂直

性状 13：叶片横截面形状

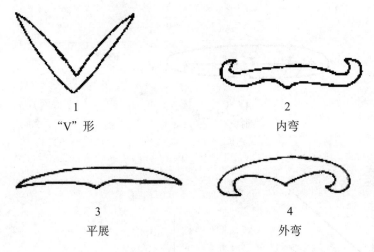

1	2
"V" 形	内弯
3	4
平展	外弯

性状 26、性状 27：花的直径相对于花盘的直径（性状 26）、花盘颜色（性状 27）

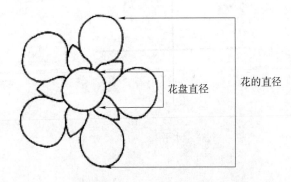

性状 32：花瓣长宽比

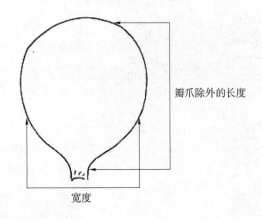

扫码下载原文

如扫描二维码无法下载指南原文，可
能是指南版本有更新，可扫描本书封
底二维码查看与本文对应的指南版本

国际植物新品种保护联盟
植物品种特异性、一致性和稳定性测试指南

矮牵牛（碧冬茄）

UPOV 代码：PETUN；PETCH

（*Petunia* Juss.； ×*Petchoa* J. M. H. Shaw）

互用名称 *

植物学名称	英文	法文	德文	西班牙文
Petunia Juss.	Petunia	Pétunia	Petunie	Petunia
Petchoa J. M. H. Shaw, *Petunia×Calibrachoa*				

其他相关 UPOV 文件：

  TG/207 小花矮牵牛。

---

* 这些名称在指南开始使用时是正确的，但随后可能会修改更新。读者可登录 UPOV 网站（www.upov.int），获取最新资料。

1 指南适用范围

本指南适用于碧冬茄属（*Petunia* Juss.）的所有品种及其与小花矮牵牛属的杂交品种（×*Petchoa* J. M. H. Shaw）（Petunia × Calibrachoa）。

2 繁殖材料要求

2.1 待测品种繁殖材料的数量和质量要求以及提交的时间和地点由主管机构决定。申请人从测试所在国境外提交繁殖材料的，还应符合海关规定并满足相关植物检疫的要求。

2.2 繁殖材料以植株或种子的形式提交。

2.3 申请人提交繁殖材料的最小数量为 15 个植株（无性繁殖品种）或足够产生 30 个植株的种子（种子繁殖品种）。

提交种子的情况下，种子应满足主管机构规定的发芽率、纯度、健康程度和含水量的最低要求。

2.4 提供的繁殖材料应外观健康有活力，未受到任何严重病虫害的影响。

2.5 提交的繁殖材料不得进行任何可能影响品种性状表达的处理，除非主管机构允许或要求进行这种处理。如果材料已经处理，必须提供相关处理的详细情况。

3 测试方法

3.1 测试周期
测试的最少周期数量通常为 1 个生长周期。

3.2 测试地点
测试通常在 1 个地点进行。在 1 个以上地点进行测试时，TGP/9《特异性审查》提供了有关指导。

3.3 测试条件
3.3.1 测试的条件应能满足品种正常生长的需要，以确保品种相关性状充分表达和测试的顺利开展。

3.3.2 由于日光会发生变化，在利用比色卡确定颜色时，应在一个合适的有人工光源照明的小室或中午无阳光直射的房间内进行。人工光源光谱分布应符合 CIE "理想日光标准 D6500"，且在《英国标准 950：第 1 部分》的允许范围之内。在鉴定颜色时，应将植株部位置于白色背景上。

3.4 试验设计
3.4.1 试验设计应保证因测量或计数等需要，从小区取走部分植株或植株部位后，不影响生长周期结束前的所有观测。

3.4.2 无性繁殖品种：每个试验应保证至少有 15 个植株。

3.4.3 种子繁殖品种：每个试验应保证至少有 30 个植株。

3.5 附加测试
为测试有关性状，可以进行附加测试。

4 特异性、一致性和稳定性评价

4.1 特异性

4.1.1 一般建议
对于本指南的使用者而言，在判定特异性前参照总则特异性判定的一般原则十分重要。但为进一步说明和强调特异性判定，本指南特列出特异性判定的要点。

4.1.2　一致的差异

当观测到的品种之间的差异非常明显时，则没有必要种植 1 个以上生长周期。此外，在某些情况下，环境的影响并不意味着需要 1 个以上的生长周期来保证品种间观察到的差异是足够一致的。为确保在种植试验中所观测到的性状差异是足够一致的，可以对性状进行至少 2 个独立生长周期的测试。

4.1.3　明显的差异

两个品种间的差异是否明显取决于很多因素，特别应考虑所测性状的表达类型，即该性状是质量性状、数量性状还是假质量性状。因此，在作出关于特异性的判定前，本测试指南的使用者应熟悉总则中的建议。

4.1.4　植株 / 植株部位的观测数量

对于无性繁殖品种，除非另有说明，在判定特异性时，对于单株的观测，应观测 10 个植株或分别从 10 个植株取下的植株部位，对于其他观测，应观测试验中的所有植株。观测时应将异型株排除在外。

对于种子繁殖品种，除非另有说明，在判定特异性时，对于单株的观测，应观测 20 个植株或分别从 20 个植株取下的植株部位，对于其他观测，应观测试验中的所有植株。观测时应将异型株排除在外。

4.1.5　观测方法

性状表第二列以如下符号（见 TGP/9《特异性审查》第 4 部分"性状观测"）的形式列出了特异性判定时推荐的性状观测方法。

MG：对一批植株或植株部位进行单次测量。

MS：对一定数量的植株或植株部位进行逐一测量。

VG：对一批植株或植株部位进行单次目测。

VS：对一定数量的植株或植株部位进行逐一目测。

观测类型：目测（V）或测量（M）。

目测（V）是一种基于专家判断的观测方法。本文中的目测是指专家的感官观察，因此，也包括闻、尝和触摸。目测也包括专家使用参照物（例如图表，标准品种，并排比较）或非线性的图表（例如比色卡）的观测。测量（M）是一种基于校准的、线性尺度的客观观测，例如使用尺、秤、色度计、日期和计数等进行观测。

记录类型：群体记录（G）或个体记录（S）。

以特异性为目的的观测，可被记录为一批植株或植株部位的单个记录（G），或者记录为一定数量的单个植株或植株部位的个体记录（S）。多数情况下，群体记录为一个品种提供一个单个记录，因此不可能或者不必要通过逐个植株的统计分析来判定特异性。

如果性状表中提供了不止一种观测方法（如 VG/MG），可以参考 TGP/9《特异性测试》的第 4 部分选择合适的观测方法。

4.2　一致性

4.2.1　对于本指南的使用者而言，在判定一致性前参照总则一致性判定的一般原则十分重要。但为进一步说明和强调一致性判定，本指南特列出一致性判定的要点。

4.2.2　本指南为无性繁殖品种和自花授粉的种子繁殖品种而研制。对于其他繁殖类型的品种，应遵循总则和 TGP/13《新类型和新物种指南》4.5 部分"一致性审查"中的建议。

4.2.3　评价无性繁殖品种的一致性时，应采用 1% 的群体标准和至少 95% 的接受概率。当样本量为 15 个时，允许有 1 个异型株。

4.2.4　评价自花授粉的种子品种的一致性时，应采用 2% 的群体标准和至少 95% 的接受概率。当样本量为 30 个时，允许有 2 个异型株。

4.3　稳定性

4.3.1　在实际操作中，通常不像测试特异性和一致性那样对稳定性进行测试以得到明确结果。经验表明，对许多类型的品种来说，当一个品种表现一致时，可认为其是稳定的。

4.3.2　适当情况下或者有疑问时，稳定性可以采用如下方法测试：种植该品种的下一代或者测试一批新种子或新植株，看其性状表现是否与之前提交的材料表现相同。

5　品种分组和试验组织

5.1　使用分组性状可以帮助选择与申请品种一起进行田间种植试验的已知品种，以及对这些品种进行合适分组以便进行特异性评价。

5.2　分组性状表达状态的数据即使来自不同地点，也可以单独或者与其他此类性状联合使用。

（a）用于特异性测试中筛选排除那些不需要安排在种植试验中的已知品种。

（b）用于组织安排种植试验，使近似品种种植在一起。

5.3　以下性状已被确认为有用的分组性状。

（a）植株：生长习性（性状 1 ）。

（b）叶：斑（性状 8 ）。

（c）花：类型（性状 14 ）。

（d）花：宽度（性状 16 ）。

（e）花：脉明显程度（性状 19 ）。

（f）花：主色（性状 21 ），有以下分组。

第一组：白色。

第二组：黄色。

第三组：橙红色。

第四组：红色。

第五组：蓝粉色。

第六组：紫色。

第七组：紫罗兰色。

第八组：黑色。

（g）花：次色（性状 22 ），有以下分组。

第一组：白色。

第二组：绿色。

第三组：黄色。

第四组：红色。

第五组：蓝粉色。

第六组：紫色。

第七组：紫罗兰色。

第八组：棕色。

第九组：黑色。

5.4　总则和 TGP/9《特异性审查》中提供了在特异性审查过程中使用分组性状的指导。

6　性状表介绍

6.1　性状类型

6.1.1　标准指南性状

标准指南性状是 UPOV 已同意用于 DUS 审查的性状，UPOV 成员可以从中选择与其特定环境相适应的性状。

6.1.2　星号性状

星号性状（用"*"标记）是测试指南中对于形成国际统一的品种描述十分重要的性状，所有 UPOV 成员都应将其用于 DUS 测试并包含在品种描述中，除非前序性状的表达或区域环境条件所限使其无法测试。

6.2 表达状态及相应代码

6.2.1 为定义性状和统一描述，将每个性状划分为一系列表达状态。每个表达状态赋予一个相应的数字代码，以便于数据记录，以及品种性状描述的建立和交流。

6.2.2 对于质量性状和假质量性状（6.3），性状表中列出了所有表达状态。但对于有 5 个或 5 个以上表达状态的数量性状，可以采用缩略尺度的方法，以缩短性状表格。例如，对于有 9 个表达状态的数量性状，在测试指南的性状表中可采用以下缩略形式。

表达状态	代码
小	3
中	5
大	7

但是应该指出的是，以下 9 个表达状态都是存在的，应采用适宜的表达状态用于品种的描述。

表达状态	代码
极小	1
极小到小	2
小	3
小到中	4
中	5
中到大	6
大	7
大到极大	8
极大	9

6.2.3 TGP/7《测试指南的研制》中提供了表达状态和代码的更详尽的介绍。

6.3 表达类型

总则中对性状表达类型（质量性状、数量性状和假质量性状）进行了解释。

6.4 标准品种

必要时，提供标准品种以明确每一性状的不同表达状态。

6.5 注释

性状编号	星号性状	英文		中文		标准品种	代码
1	2	3	4	5	6		
		Name of characteristics in English		性状名称			
		states of expression		表达状态			

表中 1 为性状编号。

表中 2 为（*）星号性状（6.1.2）。

表中 3 为表达类型。

QL：质量性状（6.3）。

QN：数量性状（6.3）。

PQ：假质量性状（6.3）。

表中 4 为观测方法：MG、MS、VG、VS（4.1.5）。

表中 5 为（+）（8.2 性状表解释）。

表中 6 为（a）～（c）（8.1 性状表解释）。

7 性状表

性状编号	星号性状	英文		中文		标准品种	代码
1.	(*)	**QN**	**VG**	(+)			
		Plant: growth habit		**植株: 生长习性**			
		upright		直立		Dueplubana	1
		upright to spreading		直立到平展		Sunsurf Grihuti	2
		spreading		平展		DCAS 303	3
2.	(*)	**QN**	**MG/MS/VG**	(+)			
		Plant: height		**植株: 高度**			
		short		矮		Kerpurflash	3
		medium		中		KUMIYAMA 1 GOU	5
		tall		高		PEHY 0011	7
3.		**QN**	**MS/VG**	(+)			
		Shoot: length		**枝条: 长度**			
		short		短		PEHY 0010	3
		medium		中		Kerpurflash	5
		long		长		Sunsurfviomi	7
4.	(*)	**QN**	**MS/VG**	(+)	(a)		
		Leaf: length		**叶: 长度**			
		short		短		KUMIYAMA 1 GOU	3
		medium		中		Keroyal	5
		long		长		Duefuque	7
5.	(*)	**QN**	**MS/VG**		(a)		
		Leaf: width		**叶: 宽度**			
		narrow		窄		KAKEGAWA S 91	3
		medium		中		Kerpurflash	5
		broad		宽		PEHY 0016	7
6.		**PQ**	**VG**	(+)	(a)		
		Leaf: shape		**叶: 形状**			
		ovate		卵圆形			1
		elliptic		椭圆形			2
		circular		圆形			3
		obovate		倒卵圆形			4
		rhombic		菱形			5
7.		**PQ**	**VG**	(+)	(a)		
		Leaf: shape of apex		**叶: 先端形状**			
		acuminate		渐尖			1
		acute		锐尖			2
		obtuse		钝尖			3
		rounded		圆形			4
8.	(*)	**QL**	**VG**	(+)	(a)		
		Leaf: variegation		**叶: 斑**			
		absent		无			1
		present		有			9

性状编号	星号性状	英文		中文		标准品种	代码
9.		**PQ**	**VG**		（a）（b）		
		Leaf：main color		叶：主色			
		light yellow		浅黄色			1
		light green		浅绿色			2
		medium green		中等绿色			3
		dark green		深绿色			4
10.		**QN**	**MG/MS/VG**	（+）			
		Pedicel：length		花梗：长度			
		very short		极短		PEHY 0016	1
		short		短		Duefuque	2
		medium		中		Sunsurf Grihuti	3
		long		长		Kerpurflash	4
		very long		极长		SUNPE 2271	5
11.		**QN**	**VG**	（+）			
		Pedicel：anthocyanin coloration		花梗：花青苷显色			
		absent or very weak		无或极弱		Kcrverflush	1
		weak		弱		Florpemiblue	2
		medium		中		KLEPH 13235	3
		strong		强		KLEPH 14250	4
		very strong		极强		SAKPXC 016	5
12.	（*）	**QN**	**VG**	（+）			
		Calyx lobe：length		花萼裂片：长度			
		very short		极短			1
		short		短		Duepepre	2
		medium		中		PEHY 0010	3
		long		长		BHTUN 31501	4
		very long		极长		PEHY 0011	5
13.	（*）	**QN**	**VG**	（+）			
		Calyx lobe：width		花萼裂片：宽度			
		very narrow		极窄		Sunsurfviomi	1
		narrow		窄		KAKEGAWA S 91	2
		medium		中		PEHY 0010	3
		broad		宽		Keroyal	4
		very broad		极宽		SUNPE 2271	5
14.	（*）	**QL**	**VG**	（+）			
		Flower：type		花：类型			
		single		单瓣			1
		double		重瓣			2
15.		**QN**	**VG**	（+）			
		Only varieties with Flower：type：double：Flower：density		花：重瓣密度（仅适用于重瓣类型品种）			
		sparse		疏			1
		medium		中			2
		dense		密			3

续表

性状编号	星号性状	英文		中文		标准品种	代码
16.	(*)	QN	MS/VG	(+)	(c)		
		Flower：width		花：宽度			
		narrow		窄		SAKPXC 011	3
		medium		中		PEHY 0011	5
		broad		宽		Sunsurf Grihuti	7
17.	(*)	QN	VG	(+)	(c)		
		Flower：lobing		花：裂缺程度			
		absent or very weak		无或极弱			1
		weak		弱			2
		medium		中			3
		strong		强			4
		very strong		极强			5
18.		QN	VG	(+)	(c)		
		Flower：undulation		花：边缘波状程度			
		absent or very weak		无或极弱			1
		weak		弱			2
		medium		中			3
		strong		强			4
		very strong		极强			5
19.	(*)	QN	VG	(+)	(c)		
		Flower：conspicuousness of veins		花：脉明显程度			
		absent or very weak		无或极弱			1
		weak		弱			3
		medium		中			5
		strong		强			7
		very strong		极强			9
20.		PQ	VG	(+)	(c)		
		Flower：color of veins		花：脉颜色			
		white		白色			1
		greenish		泛绿色			2
		yellow		黄色			3
		pink		粉色			4
		red		红色			5
		purple		紫色			6
		violet		紫罗兰色			7
		black		黑色			8
21.	(*)	PQ	VG		(b)(c)		
		Flower：main color		花：主色			
		RHS Colour Chart（indicate reference number）		RHS 比色卡（注明参考色号）			
22.	(*)	PQ	VG	(+)	(b)(c)		
		Flower：secondary color		花：次色			
		RHS Colour Chart（indicate reference number）		RHS 比色卡（注明参考色号）			
23.	(*)	PQ	VG	(+)	(b)(c)		
		Flower：distribution of secondary color		花：次色分布			
		at transition to corolla tube		过渡至花冠筒			1

性状编号	星号性状	英文		中文		标准品种	代码
23.	（＊）	along mid-veins of corolla lobes		沿花冠裂片中脉			2
		along the fused parts of the corolla lobes		沿花冠裂片连接位置			3
		at margin of corolla		在花冠边缘			4
		irregular		不规则			5
24.		QN	VG	（＋）	（b）（c）		
		Flower：area of secondary color		花：次色面积			
		small		小			1
		medium		中			2
		large		大			3
25.		QN	VG	（＋）			
		Plant：number of flowers with different size of area of secondary color		植株：次色面积大小不同的花的数量			
		absent or few		无或少			1
		medium		中			2
		many		多			3
26.		PQ	VG	（＋）	（c）		
		Flower：tertiary color		花：第三种颜色			
		RHS Colour Chart（indicate reference number）		RHS 比色卡（注明参考色号）			
27.	（＊）	PQ	VG	（＋）	（b）		
		Young flower：main color		开放初期的花：主色			
		RHS Colour Chart（indicate reference number）		RHS 比色卡（注明参考色号）			
28.		PQ	VG	（＋）	（b）		
		Aged flower：main color		开放后期的花：主色			
		RHS Colour Chart（indicate reference number）		RHS 比色卡（注明参考色号）			
29.		PQ	VG	（＋）	（c）		
		Corolla lobe：shape of apex		花冠裂片：先端形状			
		acute		锐尖			1
		cuspidate		骤尖			2
		rounded		圆形			3
		truncate		平截			4
		emarginate		微缺			5
30.		QN	MG/MS/VG	（＋）			
		Only varieties with Flower：type：single：Corolla tube：width		花冠筒：宽度（仅适用于单瓣花品种）			
		very narrow		极窄			1
		narrow		窄			2
		medium		中			3
		broad		宽			4
		very broad		极宽			5
31.		PQ	VG	（＋）	（b）		
		Corolla tube：main color of inner side		花冠筒：内表面主色			
		RHS Colour Chart（indicate reference number）		RHS 比色卡（注明参考色号）			

续表

性状编号	星号性状	英文		中文		标准品种	代码
32.	QN	VG		(+)			
		Corolla tube: conspicuousness of veins on inner side		花冠筒：内表面脉明显程度			
		absent or very weak		无或极弱			1
		weak		弱			3
		medium		中			5
		strong		强			7
		very strong		极强			9
33.	(*)	PQ	VG	(+)	(b)		
		Corolla tube: main color of outer side		花冠筒：外表面主色			
		RHS Colour Chart (indicate reference number)		RHS 比色卡（注明参考色号）			
34.	(*)	PQ	VG				
		Only varieties with Flower: type: single: Anther: color of pollen		花药：花粉颜色（仅适用于单瓣花品种）			
		whitish		泛白色			1
		yellow		黄色			2
		pink		粉色			3
		light blue		浅蓝色			4
		blueish violet		泛蓝紫罗兰色			5

8　性状表解释

8.1　对多个性状的解释

除非另有说明，所有的观测应在盛花期进行。

包含以下标注的性状应根据其指示进行观测。

（a）应观测茎中间 1/3 部分着生的叶片的上表面。

（b）主色指覆盖面积最大的颜色（不包括脉）。对于主色和次色面积相近而难以确定何种颜色面积较大的情形，将较深的颜色确定为主色。

（c）应在发育完全的花褪色前观测其花冠裂片的内表面。对于重瓣花品种，应观测其外轮花冠裂片。

8.2　对单个性状的解释

性状 1：植株生长习性

可将矮牵牛种植于地上或花盆中。当种植于花盆中时，生长习性的代码 3 会比平展更下弯。

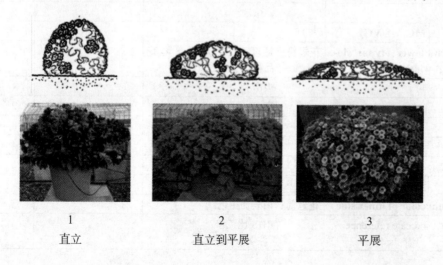

1	2	3
直立	直立到平展	平展

性状 2：植株高度

株高应测量从地面到植株最高点的高度。该性状应在测试即将结束时测量。

性状 3：枝条长度

枝条长度应测量最长的枝条，从地面测量到枝条末端。该性状应在测试即将结束时测量。

性状 4：叶长度

叶长应包括叶柄长度。

长度

性状 6：叶形状

  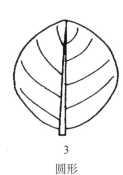  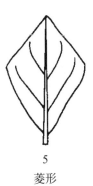

1	2	3	4	5
卵圆形	椭圆形	圆形	倒卵圆形	菱形

性状 7：叶先端形状

1	2	3	4
渐尖	锐尖	钝尖	圆形

性状 8：叶斑

1	9
无	有

性状 10：花梗长度

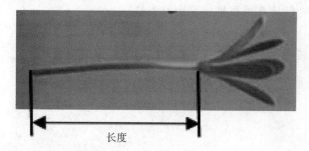

长度

性状 11：花梗花青苷显色
应在花梗顶部 1/3 部分观测花青苷显色。

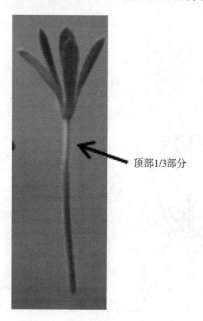

顶部1/3部分

性状 12：花萼裂片长度
应观测最宽的花萼裂片。

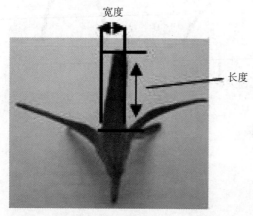

宽度

长度

性状 13：花萼裂片宽度
见性状 12。

性状 14：花类型
花冠多于 1 轮的为重瓣花。

1	2
单瓣	重瓣

性状 15：花重瓣密度（仅适用于重瓣花品种）

1	2	3
疏	中	密

性状 16：花宽度
应观测花最宽处的位置。

宽度

性状 17：花裂缺程度

1	2	3	4
无或极弱	弱	中	强

性状18：花边缘波状程度

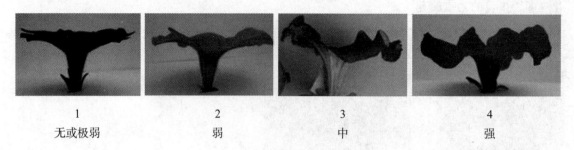

1	2	3	4
无或极弱	弱	中	强

性状19：花脉明显程度

脉明显程度取决于颜色对比和显色脉的数量。

1	3	5	7	9
无或极弱	弱	中	强	极强

性状20：花脉颜色

脉的颜色只能当脉明显程度（性状19）至少为弱（代码3）时才能观测。

性状22：花次色

次色是除脉外覆盖面积第二大的颜色。对于主色和次色面积相近而难以确定何种颜色面积较大的情形，将较浅的颜色确定为次色。对于次色和第三颜色面积相近而难以确定何种颜色面积较大的情形，将较深的颜色确定为次色。

性状23：花次色分布

具有一种以上颜色的矮牵牛品种和环境条件具有较强的交互作用。由于每一朵花蕾发育的特定时期的条件不同，同一植株的不同花的次色分布可能有差异。因此，次色分布应观测分布方式占主要比例的花。

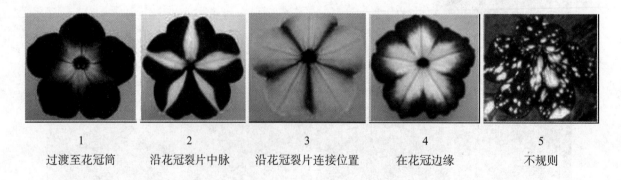

1	2	3	4	5
过渡至花冠筒	沿花冠裂片中脉	沿花冠裂片连接位置	在花冠边缘	不规则

性状 24：次色面积

当分布在花冠
筒过渡区域

     1   2   3
     小   中   大

当沿花冠裂片
中脉分布

     1   2   3
     小   中   大

当沿花冠裂片
合生部分分布

     1   2   3
     小   中   大

当沿花冠边缘
分布

     1   2   3
     小   中   大

性状 25：次色面积大小不同的花的数量
应观测完全发育的花。

| 1 | 3 |
| 无或少 | 多 |

性状 26：花第三种颜色
第三种颜色是除脉外覆盖面积第三大的颜色。对于次色和第三种颜色面积相近而难以确定何种颜色面积较大的情形，将较浅的颜色确定为第三种颜色。

性状 27：开放初期的花主色
应观测刚刚开放的花的花冠裂片内表面。对于重瓣花品种，应观测最外轮花冠。

性状 28：开放后期的花主色
应观测刚刚开始褪色的花的花冠裂片内表面。对于重瓣花品种，应观测最外轮花冠。

性状 29：花冠裂片先端形状

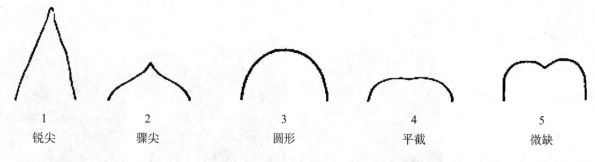

| 1 | 2 | 3 | 4 | 5 |
| 锐尖 | 骤尖 | 圆形 | 平截 | 微缺 |

性状 30：花冠筒宽度（仅适用于单瓣花品种）

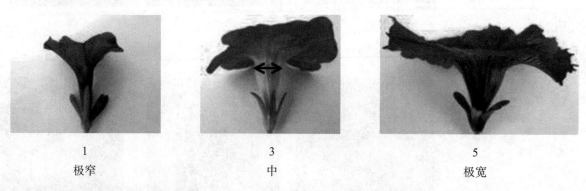

| 1 | 3 | 5 |
| 极窄 | 中 | 极宽 |

性状 31：花冠筒内表面主色
应在花冠筒中部位置观测其主色。

性状 32：花冠筒内表面脉明显程度

脉明显程度取决于颜色对比和显色脉的数量。

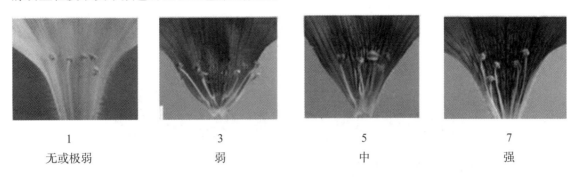

1	3	5	7
无或极弱	弱	中	强

性状 33：花冠筒外表面主色

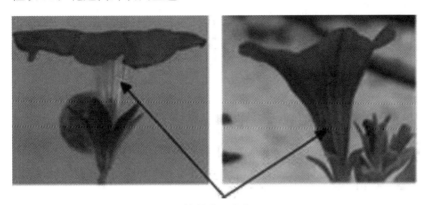

花冠筒外表面主色

TG/213/2 Rev. Corr.
原文：英文
日期：2013-03-20，
2019-10-29，
2020-11-17

国际植物新品种保护联盟
植物品种特异性、一致性和稳定性
测试指南

蝴蝶兰属

UPOV 代码：PHALE

（ *Phalaenopsis* Blume ）

互用名称 *

植物学名称	英文	法文	德文	西班牙文
Phalaenopsis Blume	Moth Orchid	Orchidée papillon	Phalaenopsis, Schmetterlingsorchidee	Phalaenopsis, Orquídea Mariposa

---

* 这些名称在指南开始使用时是正确的，但随后可能会修改更新。读者可登录 UPOV 网站（www.upov.int），获取最新资料。

1 指南适用范围

本指南适用于蝴蝶兰属（*Phalaenopsis* Blume）的所有品种。

2 繁殖材料要求

2.1 待测品种繁殖材料的数量和质量要求以及提交的时间和地点由主管机构决定。申请人从测试所在国境外提交繁殖材料的，还应符合海关规定并满足相关植物检疫的要求。

2.2 繁殖材料以没有开花且带芽的植株形式提交。

2.3 申请人提交繁殖材料的最小数量为 9 个植株。

2.4 提供的繁殖材料应外观健康有活力，未受到任何严重病虫害的影响。

2.5 提交的繁殖材料不得进行任何可能影响品种性状表达的处理，除非主管机构允许或要求进行这种处理。如果材料已经处理，必须提供相关处理的详细情况。

3 测试方法

3.1 测试周期

测试的最少周期数量通常为 1 个生长周期。

3.2 测试地点

测试通常在 1 个地点进行。在 1 个以上地点进行测试时，TGP/9《特异性测试》提供了有关指导。

3.3 测试条件

3.3.1 测试的条件应能满足品种正常生长的需要，以确保品种相关性状充分表达和测试的顺利开展。

3.3.2 由于日光变化的原因，在利用比色卡确定颜色时应在一个合适的由人工光源照明的小室或中午无阳光直射的房间里进行。人工光源的光谱分布应符合 CIE "理想日光标准 D6500"，且在《英国标准950：第 1 部分》规定的允许范围内。在鉴定颜色时，应将植株部位置于白色背景前。

3.4 试验设计

3.4.1 每个试验应保证至少有 9 个植株。

3.4.2 试验设计应保证因测量或计数等需要，从小区取走部分植株或植株部位后，不影响生长周期结束前的所有观测。

3.5 附加测试

为测试有关性状，可以进行附加测试。

4 特异性、一致性和稳定性评价

4.1 特异性

4.1.1 一般建议

对于本指南的使用者而言，在判定特异性前参照总则特异性判定的一般原则十分重要。但为进一步说明和强调特异性判定，本指南特列出特异性判定的要点。

4.1.2 一致的差异

当观测到的品种之间的差异非常明显时，则没有必要种植 1 个以上生长周期。此外，在某些情况下，环境的影响并不意味着需要 1 个以上的生长周期来保证品种间观察到的差异是足够一致的。为确保在种植试验中所观测到的性状差异是足够一致的，可以对性状进行至少 2 个独立生长周期的测试。

4.1.3　明显的差异

两个品种间的差异是否明显取决于很多因素，特别应考虑所测性状的表达类型，即该性状是质量性状、数量性状还是假质量性状。因此，在作出关于特异性的判定前，本测试指南的使用者应熟悉总则中的建议。

4.1.4　植株 / 植株部位的观测数量

除非另有说明，在判定特异性时，对于单株的观测，应观测 8 个植株或分别从 8 个植株取下的植株部位；对于其他观测，应观测试验中的所有植株。观测时应将异型株排除在外。

4.1.5　观测方法

特异性测试性状的推荐方法在下面的性状表中说明（见文件 TGP/9《特异性测试》第 4 部分"性状观测"）。

MG：对一批植株或植株部位进行单次测量。

MS：对一定数量的植株或植株部位进行逐一测量。

VG：对一批植株或植株部位进行单次目测。

VS：对一定数量的植株或植株部位进行逐一目测。

观测类型：目测（V）和测量（M）。

目测（V）是基于专家经验的一种测试类型。在本文件中，"目测"是指专家的感官观察，因此也包括嗅觉、味觉和触觉。目测包括专家使用参照物（如图片、标准品种、肩并肩比较等）或非线性图表（如比色卡等）的观察。测量（M）是对校准线性标尺的客观观察，例如使用尺子、天平、色度计、日期、计数等。

记录类型：群体（G）或个体（S）。

特异性测试中，测试结果可记录成群体（G）或个体（S）。在大部分情况中，群体（G）只记录一个数据，因此不能也没必要应用统计分析的方法对于单个植株进行特异性判定。

如果性状表中规定了一种以上观察特性的方法（如 VG/MG），则按照文件 TGP/9《特异性测试》4.2 部分选择适当方法。

4.2　一致性

4.2.1　对于本指南的使用者而言，在判定一致性前参照总则一致性判定的一般原则十分重要。但为进一步说明和强调一致性判定，本指南特列出一致性判定的要点。

4.2.2　评价自交系和单交种的一致性时，应采用 3% 的群体标准和至少 95% 的接受概率。当样本量为 9 个时，允许有 1 个异型株。

4.3　稳定性

4.3.1　在实际操作中，通常不像测试特异性和一致性那样对稳定性进行测试以得到明确结果。经验表明，对许多类型的品种来说，当一个品种表现一致时，可认为其是稳定的。

4.3.2　适当情况下或有疑问时，植株的稳定性可以采用如下方法测试：测试一批新植株，看其性状表现是否与之前提交的材料表现相同。

5　品种分组和试验组织

5.1　使用分组性状可以帮助选择与申请品种一起进行田间种植试验的已知品种，以及对这些品种进行合适分组以便进行特异性评价。

5.2　分组性状表达状态的数据即使来自不同地点，也可以单独或与其他此类性状联合使用。

（a）用于特异性测试中筛选排除那些不需要安排在种植试验中的已知品种。

（b）用于组织安排种植试验，使近似品种种植在一起。

5.3　以下性状已被确认为有用的分组性状。

（a）植株：高度（性状 1）。

（b）叶：彩斑（性状 10）。

（c）叶：上表面斑点（性状 11）。

（d）花：正面宽度（性状 22）。

（e）花瓣：上表面底色（性状 58），有如下分组。

第一组：白色。

第二组：黄色。

第三组：绿色。

第四组：橙色。

第五组：红色。

第六组：紫罗兰色。

第七组：紫红色。

第八组：紫色。

第九组：棕色。

（f）花瓣：盖色（如果存在）（性状 59），有如下分组。

第一组：黄色。

第二组：绿色。

第二组：橙色。

第四组：红色。

第五组：紫罗兰色。

第六组：紫红色。

第七组：紫色。

第八组：棕色。

（g）花瓣：斑点数量（性状 61）。

（h）花瓣：条纹数量（性状 64）。

（i）花瓣：网纹密度（性状 66）。

5.4　总则和 TGP/9《特异性测试》中提供了在特异性审查过程中使用分组性状的指导。

6　性状表介绍

6.1　性状类型
6.1.1　标准指南性状

标准指南性状是 UPOV 已同意用于 DUS 审查的性状，UPOV 成员可以从中选择与其特定环境相适应的性状。

6.1.2　星号性状

星号性状（用"*"标记）是测试指南中对于形成国际统一的品种描述十分重要的性状，所有 UPOV 成员都应将其用于 DUS 测试并包含在品种描述中，除非前序性状的表达或区域环境条件所限使其无法测试。

6.2　表达状态及相应代码

6.2.1　为定义性状和统一描述，将每个性状划分为一系列表达状态。每个表达状态赋予一个相应的数字代码，以便于数据记录，以及品种性状描述的建立和交流。

6.2.2　对于质量性状和假质量性状（6.3），性状表中列出了所有表达状态。但对于有 5 个或 5 个以上表达状态的数量性状，可以采用缩略尺度的方法，以缩短性状表格。例如，对于有 9 个表达状态的数量性状，在测试指南的性状表中可采用以下缩略形式。

表达状态	代码
小	3
中	5
大	7

应该指出的是，以下9个表达状态都是存在的，应采用适宜的表达状态用于品种的描述。

表达状态	代码
极小	1
极小到小	2
小	3
小到中	4
中	5
中到大	6
大	7
大到极大	8
极大	9

6.2.3　TGP/7《测试指南的研制》中提供了表达状态和代码的更详尽的介绍。

6.3　表达类型

总则中对性状表达类型（质量性状、数量性状和假质量性状）进行了解释。

6.4　标准品种

适当时，测试指南中提供了标准品种用于校正性状的表达状态。

6.5　注释

（*）星号性状（6.1.2）。

QL：质量性状（6.3）。

QN：数量性状（6.3）。

PQ：假质量性状（6.3）。

MG、MS、VG、VS：观测方法（4.1.5）。

（a）～（c）性状表解释（8.1）。

（+）性状表解释（8.2）。

7　性状表

性状编号	观测方法	英文		中文	标准品种	代码
1. （*） （+） QN	**VG/ MS** （a）	**Plant：length**	**植株：长度**			
		short	短		Phalboezeq	3
		medium	中		Phalpnizok，Red Eye	5
		long	长		Figaro，Puccini	7
2. （*） QN	**VG/ MS** （a）	**Plant：number of inflorescences**	**植株：花序数量**			
		only one	1个		T-Rex	1
		one or two	1～2个			2
		only two	2个		Mathilde	3
		two or three	2～3个			4
		only three	3个		SIO0020	5
		more than three	超过3个		Phalbuwak	6

性状编号	观测方法	英文	中文	标准品种	代码
3. QN	VG/ MS (a) (b)	Leaf: length	叶: 长度		
		short	短	Phalbexi，SOGO F1384，Taida Black Leopard	3
		medium	中	Puccini，Zhen Yu 5707	5
		long	长	Corneille	7
4. QN	VG/ MS (a) (b)	Leaf: width	叶: 宽度		
		narrow	窄	SOGO Fairyland	3
		medium	中	Mrs Brown，SOGO F-1442	5
		broad	宽	Moonwalker	7
5. (+) QN	VG (a) (b)	Leaf: shape	叶: 形状		
		slightly elongated	稍细长	SOGO F2006	1
		moderately elongated	中等细长	Phalmache	2
		very elongated	极细长		3
6. (+) QN	VG/ MS (a) (b)	Leaf: position of broadest part	叶: 最宽处位置		
		towards base	近基部		1
		at middle	中部	Aïda	2
		towards apex	近先端	Lollypop，Trivium	3
7. (+) PQ	VG (a) (b)	Leaf: shape of apex	叶: 先端形状		
		acute	锐尖	SOGO Fairyland，SOGO F-1016	1
		obtuse	钝尖	An Ching Green Apple，Mrs Brown，	2
		emarginate	微缺	Fire Fox，Happy Sheena Kirara'	3
8. QN	VG/ MS (a) (b)	Leaf: symmetry of apex	叶: 先端对称性		
		symmetric or slightly asymmetric	对称或稍不对称	Symphony	1
		moderately asymmetric	中等不对称	SOGO Fairyland，SOGO F-688	2
		strongly asymmetric	极不对称		3
9. QN	VG/ MS (a) (b)	Leaf: attitude	叶: 姿态		
		semi-erect	半直立	Phalbnizok，SOGO Yukidan,v3'	3
		horizontal	水平	Pink Butterfly，Symphony	5
		semi-drooping	半下弯	Moonwalker，N16'，Tai Lin Lady	7
10. (*) QL	VG (a) (b)	Leaf: variegation	叶: 彩斑		
		absent	无	Symphony	1
		present	有	SOGO F2806	9
11. (*) QL	VG (a) (b)	Leaf: spots on upper side	叶: 上表面斑点		
		absent	无	SOGO Fairyland，Sunrise Beautiful Girl	1
		present	有	Phalnasxu，SOGO F-1320	9
12. (+) PQ	VG (a) (b)	Leaf: main color of upper side	叶: 上表面主色		
		yellowish green	泛黄绿色	Phalapek	1
		light green	浅绿色	King Car Hebe，Vivaldi	2
		medium green	中等绿色	Symphony，Torce N92	3
		dark green	深绿色	Puccini	4
13. QN	VG/ MS (a) (b)	Leaf: anthocyanin coloration of upper side	叶: 上表面花青苷显色		
		absent or very weak	无或极弱	Mrs Brown	1
		weak	弱	Phalcoqeo	3
		medium	中	Memories	5
		strong	强	Phalaguc	7
		very strong	极强		9

性状编号	观测方法	英文	中文	标准品种	代码
14. （*） （+） QL	VG （a）	**Inflorescence：type**	*花序：类型*		
		single flowered	单生花		1
		raceme	总状花序	Puccini	2
		panicle	圆锥花序	SOGO Fairyland	3
15. （+） QN	VG/ MS （a）	**Inflorescence： length of flowering part**	*花序：开花部分长度*		
		short	短	Mrs Brown	3
		medium	中	Puccini	5
		long	长	Pinnacle	7
16. QN	VG/ MS （a）	**Excluding varieties with inflorescence type： single flowered： Inflorescence： number of flowers**	*花序：花数量（不包含单花类型品种）*		
		few	少	Puccini	3
		medium	中	Alabaster	5
		many	多	SOGO Fairyland	7
17. QN	VG/ MS （a）	**Peduncle： length**	*花序梗：长度*		
		short	短	SOGO F1567	3
		medium	中	Phaltulen， SOGO F-2451	5
		long	长	Puccini	7
18. （+） QN	VG/ MS （a）	**Peduncle： thickness**	*花序梗：粗度*		
		thin	细	Phaladadel	1
		medium	中	Moonwalker	2
		thick	粗	Queen of Hearts	3
19. QN	VG （a）	**Peduncle： anthocyanin coloration**	*花序梗：花青苷显色强度*		
		absent or weak	无或弱	Phaltulen	1
		medium	中		3
		strong	强	Mrs Brown	5
20. （+） PQ	VG （c）	**Flower： shape in lateral view**	*花：侧面形状*		
		concave	凹	SOGO Fairyland	1
		flat	平	Phalboezeq	2
		convex	凸	Mrs Brown	3
21. （*） （+） QN	VG/ MS （c）	**Flower： length in front view**	*花：正面长度*		
		very short	极短		1
		short	短	Mrs. Brown	3
		medium	中	Phaladadel	5
		long	长	Phalbobol	7
		very long	极长	Cygnus Renaissance	9
22. （*） （+） QN	VG/ MS （c）	**Flower： width in front view**	*花：正面宽度*		
		very narrow	极窄		1
		narrow	窄	Mrs Brown	3
		medium	中	Beauty Sheena Rin Rin	5
		broad	宽	Phaladadel	7
		very broad	极宽	Cygnus Renaissance	9
23. （+） QN	VG/ MS （c）	**Flower： arrangement of petals**	*花：花瓣的排列方式*		
		free	分离	Fire Fox， SOGO Fairyland	1
		touching	相接	Paloma	2
		overlapping	重叠	Halcyon， Tai Lin Lady ,N16'	3

性状编号	观测方法	英文	中文	标准品种	代码
24. QN	VG/ MS (c)	Flower：fragrance	花：香味		
		absent or weak	无或淡	Lih Jiang Diamond, SOGO Fairyland	1
		moderate	中		2
		strong	浓	Sun Passat	3
25. QN	VG/ MS (c)	Dorsal sepal：length	中萼片：长度		
		short	短	Green Star	3
		medium	中	Ever Spring Prince ,75', Phaladadel	5
		long	长	Hawaiien Dream, Torce N92	7
26. QN	VG/ MS (c)	Dorsal sepal：width	中萼片：宽度		
		narrow	窄	Green Star	3
		medium	中	Happy Days, SOGO F-977	5
		broad	宽	Paloma, Red Rose	7
27. QN	VG (c)	Dorsal sepal：shape	中萼片：形状		
		moderately compressed	中等扁长	Starbust	3
		medium	中等	Taisuco Anna	5
		moderately elongated	中等细长	Phalciny	7
28. QN	VG/ MS (c)	Dorsal sepal：position of broadest part	中萼片：最宽部位置		
		towards base	近基部	Heavenly	1
		at middle	中部	Phalbipxip	2
		towards apex	近先端	Santa Clara	3
29. (+) QN	VG/ MS (c)	Dorsal sepal：curvature of longitudinal axis	中萼片：纵切面弯曲		
		incurving	内弯	Cuckoo, SOGO F-1016	1
		straight	直立	Mrs Brown, SOGO F-728	2
		recurving	外弯	Paloma, Red Rose	3
30. (+) QN	VG/ MS (c)	Dorsal sepal：shape in cross section	中萼片：横切面形状		
		concave	凹	SOGO Fairyland, SOGO F-1016	1
		straight	平	Hawaiien Dream, SOGO F-728	2
		convex	凸	Moonwalker, Red Rose	3
31. QL	VG (c)	Dorsal sepal：twisting	中萼片：扭曲		
		absent	无	Red Pearl, SOGO Fairyland	1
		present	有		9
32. QN	VG/ MS (c)	Dorsal sepal：undulation of margin	中萼片：边缘波状程度		
		absent or weak	无或弱	Color Butterfly, Phaladadel	1
		moderate	中	Miss Saigon	2
		strong	强		3
33. (*) (+) PQ	VG (c)	Dorsal sepal：ground color of upper side	中萼片：上表面底色		
		RHS Colour Chart（indicate reference number）	RHS 比色卡（注明参考色号）		
34. (*) (+) PQ	VG (c)	Dorsal sepal：over color（if present）	中萼片：盖色（如果有）		
		RHS Colour Chart（indicate reference number）	RHS 比色卡（注明参考色号）		

性状编号	观测方法	英文	中文	标准品种	代码
35. (*) QN	VG/ MS (c)	**Dorsal sepal: number of spots**	中萼片：斑点数量		
		none	无	Florina	1
		few	少	Paraheet	3
		medium	中	Pebble Beach	5
		many	多	PROV503GF	7
36. QN	VG/ MS (c)	**Dorsal sepal: size of spots**	中萼片：斑点大小		
		small	小	Phalelbe	3
		medium	中	Victory Song	5
		large	大	Troubadour	7
37. PQ	VG (c)	**Dorsal sepal: color of spots**	中萼片：斑点颜色		
		RHS Colour Chart（indicate reference number）	RHS 比色卡（注明参考色号）		
38. (*) QN	VG/ MS (c)	**Dorsal sepal: number of stripes**	中萼片：条纹数量		
		none	无	Florina	1
		few	少		3
		medium	中	Phalopixo	5
		many	多	Taida Little Zebra	7
39. PQ	VG (c)	**Dorsal sepal: color of stripes**	中萼片：条纹颜色		
		RHS Colour Chart（indicate reference number）	RHS 比色卡（注明参考色号）		
40. (*) QN	VG/ MS (c)	**Dorsal sepal: density of netting**	中萼片：网纹密度		
		none	无	Florina	1
		low	低	Vallier	3
		medium	中	Phalpnizok	5
		high	高	Happy Days	7
41. PQ	VG (c)	**Dorsal sepal: color of netting**	中萼片：网纹颜色		
		RHS Colour Chart（indicate reference number）	RHS 比色卡（注明参考色号）		
42. (+) PQ	VG (c)	**Lateral sepal: ground color of upper side**	侧萼片：上表面底色		
		RHS Colour Chart（indicate reference number）	RHS 比色卡（注明参考色号）		
43. (+) PQ	VG (c)	**Lateral sepal: over color（if present）**	侧萼片：盖色（如果有）		
		RHS Colour Chart（indicate reference number）	RHS 比色卡（注明参考色号）		
44. QN	VG/ MS (c)	**Lateral sepal: number of spots**	侧萼片：斑点数量		
		none	无	Florina	1
		few	少	Pacific Point	3
		medium	中	Feeling Groovy	5
		many	多	Phalborbol	7
45. PQ	VG (c)	**Lateral sepal: color of spots**	侧萼片：斑点颜色		
		RHS Colour Chart（indicate reference number）	RHS 比色卡（注明参考色号）		
46. QN	VG/ MS (c)	**Lateral sepal: number of stripes**	侧萼片：条纹数量		
		none	无	Florina	1
		few	少	Phalbembu	3
		medium	中	Phalalodu	5
		many	多	Taida Little Zebra	7

性状编号	观测方法	英文	中文	标准品种	代码
47. PQ	VG (c)	Lateral sepal: color of stripes	侧萼片：条纹颜色		
		RHS Colour Chart（indicate reference number）	RHS 比色卡（注明参考色号）		
48. QN	VG/ MS (c)	Lateral sepal: density of netting	侧萼片：网纹密度		
		none	无	Florina	1
		low	低		3
		medium	中	122530	5
		high	高	SIO0021	7
49. PQ	VG (c)	Lateral sepal: color of netting	侧萼片：网纹颜色		
		RHS Colour Chart（indicate reference number）	RHS 比色卡（注明参考色号）		
50. (*) QN	VG/ MS (c)	Petal: length	花瓣：长度		
		short	短	Color Butterfly, SOGO Fairyland	3
		medium	中	Phaladadel	5
		long	长	Paloma	7
51. (*) QN	VG/ MS (c)	Petal: width	花瓣：宽度		
		narrow	窄	Mrs Brown, SOGO F-2451	3
		medium	中	Puccini, SOGO F-982	5
		broad	宽	Paloma	7
52. QN	VG (c)	Petal: shape	花瓣：形状		
		moderately compressed	中等扁长	Asian Queen	3
		medium	中等	Phalucops	5
		moderately elongated	中等细长	Phaljelow	7
53. (*) QN	VG/ MS (b)	Petal: position of broadest part	花瓣：最宽处位置		
		towards base	近基部	Phalcamyl	1
		at middle	中部	Phalnasxu	2
		towards apex	近先端	Aïda	3
54. (+) QN	VG/ MS (c)	Petal: curvature of longitudinal axis	花瓣：纵切面弯曲		
		incurving	内弯	SOGO Fairyland, SOGO F-1016	1
		straight	直立	Mrs Brown, SOGO F-2451	2
		recurving	外弯	Sun Passat	3
55. (+) QN	VG/ MS (c)	Petal: shape in cross section	花瓣：横切面形状		
		concave	凹	Figaro, SOGO F-1016	1
		straight	平	Green Star, SOGO F-2451	2
		convex	凸	Puccini	3
56. QL	VG (c)	Petal: twisting	花瓣：扭曲		
		absent	无	Mrs Brown	1
		present	有		9
57. QN	VG/ MS (c)	Petal: undulation of margin	花瓣：边缘波状程度		
		absent or weak	无或弱	Phaladadel, SOGO F-1320	1
		moderate	中	Puccini	2
		strong	强		3
58. (*) (+) PQ	VG (c)	Petal: ground color of upper side	花瓣：上表面底色		
		RHS Colour Chart（indicate reference number）	RHS 比色卡（注明参考色号）		

性状编号	观测方法	英文	中文	标准品种	代码
59. (*) (+) PQ	VG (c)	**Petal：over color（if present）**	花瓣：盖色（如果有）		
		RHS Colour Chart（indicate reference number）	RHS 比色卡（注明参考色号）		
60. (+) QN	VG/ MS (c)	**Petal：area of over color**	花瓣：盖色面积		
		small	小	Fushengs Glad Lip Tenshi No Hoho	3
		medium	中	Phalbiqam	5
		large	大	Pink Honeysplash	7
61. (*) QN	VG/ MS (c)	**Petal：number of spots**	花瓣：斑点数量		
		none	无	Florina	1
		few	少	P 132	3
		medium	中		5
		many	多	Phalborudo	7
62. QN	VG/ MS (c)	**Petal：size of spots**	花瓣：斑点大小		
		small	小		3
		medium	中	Phaloqzu	5
		large	大	Troubadour	7
63. PQ	VG (c)	**Petal：color of spots**	花瓣：斑点颜色		
		RHS Colour Chart（indicate reference number）	RHS 比色卡（注明参考色号）		
64. (*) QN	VG/ MS (c)	**Petal：number of stripes**	花瓣：条纹数量		
		none	无	Florina	1
		few	少		3
		medium	中	Phaljelow	5
		many	多	Firelight	7
65. PQ	VG (c)	**Petal：color of stripes**	花瓣：条纹颜色		
		RHS Colour Chart（indicate reference number）	RHS 比色卡（注明参考色号）		
66. (*) QN	VG/ MS (c)	**Petal：density of netting**	花瓣：网纹密度		
		none	无	Florina	1
		low	低	Vallier	3
		medium	中	Phalpnizok	5
		high	高	Happy Days	7
67. PQ	VG (c)	**Petal：color of netting**	花瓣：网纹颜色		
		RHS Colour Chart（indicate reference number）	RHS 比色卡（注明参考色号）		
68. (*) (+) QN	VG (c)	**Lip：fusion of lateral lobes with apical lobe**	唇瓣：中裂片和侧裂片的融合		
		none	无	Phalorek	1
		slightly fused	轻微融合		2
		moderately fused	中等融合	FL106P02	3
		strongly fused	强烈融合		4
		completely fused	完全融合	Yu Pin Fire Works	5
69. QN	VG/ MS (c)	**Lip：length of apical lobe**	唇瓣：中裂片长度		
		short	短	Mrs Brown	3
		medium	中	Puccini，Red Rose	5
		long	长		7

性状编号	观测方法	英文	中文	标准品种	代码
70. QN	VG/ MS （c）	Lip：width of apical lobe	唇瓣：中裂片宽度		
		narrow	窄	Moonwalker	3
		medium	中	Miss Saigon	5
		broad	宽	Phalmomen	7
71. （+） PQ	VG （c）	Lip：shape of apical lobe	唇瓣：中裂片形状		
		triangular	三角形	Paloma	1
		ovate	卵圆形	Puccini	2
		trullate	镘形		3
		elliptic	椭圆形		4
		rhombic	菱形	Green Star	5
		circular	圆形	Phalnasxu	6
		obovate	倒卵圆形	Nobby's Amy	7
		obtrullate	倒镘形	SOGO F-2451，Symphony	8
		obtriangular	倒三角形	Hacyon	9
72. （*） （+） QN	VG （c）	**Only varieties with Lip：fusion of lateral lobes with apical lobe：strongly or completely fused：Lip：extension of fused lobes**	唇瓣：融合裂片延长（仅适用于侧裂片和中裂片强烈和完全相融的品种）		
		absent or weak	无或弱	Yu Pin Fire Works	1
		moderate	中	FL106Y01	2
		strong	强	Yu Pin Eastern Island	3
73. （*） QL	VG （c）	Lip：whiskers	唇瓣：卷须		
		absent	无	Moonwalker，SOGO F-1016	1
		present	有	Phalmomen	9
74. QN	VG/ MS （c）	Lip：length of whiskers	唇瓣：卷须长度		
		short	短	Green Star，SOGO F-982	3
		medium	中	Cuckoo，SOGO F-1302	5
		long	长	Jiang Firebird，Snow Tiger	7
75. （+） QN	VG/ MS （c）	Lip：bump and ridge on apical lobe	唇瓣：中裂片的脊和突起		
		absent or small	无或小	SOGO F1567，Torce N92	1
		medium	中		2
		large	大	Mrs Brown，SOGO F-1016	3
76. （+） PQ	VG （c）	Lip：shape of lateral lobe	唇瓣：侧裂片形状		
		type Ⅰ	Ⅰ型	SOGO F-728	1
		type Ⅱ	Ⅱ型	Amy Lee，LKV13509	2
		type Ⅲ	Ⅲ型	Golden Jaquar	3
		type Ⅳ	Ⅳ型	Caroline	4
		type Ⅴ	Ⅴ型	SOGO Fairyland，Torce N92	5
77. （+） QN	VG/ MS （c）	Lip：curvature of lateral lobe	唇瓣：侧裂片弯曲程度		
		weak	弱	SOGO Fairyland，SOGO F-1016	1
		medium	中	Beaugard	2
		strong	强	Snow Tiger	3
78. QN	VG/ MS （c）	Lip：size of lateral lobe relative to apical lobe	唇瓣：侧裂片相对于中裂片大小		
		much smaller	极小		1
		smaller	较小	Phaladadel，SOGO F-1016	3

续表

性状编号	观测方法	英文	中文	标准品种	代码
78. QN	VG/ MS （c）	equal	相等	Puccini，SOGO F-1016	5
		larger	较大	Hawaiien Dream，Ruey Hih Beauty	7
		much larger	极大		9
79. （*） （+） PQ	（c）	**Apical lobe：ground color**	**中裂片：底色**		
		RHS Colour Chart（indicate reference number）	RHS 比色卡（注明参考色号）		
80. （+） PQ	VG （c）	**Apical lobe：over color（if present）**	**中裂片：盖色（如果存在）**		
		RHS Colour Chart（indicate reference number）	RHS 比色卡（注明参考色号）		
81. （*） QN	VG/ MS （c）	**Apical lobe：number of spots**	**中裂片：斑点数量**		
		none	无	SIO0037	1
		few	少		2
		medium	中	Margarita	3
		many	多	PROV501GF	4
82. QN	VG/ MS （c）	**Apical lobe：size of spots**	**中裂片：斑点大小**		
		small	小	Phalelbe	3
		medium	中	PROV501GF	5
		large	大		7
83. PQ	VG （c）	**Apical lobe：color of spots**	**中裂片：斑点颜色**		
		RHS Colour Chart（indicate reference number）	RHS 比色卡（注明参考色号）		
84. （*） QN	VG/ MS （c）	**Apical lobe：number of stripes**	**中裂片：条纹数量**		
		none	无	SIO0037	1
		few	少	Taida Little Zebra	2
		medium	中	Phalbipxip	3
		many	多		4
85. PQ	VG （c）	**Apical lobe：color of stripes**	**中裂片：条纹颜色**		
		RHS Colour Chart（indicate reference number）	RHS 比色卡（注明参考色号）		
86. （*） QN	VG/ MS （c）	**Apical lobe：density of netting**	**中裂片：网纹密度**		
		none	无		1
		low	低	Lollypop	2
		medium	中		3
		high	高		4
87. PQ	VG （c）	**Apical lobe：color of netting**	**中裂片：网纹颜色**		
		RHS Colour Chart（indicate reference number）	RHS 比色卡（注明参考色号）		
88. （*） （+） PQ	VG （c）	**Lateral lobe：ground color**	**侧裂片：底色**		
		RHS Colour Chart（indicate reference number）	RHS 比色卡（注明参考色号）		
89. （+） PQ	VG （c）	**Lateral lobe：over color（if present）**	**侧裂片：盖色（如果有）**		
		RHS Colour Chart（indicate reference number）	RHS 比色卡（注明参考色号）		

性状编号	观测方法	英文	中文	标准品种	代码
90. (*) QN	VG/ MS (c)	**Lateral lobe: number of spots**	**侧裂片：斑点数量**		
		none	无	Baby Seal	1
		few	少	Margarita	2
		medium	中	PROV501GF	3
		many	多	Phalborbol	4
91. PQ	VG (c)	**Lateral lobe: color of spots**	**侧裂片：斑点颜色**		
		RHS Colour Chart (indicate reference number)	RHS 比色卡（注明参考色号）		
92. (*) QN	VG/ MS (c)	**Lateral lobe: number of stripes**	**侧裂片：条纹数量**		
		none	无	Good Times	1
		few	少	Sea Breeze	2
		medium	中	Phalbapfoz	3
		many	多		4
93. PQ	VG (c)	**Lateral lobe: color of stripes**	**侧裂片：条纹颜色**		
		RHS Colour Chart (indicate reference number)	RHS 比色卡（注明参考色号）		
94. (*) QN	VG/ MS (c)	**Lateral lobe: density of netting**	**侧裂片：网纹密度**		
		none	无	PROVO005GF	1
		low	低	SOGO F842	2
		medium	中	PROVO002GF	3
		high	高	121821	4
95. PQ	VG (c)	**Lateral lobe: color of netting**	**侧裂片：网纹颜色**		
		RHS Colour Chart (indicate reference number)	RHS 比色卡（注明参考色号）		
96. (+) QN	VG/ MS (c)	**Lip: Kallus**	**唇瓣：肉突**		
		flat or slightly raised	平或稍突起	Stage Girl	1
		moderately raised	中等突起	PROV507GF	2
		strongly raised	强烈突起	Mrs Brown	3
97. PQ	VG/ MS (c)	**Callus: color**	**肉突：颜色**		
		RHS Colour Chart (indicate reference number)	RHS 比色卡（注明参考色号）		
98. QL	VG (c)	**Callus: pubescence**	**肉突：软毛**		
		absent	无	Mrs Brown	1
		present	有	Zuma's Pixie 'Malibu'	9
99. PQ	VG (c)	**Column: color**	**合蕊柱：颜色**		
		RHS Colour Chart (indicate reference number)	RHS 比色卡（注明参考色号）		

8 性状表解释

8.1 对多个性状的解释

性状表第二列包含以下标注的性状应按照下述要求观测。

（a）植株以及茎的观测应该在第一个花序 50% 以上的花开放时进行。

（b）叶的观测应在最大完全展开叶上进行。

（c）花的观测应在一半的花开放时最大完全展开花上进行。

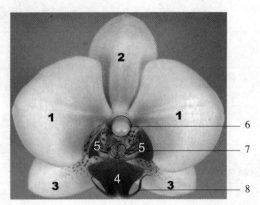

1—花瓣；2—中萼片；3—侧萼片；4—中裂片；5—侧裂片；6—合蕊柱；7—肉突；8—卷须。

8.2 对单个性状的解释

性状 1：植株长度

植株长度的观测应从地面开始至植株的顶端（包含花）。

植株长度

性状 5：叶形状

1	2	3
稍细长	中等细长	极细长

性状 6：叶最宽处位置

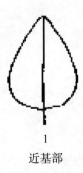 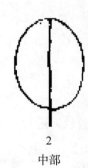 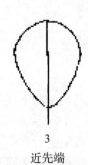

1	2	3
近基部	中部	近先端

性状 7：叶先端形状

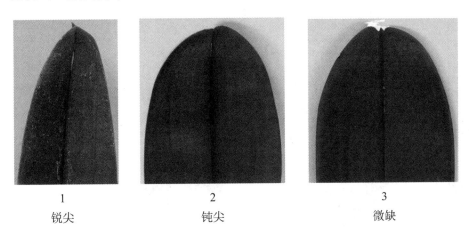

1	2	3
锐尖	钝尖	微缺

性状 12：叶上表面主色

主色是指面积最大的颜色。对于主色和次色面积相近而难以确定何种颜色面积较大的情形，将较深的颜色确定为主色。

性状 14：花序类型

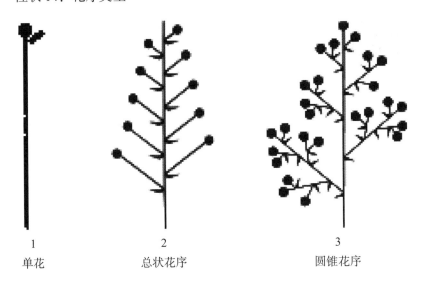

1	2	3
单花	总状花序	圆锥花序

性状 15：花序开花部分长度

—— 花序开花部分长度

性状 18：花序梗粗度

花序梗的粗度的观测应在花序梗下部 1/3 位置的中心位置进行。

性状 20：花侧面形状

　　　　　1　　　　　　　　　　　2　　　　　　　　　　　　3
　　　　　凹　　　　　　　　　　平　　　　　　　　　　　　凸

性状 21：花正面长度
性状 22：花正面宽度

　　　　— 花长度

花宽度

性状 23：花瓣排列方式

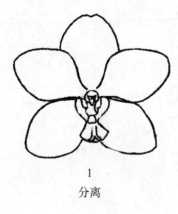 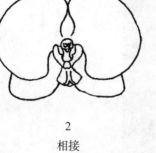 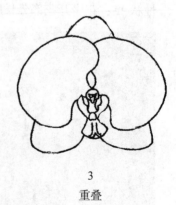

　　　　1　　　　　　　　　　　2　　　　　　　　　　　3
　　　　分离　　　　　　　　　相接　　　　　　　　　重叠

性状 29：中萼片纵切面弯曲

性状 54：花瓣纵切面弯曲

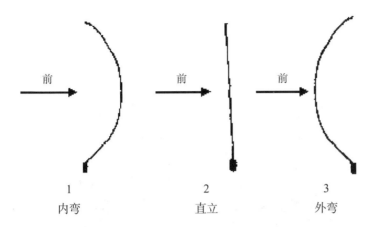

1	2	3
内弯	直立	外弯

性状 30：中萼片横切面形状

性状 55：花瓣横切面形状

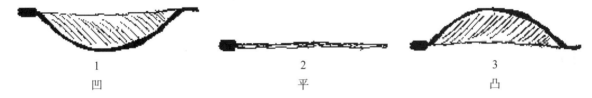

1	2	3
凹	平	凸

性状 33：中萼片上表面底色

性状 42：侧萼片上表面底色

性状 58：花瓣上表面底色

性状 79：中裂片底色

性状 88：侧裂片底色

上表面与下表面颜色相同的颜色为底色，另一种颜色则属于图案。

性状 34：中萼片盖色（如果有）

性状 43：侧萼片盖色（如果有）

性状 59：花瓣盖色（如果有）

性状 80：中裂片盖色（如果有）

性状 89：侧裂片盖色（如果有）

对于植株部位底色上经过一段时间后出现另一种颜色（如晕）的情形，将后出现的颜色视为盖色。盖色不一定总是相关植株部位上面积最小的颜色。

性状 60：花瓣盖色面积

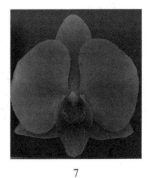

3	5	7
小	中	大

性状 68：唇瓣中裂片和侧裂片的融合

代码 1：无。

代码 2：轻微融合，1/4 部分融合。

代码 3：中等融合，一半融合。

代码 4：强烈融合，3/4 部分融合。

代码 5：完全融合。

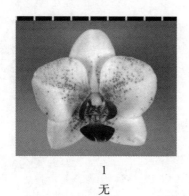

1	3	5
无	中等融合	完全融合

性状 71：唇瓣中裂片的形状

←最宽部位→		
中部以下	中部	中部以上

1 三角形	2 卵圆形	3 馒形	4 椭圆形	5 菱形		7 倒卵圆形	8 倒馒形	9 倒三角形
			6 圆形					

（左侧纵向标注）宽（低）←宽度（长宽比）→窄（高）

性状 72：唇瓣融合裂片延长（仅适用于侧裂片和中裂片强烈和完全相融的品种）

1	2	3
无或弱	中	强

性状 75：唇瓣中裂片脊和突起

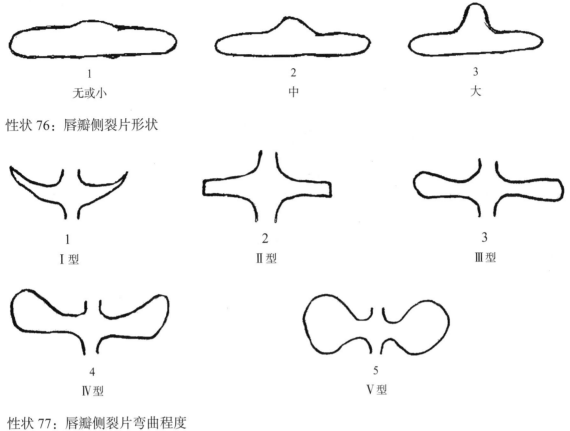

| 1 | 2 | 3 |
| 无或小 | 中 | 大 |

性状 76：唇瓣侧裂片形状

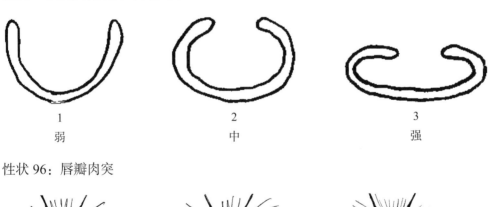

| 1 | 2 | 3 |
| Ⅰ型 | Ⅱ型 | Ⅲ型 |

| 4 | 5 |
| Ⅳ型 | Ⅴ型 |

性状 77：唇瓣侧裂片弯曲程度

| 1 | 2 | 3 |
| 弱 | 中 | 强 |

性状 96：唇瓣肉突

| 1 | 2 | 3 |
| 平或稍突起 | 中等突起 | 强烈突起 |

扫码下载原文

如扫描二维码无法下载指南原文，可能是指南版本有更新，可扫描本书封底二维码查看与本文对应的指南版本

国际植物新品种保护联盟
植物品种特异性、一致性和稳定性
测试指南

长春花

[*Catharanthus roseus*（L.）G. Don]

互用名称 *

植物学名称	英文	法文	德文	西班牙文
Catharanthus roseus (L.) G. Don	Catharanthus, Cape Periwinkle	Pervenche de Madagascar	Zimmerimmergrün	Vinca pervinca, Hierba doncella

---

* 这些名称在指南开始使用时是正确的，但随后可能会修改更新。读者可登录 UPOV 网站（www.upov.int），获取最新资料。

1 指南适用范围

本指南适用于夹竹桃科（Apocynaceae）长春花 [*Catharanthus roseus*（L.）G. Don] 的所有品种。

2 繁殖材料要求

2.1 待测品种繁殖材料的数量和质量要求以及提交的时间和地点由主管机构决定。申请人从测试所在国境外提交繁殖材料的，还应符合海关规定并满足相关植物检疫的要求。

2.2 繁殖材料以种子或带根扦插条的形式提交。

2.3 申请人提交繁殖材料的最小数量为 600 粒种子（种子繁殖材料）或 30 个带根扦插条（无性繁殖材料）。

2.4 如果是种子，提交的种子应满足主管机构规定的发芽率、纯度、健康程度和含水量的最低要求。当种子用于保藏时，申请者应尽可能提供发芽率高的种子并注明发芽率。

2.5 提供的繁殖材料应外观健康有活力，未受到任何严重病虫害的影响。

2.6 提交的繁殖材料不得进行任何可能影响品种性状表达的处理，除非主管机构允许或要求进行这种处理。如果材料已经处理，必须提供相关处理的详细情况。

3 测试方法

3.1 测试周期

测试的最少周期数量通常为 1 个生长周期。

3.2 测试地点

测试通常在 1 个地点进行。在 1 个以上地点进行测试时，TGP/9《特异性测试》提供了有关指导，如果在同一个地方不能观测到某些性状，那么这个品种应该在另一个地方进行测试。

3.3 测试条件

3.3.1 测试的条件应能满足品种正常生长的需要，以确保品种相关性状充分表达和测试的顺利开展。特别需要指出的是，除非另有说明，所有的观测都应该在盛花期正在开花的植株上进行。

3.3.2 由于日光变化的原因，在利用比色卡确定颜色时，应在一个合适的有人工光源照明的小室或中午无阳光直射的房间内进行。人工光源光谱分布应符合 CIE "理想日光标准 D6500"，且在《英国标准950：第 1 部分》规定的允许范围之内。观测在白背景下进行。

3.4 试验设计

3.4.1 试验设计应保证因测量或计数等需要，从小区取走部分植株或植株部位后，不影响生长周期结束前的所有观测。

3.4.2 在种子繁殖材料的情况下：每个试验应保证至少有 40 个植株。

3.4.3 在无性繁殖材料的情况下：每个试验应保证至少有 20 个植株。

3.5 植株或植株某部位的观测数量

3.5.1 对于种子繁殖材料，除非另有说明，对于单株的观测，应观测 20 个植株或分别从 20 个植株取下的植株部位；对于其他观测，应观测试验中的所有植株。

3.5.2 对于无性繁殖材料，除非另有说明，对于单株的观测，应观测 10 个植株或分别从 10 个植株取下的植株部位；对于其他观测，应观测试验中的所有植株。

3.6 附加测试

为测试有关性状，可以进行附加测试。

4 特异性、一致性和稳定性评价

4.1 特异性

4.1.1 一般建议

对于本指南的使用者而言，在判定特异性前参照总则特异性判定的一般原则十分重要。但为了进一步说明和强调特异性判定，本指南特列出特异性判定的要点。

4.1.2 一致的差异

3.1 中所建议的测试最短时间基本考虑了确保性状间的差异是充分一致的需要。

4.1.3 明显的差异

两个品种间的差异是否明显取决于很多因素，特别应考虑所测性状的表达类型，即该性状是质量性状、数量性状还是假质量性状。因此，在作出关于特异性的判定前，本测试指南的使用者应熟悉总则中的建议。

4.2 一致性

4.2.1 对于本指南的使用者而言，在判定一致性前参照总则一致性判定的一般原则十分重要。但为进一步说明和强调一致性判定，本指南特列出一致性判定的要点。

4.2.2 对自花授粉品种一致性的评估，应采用 1% 的群体标准和至少 95% 的接受概率，当样本量为 40 个时，最多允许 2 个异型株。

4.2.3 对异花授粉或杂交品种一致性的评估，应遵从总则中对异花授粉和杂交品种的建议。

4.2.4 对无性繁殖材料一致性的评估，应采用 1% 的群体标准和 95% 的接受概率，当样本量为 20 个时，最多允许 1 个异型株。

4.3 稳定性

4.3.1 在实际操作中，通常不像测试特异性和一致性那样对稳定性进行测试以得到明确结果。经验表明，对许多类型的品种来说，当一个品种表现一致时，可认为其是稳定的。

4.3.2 适当情况下或者有疑问时，稳定性的测试可以通过种植该品种的下一代或测试一批新的种子或砧木，确保其与最初提供材料表现出一致的性状。

5 品种分组和试验组织

5.1 使用分组性状可以帮助选择与申请品种一起进行田间种植试验的已知品种，以及对这些品种进行合适分组以便进行特异性评价。

5.2 分组性状表达状态的数据即使来自不同地点，也可以单独或者与其他此类性状联合使用。

（a）用于特异性测试中筛选排除那些不需要安排在种植试验中的已知品种。

（b）用于组织安排种植试验，使近似品种种植在一起。

5.3 以下性状已被确认为有用的分组性状。

（a）花：花瓣着生方式（性状 14）。

（b）花：上表面主色（性状 15），有以下四个组合。

第一组：白色。

第二组：粉色。

第三组：红色。

第四组：紫色。

（c）花：眼区（性状 16）。

5.4 总则中提供了在特异性审查过程中使用分组性状的指导。

6 性状表介绍

6.1 性状类型
6.1.1 标准指南性状
标准指南性状是 UPOV 已同意用于 DUS 审查的性状，UPOV 成员可以从中选择与其特定环境相适应的性状。
6.1.2 星号性状
星号性状（用"*"标记）是测试指南中对于形成国际统一的品种描述十分重要的性状，所有 UPOV 成员都应将其用于 DUS 测试并包含在品种描述中，除非前序性状的表达或区域环境条件所限使其无法测试。

6.2 表达状态及相应代码
为定义性状和统一描述，将每个性状划分为一系列表达状态。每个表达状态赋予一个相应的数字代码，以便于数据记录，以及品种性状描述的建立和交流。

6.3 表达类型
总则中对性状表达类型（质量性状、数量性状和假质量性状）进行了解释。

6.4 标准品种
适当时，测试指南中提供了标准品种用于校正性状的表达状态。

6.5 注释
（*）星号性状（6.1.2）。
QL：质量性状（6.3）。
QN：数量性状（6.3）。
PQ：假质量性状（6.3）。
（a）～（c）性状表解释（8.1）。
（+）性状表解释（8.2）。

7 性状表

性状编号	观测方法	英文	中文	标准品种	代码
1. **QN**		**Plant: growth habit**	**植株：生长习性**		
		upright	直立	Kermesiana	1
		semi-upright	半直立		2
		horizontal	水平	Dawn Carpet	3
2. **(*)** **QN**		**Plant: height**	**植株：高度**		
		short	矮	Dawn Carpet	3
		medium	中	Little Bright Eye	5
		tall	高	Kermesiana	7
3. **(*)** **QN**		**Plant: width**	**植株：宽度**		
		narrow	窄	Kermesiana	3
		medium	中	Peppermint Cooler	5
		broad	宽	Papion Silver Blue	7

续表

性状编号	观测方法	英文	中文	标准品种	代码
4.(*)QN	(a)	**Stem：anthocyanin coloration**	**茎：花青苷显色**		
		Absent or very weak	无或极弱		1
		weak	弱		3
		medium	中	Little Bright Eye	5
		strong	强	Pink Carpet	7
		Very strong	极强	Kermesiana	9
5.QN	(a)	**Stem：number of primary branches**	**茎：一级分枝数**		
		few	少	Prettyin Pink	3
		medium	中	Little Bright Eye	5
		many	多		7
6.QN	(a)	**Stem：number of secondary branches**	**茎：二级分枝数**		
		few	少	Kermesiana	3
		medium	中	Little Bright Eye	5
		many	多	Prettyin Pink	7
7.(+)PQ	(b)	**Leaf：shape**	**叶：形状**		
		linear	线形		1
		oblong	长圆形	Little Bright Eye	2
		elliptic	椭圆形	Peppermint Cooler	3
8.(*)QN	(b)	**Leaf：length**	**叶：长度**		
		short	短		3
		medium	中	Little Bright Eye	5
		long	长	Kermesiana	7
9.(*)QN	(b)	**Leaf：width**	**叶：宽度**		
		narrow	窄		3
		medium	中	Little Bright Eye	5
		broad	宽	Parasol	7
10.(*)QL	(b)	**Leaf：variegation**	**叶：色斑**		
		absent	无		1
		present	有		9
11.(*)QN	(b)	**Non-variegated varieties only：Leaf：intensity of green color**	**叶：绿色程度（无色斑品种）**		
		light	浅	Papion Silver Blue	3
		medium	中	Little Bright Eye	5
		dark	深		7
12.QN	(b)	**Petiole：length**	**叶柄：长度**		
		short	短	Pretty in Pink	3
		medium	中	Little Bright Eye	5
		long	长		7
13.(*)(+)QN	(c)	**Flower：diameter**	**花：直径**		
		small	小		3
		medium	中	Little Bright Eye	5
		large	大	Parasol	7

性状编号	观测方法	英文	中文	标准品种	代码
14. （*） （+） PQ	（c）	**Flower：arrangement of petals**	**花：花瓣着生方式**		
		free	分开	Kururi White	1
		touching	相接	Flappe Coconut	2
		Slightly overlapping	轻微重叠	Flappe Lilac	3
		Strongly overlapping	强烈重叠	Peppermint Cooler	4
15. （*） PQ	（c）	**Flower：main color of upper side**	**花：上表面主色**		
		RHS Colour Chart（indicate reference number）	RHS 比色卡（注明参考色号）		
16. （*） （+） QL	（c）	**Flower：eye zone**	**花：眼区**		
		absent	无	Papion Silver Blue	1
		present	有	Peppermint Cooler	9
17. （*） QN	（b）	**Flower：size of eye zone relative to flower size**	**花：眼区相对于花的大小**		
		small	小	Peppermint Cooler	3
		medium	中	Prettyin Pink	5
		large	人	Dawn Carpct	7
18. （*） QL		**Flower：number of colors of eye zone**	**花：眼区颜色数量**		
		one	1 种		1
		two	2 种		2
		More than two	＞2 种		3
19. QL		**Varieties with one color of eye zone only：Flower：border of eye zone**	**花：眼区边缘（仅适用于眼区颜色数量为1种的品种）**		
		sharp	锐利		1
		diffuse	弥散		2
20. （*） PQ	（c）	**Flower：color of inner eye zone**	**花：眼区内部颜色**		
		RHS Colour Chart（indicate reference number）	RHS 比色卡（注明参考色号）		
21. （*） PQ	（c）	**Varieties with more than one eye zone color only：Flower：color of outer eye zone**	**花：眼区外部颜色（仅适用于眼区颜色数量为1种以上的品种）**		
		RHS Colour Chart（indicate reference number）	RHS 比色卡（注明参考色号）		
22. （*） （+） PQ	（c）	**Flower：color of receptacle**	**花：花托颜色**		
		white	白色		1
		yellow	黄色		2
		pink	粉色		3
		red	红色		4
		purple	紫色		5
23. QN		**Petal：width**	**花瓣：宽度**		
		narrow	窄		3
		medium	中		5
		broad	宽		7
24. （*） QL	（c）	**Petal：lobing**	**花瓣：裂片**		
		abscnt	无		1
		present	有		9

8 性状表的解释

8.1 对多个性状的解释

在性状表的第二列中包含以下性状特征的应按以下说明进行测试。

（a）涉及所有茎的性状，都应在主茎的中部进行观测。

（b）涉及所有叶片的性状，都应在主茎中部的叶片上进行观测。

（c）涉及所有花的性状，都应在第二朵花开放时进行观测。

8.2 对单个性状的解释

性状 7：叶形状

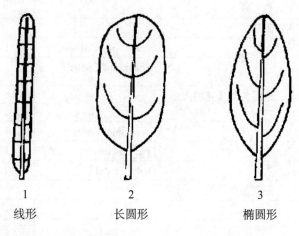

1	2	3
线形	长圆形	椭圆形

性状 13：花直径

性状 16：花眼区

性状 22：花托颜色

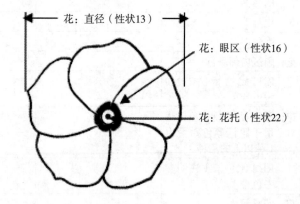

花：直径（性状13）

花：眼区（性状16）

花：花托（性状22）

性状 14：花瓣着生方式

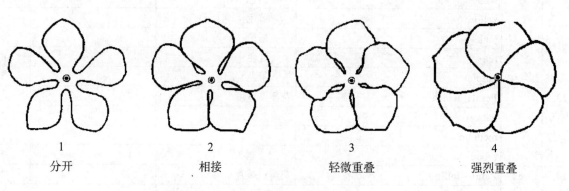

1	2	3	4
分开	相接	轻微重叠	强烈重叠

国际植物新品种保护联盟
植物品种特异性、一致性和稳定性
测试指南

铁线莲属

UPOV 代码：CLEMA

（ *Clematis* L. ）

互用名称 *

植物学名称	英文	法文	德文	西班牙文
Clematis L.	Clematis	Clématite	Clematis，Waldrebe	Clemátide

---

* 这些名称在指南开始使用时是正确的，但随后可能会修改更新。读者可登录 UPOV 网站（www.upov.int），获取最新资料。

1 指南适用范围

本指南适用于毛茛科（Ranunculaceae）铁线莲属（*Clematis* L.）的所有品种。

2 繁殖材料要求

2.1 待测品种繁殖材料的数量和质量要求以及提交的时间和地点由主管机构决定。申请人从测试所在国境外提交繁殖材料的，还应符合海关规定并满足相关植物检疫的要求。

2.2 繁殖材料以未修剪，未提前开花的一年生的植株的形式提交。

2.3 申请人提交繁殖材料的最小数量为 8 个植株。

2.4 提供的繁殖材料应外观健康有活力，未受到任何严重病虫害的影响。

2.5 提交的繁殖材料不得进行任何可能影响品种性状表达的处理，除非主管机构允许或要求进行这种处理。如果材料已经处理，必须提供相关处理的详细情况。

3 测试方法

3.1 测试周期

测试的最少周期数量通常为 1 个生长周期。

3.2 测试地点

测试通常在 1 个地点进行。在 1 个以上地点进行测试时，TGP/9《特异性测试》提供了有关指导。

3.3 测试条件

3.3.1 测试的条件应能满足品种正常生长的需要，以确保品种相关性状充分表达和测试的顺利开展。

3.3.2 由于日光变化的原因，在利用比色卡确定颜色时应在一个合适的由人工光源照明的小室或中午无阳光直射的房间里进行。人工光源的光谱分布应符合 CIE "理想日光标准 D6500"，且在《英国标准950：第 1 部分》规定的允许范围内。在鉴定颜色时，应将植株部位置于白色背景前。

3.4 试验设计

每个试验应保证至少有 8 个植株。

3.5 观测的植株或植株部位的数量

除非另加说明，所有的观测应在 8 个植株或分别从 8 个植株取下的植株部位上进行。

3.6 附加测试

为测试有关性状，可以进行附加测试。

4 特异性、一致性和稳定性评价

4.1 特异性

4.1.1 一般建议

对于本指南的使用者而言，在判定特异性前参照总则特异性判定的一般原则十分重要。但为进一步说明和强调特异性判定，本指南特列出特异性判定的要点。

4.1.2 一致的差异

当观测到的品种之间的差异非常明显时，则没有必要种植 1 个以上生长周期。此外，在某些情况下，环境的影响并不意味着需要 1 个以上的生长周期来保证品种间观察到的差异是足够一致的。为确保在种植试验中所观测到的性状差异是足够一致的，可以对性状进行至少 2 个独立生长周期的测试。

4.1.3 明显的差异

两个品种间的差异是否明显取决于很多因素，特别应考虑所测性状的表达类型，即该性状是质量性状、数量性状还是假质量性状。因此，在作出关于特异性的判定前，本测试指南的使用者应熟悉总则中的建议。

4.2 一致性

4.2.1 对于本指南的使用者而言，在判定一致性前参照总则一致性判定的一般原则十分重要。但为进一步说明和强调一致性判定，本指南特列出一致性判定的要点。

4.2.2 评价一致性时，应采用1%的群体标准和至少95%的接受概率。当样本量为8个时，允许有1个异型株。

4.3 稳定性

4.3.1 在实际操作中，通常不像测试特异性和一致性那样对稳定性进行测试以得到明确结果。经验表明，对许多类型的品种来说，当一个品种表现一致时，可认为其是稳定的。

4.3.2 适当情况下或有疑问时，稳定性可以采用如下方法测试：种植该品种的下一代或测试一批新种子，看其性状表现是否与之前提交的种子表现相同。

5 品种分组和试验组织

5.1 使用分组性状可以帮助选择与申请品种一起进行田间种植试验的已知品种，以及对这些品种进行合适分组以便进行特异性评价。

5.2 分组性状表达状态的数据即使来自不同地点，也可以单独或与其他此类性状联合使用。

　（a）用于特异性测试中筛选排除那些不需要安排在种植试验中的已知品种。

　（b）用于组织安排种植试验，使近似品种种植在一起。

5.3 以下性状已被确认为有用的分组性状。

　（a）植株：类型（性状1）。

　（b）叶片：类型（性状6）。

　（c）花：类型（性状22）。

　（d）花：直径（性状23）。

　（e）花萼：上表面颜色数量（性状37）。

　（f）花萼：上表面主色（性状38），可分为以下8组。

第一组：白色。

第二组：黄色。

第三组：粉色。

第四组：红色。

第五组：紫色。

第六组：紫罗兰色。

第七组：蓝色。

第八组：绿色。

5.4 总则和TGP/9《特异性测试》中提供了在特异性审查过程中使用分组性状的指导。

6 性状表介绍

6.1 性状类型

6.1.1 标准指南性状

标准指南性状是UPOV已同意用于DUS审查的性状，UPOV成员可以从中选择与其特定环境相适应的性状。

6.1.2　带号性状

星号性状（用"*"标记）是测试指南中对于形成国际统一的品种描述十分重要的性状，所有UPOV成员都应将其用于DUS测试并包含在品种描述中，除非前序性状的表达或区域环境条件所限使其无法测试。

6.2　表达状态及相应代码

为定义性状和统一描述，将每个性状划分为一系列表达状态。每个表达状态赋予一个相应的数字代码，以便于数据记录，以及品种性状描述的建立和交流。

6.3　表达类型

总则中对性状表达类型（质量性状、数量性状和假质量性状）进行了解释。

6.4　标准品种

适当时，测试指南中提供了标准品种用于校正性状的表达状态。

6.5　注释

（*）星号性状（6.1.2）。

QL：质量性状（6.3）。

QN：数量性状（6.3）。

PQ：假质量性状（6.3）。

（a）～（g）性状表解释（8.1）。

（+）性状表解释（8.2）。

7　性状表

性状编号	观测方法	英文	中文	标准品种	代码
1.（*）QL		**Plant：type**	**植株：类型**		
		non-climbing	非攀援型	Evisix	1
		climbing	攀援型	Tetrarose	2
2.（*）QN		**Non-climbing varieties only：Plant：growth habit**	**植株：生长习性（仅适用于非攀援型品种）**		
		upright	直立	Alblo	1
		semi-upright	半直立		2
		prostrate	匍匐	Joe，Pixie，Syrena	3
3.（+）QN		**Climbing varieties only：Plant：vigor**	**植株：活力（仅适用于攀援型品种）**		
		weak	弱		3
		medium	中		5
		strong	强		7
4.QL		**Young shoot：presence of pubescence**	**嫩茎：茸毛**		
		absent	无		1
		present	有		9
5.QN		**Young shoot：density of pubescence**	**嫩茎：茸毛密度**		
		sparse	疏		3
		medium	中		5
		dense	密		7

性状编号	观测方法	英文	中文	标准品种	代码
6. （*） （+） **QL**	（a）	**Leaf：type**	**叶片：类型**		
		simple	单叶		1
		ternate	三出叶		2
		biternate	二回三出叶		3
		triternate	三回三出叶		4
		pinnate	羽状复叶		5
		bipinnate	二回羽状复叶		6
		tripinnate	三回羽状复叶		7
7. **QN**	（a） （b）	**Leaf blade：length**	**叶片：长度**		
		short	短		3
		medium	中		5
		long	长		7
8. **QN**	（a） （b）	**Leaf blade：width**	**叶片：宽度**		
		narrow	窄		3
		medium	中		5
		broad	宽		7
9. （*） （+） **PQ**	（a） （b）	**Leaf blade：shape**	**叶片：形状**		
		lanceolate	披针形		1
		ovate	卵圆形		2
		elliptic	椭圆形		3
		obovate	倒卵圆形		4
		rhombic	菱形		5
		cordate	心形		6
10. （+） **PQ**	（a） （b）	**Leaf blade：shape of apex**	**叶片：先端形状**		
		acuminate	渐尖		1
		cuspidate	骤尖		2
		acute	锐尖		3
		rounded	圆形		4
11. （+） **PQ**	（a） （b）	**Leaf blade：shape of base**	**叶片：基部形状**		
		acute	锐尖		1
		obtuse	钝尖		2
		rounded	圆形		3
		cordate	心形		4
12. （+） **PQ**	（a） （b）	**Leaf blade：margin**	**叶片：边缘**		
		entire	全缘		1
		sinuate	深波浪状		2
		crenate	圆齿状		3
		dentate	齿状		4
		serrate	锯齿状		5
13. **QL**	（a）	**Leaf blade：lobing**	**叶片：叶裂**		
		absent	无	General Sikorski	1
		present	有	Syrena，Tetrarose	9
14. **PQ**	（a）	**Lobed varieties only：Leaf blade：number of lobes**	**叶片：裂片数量（仅适用于有叶裂品种）**		
		two	2个		1
		three or four	3~4个		2
		more than four	超过4个		3

性状编号	观测方法	英文	中文	标准品种	代码
15. (+) QN	(a)	Lobed varieties only: Leaf blade: depth of sinus between lobes	叶片：裂片间列缺深浅（仅适用于有叶裂品种）		
		shallow	浅		3
		medium	中		5
		deep	深		7
16. PQ	(a) (b)	Leaf blade: main color of upper side	叶片：上表面主色		
		yellow green	黄绿色	Duchess of Edinburgh	1
		light green	浅绿色	Burford White	2
		medium green	中等绿	Lady Northcliffe	3
		dark green	深绿色	Bowl of Beauty	4
		blue green	蓝绿色	My Angel	5
		grey green	灰绿色	Tibetan Mix	6
		bronze	青铜色	Mayleen	7
17. QL	(a) (b)	Leaf blade: variegation	叶片：色斑		
		absent	无	Mrs George Jackman	1
		present	有	Gokanosho	9
18. QN	(a) (b)	Leaf blade: rugosity of upper surface	叶片：上表面褶皱		
		absent or weak	无或弱		1
		moderate	中		2
		strong	强		3
19. (*) QL	(c)	Flower: arrangement	花：排列		
		solitary	单生	Black Prince, Evisix, Kugotia	1
		clustered	簇生	Apple Blossom	2
20. QN	(c)	Flower: length of pedicel	花：花梗长度		
		short	短		3
		medium	中		5
		long	长		7
21. (+) QN	(c)	Flower: attitude	花：姿态		
		upwards	向上	Duchess of Albany	1
		outwards	向外		2
		downwards	向下	Evisix	3
22. (*) (+) QN	(c)	Flower: type	花：类型		
		single	单瓣	Nelly Moser, Perle d'Azur	1
		semi-double	半重瓣	Caroline Lloyd, Marjorie	2
		double	重瓣	Kiri Te Kanawa, Multi Blue	3
23. (*) QN	(c)	Flower: diameter	花：直径		
		very small	极小	Marjorie	1
		small	小	Little Nell	3
		medium	中	Perle d'Azur	5
		large	大	Evista	7
		very large	极大	Fairy Queen, Kacper	9
24. (*) (+) PQ	(c)	Only varieties with flower type: single or semi-double: Flower: shape	花：形状（仅适用于单瓣或半重瓣品种）		
		tubular	管状花	Davidianna, Wyevale	1
		campanulate	钟状花	Étoile Rose	2
		urceolate	坛状花	Phil Mason	3
		rotate	辐状花	Lady Northcliffe, Nelly Moser	4

性状编号	观测方法	英文	中文	标准品种	代码
25. (+) QN	(c)	Only varieties with flower shape: rotate: Flower: cross section in lateral view	花：侧面横切面（仅适用于辐状花品种）		
		concave	凹		1
		flat	平	Henryi	2
		convex	凸		3
26. (*) PQ	(c) (d) (e) (f)	Only varieties with flower type: single or semi-double: Flower: number of sepals	花：萼片数量（仅适用于辐状花品种）		
		only four	4个	Bill MacKenzie, Perle d'Azur, Tetrarose	1
		four to six	4~6个	Gipsy Queen, Prince Charles	2
		only six	6个	Empress of India, Frau Mikiko, Ville de Lyon	3
		six to eight	6~8个	Dawn, Fireworks, Haku Ookan	4
		only eight	8个	Midnight, Sandra Denny	5
		more than eight	超过8个	Mrs George Jackman	6
27. (+) QN	(c) (d) (e)	Only varieties with flower shape: rotate: Flower: arrangement of sepals	花：花萼的排列（仅适用于辐状花品种）		
		free	分离	Black Prince	1
		touching	相接	Iubileinyi-70	2
		overlapping	重叠	Horn of Plenty, Ivan Olssen	3
28. QN	(c)	Flower: fragrance	花：香味		
		absent or very weak	无或极弱	Comtesse de Bouchard, Evijohill	1
		weak	弱	Freckles, Primrose Star	2
		strong	强	Fair Rosamond, Mayleen	3
29. QN	(c) (d) (e)	Sepal: length	花萼：长度		
		short	短		3
		medium	中		5
		long	长		7
30. QN	(c) (d) (e)	Sepal: width	花萼：宽度		
		narrow	窄		3
		medium	中		5
		broad	宽		7
31. (*) PQ	(c) (d) (e)	Sepal: shape	花萼：形状		
		ovate	卵圆形	Scartho Gem	1
		lanceolate	披针形		2
		elliptic	椭圆形	Daniel Deronda	3
		rhombic	菱形	Iubileinyi-70	4
		obovate	倒卵圆形	Prince Charles	5
		spatulate	匙形	Teshio	6
32. (+) QN	(c) (d) (e)	Sepal: shape in cross section	花萼：横切面形状		
		concave	凹		1
		flat	平		2
		convex	凸		3

性状编号	观测方法	英文	中文	标准品种	代码
33. (+) QN	(c) (d) (e)	**Only varieties with flower shape: rotate: Sepal: curvature in longitudinal section**	花萼: 纵切面弯曲程度（仅适用于辐状花品种）		
		strongly incurved	强内弯		1
		moderately incurved	中等内弯		3
		flat	平直		5
		moderately reflexed	中等外翻		7
		strongly reflexed	强外翻		9
34. (+) QN	(c) (d) (e)	**Only varieties with flower shape: non-rotate: Sepal: reflexing of apex**	花萼: 先端外翻程度（仅适用于非辐状花品种）		
		absent or very weak	无或极弱		1
		weak	弱		3
		medium	中		5
		strong	强		7
		very strong	极强		9
35. (+) PQ	(c) (d) (e)	**Sepal: shape of apex**	花萼: 先端形状		
		acuminate	渐尖		1
		cuspidate	骤尖		2
		acute	锐尖		3
		obtuse	钝尖		4
		retuse	微凹		5
36. (+) PQ	(c) (d) (e)	**Sepal: shape of base**	花萼: 基部形状		
		type 1	类型1		1
		type 2	类型2		2
		type 3	类型3		3
37. (*) QL	(c) (d) (e)	**Sepal: number of colors of upper side**	花萼: 上表面颜色数量		
		one	1 种	Lady Northcliffe	1
		more than one	超过1 种	Evione, Nelly Moser	2
38. (*) PQ	(c) (d) (e)	**Sepal: main color of upper side**	花萼: 上表面主色		
		RHS Colour Chart（indicate reference number）	RHS 比色卡（注明参考色号）		
39. (*) QN	(c) (d) (e)	**Only varieties with one color: Sepal: color distribution of upper side**	花萼: 上表面颜色分布（仅适用于单色品种）		
		lighter towards middle	向中间变淡	Ville de Lyon	1
		even	均匀	Lady Northcliffe	2
		lighter towards margins	向边缘变淡	Evione	3
40. (*) PQ	(c) (d) (e)	**Only varieties with more than one color: Sepal: secondary color of upper side**	花萼: 上表面次色（仅适用于多色品种）		
		RHS Colour Chart（indicate reference number）	RHS 比色卡（注明参考色号）		
41. (*) (+) PQ	(c) (d) (e)	**Only varieties with more than one color: Sepal: distribution of secondary color on upper side**	花萼: 上表面次色分布（仅适用于多色品种）		
		edged	边缘	Little Nell	1
		central bar	中部条状	Nelly Moser	2
		speckled	散点状	Freckles	3
		along veins	沿着叶脉	Pagoda, Tango	4

性状编号	观测方法	英文	中文	标准品种	代码
42. （*） PQ	（c） （d） （e）	**Sepal: main color of lower side**	花萼：下表面主色		
		RHS Colour Chart（indicate reference number）	RHS 比色卡（注明参考色号）		
43. （*） PQ	（c） （d） （e）	**Only varieties with more than one color: Sepal: secondary color of lower side**	花萼：下表面次色分布（仅适用于多色品种）		
		RHS Colour Chart（indicate reference number）	RHS 比色卡（注明参考色号）		
44. （*） QN	（c） （d） （e）	**Sepal: undulation of margin**	花萼：边缘波状程度		
		absent or very weak	无或极弱	Barbara Jackman，Henryi	1
		weak	弱	Horn of Plenty	3
		medium	中	Belle Nantaise，Corona	5
		strong	强	Evirin，Lord Nevill	7
		very strong	极强	Katharina，The First Lady	9
45. QL	（c） （d） （e）	**Sepal: twisting along longitudinal axis**	花萼：纵轴方向扭曲		
		absent	无	Nelly Moser	1
		present	有	Evisix	9
46. QN	（c） （d） （e）	**Only varieties with twisting along longitudinal axis: Sepal: degree of twisting**	花萼：扭曲程度（仅适用于纵轴方向扭曲的品种）		
		weak	弱		3
		medium	中		5
		strong	强		7
47. QL	（c） （f）	**Petaloid staminodes: presence**	瓣化雄蕊：有无		
		absent	无	Bill MacKenzie，Ville de Lyon	1
		present	有	Lemon Bells，Sieboldii	9
48. QN	（c） （f）	**Petaloid staminodes: number**	瓣化雄蕊：数量		
		few	少		3
		medium	中		5
		many	多		7
49. PQ	（c） （f）	**Petaloid staminodes: main color of upper side**	瓣化雄蕊：上表面主色		
		greenish white	泛绿白色	Plena	1
		green	绿色		2
		yellow	黄色		3
		orange	橙色		4
		pink	粉色		5
		red	红色		6
		purple	紫色	Sieboldii	7
		violet	紫罗兰色		8
50. PQ	（c） （g）	**Filament: color**	花丝：颜色		
		white	白色		1
		cream	奶油色		2
		yellow	黄色		3
		greenish yellow	泛绿黄色		4
		green	绿色		5

性状编号	观测方法	英文	中文	标准品种	代码
50. PQ	（c） （g）	pink	粉色		6
		red	红色		7
		purple	紫色		8
		brown purple	棕紫色		9
		light violet	浅紫罗兰色		10
		medium violet	中等紫罗兰色		11
		brown	棕色		12
51. PQ	（c） （g）	**Anther：color**	**花药：颜色**		
		white	白色	Pink Minnie	1
		yellow green	黄绿色		2
		cream	奶油色	Gravetye Beauty，Pixie	3
		yellow	黄色	Evifive，Lasurstern	4
		pink	粉色		5
		red	红色	Evirin，Fireworks	6
		reddish purple	泛红紫色	Fair Rosamond，Marcel Moser	7
		purple	紫色	Fantaziia，Ilka	8
		violet	紫罗兰色		9
		brown	棕色	Mrs Cholmondeley	10
52. PQ	（c） （g）	**Stigma：color**	**柱头：颜色**		
		white	白色		1
		yellow	黄色		2
		pink	粉色		3
		red	红色		4
		purple	紫色		5
		brown	棕色		6
53. PQ	（c） （g）	**Style：color**	**花柱：颜色**		
		white	白色		1
		yellow green	黄绿色	Ania，Xerxes	2
		yellow	黄色		3
		pink	粉色		4
		purple	紫色		5
54. （*） QL		**Habit of flowering**	**开花习性**		
		only on previous year's growth	仅在上年生长期	Elizabeth	1
		on both previous year's and current year's growth	在上年和当年生长期	Haku Ookan，Kacper，Nelly Moser	2
		only on current year's growth	仅在当年生长期	Jackmanii	3
55. （*） QN		**Time of beginning of flowering**	**始花期**		
		early	早	Apple Blossom，Elizabeth	3
		medium	中	Henryi，Titania	5
		late	晚	Jackmanii，Jan Pawel Ⅱ	7

8　性状表解释

8.1　对多个性状的解释

性状表第二列包含以下标注的性状应按照下述要求观测。

（a）所有对于叶片的观测应在当年茎的中部 1/3 的位置上的成熟叶片上进行。

（b）对于复叶品种，叶片的观测应在第一回的基部小叶上进行。

（c）所有对于花的观测应在第一个开花季时进行。

（d）铁线莲的花没有花瓣。如下所示，铁线莲的花萼是类似于花瓣的。因此在一些文献中，铁线莲的花萼被称作是花被片，是指花萼和花瓣不能明显区分的统称。

（e）对于半重瓣以及重瓣品种，所有对于花萼的观测应在外侧第一轮花瓣上观测。

（f）瓣化雄蕊是指不育、功能缺失和没有花粉囊的雄蕊。它们有时候在形式和颜色上类似花瓣。非瓣化雄蕊应该同雄蕊一样的方法被记录。

（g）可辨认的雄蕊和雌蕊在一些花中可能两个都不存在，可能只存在两者之一，也有可能两个都存在。

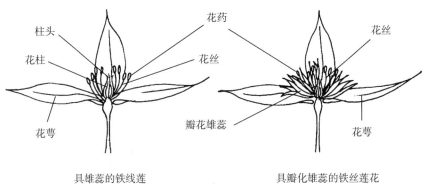

具雄蕊的铁线莲　　　　　　　　具瓣化雄蕊的铁丝莲花

8.2 对单个性状的解释

性状3：植株活力（仅适用于攀援型品种）

植株活力应该考虑营养生长的整个丰度。

性状6：叶片类型

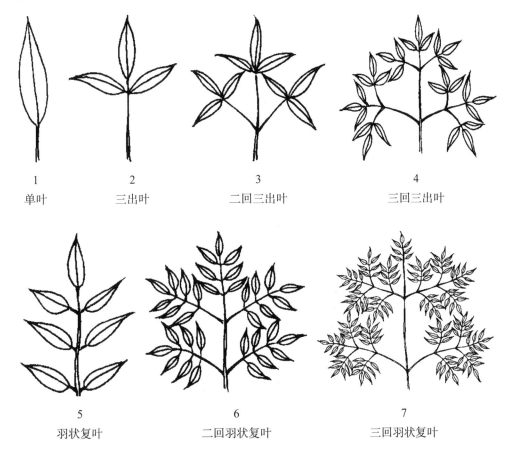

1	2	3	4
单叶	三出叶	二回三出叶	三回三出叶

5	6	7
羽状复叶	二回羽状复叶	三回羽状复叶

性状 9：叶片形状

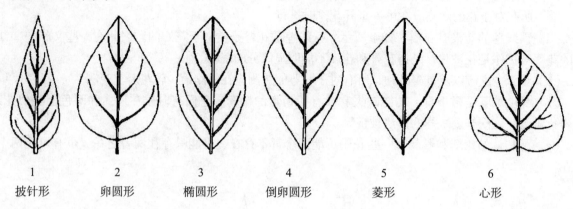

1	2	3	4	5	6
披针形	卵圆形	椭圆形	倒卵圆形	菱形	心形

性状 10：叶片先端形状

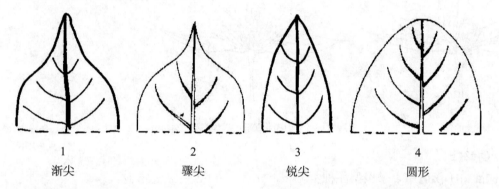

1	2	3	4
渐尖	骤尖	锐尖	圆形

性状 11：叶片基部形状

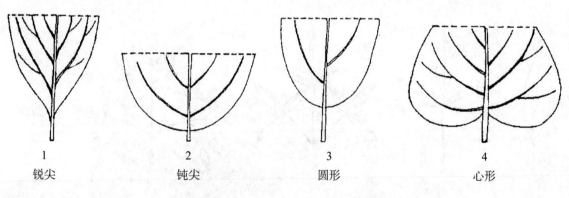

1	2	3	4
锐尖	钝尖	圆形	心形

性状 12：叶片边缘

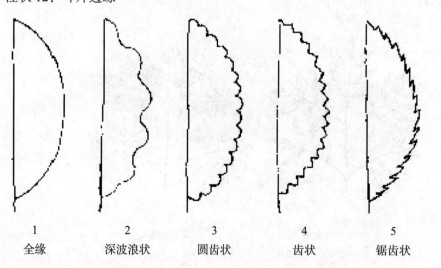

1	2	3	4	5
全缘	深波浪状	圆齿状	齿状	锯齿状

性状 15：叶片裂片间列缺深浅（仅适用于有叶裂品种）

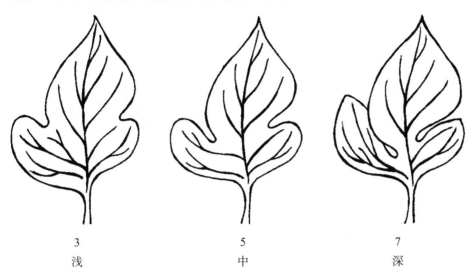

3	5	7
浅	中	深

性状 21：花姿态

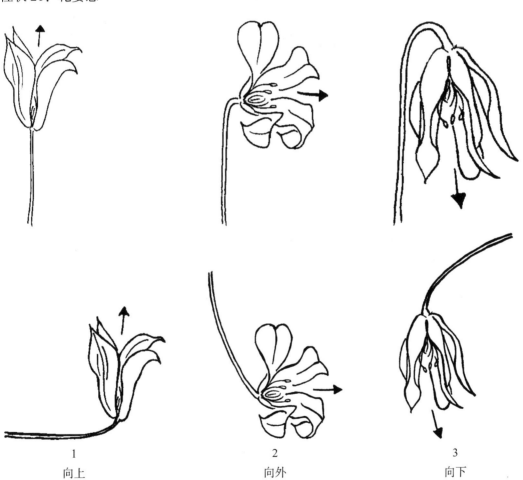

1	2	3
向上	向外	向下

性状 22：花类型

单瓣：只有一轮完整的花萼的花。

半重瓣：一轮完整的萼片再加 1～2 轮完整或不完整的花萼的花。

重瓣：具有超过 3 轮花萼的花。

性状 24：花形状（仅适用于单瓣或半重瓣品种）

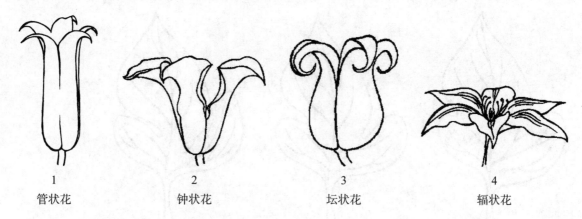

1	2	3	4
管状花	钟状花	坛状花	辐状花

性状 25：花侧面横切面（仅适用于辐状花品种）

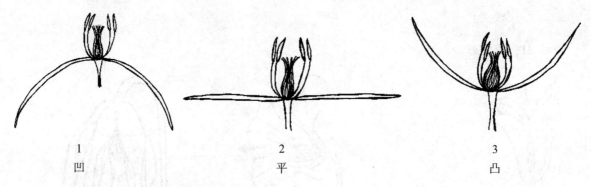

1	2	3
凹	平	凸

性状 27：花萼的排列（仅适用于辐状花品种）

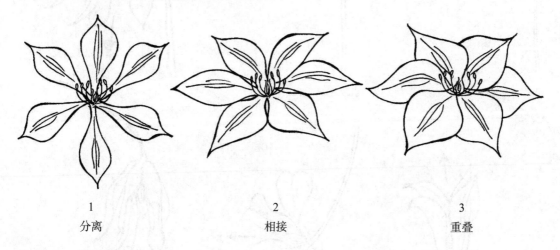

1	2	3
分离	相接	重叠

性状 32：花萼横切面形状

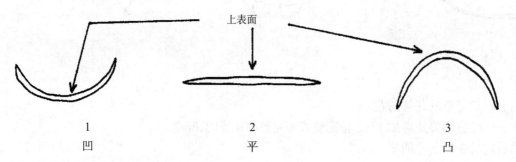

上表面

1	2	3
凹	平	凸

性状 33：花萼纵切面弯曲程度（仅适用于辐状花品种）

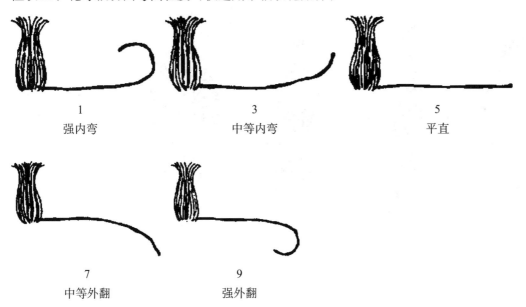

1	3	5
强内弯	中等内弯	平直

7	9
中等外翻	强外翻

性状 34：花瓣先端外翻程度（仅适用于非辐状花品种）

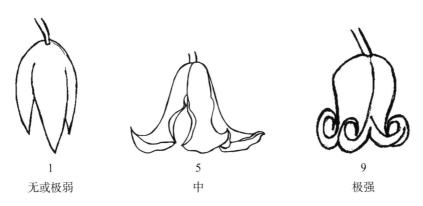

1	5	9
无或极弱	中	极强

性状 35：花萼先端形状

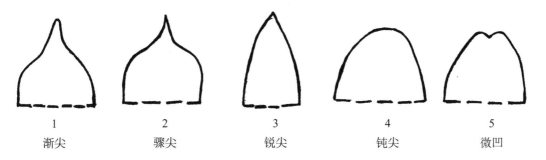

1	2	3	4	5
渐尖	骤尖	锐尖	钝尖	微凹

性状 36：花萼基部形状

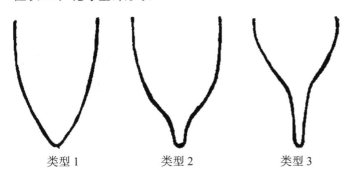

类型 1	类型 2	类型 3

性状41：花萼上表面次色的分布（仅适用于多色品种）

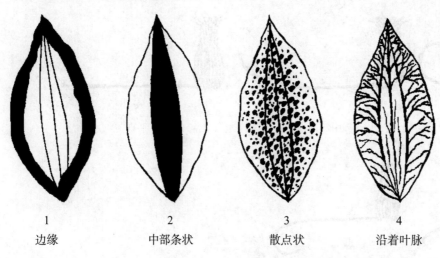

1	2	3	4
边缘	中部条状	散点状	沿着叶脉

国际植物新品种保护联盟
植物品种特异性、一致性和稳定性
测试指南

金丝桃

（ *H. androsaemum* L.； *H.* × *inodorum* Mill.）

互用名称 *

植物学名称	英文	法文	德文	西班牙文
Hypericum hircinum L.				
Hypericum androsaemum L.				
Hypericum×inodorum Mill.				

---

*　这些名称在指南开始使用时是正确的，但随后可能会修改更新。读者可登录 UPOV 网站（www.upov.int），获取最新资料。

1 指南适用范围

本指南适用于金丝桃科（Clusiaceae）的金丝桃（*Hypericum hircinum* L.）、观果金丝桃（*H. androsaemum* L.）、无味金丝桃（*H. x inodorum* Mill.）及其种间杂交种。

2 繁殖材料要求

2.1 待测品种繁殖材料的数量和质量要求以及提交的时间和地点由主管机构决定。申请人从测试所在国境外提交繁殖材料的，还应符合海关规定并满足相关植物检疫的要求。

2.2 繁殖材料以幼株的形式提交。

2.3 申请人提交繁殖材料的最小数量为 10 个植株。

2.4 提供的繁殖材料应外观健康有活力，未受到任何严重病虫害的影响。

2.5 提交的繁殖材料不得进行任何可能影响品种性状表达的处理，除非主管机构允许或要求进行这种处理。如果材料已经处理，必须提供相关处理的详细情况。

3 测试方法

3.1 测试周期

测试的最少周期数量通常为 2 个生长周期。

3.2 测试地点

测试通常在 1 个地点进行。如果在该地点不能观测到品种的任何重要性状，则应选择其他地点进行测试。

3.3 测试条件

3.3.1 测试的条件应能满足品种正常生长的需要，以确保品种相关性状充分表达和测试的顺利开展。

3.3.2 由于日光变化，颜色应在一个合适的柜子里观测，在一个朝北的房间里提供人工光源。人工光源光谱分布应符合 CIE "理想日光标准 D6500"，且在《英国标准 950：第 1 部分》规定的允许范围之内。应将观测植株部位置于白色背景下观测。

3.4 试验设计

3.4.1 每个试验设计至少包括 10 个植株。

3.4.2 试验设计应保证因测量或计数等需要，从小区取走部分植株或植株部位后，不影响生长周期结束前的所有观测。

3.5 测试株数

除非另有说明，应对 10 个植株或取自 10 个植株的植株部位进行全部观测。

3.6 附加测试

为测试有关性状，可以进行附加测试。

4 特异性、一致性和稳定性评价

4.1 特异性

4.1.1 一般建议

对于本指南的使用者而言，在判定特异性前参照总则特异性判定的一般原则十分重要。但为进一步说明和强调特异性判定，本指南特列出特异性判定的要点。

4.1.2 一致的差异

3.1 中推荐的最小测试周期反映的一般情况下的需要确保特异性中的任何差异保持足够一致。

4.1.3 明显的差异

两个品种间的差异是否明显取决于很多因素，特别应考虑所测性状的表达类型，即该性状是质量性状、数量性状还是假质量性状。因此，在作出关于特异性的判定前，本测试指南的使用者应熟悉总则中的建议。

4.2 一致性

4.2.1 对于本指南的使用者而言，在判定一致性前参照总则一致性判定的一般原则十分重要。但为进一步说明和强调一致性判定，本指南特列出一致性判定的要点。

4.2.2 评价一致性时，应采用 1% 的群体标准和至少 95% 的接受概率。当样本量为 10 个时，不允许有异型株。

4.3 稳定性

4.3.1 在实际操作中，通常不像测试特异性和一致性那样对稳定性进行测试以得到明确结果。经验表明，对许多类型的品种来说，当一个品种表现一致时，可认为其是稳定的。

4.3.2 适当情况下或者有疑问时，稳定性可以采用如下方法测试：种植申请品种的下一代或者测试一批新植株库存，看其性状表现是否与之前提交的材料表现相同。

5 品种分组和试验组织

5.1 使用分组性状可以帮助选择与申请品种一起进行田间种植试验的已知品种，以及对这些品种进行合适分组以便进行特异性评价。

5.2 分组性状表达状态的数据即使来自不同地点，也可以单独或者与其他此类性状联合使用。

（a）用于特异性测试中筛选排除那些不需要安排在种植试验中的已知品种。

（b）用于组织安排种植试验，使近似品种种植在一起。

5.3 以下性状已被确认为有用的分组性状。

（a）植株：习性（性状 1）。

（b）蒴果：最大直径（性状 29）。

（c）蒴果：纵切面形状（性状 30）。

（d）蒴果：色组（性状 34）。

5.4 总则中提供了在特异性审查过程中使用分组性状的指导。

6 性状表介绍

6.1 性状类型

6.1.1 标准指南性状

标准指南性状是 UPOV 已同意用于 DUS 审查的性状，UPOV 成员可以从中选择与其特定环境相适应的性状。

6.1.2 带星号性状

星号性状（用"*"标记）是测试指南中对于形成国际统一的品种描述十分重要的性状，所有 UPOV 成员都应将其用于 DUS 测试并包含在品种描述中，除非前序性状的表达或区域环境条件所限使其无法测试。

6.2 表达状态及相应代码

为定义性状和统一描述，将每个性状划分为一系列表达状态。每个表达状态赋予一个相应的数字代码，以便于数据记录，以及品种性状描述的建立和交流。

6.3　表达类型

总则中对性状表达类型（质量性状、数量性状和假质量性状）进行了解释。

6.4　标准品种

适当时，测试指南中提供了标准品种用于校正性状的表达状态。

6.5　注释

（*）星号性状（6.1.2）。

QL：质量性状（6.3）。

QN：数量性状（6.3）。

PQ：假质量性状（6.3）。

（a）～（b）性状表解释（8.1）。

（+）性状表解释（8.2）。

7　性状表

性状编号	观测方法	英文	中文	标准品种	代码
1. （*） QN	（a）	**Plant：habit**	**植株：习性**		
		upright	直立	Excellent Flair	1
		moderately spreading	中度平展	Apricot Beauty	2
		strongly spreading	强烈平展	Flamingo Fantasy	3
2. （*） QN	（a）	**Plant：height**	**植株：高度**		
		short	矮	Bosajol	3
		medium	中	Excellent Flair	5
		tall	高	Kolmfa	7
3. （*） QN	（a）	**Plant：width**	**植株：宽度**		
		narrow	窄	Bosajol	3
		medium	中	Early Fruit	5
		broad	宽	Kolmfa	7
4. （*） QL	（a）	**Plant：reddish or brownish coloration of branches of current year's growth**	**植株：当季生长枝泛红或泛棕色着色**		
		absent	无		1
		present	有		9
5. （*） QN	（a）	**Plant：intensity of coloration of branches of current year's growth**	**植株：当季生长枝着色强度**		
		weak	弱	Bosaney	3
		medium	中	Kolmgia	5
		strong	强	Excellent Flair	7
6. （*） QN	（a）	**Leaf：length**	**叶：长度**		
		short	短	Magical Green	3
		medium	中	Kolmgia	5
		long	长	Bosajum	7
7. （*） QN	（a）	**Leaf：width**	**叶：宽度**		
		narrow	窄	Kolmfa	3
		medium	中	Bosaenv	5
		broad	宽	Kolmbeau	7

性状编号	观测方法	英文	中文	标准品种	代码
8. (*) QN	(a)	**Leaf: intensity of green color**	叶：绿色程度		
		light	浅	Pamala	3
		medium	中	Red Condor	5
		dark	深	Bosaenv	7
9. QL	(a)	**Leaf: variegation**	叶：色斑		
		absent	无		1
		present	有		9
10. (*) QL	(a)	**Young leaf: reddish or brownish coloration**	嫩叶：泛红或泛棕色着色		
		absent	无		1
		present	有		9
11. (*) QN	(a)	**Young leaf: intensity of reddish or brownish coloration**	嫩叶：泛红或泛棕色着色强度		
		weak	弱	Esmgrape	3
		medium	中	Bosaswe	5
		strong	强	Albury Purple, Esmmayor	7
12. QN	(a)	**Leaf: cross section**	叶：横截面		
		convex	凸		3
		flat	平		5
		concave	凹		7
13. QN	(a)	**Leaf: angle in relation to branch**	叶片：与分枝角度		
		very acute	极锐角		1
		moderately acute	中等锐角		2
		weakly acute to right-angle	轻微锐角到直角		3
14. PQ	(a)	**Leaf: shape of base**	叶：基部形状		
		cordate	心形		1
		truncate	平截		2
		rounded	圆形		3
15. (*) PQ	(a)	**Leaf: shape of apex**	叶：顶部形状		
		acute	锐尖	Kolmbeau	1
		obtuse	钝尖	Early Fruit	2
		rounded	圆形	Bosaelec	3
16. QL	(a)	**Leaf: odor**	叶：气味		
		absent	无		1
		present	有		9
17. (*) (+) QN	(b)	**Inflorescence: length**	花序：长度		
		short	短	Esmfashion	3
		medium	中	Bright Blossom	5
		long	长	Bosabel	7
18. (*) (+) QN	(b)	**Inflorescence: width**	花序：宽度		
		narrow	窄	Bosasu	3
		medium	中	Excellent Flair	5
		broad	宽	Kolmgia	7
19. (*) (+) QN	(b)	**Inflorescence: profile of distal part**	花序：远基端形状		
		concave	凹	Bosafan	1
		flat	平	Excellent Flair	2
		convex	凸	Kolmfa	3

性状编号	观测方法	英文	中文	标准品种	代码
20. (*) QN	(a)	**Flower: size**	**花: 大小**		
		small	小	Bosaswe	3
		medium	中	Excellent Flair	5
		large	大	Belmount	7
21. (+) QN	(b)	**Sepal: length**	**花萼: 长度**		
		short	短		3
		medium	中		5
		long	长		7
22. (+) QN	(b)	**Sepal: width**	**花萼: 宽度**		
		narrow	窄		3
		medium	中		5
		broad	宽		7
23. (*) QL	(b)	**Sepal: presence of reddish or brownish coloration**	**花萼: 泛红或泛棕色着色**		
		absent	无		1
		present	有		9
24. QN	(b)	**Sepal: intensity of reddish or brownish coloration**	**花萼: 泛红或泛棕色着色强度**		
		weak	弱		3
		medium	中		5
		strong	强		7
25. QN	(b)	**Sepal: recurvature**	**花萼: 外弯程度**		
		absent or weak	无或弱		1
		moderate	中		2
		strong	强		3
26. (*) PQ	(a)	**Anther: color**	**花药: 颜色**		
		yellow	黄色	Red Condor	1
		orange	橙色	Early Fruit	2
27. QN	(a)	**Style: length**	**花柱: 长度**		
		short	短		3
		medium	中		5
		long	长		7
28. QN		**Inflorescence: number of berries**	**花序: 蒴果数量**		
		few	少	Rosemary	3
		medium	中	Bosajum	5
		many	多	Excellent Flair	7
29. (*) QN	(b)	**Berry: maximum diameter**	**蒴果: 最大直径**		
		small	小	Opalo	3
		medium	中	Bosajol	5
		large	大	Kolmgia	7
30. (*) PQ	(b)	**Berry: shape in longitudinal section**	**蒴果: 纵切面形状**		
		narrow elliptic	窄椭圆形	Magical Green	1
		elliptic	椭圆形	Bright Blossom	2
		broad elliptic	阔椭圆形	Kolmbeau	3
		round	圆形	Kolmsweet	4
		narrow ovate	窄卵圆形	Rosemary	5
		ovate	卵圆形	Bosafan	6
		broad ovate	阔卵圆形	Kolmgia	7

性状编号	观测方法	英文	中文	标准品种	代码
31. （*） （+） **QL**	（b）	**Berry：shape in cross section**	**蒴果：横截面形状**		
		rounded	圆形		1
		triangular	三角形		2
32. （*） **QL**	（b）	**Berry：indentation of apex**	**蒴果：先端凹痕**		
		absent	无		1
		present	有		9
33. （*） **PQ**	（b）	**Berry：surface（apex excluded）**	**蒴果：表面（先端除外）**		
		smooth	光滑	Bosaelec	1
		grooved	具沟槽	Rosemary	2
		indented	锯齿		3
34. （*） **PQ**	（b）	**Berry：color group**	**蒴果：色组**		
		white	白色		1
		cream	奶油色	Bonaire	2
		green	绿色	SJK 100	3
		brownish green	污棕绿色	Kolmgreen	4
		yellow	黄色	Bosaarc	5
		orange	橙色		6
		light pink	浅粉色	Esmamber	7
		pink	粉色	Kolmsweet	8
		dark pink	深粉色		9
		red pink	粉红色	SJK 93	10
		orange red	橙红色	Esmmayor	11
		light red	淡红色	Bright Blossom	12
		red	红色	Bosapin	13
		dark red	暗红色		14
		red purple	紫红色	Pamela	15
		red brown	红棕色	Esmmarron	16
		purple brown	紫棕色	Autum Blaze，Excellent Flair	17
		brown	棕色		18
		grey brown	灰棕色		19
35. （*） （+） **PQ**	（b）	**Berry：main color**	**蒴果：主色**		
		RHS Colour Chart（indicate reference number）	RHS比色卡（注明参考色号）		
36. （*） **QN**	（b）	**Berry：width of whitish or greenish band at base**	**蒴果：基部泛白色或泛绿色带宽度**		
		absent or narrow	无或窄	Kolmred	1
		medium	中	Belmount	2
		broad	宽	Bosaapol，Kolmblac	3
37. （*） **QN**	（b）	**Berry：glossiness**	**蒴果：光泽度**		
		weak	弱	*H. hircinum*，SJK 94	1
		medium	中	Kolmfa	2
		strong	强	Bosaapol	3

8　性状表解释

8.1　对多个性状的解释

　　性状表第二列包含以下标注的性状应按照下述要求观测。

（a）性状观测应在盛花期。

（b）性状观测应在蒴果完全着色期（收获季节）。

8.2　对单个性状的解释

性状 17、性状 18：花序长度（性状 17）、花序宽度（性状 18）

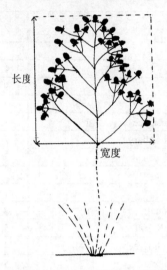

性状 19：花序远基端形状

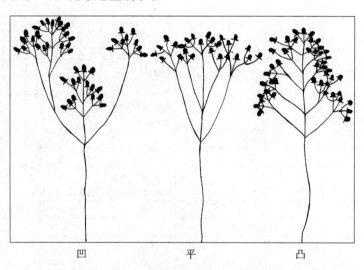

凹　　　　　　　平　　　　　　　凸

性状 21、性状 22：花萼长度（性状 21）、花萼宽度（性状 22）

应对最大的花萼片进行观测。

性状 31：蒴果横截面形状

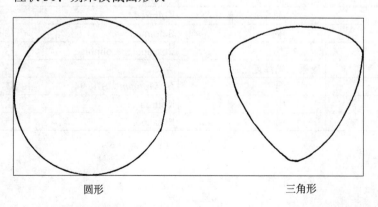

圆形　　　　　　　　　　　　　　三角形

扫码下载原文

如扫描二维码无法下载指南原文，可能是指南版本有更新，可扫描本书封底二维码查看与本文对应的指南版本

性状 35：蒴果主色

如果比照英国皇家园艺学会比色卡得不到相应的参考代码，则无法进行性状 35 的观测。

TG/220/1 Rev.

原文：英文

日期：2004-03-31，
2009-04-01

国际植物新品种保护联盟
植物品种特异性、一致性和稳定性测试指南

马鞭草属

（*Verbena* L.）

互用名称 *

植物学名称	英文	法文	德文	西班牙文
Verbena L.	Verbena, Vervain	Verveine	Verbene, Eisenkraut	Verbena

---

* 这些名称在指南开始使用时是正确的，但随后可能会修改更新。读者可登录 UPOV 网站（www.upov.int），获取最新资料。

1　指南适用范围

本指南适用于马鞭草科（Verbenaceae）的马鞭草属（*Verbena* L.）的所有品种。

2　繁殖材料要求

2.1　待测品种繁殖材料的数量和质量要求以及提交的时间和地点由主管机构决定。申请人从测试所在国境外提交繁殖材料的，还应符合海关规定并满足相关植物检疫的要求。

2.2　对于无性繁殖品种，繁殖材料以一般的商用标准的植株形式提供，对于种子繁殖品种，所提供种子的最低发芽率为 50%。

2.3　申请人提交繁殖材料的最小数量为 20 个植株（无性繁殖品种）或 5 g 种子（种子繁殖品种）。

2.4　如果是种子，提交的种子应满足主管机构规定的发芽率、纯度、健康程度和含水量的最低要求。当种子用于保藏时，申请者应尽可能提供发芽率高的种子并注明发芽率。

2.5　提供的繁殖材料应外观健康有活力，未受到任何严重病虫害的影响。

2.6　提交的繁殖材料不得进行任何可能影响品种性状表达的处理，除非主管机构允许或要求进行这种处理。如果材料已经处理，必须提供相关处理的详细情况。

3　测试方法

3.1　测试周期
测试的最少周期数量通常为 1 个生长周期。

3.2　测试地点
测试通常在 1 个地点进行，如果有与 DUS 审查相关的品种性状在该地点无法表达，那么这个品种可以在另一个地点进行测试。

3.3　测试条件
3.3.1　测试的条件应能满足品种正常生长的需要，以确保品种相关性状充分表达和测试的顺利开展。特别地，除非另有说明，所有的观测都应在完全成熟的，处在盛花期的典型植株部位上进行。

3.3.2　因为日光变化，在对比色卡做颜色测定时，可以在提供人工光源的适当的隔间内进行，也可以在中午没有阳光直射的房间内进行。人工光源的光谱分布应符号 CIE "理想日光标准 D6500"，且在《英国标准 950：第 1 部分》规定的允许范围之内。植株部位的颜色测定需在白色背景下进行。

3.4　试验设计
3.4.1　每个试验应保证至少有 20 个植株（无性繁殖品种）或 100 个植株（种子繁殖品种）。

3.4.2　试验设计应保证因测量或计数等需要，从小区取走部分植株或植株部位后，不影响生长周期结束前的所有观测。

3.5　植株/植株部位的观测数量
除非另有说明，对于单株的观测，应观测 10 个植株或分别从 10 个植株取下的植株部位；对于其他观测，应观测试验中的所有植株。

3.6　附加测试
为测试有关性状，可以进行附加测试。

4　特异性、一致性和稳定性评价

4.1　特异性

4.1.1　一般建议

对于本指南的使用者而言，在判定特异性前参照总则特异性判定的一般原则十分重要。但为进一步说明和强调特异性判定，本指南特列出特异性判定的要点。

4.1.2　一致的差异

3.1 中建议的最少测试周期通常是为了确保所观测到的性状差异能足够一致所必须的。

4.1.3　明显的差异

两个品种间的差异是否明显取决于很多因素，特别应考虑所测性状的表达类型，即该性状是质量性状、数量性状还是假质量性状。因此，在作出关于特异性的判定前，本测试指南的使用者应熟悉总则中的建议。

4.2　一致性

4.2.1　对于本指南的使用者而言，在判定一致性前参照总则一致性判定的一般原则十分重要。但为进一步说明和强调一致性判定，本指南特列出一致性判定的要点。

4.2.2　无性繁殖品种：评价无性繁殖品种的一致性时，应采用 1% 的群体标准和至少 95% 的接受概率。当样本量为 20 个时，允许有 1 个异型株。

4.2.3　种子繁殖品种：评价种子繁殖品种的一致性时，应参照总则中对异花授粉品种的建议。

4.3　稳定性

4.3.1　在实际操作中，通常不像测试特异性和一致性那样对稳定性进行测试以得到明确结果。经验表明，对许多类型的品种来说，当一个品种表现一致时，可认为其是稳定的。

4.3.2　适当情况下或者有疑问时，稳定性可以采用如下方法测试：种植该品种的下一代或者测试一批新种子，看其性状表现是否与之前提交的种子表现相同。

5　品种分组和试验组织

5.1　使用分组性状可以帮助选择与申请品种一起进行田间种植试验的已知品种，以及对这些品种进行合适分组以便进行特异性评价。

5.2　分组性状表达状态的数据即使来自不同地点，也可以单独或者与其他此类性状联合使用。

　　（a）用于特异性测试中筛选排除那些不需要安排在种植试验中的已知品种。

　　（b）用于组织安排种植试验，使近似品种种植在一起。

5.3　以下性状已被确认为有用的分组性状。

　　（a）植株：生长习性（性状 1）。

　　（b）叶片：分裂（性状 7）。

　　（c）叶片：分裂类型（性状 8）。

　　（d）花冠：颜色数量（性状 24）。

　　（e）花冠：主色（性状 27），有以下分组。

　　第一组：白色。

　　第二组：黄色。

　　第三组：绿色。

　　第四组：橙色。

　　第五组：浅粉色。

　　第六组：粉色。

第七组：红色。

第八组：红紫色。

第九组：蓝紫色。

第十组：浅紫色。

5.4　总则中提供了在特异性审查过程中使用分组性状的指导。

6　性状表介绍

6.1　性状分类

6.1.1　标准指南性状

标准指南性状是 UPOV 已同意用于 DUS 审查的性状，UPOV 成员可以从中选择与其特定环境相适应的性状。

6.1.2　星号性状

星号性状（用"*"标记）是测试指南中对于形成国际统一的品种描述十分重要的性状，所有 UPOV 成员都应将其用于 DUS 测试并包含在品种描述中，除非前序性状的表达或区域环境条件所限使其无法测试。

6.2　表达状态和相应注释

为定义性状和统一描述，将每个性状划分为一系列表达状态。每个表达状态赋予一个相应的数字代码，以便于数据记录，以及品种性状描述的建立和交流。

6.3　表达类型

总则中对性状表达类型（质量性状、数量性状和假质量性状）进行了解释。

6.4　标准品种

适当时，测试指南中提供了标准品种用于校正性状的表达状态。

6.5　注释

（*）星号性状（6.1.2）。

QL：质量性状（6.3）。

QN：数量性状（6.3）。

PQ：假质量性状（6.3）。

（a）性状表解释（8.1）。

（+）性状表解释（8.2）。

7　性状表

性状编号	观测方法	英文	中文	标准品种	代码
1. （*） **PQ**		**Plant：growth habit**	**植株：生长习性**		
		upright	直立	Sunvivapa	1
		semi-upright	半直立	Blancena, Sunmariba, Sunmaririho	2
		creeping	匍匐	Sunvop	3
2. （*） **QN**		**Plant：width**	**植株：宽度**		
		small	小	Kieversil	3
		medium	中	Sunver, Sunvop	5
		large	大	Wynena	7

性状编号	观测方法	英文	中文	标准品种	代码
3.（*）QL		**Stem: anthocyanin coloration（on middle third of an actively growing stem）**	茎秆：花青苷显色（旺盛生长的茎秆的1/3处）		
		absent	无	Blancena，Sunmaririho	1
		present	有	Wynena	9
4.（*）QN		**Leaf blade: length**	叶片：长度		
		short	短	Sunvop	3
		medium	中	Sunmaribisu	5
		long	长	Scarlena	7
5.（*）QN		**Leaf blade: width**	叶片：宽度		
		narrow	窄	Sunmaribisu	3
		medium	中	Wynena	5
		broad	宽		7
6.（*）PQ		**Leaf blade: shape**	叶片：形状		
		lanceolate	披针形	Wesverdark	1
		narrow elliptic	窄椭圆形		2
		elliptic	椭圆形	Kieversil	3
		ovate	卵圆形	Lan Pureye	4
		broad ovate	阔卵圆形		5
7.（*）QL		**Leaf blade: division**	叶片：分裂		
		absent	无	Sunmaribisu	1
		present	有	Sunvop	9
8.（*）（+）PQ		**Leaf blade: type of division**	叶片：分裂类型		
		lobed	浅裂	Balazplum	1
		divided	分裂		2
		dissected	多裂	Sunvop	3
9.（*）（+）PQ		**Leaf blade: type of incisions of margin**	叶片：边缘裂刻类型		
		crenate	圆齿状	Balazlavi，Sunvivaripi	1
		dentate	齿状	Sunmarisu	2
		serrate	锯齿状	Sunverb 07	3
10.（*）PQ		**Leaf blade: color of upper side**	叶片：上部颜色		
		yellow green	黄绿色		1
		light green	浅绿色	Sunmaririho	2
		medium green	中等绿色	Sunvop	3
		dark green	深绿色	Wynena	4
		grey green	灰棕色		5
11.（*）QL		**Leaf blade: anthocyanin coloration on upper side**	叶片：上部花青苷显色		
		absent	无	Wynena	1
		present	有	Sunmarisu	9
12.QN		**Leaf blade: intensity of anthocyanin coloration**	叶片：花青苷显色强度		
		weak	弱		3
		medium	中		5
		strong	强		7

性状编号	观测方法	英文	中文	标准品种	代码
13. (*) QN		**Petiole: length**	叶柄: 长度		
		short	短	Lan Pureye	3
		medium	中	Scarlena	5
		long	长	Wynena	7
14. (*) QN		**Inflorescence: diameter**	花序: 直径		
		small	小		3
		medium	中	Blancena	5
		large	大	Scarlena	7
15. (*) (+) PQ		**Inflorescence: shape in profile**	花序: 轮廓形状		
		broad ovate	阔卵圆形		1
		broad obovate	阔倒卵圆形	Wynena	2
		broad cylindric	阔圆柱形	Sunmarisu	3
		narrow cylindric	窄圆柱形		4
16. (*) (+) QN		**Flower: arrangement of corolla lobes**	花: 花瓣排列		
		free	分离	Scarlena	1
		touching	相接	Blancena, Sunmarisu	2
		overlapping	重叠		3
17. (*) QN		**Flower: diameter of corolla**	花: 花冠直径		
		small	小	Sunvop	3
		medium	中	Blancena, Sunmarisu	5
		large	大	Scarlena	7
18. (*) QL		**Calyx: anthocyanin coloration**	花萼: 花青苷显色		
		absent	无	Kieversil, Lobena	1
		present	有	Scarlena	9
19. (*) PQ		**Calyx: distribution of anthocyanin coloration**	花萼: 花青苷分布		
		at the base	基部		1
		upper part	上部	Sunmarisa	2
		teeth only	仅萼齿	Sunmaribisu	3
		entire calyx	整个花萼		4
20. (*) QN		**Corolla tube: length**	花冠筒: 长度		
		short	短	Balazpima	3
		medium	中	Kieversil, Sunvop	5
		long	长	Sunmariba, Sunmariribu	7
21. (*) PQ		**Corolla tube: color of tip of protruding hairs**	花冠筒: 茸毛尖端颜色		
		white	白色	Balazpima	1
		light green yellow	浅绿黄色	Sunmaribisu	2
		pink	粉色		3
		red	红色		4
		purple	紫色	Sunvivabupan	5
		grey purple	灰紫色	Balazplum	6
		light grey	浅灰色	Sunmariribu	7
22. (*) QN		**Corolla lobe: curvature of longitudinal axis**	花冠裂片: 纵轴弯曲方向		
		incurved	内弯	Sunvat	1
		straight	直线	Sunmaririho	2
		recurved	外弯	Wynena, Blancena	3

性状编号	观测方法	英文	中文	标准品种	代码
23. (*) QN		**Corolla lobe：undulation of margin**	花冠裂片：边缘波动幅度		
		weak	弱	Lan Pureye	3
		medium	中	Balazplum，Balazdapi	5
		strong	强		7
24. (*) QL	（a）	**Corolla：number of colors**	花冠：颜色数量		
		one	1 种	Sunmaribisu	1
		two	2 种	Kieverstar	2
		more than two	2 种以上		3
25. (*) PQ	（a）	**Corolla：color pattern**	花冠：颜色图案		
		even	均匀	Sunmaribisu	1
		shaded	逐渐变化	Kieverstar	2
		star-shaped	星状		3
		speckled	斑状		4
		speckled and striped	斑状和条状	Kieversil	5
26. (*) QL	（a）	**Shaded varieties only：Corolla：distribution of color**	花冠：颜色分布（仅适用于颜色逐渐变化品种）		
		lighter towards base	向基部变浅		1
		lighter towards apex	向先端变浅		2
27. (*) PQ	（a）	**Corolla：main color**	花冠：主色		
		RHS Colour Chart	RHS 比色卡		
28. (*) PQ	（a）	**Corolla：secondary color**	花冠：次色		
		RHS Colour Chart	RHS 比色卡		
29. (*) QL		**Corolla：eye**	花冠：花蕊		
		absent	无	Sunmarisu	1
		present	有	Spikena	9
30. (*) QN		**Corolla：diameter of eye**	花冠：花蕊直径		
		small	小	Sunmaririho	3
		medium	中	Spikena	5
		large	大	Sumverb 09	7
31. (*) PQ	（a）	**Corolla：color of eye**	花冠：花蕊颜色		
		whitish green	泛白绿色	Sunvivaripi	1
		green yellow	绿黄色	Balazlavi，Vertis	2
		pink	粉色	Balazpima	3
		red	红色	QuHa 237V	4
		purple	紫色	Balazdapi	5
32. QN	（a）	**Corolla：change of color with age**	花冠：颜色随花龄变化		
		strongly fading	严重褪色		1
		weakly fading	轻微褪色		2
		no change	无变化	Blancena，Lobena	3
		weakly intensifying	轻微增强		4
		strongly intensifying	严重增强		5

8　性状表解释

8.1　对多个性状的解释

性状表第二列包含以下标注的性状应按照下述要求观测。

（a）所有与花色有关的性状观测都应在花的上部进行。

8.2 对单个性状的解释

性状8：叶片分裂类型

1	2	3
浅裂	分裂	多裂

性状9：叶片边缘裂刻类型

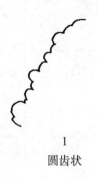

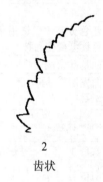

1	2	3
圆齿状	齿状	锯齿状

性状15：花序轮廓形状

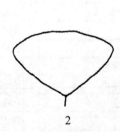

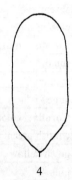

1	2	3	4
阔卵圆形	阔倒卵圆形	阔圆柱形	窄圆柱形

性状16：花瓣排列

扫码下载原文

如扫描二维码无法下载指南原文，可能是指南版本有更新，可扫描本书封底二维码查看与本文对应的指南版本

1	2	3
分离	相接	重叠

国际植物新品种保护联盟
植物品种特异性、一致性和稳定性
测试指南

金鱼草 *

UPOV 代码：ANTIR_MAJ

（*Antirrhinum majus* L.）

互用名称 *

植物学名称	英文	法文	德文	西班牙文
Antirrhinum majus L.	Antirrhinum, Common snapdragon	Gueule de lion, Gueule de loup, Muflier	Löwenmaul	Boca de dragón

---

* 这些名称在指南开始使用时是正确的，但随后可能会修改更新。读者可登录 UPOV 网站（www.upov.int），获取最新资料。

1　指南适用范围

本指南适用于玄参科金鱼草（*Antirrhinum majus* L.）的所有品种。

2　繁殖材料要求

2.1　待测品种繁殖材料的数量和质量要求以及提交的时间和地点由主管机构决定。申请人从测试所在国境外提交繁殖材料的，还应符合海关规定并满足相关植物检疫的要求。

2.2　繁殖材料以种子或扦插苗的形式提交。

2.3　申请人提交繁殖材料的最小数量为 600 粒种子（种子繁殖品种）或 30 株扦插苗（无性繁殖品种）。

2.4　提交种子的情况下，种子应满足主管机构规定的发芽率、纯度、健康程度和含水量的最低要求。当种子用于保藏时，申请者应尽可能提供发芽率高的种子并注明发芽率。

2.5　提供的繁殖材料应外观健康有活力，未受到任何严重病虫害的影响。

2.6　提交的繁殖材料不得进行任何可能影响品种性状表达的处理，除非主管机构允许或要求进行这种处理。如果材料已经处理，必须提供相关处理的详细情况。

3　测试方法

3.1　测试周期
测试的最少周期数量通常为 1 个生长周期。

3.2　测试地点
测试通常在 1 个地点进行。在 1 个以上地点进行测试时，TGP/9《特异性审查》提供了有关指导。

3.3　测试条件
3.3.1　测试的条件应能满足品种正常生长的需要，以确保品种相关性状充分表达和测试的顺利开展。除非另有说明，所有观测应在植株盛花期进行。

3.3.2　由于日光会发生变化，在利用比色卡确定颜色时，应在一个合适的有人工光源照明的小室或中午无阳光直射的房间内进行。人工光源光谱分布应符合 CIE "理想日光标准 D6500"，且在《英国标准 950：第 1 部分》的允许范围之内。在鉴定颜色时，应将植株部位置于白色背景上。

3.4　试验设计
3.4.1　对于种子繁殖品种，每个试验应保证至少有 40 个植株。

3.4.2　对于无性繁殖品种，每个试验应保证至少有 20 个植株。

3.4.3　试验设计应保证因测量或计数等需要，从小区取走部分植株或植株部位后，不影响生长周期结束前的所有观测。

3.5　植株 / 植株部位的观测数量
3.5.1　种子繁殖品种：除非另有说明，对于单株的观测，应观测 20 个植株或分别从 20 个植株取下的植株部位，对于其他观测，应观测试验中的所有植株。

3.5.1　无性繁殖品种：除非另有说明，对于单株的观测，应观测 10 个植株或分别从 10 个植株取下的植株部位，对于其他观测，应观测试验中的所有植株。

3.6　附加测试
为测试有关性状，可以进行附加测试。

4 特异性、一致性和稳定性评价

4.1 特异性

4.1.1 一般建议

对于本指南的使用者而言，在判定特异性前参照总则特异性判定的一般原则十分重要。但为进一步说明和强调特异性判定，本指南特列出特异性判定的要点。

4.1.2 一致的差异

当观测到的品种之间的差异非常明显时，则没有必要种植1个以上生长周期。此外，在某些情况下，环境的影响并不意味着需要1个以上的生长周期来保证品种间观察到的差异是足够一致的。为确保在种植试验中所观测到的性状差异是足够一致的，可以对性状进行至少2个独立生长周期的测试。

4.1.3 明显的差异

两个品种间的差异是否明显取决于很多因素，特别应考虑所测性状的表达类型，即该性状是质量性状、数量性状还是假质量性状。因此，在作出关于特异性的判定前，本测试指南的使用者应熟悉总则中的建议。

4.2 一致性

4.2.1 对于本指南的使用者而言，在判定一致性前参照总则一致性判定的一般原则十分重要。但为进一步说明和强调一致性判定，本指南特列出一致性判定的要点。

4.2.2 一致性的评价，应采用1%的群体标准和至少95%的接受概率。当样本量为40个时，允许有2个异型株。当样本量为20个时，允许有1个异型株。

4.3 稳定性

4.3.1 在实际操作中，通常不像测试特异性和一致性那样对稳定性进行测试以得到明确结果。经验表明，对许多类型的品种来说，当一个品种表现一致时，可认为其是稳定的。

4.3.2 适当情况下或者有疑问时，稳定性可以采用如下方法测试：种植该品种的下一代或者测试一批新种子或新植株，看其性状表现是否与之前提交的材料表现相同。

5 品种分组和试验组织

5.1 使用分组性状可以帮助选择与申请品种一起进行田间种植试验的已知品种，以及对这些品种进行合适分组以便进行特异性评价。

5.2 分组性状表达状态的数据即使来自不同地点，也可以单独或者与其他此类性状联合使用。

（a）用于特异性测试中筛选排除那些不需要安排在种植试验中的已知品种。

（b）用于组织安排种植试验，使近似品种种植在一起。

5.3 以下性状已被确认为有用的分组性状。

（a）植株：生长习性（性状1）。

（b）灌木类型品种：植株枝条姿态（性状2）。

（c）花：对称性（性状15）。

（d）上唇：上表面主色（性状22），共有以下分组。

第一组：白色。

第二组：黄色。

第三组：橙色。

第四组：红色。

第五组：粉色。

第六组：紫色。

（e）下唇：顶部上表面主色（性状 26），共有以下分组。

第一组：白色。

第二组：黄色。

第三组：橙色。

第四组：红色。

第五组：粉色。

第六组：紫色。

5.4　总则中提供了在特异性审查过程中使用分组性状的指导。

6　性状表介绍

6.1　性状类型

6.1.1　标准指南性状

标准指南性状是 UPOV 已同意用于 DUS 审查的性状，UPOV 成员可以从中选择与其特定环境相适应的性状。

6.1.2　星号性状

星号性状（用"*"标记）是测试指南中对于形成国际统一的品种描述十分重要的性状，所有 UPOV 成员都应将其用于 DUS 测试和品种描述中，除非前序性状的表达状态或区域环境条件所限使其无法测试。

6.2　表达状态及相应代码

为定义性状和统一描述，将每个性状划分为一系列表达状态。每个表达状态赋予一个相应的数字代码，以便于数据记录，以及品种性状描述的建立和交流。

6.3　表达类型

总则中对性状表达类型（质量性状、数量性状和假质量性状）进行了解释。

6.4　标准品种

必要时，提供标准品种以明确每一性状的不同表达状态。

6.5　注释

（*）星号性状（6.1.2）。

QL：质量性状（6.3）。

QN：数量性状（6.3）。

PQ：假质量性状（6.3）。

（a）～（c）性状表解释（8.1）。

（+）性状表解释（8.2）。

7　性状表

性状编号	观测方法	英文	中文	标准品种	代码
1. （*） （+） QL		**Plant：growth habit**	**植株：生长习性**		
		single stem	单茎		1
		bushy	丛生		2

性状编号	观测方法	英文	中文	标准品种	代码
2.（*）（+）QN		**Only varieties with bushy plant growth habit：Plant：attitude of shoots**	植株：枝条姿态（仅适用于植株生长习性为丛生的品种）		
		upright	直立		1
		semi upright	半直立		3
		horizontal	水平		5
		semi drooping	半下弯		7
		drooping	下弯		9
3.（*）QN		**Stem：length**	茎：长度		
		short	短	Lared	3
		medium	中	Bridal Pink	5
		long	长	Napoleon Red	7
4.QN	（a）	**Stem：anthocyanin coloration**	茎：花青苷显色		
		absent or very weak	无或极弱		1
		weak	弱		3
		medium	中		5
		strong	强		7
		very strong	极强		9
5.QL		**Only varieties with bushy plant growth habit：Stem：position of branching**	茎：分枝部位（仅适用于植株生长习性为丛生的品种）		
		upper half only	仅上半部		1
		along entire stem	沿整条茎		2
		lower half only	仅下半部		3
6.QN		**Stem：number of primary branches**	茎：一级分枝数		
		few	少	Chihaya Yellow 1go	3
		medium	中	Yapear	5
		many	多	Sankisupink	7
7.（*）QN	（b）	**Leaf：length**	叶：长度		
		short	短	Lared	3
		medium	中	Bridal Pink	5
		long	长	Iyonokurenai	7
8.（*）QN	（b）	**Leaf：width**	叶：宽度		
		narrow	窄	Lared	3
		medium	中	Bridal Pink	5
		broad	宽	Iyonokurenai	7
9.（*）QL	（b）	**Leaf：variegation**	叶：色斑		
		absent	无		1
		present	有	Dancing Flame	9
10.（*）QN	（b）	**Only varieties with leaf variegation absent：Leaf：intensity of green color of upper side**	叶：上表面绿色程度（仅适用于叶片无色斑品种）		
		light	浅		3
		medium	中	Lared	5
		dark	深	Yapear	7
11.QL	（b）	**Leaf：anthocyanin coloration on lower side**	叶：下表面花青苷显色		
		absent	无		1
		present	有		9

续表

性状编号	观测方法	英文	中文	标准品种	代码
12. QN	（b）	**Leaf：pubescence**	叶：茸毛		
		absent or very weak	无或极弱	Yacan	1
		weak	弱	Balumwhite	3
		medium	中	Apple Blossom	5
		strong	强		7
13. QN		**Only varieties with single stem plant growth habit：Inflorescence：length**	花序：长度（仅适用于植株生长习性为单茎的品种）		
		short	短	Sankisupink	3
		medium	中	Iyonokurenai	5
		long	长	Napolean Red	7
14. （+） QN		**Only varieties with single stem plant growth habit：Inflorescence：density**	花序：密度（仅适用于植株生长习性为单茎的品种）		
		sparse	疏		3
		medium	中	Bridal Pink	5
		dense	密	Bridal White	7
15. （*） （+） QL	（c）	**Flower：form**	花：对称性		
		zygomorph	左右对称		1
		actinomorph	辐射对称		2
16. （*） QL	（c）	**Flower：type**	花：类型		
		single	单瓣		1
		double	重瓣		2
17. （*） （+） QN	（c）	**Flower：length**	花：长度		
		short	短	Lared	3
		medium	中	Bridal Pink	5
		long	长	Napoleon Red	7
18. （*） （+） QN	（c）	**Flower：width**	花：宽度		
		narrow	窄		3
		medium	中	Bridal Pink	5
		broad	宽		7
19. （+） QN	（c）	**Corolla tube：length**	花冠管：长度		
		short	短		3
		medium	中		5
		long	长		7
20. （+） QN	（c）	**Upper lip：width**	上唇：宽度		
		narrow	窄	Lared	3
		medium	中	Bridal Pink	5
		broad	宽		7
21. QN	（c）	**Upper lip：conspicuousness of veins**	上唇：脉明显程度		
		absent or very weak	无或极弱		1
		weak	弱		3
		medium	中		5
		strong	强		7
		very strong	极强		9
22. （*） PQ	（c）	**Upper lip：main color of upper side**	上唇：上表面主色		
		RHS Colour Chart（indicate reference number）	RHS 比色卡（注明参考色号）		

续表

性状编号	观测方法	英文	中文	标准品种	代码
23. PQ	（c）	**Upper lip：main color of lower side**	**上唇：下表面主色**		
		RHS Colour Chart （indicate reference number）	RHS 比色卡（注明参考色号）		
24. （+） QN	（c）	**Lower lip：attitude of middle cusp lobe （relative to corolla tube）**	**下唇：中裂片姿态（相对于花冠管）**		
		erect	直立	Diana Pink	1
		semi erect	半直立		3
		horizontal	水平	Sulte Redyel	5
		semi drooping	半下弯		7
		drooping	下弯	Diana Dark Red	9
25. （+） QN	（c）	**Lower lip：width of middle cusp lobe**	**下唇：中裂片宽度**		
		narrow	窄	Lared	3
		medium	中	Chihaya Yellow 1go	5
		broad	宽	Bridal Pink	7
26. （*） （+） PQ	（c）	**Lower lip：main color of upper side of cusp**	**下唇：顶部上表面主色**		
		RHS Colour Chart （indicate reference number）	RHS 比色卡（注明参考色号）		
27. PQ	（c）	**Lower lip：main color of lower side of cusp**	**下唇：顶部下表面主色**		
		RHS Colour Chart （indicate reference number）	RHS 比色卡（注明参考色号）		
28. （*） （+） PQ	（c）	**Lower lip：main color of upper side of base**	**下唇：基部上表面主色**		
		RHS Colour Chart （indicate reference number）	RHS 比色卡（注明参考色号）		
29. （*） （+） QL	（c）	**Lower lip：spot**	**下唇：斑点**		
		absent	无		1
		present	有		9
30. QN	（c）	**Lower lip：size of spot**	**下唇：斑点大小**		
		very small	极小		1
		small	小		3
		medium	中		5
		large	大		7
		very large	极大		9
31. PQ	（c）	**Lower lip：color of spot**	**下唇：斑点颜色**		
		RHS Colour Chart （indicate reference number）	RHS 比色卡（注明参考色号）		
32. PQ	（c）	**Corolla tube：color of outer side**	**花冠管：外表面颜色**		
		RHS Colour Chart （indicate reference number）	RHS 比色卡（注明参考色号）		
33. （+） QN	（c）	**Only seed-propagated varieties：Time of beginning of flowering**	**始花期（仅适用于种子繁殖品种）**		
		very early	极早		1
		early	早		3
		medium	中		5
		late	晚		7
		very late	极晚		9

8 性状表解释

8.1 对多个性状的解释

性状表第二列包含以下标注的性状应按照下述要求观测。

（a）应观测主茎中部位置。

（b）应观测主茎中部位置的叶片。

（c）应观测第二朵开放的花。

8.2 对单个性状的解释

性状 1：植株生长习性

1	2
单茎	丛生

性状 2：植株枝条姿态（仅适用于植株生长习性为丛生的品种）

1	3	5	7	9
直立	半直立	水平	半下弯	下弯

性状 14：花序密度

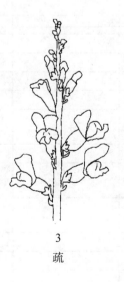  

3	5	7
疏	中	密

性状 15：花对称性

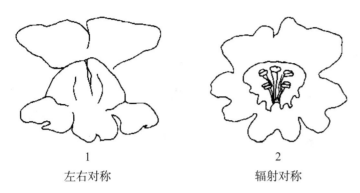

1   2
左右对称   辐射对称

性状 17：花长度
性状 18：花宽度

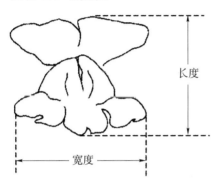

性状 19：花冠管长度

性状 20：上唇宽度
性状 25：下唇中裂片宽度
性状 26：下唇顶部上表面主色
性状 28：下唇基部上表面主色

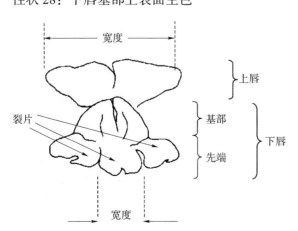

性状 24：下唇中裂片姿态（相对于花冠管）

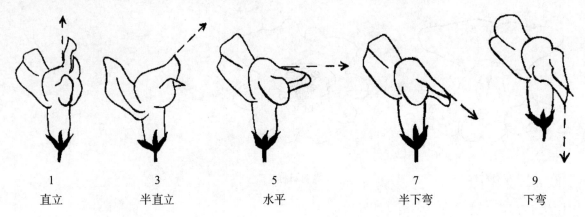

1	3	5	7	9
直立	半直立	水平	半下弯	下弯

性状 29：下唇斑点

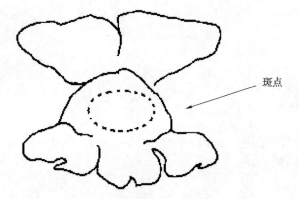

斑点

性状 33：始花期（仅适用于种子繁殖品种）
始花期指 50% 的植株有一朵花开放的天数。

国际植物新品种保护联盟
植物品种特异性、一致性和稳定性
测试指南

木茼蒿

UPOV 代码：ARGYR_FRU

[Argyranthemum frutescens（L.）Sch. Bip.]

互用名称 *

植物学名称	英文	法文	德文	西班牙文
Argyranthemum frutescens (L.) Sch. Bip. *Chrysanthemum frutescens* L.	Argyranthemum, Paris Daisy, White Marguerite	Anthémis	Strauchmargerite	Margarita

---

* 这些名称在指南开始使用时是正确的，但随后可能会修改更新。读者可登录 UPOV 网站（www.upov.int），获取最新资料。

1 指南适用范围

本指南适用于菊科（Asteraceae）木茼蒿 [*Argyranthemum frutescens*（L.）Sch. Bip.] 的所有品种。

2 繁殖材料要求

2.1 待测品种繁殖材料的数量和质量要求以及提交的时间和地点由主管机构决定。申请人从测试所在国境外提交繁殖材料的，还应符合海关规定并满足相关植物检疫的要求。

2.2 繁殖材料以带根扦插苗的形式提交。

2.3 提交繁殖材料的最小数量为 20 株带根扦插苗。

2.4 提供的繁殖材料应外观健康有活力，未受到任何严重病虫害的影响。

2.5 提交的繁殖材料不得进行任何可能影响品种性状表达的处理，除非主管机构允许或要求进行这种处理。如果材料已经处理，必须提供相关处理的详细情况。

3 测试方法

3.1 测试周期

测试的最少周期数量通常为 1 个生长周期。

3.2 测试地点

测试通常在 1 个地点进行。在 1 个以上地点进行测试时，TGP/9《特异性审查》提供了有关指导。

3.3 测试条件

3.3.1 测试的条件应能满足品种正常生长的需要，以确保品种相关性状充分表达和测试的顺利开展。

3.3.2 观测的生育期

性状观测的最佳生育期为盛花期。

3.3.3 观测类型

性状表第二列以如下符号的形式列出了性状观测推荐的方法。

MS：对一批植株或植株部位进行逐个测量，获得一组个体记录。

VG：对一批植株或植株部位进行目测，获得一个群体记录。

3.3.4 目测颜色

为避免日光变化的影响，在利用比色卡确定颜色时，应在一个合适的有人工光源照明的小室或中午无阳光直射的房间内进行。人工光源光谱分布应符合 CIE "理想日光标准 D6500"，且在《英国标准 950：第 1 部分》的允许范围之内。在确定颜色时，应将植株部位置于白色背景上。

3.4 试验设计

3.4.1 每个试验应保证至少有 16 个植株。

3.4.2 试验设计应保证因测量或计数等需要，从小区取走部分植株或植株部位后，不影响生长周期结束时的性状观测。

3.5 植株 / 植株部位的观测数量

除非另有说明，对于单株的观测，应观测 10 个植株或分别从 10 个植株取下的植株部位；对于其他观测，应观测试验中的所有植株。

3.6 附加测试

为测试有关性状，可以进行附加测试。

4 特异性、一致性和稳定性评价

4.1 特异性
4.1.1 一般建议
对于本指南的使用者而言，在判定特异性前参照总则特异性判定的一般原则十分重要。但为进一步说明和强调特异性判定，本指南特列出特异性判定的要点。

4.1.2 一致的差异
当观测到的品种之间的差异非常明显时，则没有必要种植 1 个以上生长周期。此外，在某些情况下，环境的影响并不意味着需要 1 个以上的生长周期来保证品种间观察到的差异是足够一致的。为确保在种植试验中所观测到的性状差异是足够一致的，可以对性状进行至少 2 个独立生长周期的测试。

4.1.3 明显的差异
两个品种间的差异是否明显取决于很多因素，特别应考虑所测性状的表达类型，即该性状是质量性状、数量性状还是假质量性状。因此，在作出关于特异性的判定前，本测试指南的使用者应熟悉总则中的建议。

4.2 一致性
4.2.1 对于本指南的使用者而言，在判定一致性前参照总则一致性判定的一般原则十分重要。但为进一步说明和强调一致性判定，本指南特列出一致性判定的要点。

4.2.2 评价一致性时，应采用 1% 的群体标准和至少 95% 的接受概率。当样本量为 16 个时，允许有 1 个异型株。

4.3 稳定性
4.3.1 在实际操作中，通常不像测试特异性和一致性那样对稳定性进行测试以得到明确结果。经验表明，对许多类型的品种来说，当一个品种表现一致时，可认为其是稳定的。

4.3.2 适当情况下或者有疑问时，稳定性可以采用如下方法测试：种植该品种的下一代或者测试一批新种子或新植株，看其性状表现是否与之前提交的材料表现相同。

5 品种分组和试验组织

5.1 使用分组性状可以帮助选择与申请品种一起进行田间种植试验的已知品种，以及对这些品种进行合适分组以便进行特异性评价。

5.2 分组性状表达状态的数据即使来自不同地点，也可以单独或者与其他此类性状联合使用。

（a）用于特异性测试中筛选排除那些不需要安排在种植试验中的已知品种。

（b）用于组织安排种植试验，使近似品种种植在一起。

5.3 以下性状已被确认为有用的分组性状。

（a）头状花序：类型（性状 12）。

（b）头状花序：直径（性状 13）。

（c）舌状小花：上表面主色（性状 19），分组如下。

第一组：白色。

第二组：黄色。

第三组：粉红色。

第四组：红色

第五组：紫色。

第六组：紫罗兰色。

第七组：蓝色。

5.4 总则中提供了在特异性审查过程中使用分组性状的指导。

6 性状表介绍

6.1 性状类型

6.1.1 标准指南性状

标准指南性状是 UPOV 已同意用于 DUS 审查的性状，UPOV 成员可以从中选择与其特定环境相适应的性状。

6.1.2 星号性状

星号性状（用"*"标记）是测试指南中对于形成国际统一的品种描述十分重要的性状，所有 UPOV 成员都应将其用于 DUS 测试和品种描述中，除非前序性状的表达状态或区域环境条件所限使其无法测试。

6.2 表达状态及相应代码

为定义性状和统一描述，将每个性状划分为一系列表达状态。每个表达状态赋予一个相应的数字代码，以便于数据记录，以及品种性状描述的建立和交流。

6.3 表达类型

总则中对性状表达类型（质量性状、数量性状和假质量性状）进行了解释。

6.4 标准品种

必要时，提供标准品种以明确每一性状的不同表达状态。

6.5 注释

（*）星号性状（6.1.2）。

QL：质量性状（6.3）。

QN：数量性状（6.3）。

PQ：假质量性状（6.3）。

（a）～（c）性状表解释（8.1）。

（+）性状表解释（8.2）。

MS：对一批植株或植株部位进行测量，获得一个群体记录（3.3.3）。

VG：对一批植株或植株部位进行目测，获得一个群体记录（3.3.3）。

7 性状表

性状编号	观测方法	英文	中文	标准品种	代码
1. **PQ**	**VG**	**Plant: growth habit**	**植株：生长习性**		
		upright	直立	Polly Anna	1
		rounded	圆形	Carmella	2
		spreading	平展	Surprise Party	3
2. **(*)** **QN**	**MS** **VG**	**Plant: height**	**植株：高度**		
		very short	极矮	Eleonora	1
		short	矮	Supaglow	3
		medium	中	Supadawn	5
		tall	高	Argyraketis	7
		very tall	极高	Supalight	9
3. **QN**	**VG**	**Plant: density**	**植株：紧密性**		
		sparse	疏	Petite Pink	3
		medium	中	Supaglow	5
		dense	密	Summer Melody	7

性状编号	观测方法	英文	中文	标准品种	代码
4. QL	VG	**Stem：anthocyanin coloration**	**茎：花青苷显色**		
		absent	无	Argyraketis	1
		present	有	Izu-magu 85	9
5. （＊） QN	MS VG （a）	**Leaf：length**	**叶：长度**		
		very short	极短	Sumfrut01	1
		short	短	Ella	3
		medium	中	Petite Pink	5
		long	长	Summer Pink	7
		very long	极长	Supasurprise	9
6. （＊） QN	MS VG （a）	**Leaf：width**	**叶：宽度**		
		very narrow	极窄	Sumfrut01	1
		narrow	窄	Ella	3
		medium	中	Argyraketis	5
		broad	宽	Petite Pink	7
7. （＊） PQ	VG	**Leaf：color of upper side**	**叶：上表面颜色**		
		light green	浅绿色	Supaellie	1
		medium green	中等绿色	Summer Melody	2
		dark green	深绿色		3
		blue green	蓝绿色	Supacher	4
		grey green	灰绿色	Argyraketis	5
8. QN	MS VG （a） （b）	**Lateral lobe：length**	**侧裂片：长度**		
		short	短	Ella	3
		medium	中	Cobsing	5
		long	长	Supacher	7
9. QN	MS VG （a） （b）	**Lateral lobe：width**	**侧裂片：宽度**		
		narrow	窄	Petite Pink	3
		medium	中	Cobsing	5
		broad	宽	Supasurprise	7
10. QN	VG （b）	**Lateral lobe：depth of marginal incisions**	**侧裂片：边缘缺刻深度**		
		shallow	浅	Julie Anna	3
		medium	中	Summer Pink	5
		deep	深	Surprise Party	7
11. （＋） QN	MS VG	**Peduncle：length**	**花序梗：长度**		
		short	短	Abbey Belle	3
		medium	中	Gretel	5
		long	长	Julie Anna	7
12. （＊） （＋） PQ	VG	**Flower head：type**	**头状花序：类型**		
		single	单瓣	Argyraketis	1
		semi double	半重瓣	Supadream	2
		anemone like	似托桂	Supaglow	3
		double	重瓣	Summer Melody	4
		pompon	绣球型	Rosetta	5
13. （＊） QN	MS VG （c）	**Flower head：diameter**	**头状花序：直径**		
		very small	极小	Sumfrut01	1
		small	小	Ella	3
		medium	中	Cobsing	5
		large	大	Supasurprise	7
		very large	极大	Tanja	9

续表

性状编号	观测方法	英文	中文	标准品种	代码
14. QN	VG （c）	Only non single flower head type varieties: Flower head: number of ray florets	头状花序：舌状小花数量（仅适用于非单瓣型头状花序品种）		
		few	少		3
		medium	中	Summer Melody	5
		many	多	Sugar Button	7
15. （+） PQ	VG （c）	Ray floret: curvature of longitudinal axis	舌状小花：纵向弯曲		
		incurved	内弯		1
		straight	直		2
		reflexed	外翻		3
16. （*） QN	MS VG （c）	Ray floret: length	舌状小花：长度		
		short	短	Ella	3
		medium	中	Tesi	5
		long	长	Supasurprise	7
17. （*） QN	MS VG （c）	Ray floret: width	舌状小花：宽度		
		narrow	窄	Ella	3
		medium	中	Suparosa	5
		broad	宽	Summer Angel	7
18. （*） QL	VG （c）	Ray floret: number of colors	舌状小花：颜色数量		
		one	1 种	Ella	1
		two	2 种		2
		more than two	2 种以上		3
19. （*） PQ	VG （c）	Ray floret: main color of upper side	舌状小花：上表面主色		
		RHS Colour Chart（indicate reference number）	RHS 比色卡（注明参考色号）		
20. （*） PQ	VG （c）	Ray floret: secondary color of upper side	舌状小花：上表面次色		
		RHS Colour Chart（indicate reference number）	RHS 比色卡（注明参考色号）		
21. PQ	VG （c）	Ray floret: main color of lower side	舌状小花：下表面主色		
		RHS Colour Chart（indicate reference number）	RHS 比色卡（注明参考色号）		
22. （*） （+） QN	MS VG （c）	Only varieties with flower head type: single; semi double; and anemone like: Disc: diameter	花心：直径（仅适用于头状花序类型为单瓣、半重瓣和似托桂型品种）		
		small	小	Sugar Baby	3
		medium	中	Gretel	5
		large	大	Surprise Party	7
23. （*） PQ	VG （c）	Only varieties with flower head type: single and semi double: Disc: main color	花心：主色（仅适用于头状花序类型为单瓣和半重瓣品种）		
		white	白色		1
		yellow	黄色		2
		yellow orange	黄橙色		3
		red	红色		4
		yellow brown	黄棕色		5
		brown	棕色		6

续表

性状 编号	观测 方法	英文	中文	标准品种	代码
24. （ * ） PQ	**VG** （ c ）	**Only varieties with anemone like flow- er head type：Disc floret：color**	**花心小花：颜色（仅适用于似 托桂型品种）**		
		RHS Colour Chart（indicate reference number）	RHS 比色卡 （注明参考色号）		
25. （ * ） （ + ） QN	**VG**	**Time of beginning of flowering**	**始花期**		
		early	早		3
		medium	中		5
		late	晚		7

8 性状表解释

8.1 对多个性状的解释

性状表第二列有以下符号的性状应按以下图示进行观测。

（a）叶部性状。

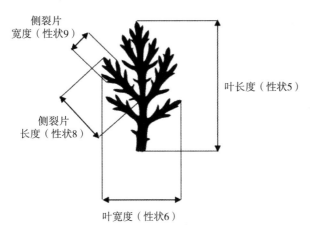

（b）对侧裂片的观测应观测完全生长的叶中最长的侧裂片。

（c）头状花序：对单瓣、半重瓣和似托桂型品种头状花序的观测应在花心外侧2~3轮小花的花药开裂时进行。对重瓣和绣球型品种头状花序的观测应在头状花序完全展开时进行。

8.2 对单个性状的解释

性状 11：花序梗长度

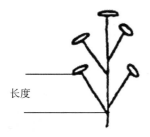

应观测最长的花序梗。

性状 12：头状花序类型

单瓣（代码 1）：头状花序中舌状小花只有 1 轮，中央花心始终明显可见。

半重瓣（代码 2）：头状花序中舌状小花不止 1 轮，中央花心始终明显可见。

似托桂（代码 3）：头状花序中舌状小花为 1 轮或多轮，在中央部位有 1 个花瓣状中心小花组成的"垫" / "花心"，并且始终明显可见。

重瓣（性状 4）：头状花序的花心在开花初期不可见，但在盛花期时则是可见的。该花心并非始终明显。

绣球型（性状 5）：重瓣的头状花序在开花期间自始至终都看不到花心。

| 1 | 2 | 3 |
| 单瓣 | 半重瓣 | 似托桂 |

| 4 | 5 |
| 重瓣 | 绣球型 |

性状 15：舌状小花纵向弯曲

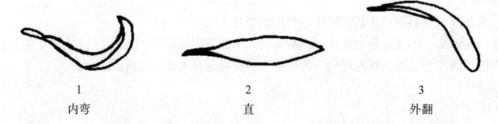

| 1 | 2 | 3 |
| 内弯 | 直 | 外翻 |

性状 22：花心直径（仅适用于头状花序类型为单瓣、半重瓣和似托桂型品种）

花心直径

扫码下载原文

性状 25：始花期

开花期指 50% 植株至少一朵花完全开放的天数。

如扫描二维码无法下载指南原文，可能是指南版本有更新，可扫描本书封底二维码查看与本文对应的指南版本

国际植物新品种保护联盟
植物品种特异性、一致性和稳定性
测试指南

鹅河菊属

（ *Brachyscome* Cass. ）

互用名称 *

植物学名称	英文	法文	德文	西班牙文
Brachyscome Cass., *Brachycome* Cass.	Brachyscome, Brachycome	Brachyscome, Brachycome	Blaues Gänseblümchen, Brachyscome	Brachyscome, Brachycome, Brachiscome, Brachicome

---

* 这些名称在指南开始使用时是正确的，但随后可能会修改更新。读者可登录UPOV网站（www.upov.int），获取最新资料。

1　指南适用范围

本指南适用于菊科（*Asteraceae*）鹅河菊属（*Brachyscome* Cass.）的所有品种。

2　繁殖材料要求

2.1　待测品种繁殖材料的数量和质量要求以及提交的时间和地点由主管机构决定。申请人从测试所在国境外提交繁殖材料的，还应符合海关规定并满足相关植物检疫的要求。

2.2　繁殖材料以无根扦插条（密集生长型品种）或实生苗（基部丛生型品种）的形式提交。

2.3　申请人提交繁殖材料的最小数量为 15 株无根扦插条或实生苗。

2.4　提供的繁殖材料应外观健康有活力，未受到任何严重病虫害的影响。

2.5　提交的繁殖材料不得进行任何可能影响品种性状表达的处理，除非主管机构允许或要求进行这种处理。如果材料已经处理，必须提供相关处理的详细情况。

3　测试方法

3.1　测试周期

测试的最少周期数量通常为 1 个生长周期。

3.2　测试地点

测试通常在 1 个地点进行。在 1 个以上地点进行测试时，TGP/9《特异性测试》提供了有关指导。

3.3　测试条件

3.3.1　测试的条件应能满足品种正常生长的需要，以确保品种相关性状充分表达和测试的顺利开展。

3.3.2　目测颜色

由于日光变化的原因，在利用比色卡确定颜色时，应在一个合适的有人工光源照明的小室或中午无阳光直射的房间内进行。人工光源光谱分布应符合 CIE "理想日光标准 D6500"，且在《英国标准950：第 1 部分》规定的允许范围之内。观测在白背景下进行。

3.4　实验设计

3.4.1　每个试验应保证至少有 10 个植株。

3.4.2　试验设计应保证因测量或计数等需要，从小区取走部分植株或植株部位后，不影响生长周期结束前的所有观测。

3.5　附加测试

为测试有关性状，可以进行附加测试。

4　特异性、一致性和稳定性评价

4.1　特异性

4.1.1　一般建议

对于本指南的使用者而言，在判定特异性前参照总则特异性判定的一般原则十分重要。但为了进一步说明和强调特异性判定，本指南特列出特异性判定的要点。

4.1.2　一致的差异

当观测到的品种之间的差异非常明显时，则没有必要种植 1 个以上生长周期。此外，在某些情况下，环境的影响并不意味着需要 1 个以上的生长周期来保证品种间观察到的差异是足够一致的。为确保在种植试验中所观测到的性状差异是足够一致的，可以对性状进行至少 2 个独立生长周期的测试。

4.1.3 明显的差异

两个品种间的差异是否明显取决于很多因素，特别应考虑所测性状的表达类型，即该性状是质量性状、数量性状还是假质量性状。因此，在作出关于特异性的判定前，本测试指南的使用者应熟悉总则中的建议。

4.2 一致性

4.2.1 对于本指南的使用者而言，在判定一致性前参照总则一致性判定的一般原则十分重要。但为进一步说明和强调一致性判定，本指南特列出一致性判定的要点。

4.2.2 对无性繁殖材料一致性评价时，应采用 1% 的群体标准和至少 95% 的接受概率。当样本量为 10 个时，允许有 1 个异型株

4.3 稳定性

4.3.1 在实际操作中，通常不像测试特异性和一致性那样对稳定性进行测试以得到明确结果。经验表明，对许多类型的品种来说，当一个品种表现一致时，可认为其是稳定的。

4.3.2 适当情况下或者有疑问时，稳定性可以采用如下方法测试：种植该品种的下一代或者测试一批新种子，看其性状表现是否与之前提交的种子表现相同。

5 品种分组和试验组织

5.1 使用分组性状可以帮助选择与申请品种一起进行田间种植试验的已知品种，以及对这些品种进行合适分组以便进行特异性评价。

5.2 分组性状表达状态的数据即使来自不同地点，也可以单独或者与其他此类性状联合使用。

（a）用于特异性测试中筛选排除那些不需要安排在种植试验中的已知品种。

（b）用于组织安排种植试验，使近似品种种植在一起。

5.3 以下性状已被确认为有用的分组性状。

（a）植株：生长类型（性状 1）。

（b）叶：边缘（性状 9）。

（c）叶：分裂位置（仅适用于叶边缘有分裂的品种）（性状 11）。

（d）头状花序：直径（性状 22）。

（e）舌状小花：上表面主色（开放第一天）（性状 30），有以下 4 组。

第一组：黄色。

第二组：白色。

第三组：粉色。

第四组：紫色。

5.4 总则中提供了在特异性审查过程中使用分组性状的指导。

6 性状表介绍

6.1 性状类型

6.1.1 标准指南性状

标准指南性状是 UPOV 已同意用于 DUS 审查的性状，UPOV 成员可以从中选择与其特定环境相适应的性状。

6.1.2 星号性状

星号性状（用"*"标记）是测试指南中对于形成国际统一的品种描述十分重要的性状，所有 UPOV 成员都应将其用于 DUS 测试并包含在品种描述中，除非前序性状的表达或区域环境条件所限使其无法测试。

6.2 表达状态及相应代码

为定义性状和统一描述，将每个性状划分为一系列表达状态。每个表达状态赋予一个相应的数字代码，以便于数据记录，以及品种性状描述的建立和交流。

6.3 表达类型

总则中对性状表达类型（质量性状、数量性状和假质量性状）进行了解释。

6.4 标准品种

适当时，测试指南中提供了标准品种，用于校正性状的表达状态。

6.5 注释

（＊）星号性状（6.1.2）。

QL：质量性状（6.3）。

QN：数量性状（6.3）。

PQ：假质量性状（6.3）。

（a）～（d）性状表解释（8.1）。

（＋）性状表解释（8.2）。

7 性状表

性状编号	观测方法	英文	中文	标准品种	代码
1. （＊） （＋） QL	（a）	**Plant： growth type**	**植株：生长类型**		
		Basal clusters	基部簇生		1
		bushy	丛生		2
2. （＋） QN	（a）	**Only varieties with bushy growth type： Plant： predominant attitude of stems**	**植株：茎主要姿态（仅适用于植株生长类型为丛生型品种）**		
		upright	直立		1
		Semi upright	半直立		3
		horizontal	水平		5
3. QN	（a）	**Only varieties with bushy growth type： Plant： number of stems**	**植株：茎数量（仅适用于植株生长类型为丛生型品种）**		
		few	少		3
		medium	中		5
		many	多		7
4. （＊） （＋） QN	（a）	**Plant： height including flowers**	**植株：高度（包括花）**		
		short	矮	MardiGras	3
		medium	中	Breakoday	5
		tall	高	HappyFacePink	7
5. （＊） （＋） QN	（a）	**Plant： width including flowers**	**植株：宽度（包括花）**		
		narrow	窄	MardiGras	3
		medium	中	Breakoday	5
		broad	宽	HappyFacePink	7
6. QN	（a）	**Plant： density**	**植株：密度**		
		sparse	疏		3
		medium	中		5
		dense	密		7

性状 编号	观测 方法	英文	中文	标准品种	代码
7. （*） （+） QN	（a） （b）	**Leaf：length**	叶：长度		
		short	短	Breakoday	3
		medium	中	MardiGras	5
		long	长	StrawberryMousse，Piliga-Posy	7
		Very long	极长	HappyFacePink	9
8. （*） （+） QN	（a） （b）	**Leaf：width**	叶：宽度		
		narrow	窄	Breakoday，MardiGras	3
		medium	中	MistyMauve	5
		broad	宽	PiligaPosy	7
		Very broad	极宽	HappyFacePink	9
9. （*） （+） QL	（a） （b）	**Leaf：margins**	叶：边缘		
		entire	全缘		1
		divided	分裂		2
10. （*） （+） PQ	（a） （b）	**Only varieties with entire leaf margins：Leaf：shape**	叶：形状（仅适用于叶边缘为全缘品种）		
		ovate	卵圆形		1
		linear	线形		2
		oblong	长圆形		3
		elliptic	椭圆形		4
		circular	圆形		5
		oblanceolate	倒披针形		6
		obovate	倒卵圆形		7
		spatulate	匙形		8
		obtriangular	倒三角形		9
11. （*） （+） QN	（a） （b）	**Only varieties with divided leaf margins：Leaf：position of divisions**	叶：分裂位置（仅适用于叶边缘为分裂的品种）		
		at apex only	先端		1
		upper half	上半部		2
		full length	全部		3
12. （*） （+） QN	（a） （b）	**Only varieties with divided leaf margins：Leaf：depth of divisions in blade from margin to midrib**	叶：从边缘到中脉的分裂深度（仅适用于叶边缘为分裂的品种）		
		less than one third	＜1/3		1
		one third to two thirds	1/3～2/3		2
		greater than two thirds	＞2/3		3
13. （+） QL	（a） （b）	**Onlyvarieties with divided leaf margins：Leaf：regularity of lobing**	叶：裂片规则性（仅适用于叶边缘为分裂的品种）		
		regular	规则		1
		irregular	不规则		2
14. （+） QN	（a） （b）	**Only varieties with divided leaf margins：Lobe：width of broadest lobe**	裂片：最大宽度（仅适用于叶边缘为分裂的品种）		
		narrow	窄	Breakoday	3
		medium	中	MistyMauve	5
		broad	宽	HappyFacePink	7

续表

性状编号	观测方法	英文	中文	标准品种	代码
15. (+) PQ	(a) (b)	**Only varieties with divided leaf margins: Lobe: shape**	裂片：形状（仅适用于叶边缘分裂的品种）		
		deltoid	三角形		1
		ovate	卵圆形		2
		linear	线形		3
		oblong	长圆形		4
		elliptic	椭圆形		5
		circular	圆形		6
		oblanceolate	倒披针形		7
		obovate	倒卵圆形		8
		spatulate	匙形		9
		obtriangular	倒三角形		10
16. (+) QL	(a) (b)	**Onlyvarieties with divided leaf margins: Lobe: apex**	裂片：先端（仅适用于叶边缘为分裂的品种）		
		pointed	尖		1
		rounded	圆		2
17. (*) (+) QN	(a) (b)	**Only varieties with divided leaf margins: Lobe: secondary divisions**	裂片：二次分裂（仅适用于叶边缘为分裂的品种）		
		Absent to very weak	无到极弱	StrawberryMousse, Mardi-Gras	1
		weak	弱	MistyMauve	3
		medium	中	HappyFacePink, Breakoday	5
		strong	强		7
18. (+) QN	(c)	**Flower stem: length**	花茎：长度		
		short	短	HappyFacePink	3
		medium	中		5
		long	长	StrawberryMousse, Misty-Mauve	7
19. QN	(c)	**Flower stem: intensity of anthocyanin coloration**	花茎：花青苷显色程度		
		weak	弱		3
		medium	中		5
		strong	强		7
20. (+) PQ	(c)	**Flower: bud color**	花：蕾颜色		
		RHS Colour Chart (indicate reference number)	RHS 比色卡（注明参考色号）		
21. (*) (+) QN	(c)	**Flower head: predominant position in relation to foliage**	头状花序：与叶的相对位置		
		Same level	平齐		1
		Moderately above	略高于		2
		Far above	明显高于		3
22. (*) (+) QN	(c)	**Flower head: diameter**	头状花序：直径		
		small	小	MardiGras	3
		medium	中	Breakoday	5
		large	大	PiligaPosy, StrawberryMousse	7
		Very large	极大	HappyFacePink	9

续表

性状 编号	观测 方法	英文	中文	标准品种	代码
23. (+) QN	(c)	Flower head：diameter of discin relation to diameter of flower head	头状花序：花心直径相对于头状花序直径的比例		
		less than one third	<1/3		1
		one third to two thirds	1/3～2/3		2
		more than two thirds	>2/3		3
24. QN	(c)	Flower head：number of ray florets	头状花序：舌状小花数量		
		few	少	MardiGras	3
		medium	中	Breakoday	5
		many	多	HappyFacePink	7
25. PQ		Disc：main color（when no disc florets are open）	花心：主色（花心小花未开放时）		
		RHS Colour Chart（indicate reference number）	RHS 比色卡（注明参考色号）		
26. PQ		Disc：main color（when all disc florets open）	花心：主色（小花全开放时）		
		RHS Colour Chart（indicate reference number）	RHS 比色卡（注明参考色号）		
27. (+) QN	(c) (d)	Ray floret：length	舌状小花：长度		
		short	短	MardiGras	3
		medium	中	Breakoday	5
		long	长	HappyFacePink	7
28. (+) QN	(c) (d)	Ray floret：width	舌状小花：宽度		
		narrow	窄	CompactAmethyst	3
		medium	中	Breakoday	5
		broad	宽	MardiGras	7
29. (+) PQ	(c) (d)	Ray floret：shape	舌状小花：形状		
		ovate	卵圆形		1
		linear	线形		2
		oblong	长圆形		3
		elliptic	椭圆形		4
		oblanceolate	倒披针形		5
		obovate	倒卵圆形		6
		spatulate	匙形		7
30. (*) (+) PQ	(d)	Ray floret：main color of upper side（on first day of opening）	舌状小花：上表面主色（开放第一天）		
		RHS Colour Chart（indicate reference number）	RHS 比色卡（注明参考色号）		
31. (*) PQ	(c) (d)	Ray floret：main color of upper side	舌状小花：上表面主色		
		RHS Colour Chart（indicate reference number）	RHS 比色卡（注明参考色号）		

8 性状表的解释

8.1 对多个性状的解释

在性状表的第二列中包含以下性状特征的应按以下说明进行测试。

（a）当所有植株至少有一朵花，其中1/3的管状小花开放时，就应该进行观测。

（b）涉及叶片性状的观测应当在叶片充分展开时进行。对于丛生类型的植株，应选取植株中部的叶片进行观测。对于基部簇生类型的植株，应选择簇生基部中间部位的叶片进行观测。

（c）对花茎、头状花序、管状小花和舌状小花的观测，应在头状花序的1/3管状小花开放时进行。

（d）对舌状小花的观测，应在不把头状花序上的舌状小花去掉的情况下进行。观察应在带状花冠或舌状花冠上进行。

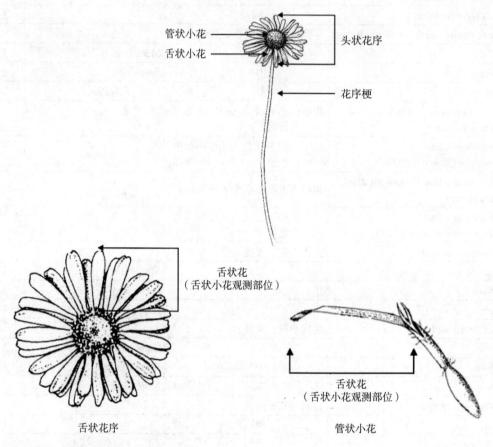

8.2 对单个性状的解释

性状1：植株生长类型

基部簇生类型：叶片附着或集中在植物基部。

丛生类型：叶片在茎周围部分。

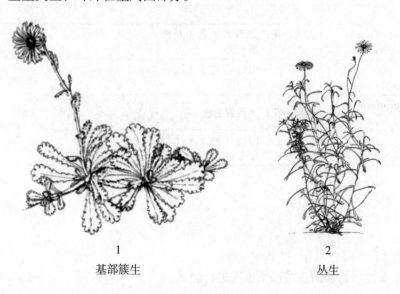

1	2
基部簇生	丛生

性状 2：植株茎主要姿态（仅适用于植株生长类型为丛生型品种）

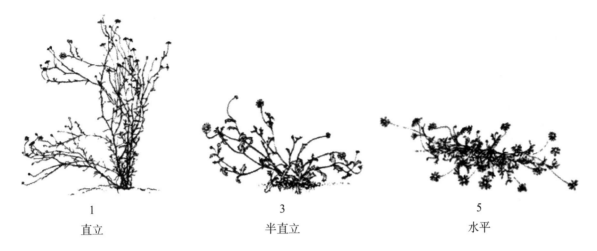

1	3	5
直立	半直立	水平

性状 4：植株高度（包括花）

植株高度
（包括花）

性状 5：植株宽度（包括花）

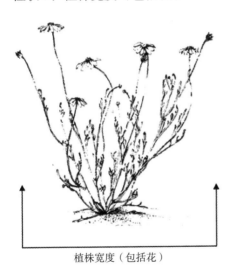

植株宽度（包括花）

性状 7、性状 8：叶长度（性状 7）、叶宽度（性状 8）

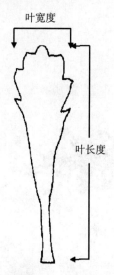

性状 9：叶边缘

有的品种植株叶片边缘分裂可能偶尔有单独的叶片全缘或分裂。

性状 10：叶形状（仅适用于叶边缘为全缘品种）

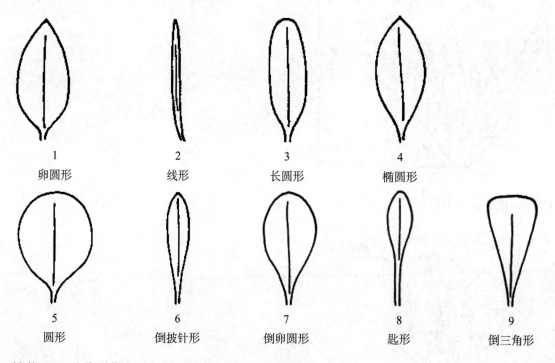

1	2	3	4
卵圆形	线形	长圆形	椭圆形

5	6	7	8	9
圆形	倒披针形	倒卵圆形	匙形	倒三角形

性状 11：叶分裂位置（仅适用于叶边缘为分裂的品种）

1	2	3
顶端	上半部	全部

性状 12：叶从边缘到中脉的分裂深度（仅适用于叶边缘为分裂的品种）

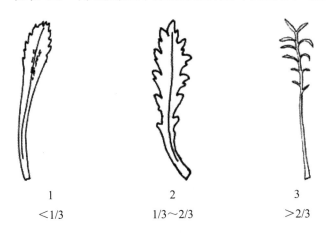

1	2	3
<1/3	1/3～2/3	>2/3

性状 13：叶裂片规则性（仅适用于叶边缘为分裂的品种）

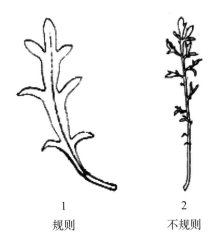

1	2
规则	不规则

性状 14：裂片最大宽度（仅适用于叶边缘为分裂的品种）

裂片宽度

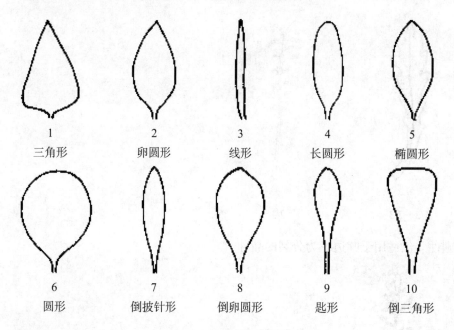

性状 15：裂片形状（仅适用于叶边缘分裂的品种）

| 1 三角形 | 2 卵圆形 | 3 线形 | 4 长圆形 | 5 椭圆形 |

| 6 圆形 | 7 倒披针形 | 8 倒卵圆形 | 9 匙形 | 10 倒三角形 |

性状 16：裂片先端（仅适用于叶边缘分裂的品种）

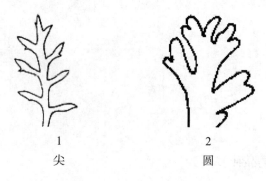

1 尖　　　　2 圆

性状 17：裂片二次分裂（仅适用于叶边缘为分裂的品种）

二次分裂

性状 18：花茎长度

应测量最长的花茎。测量长度为从头状花序以下到与另一个花茎的最近连接处的长度。花茎上可能无叶或者有数量不等的小叶片。

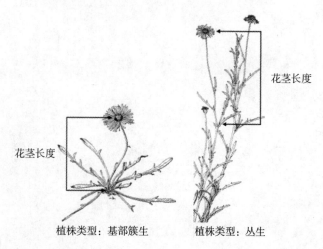

花茎长度

花茎长度

植株类型：基部簇生　　植株类型：丛生

性状 20：花蕾颜色

花蕾的观测应该在最大的花蕾上进行，当它完全展开时，在舌状小花的平展之前进行观测。

性状 21：头状花序与叶的相对位置

1	2	3
平齐	略高于	明显高于

性状 22、性状 23：头状花序直径（性状 22）、头状花序花心直径相对于头状花序直径的比例（性状 23）

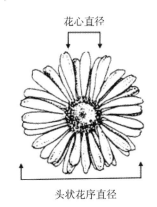

扫码下载原文

如扫描二维码无法下载指南原文，可能是指南版本有更新，可扫描本书封底二维码查看与本文对应的指南版本

性状 27、性状 28：舌状小花长度（性状 27）、舌状小花宽度（性状 28）

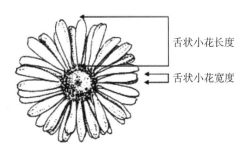

性状 29：舌状小花形状

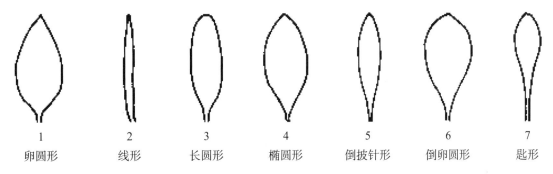

1	2	3	4	5	6	7
卵圆形	线形	长圆形	椭圆形	倒披针形	倒卵圆形	匙形

性状 30：舌状小花上部主色（开放第一天）

观测应在完全伸展的舌状小花从花蕾位置展开至露心的第一天时进行。

国际植物新品种保护联盟
植物品种特异性、一致性和稳定性
测试指南

风蜡花属

UPOV 代码：CHMLC_
　　　　　　VECHM_

[*Chamelaucium* Desf. 以及其与
Verticordia plumosa Desf.（Druce）的杂交种]

互用名称 *

植物学名称	英文	法文	德文	西班牙文
Chamelaucium	Waxflower	Chamelaucium	Chamelaucium	Chamelaucium

---

* 这些名称在指南开始使用时是正确的，但随后可能会修改更新。读者可登录 UPOV 网站（www.upov.int），获取最新资料。

1 指南适用范围

本指南适用于桃金娘科（*Myrtaceae*）风蜡花属（*Chamelaucium* Desf.）以及该属与 *Verticordia plumosa* Desf.（Druce）杂交的所有品种。

2 繁殖材料要求

2.1 待测品种繁殖材料的数量和质量要求以及提交的时间和地点由主管机构决定。申请人从测试所在国境外提交繁殖材料的，还应符合海关规定并满足相关植物检疫的要求。

2.2 繁殖材料以幼苗的形式提交。

2.3 申请人提交繁殖材料的最小数量为 15 株幼苗。

2.4 提供的繁殖材料应外观健康有活力，未受到任何严重病虫害的影响。

2.5 提交的繁殖材料不得进行任何可能影响品种性状表达的处理，除非主管机构允许或要求进行这种处理。如果材料已经处理，必须提供相关处理的详细情况。

3 测试方法

3.1 测试周期
测试的最少周期数量通常为 1 个生长周期。

3.2 测试地点
测试通常在 1 个地点进行。在 1 个以上地点进行测试时，TGP/9《特异性测试》提供了有关指导。

3.3 测试条件
3.3.1 测试的条件应能满足品种正常生长的需要，以确保品种相关性状充分表达和测试的顺利开展。

3.3.2 目测颜色
由于日光变化的原因，在利用比色卡确定颜色时应在一个合适的由人工光源照明的小室或中午无阳光直射的房间内进行。人工光源光谱分布应符合 CIE"理想日光标准 D6500"，且在《英国标准950：第 1 部分》规定的允许范围内。在鉴定颜色时，应将植株部位置于白色背景上。

3.4 试验设计
3.4.1 每个试验应保证至少有 10 个植株。

3.4.2 试验设计应保证因测量或计数等需要，从小区取走部分植株或植株部位后，不影响生长周期结束前的所有观测。

3.5 植株／植株部位的观测数量
除非另有说明，所有观测应在 10 个植株或来自 10 个植株的植株部位进行。

3.6 附加测试
为测试有关性状，可以进行附加测试。

4 特异性、一致性和稳定性评价

4.1 特异性

4.1.1 一般建议
对于本指南的使用者而言，在判定特异性前参照总则特异性判定的一般原则十分重要。但为进一步说明和强调特异性判定，本指南特列出特异性判定的要点。

4.1.2 一致的差异

当观测到的品种之间的差异非常明显时，则没有必要种植 1 个以上生长周期。此外，在某些情况下，环境的影响并不意味着需要 1 个以上的生长周期来保证品种间观察到的差异是足够一致的。为确保在种植试验中所观测到的性状差异是足够一致的，可以对性状进行至少 2 个独立生长周期的测试。

4.1.3 明显的差异

两个品种间的差异是否明显取决于很多因素，特别应考虑所测性状的表达类型，即该性状是质量性状、数量性状还是假质量性状。因此，在作出关于特异性的判定前，本测试指南的使用者应熟悉总则中的建议。

4.2 一致性

4.2.1 对于本指南的使用者而言，在判定一致性前参照总则一致性判定的一般原则十分重要。但为进一步说明和强调一致性判定，本指南特列出一致性判定的要点。

4.2.2 评价一致性时，应采用 1% 的群体标准和至少 95% 的接受概率。当样本量为 10 个时，允许有 1 个异型株。

4.3 稳定性

4.3.1 在实际操作中，通常不像测试特异性和一致性那样对稳定性进行测试以得到明确结果。经验表明，对许多类型的品种来说，当一个品种表现一致时，可认为其是稳定的。

4.3.2 适当情况下或者有疑问时，可通过种植测试材料的下一代或测试新提交的材料对稳定性进行测试，以确保他们表现出和以前提供的测试材料相同的性状。

5 品种分组和试验组织

5.1 使用分组性状可以帮助选择与申请品种一起进行田间种植试验的已知品种，以及对这些品种进行合适分组以便进行特异性评价。

5.2 分组性状表达状态的数据即使来自不同地点，也可以单独或者与其他此类性状联合使用。

（a）用于特异性测试中筛选排除那些不需要安排在种植试验中的已知品种。

（b）用于组织安排种植试验，使近似品种种植在一起。

5.3 以下性状已被确认为有用的分组性状。

（a）花：类型（性状 7）。

（b）花：直径（性状 8）。

（c）花：当天开放花瓣主色（性状 13），分组如下。

第一组：白色。

第二组：粉红色。

第三组：紫色。

（d）花：开放后 10～14 d 花瓣主色（性状 14），分组如下。

第一组：白色。

第二组：粉红色。

第三组：紫色。

（e）花：开放后 4 周花瓣主色（性状 15），分组如下。

第一组：白色。

第二组：粉红色。

第三组：紫色。

（f）花萼：边缘缺刻（性状 21）。

5.4 总则中提供了在特异性审查过程中使用分组性状的指导。

6 性状表介绍

6.1 性状类型

6.1.1 标准指南性状

标准指南性状是 UPOV 已同意用于 DUS 审查的性状，UPOV 成员可以从中选择与其特定环境相适应的性状。

6.1.2 星号性状

星号性状（用"*"标记）是测试指南中对于形成国际统一的品种描述十分重要的性状，所有 UPOV 成员都应将其用于 DUS 测试并包含在品种描述中，除非前序性状的表达或区域环境条件所限使其无法测试。

6.2 表达状态及相应代码

为定义性状和统一描述，将每个性状划分为一系列表达状态。每个表达状态赋予一个相应的数字代码，以便于数据记录，以及品种性状描述的建立和交流。

6.3 表达类型

总则中对性状表达类型（质量性状、数量性状和假质量性状）进行了解释。

6.4 标准品种

适当时，测试指南中提供了标准品种用于校正性状的表达状态。

6.5 注释

（*）星号性状（6.1.2）。

QL：质量性状（6.3）。

QN：数量性状（6.3）。

PQ：假质量性状（6.3）。

（a）～（c）性状表解释（8.1）。

（+）性状表解释（8.2）。

7 性状表

性状编号	观测方法	英文	中文	标准品种	代码
1. **QN**	（a）	**Leaf：attitude in relation to stem**	**叶：相对于茎姿态**		
		erect	直立		1
		semi erect	半直立		3
		horizontal	水平		5
2. **QN**	（a）	**Leaf：length**	**叶：长度**		
		short	短	Pastel Gem	3
		medium	中	Pristine	5
		long	长	Alba，Purple Pride	7
3. **（+）** **PQ**	（a）	**Leaf：shape in cross section**	**叶：横截面形状**		
		flattened	平坦		1
		triangular	三角形		2
		rounded	圆形		3
4. **QN**		**Flowering branch：angle in relation to axillary shoot（5th node from distal end）**	**花枝：相对于侧枝角度（从远基端数第五节）**		
		small	小	Jasper	3
		medium	中	Eric John	5
		large	大	Painted Lady	7

续表

性状编号	观测方法	英文	中文	标准品种	代码
5. QL		**Flowering branch：location of flowers**	花枝：花位置		
		axillary only	仅腋生		1
		both axillary and terminal	腋生和顶生		2
		terminal only	仅顶生		3
6. (+) PQ	（b）	**Flower bud：color of apex**	花蕾：先端颜色		
		white	白色		1
		pink	粉色		2
		purple	紫色		3
7. (*) QL	（c）	**Flower：type**	花：类型		
		single	单瓣		1
		double	重瓣	Champagne Pink，Dancing Queen	2
8. (*) QN	（c）	**Flower：diameter**	花：直径		
		very small	极小	Moonflower	1
		small	小	Lady Jennifer	3
		medium	中	Mullering Brook，White Spring	5
		large	大	Niribi，Purple Pride	7
9. (+) QN	（c）	**Flower：arrangement of petals**	花：花瓣排列		
		free	分离		1
		intermediate	中等		2
		overlapping	重叠		3
10. QN		**Flower：attitude of petals on day of opening**	花：当天开放花瓣姿态		
		erect	直立		1
		semi erect	半直立		3
		horizontal	水平		5
11. QN		**Flower：attitude of petals 4 weeks after opening**	花：开放4周后花瓣姿态		
		erect	直立		1
		semi erect	半直立		3
		horizontal	水平		5
12. QN	（c）	**Flower：length of sepal in relation to length of petal**	花：萼片相对于花瓣长度		
		less than one third	小于1/3		1
		one third to two thirds	1/3～2/3		2
		greater than two thirds	大于2/3		3
13. (*) PQ		**Flower：main color of petals on day of opening**	花：当天开放花瓣主色		
		RHS Colour Chart（indicate reference number）	RHS 比色卡（注明参考色号）		
14. (*) PQ		**Flower：main color of petals 10-14 days after opening**	花：开放后10～14 d 花瓣主色		
		RHS Colour Chart（indicate reference number）	RHS 比色卡（注明参考色号）		
15. (*) PQ		**Flower：main color of petals 4 weeks after opening**	花：开放后4周花瓣主色		
		RHS Colour Chart（indicate reference number）	RHS 比色卡（注明参考色号）		

续表

性状编号	观测方法	英文	中文	标准品种	代码
16. QN	（c）	**Pedicel：length**	花梗：长度		
		short	短		3
		medium	中		5
		long	长		7
17. QN	（c）（d）	**Hypanthium：conspicuousness of longitudinal furrowing**	萼筒：纵向沟明显度		
		absent to very weak	无或极弱		1
		weak	弱		3
		medium	中	Dancing Queen，Jurien Brook	5
		strong	强	Champagne Pink，Mullering Brook	7
18. QL	（c）（d）	**Hypanthium：shape**	萼筒：形状		
		cylindrical	圆柱形		1
		obconical	倒圆锥形		2
19. QN	（c）（d）	**Hypanthium：diameter at widest part**	萼筒：最宽处直径		
		small	小		3
		medium	中	Purple Pride	5
		large	大	Niribi	7
20. （+）PQ	（c）（d）	**Hypanthium：main color at middle part**	萼筒：中间部分颜色		
		yellow	黄色		1
		green	绿色		2
		brown	棕色		3
21. （*）（+）QL	（c）	**Sepal：incision of margin**	花萼：边缘缺刻		
		absent	无	Denmark Pearl	1
		present	有	Eric John，Jasper	9
22. QN	（c）	**Petal：ratio length/width**	花萼：长宽比		
		broader than long	宽大于长		1
		as long as broad	长与宽相等		2
		longer than broad	长大于宽		3
23. QN	（c）	**Petal：undulation of margin**	花萼：边缘波浪		
		absent or very weak	无或极弱	Elegance	1
		weak	弱		3
		medium	中	Mullering Brook	5
		strong	强		7
24. PQ	（d）	**Stamen collar：color at opening of flower**	雄蕊颈部：开花时颜色		
		white	白色		1
		pink	粉色		2
		red	红色		3
		purple	紫色		4
25. PQ	（d）	**Stamen collar：color 10～14 days after opening of flower**	雄蕊颈部：开花后 10～14 d 颜色		
		white	白色		1
		pink	粉色		2
		red	红色		3
		purple	紫色		4

性状编号	观测方法	英文	中文	标准品种	代码
26. PQ	（d）	**Receptacle：color on day of opening of flower**	**花托：开放当天颜色**		
		yellow green	黄绿色		1
		light green	浅绿色		2
		medium green	中等绿色		3
		dark green	深绿色		4
		red brown	红棕色		5
		pink red	粉红色		6
27. PQ	（d）	**Receptacle：color 4 weeks after opening of flower**	**花托：开放后 4 周颜色**		
		yellow green	黄绿色		1
		light green	浅绿色		2
		medium green	中等绿色		3
		dark green	深绿色		4
		red brown	红棕色		5
28. PQ	（c）	**Style：color**	**花柱：颜色**		
		white	白色		1
		pink	粉色		2
		red	红色		3
		purple	紫色		4
29. QN		**Time of beginning of flowering**	**始花期**		
		very early	极早	Blondie	1
		early	早	Albany Pearl	3
		medium	中	Denmark Pearl，Madonna	5
		late	晚		7

8　性状表解释

8.1　对多个性状的解释

性状表第二列包含以下标注的性状应按照下述要求观测。

（a）对叶的观测应在完全成熟叶上进行，应为非腋生叶。

（b）观测花和花的器官应在花后 10～14 d 进行。

（c）花部分相关图例。

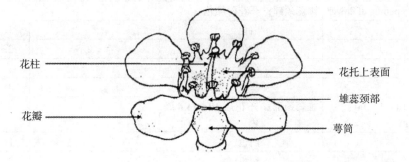

8.2 对单个性状的解释

性状 3：叶横截面形状

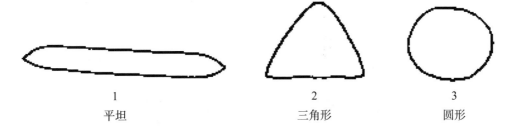

1	2	3
平坦	三角形	圆形

性状 6：花蕾先端颜色

先端颜色应当花蕾充分展开时观测，观测花瓣优先反映的颜色。

性状 9：花瓣排列

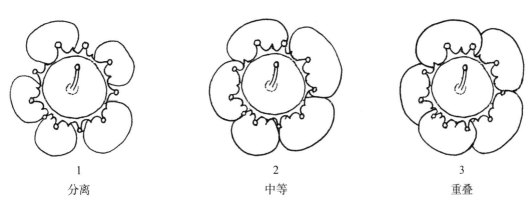

1	2	3
分离	中等	重叠

性状 20：萼筒中间部分颜色

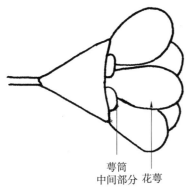

萼筒
中间部分 花萼

扫码下载原文

如扫描二维码无法下载指南原文，可
能是指南版本有更新，可扫描本书封
底二维码查看与本文对应的指南版本

性状 21：花萼边缘缺刻

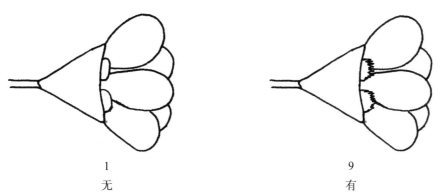

1	9
无	有

TG/226/1

原文：英文

日期：2006-04-05

国际植物新品种保护联盟

植物品种特异性、一致性和稳定性

测试指南

大丽花属

UPOV 代码：DAHLI

（*Dahlia* Cav.）

互用名称 *

植物学名称	英文	法文	德文	西班牙文
Dahlia Cav.	Dahlia	Dahlia	Dahlie	Dalia

---

* 这些名称在指南开始使用时是正确的，但随后可能会修改更新。读者可登录 UPOV 网站（www.upov.int），获取最新资料。

1 指南适用范围

本指南适用于菊科（*Asteraceae*）大丽花属（*Dahlia* Cav.）的所有品种。

2 繁殖材料要求

2.1 待测品种繁殖材料的数量和质量要求以及提交的时间和地点由主管机构决定。申请人从测试所在国境外提交繁殖材料的，还应符合海关规定并满足相关植物检疫的要求。

2.2 繁殖材料以带根扦插条或块茎的形式提交。

2.3 申请人提交繁殖材料的最小数量为 18 个带根扦插条或块茎。

2.4 提供的繁殖材料应外观健康有活力，未受到任何严重病虫害的影响。

2.5 提交的繁殖材料不得进行任何可能影响品种性状表达的处理，除非主管机构允许或要求进行这种处理。如果材料已经处理，必须提供相关处理的详细情况。

3 测试方法

3.1 测试周期

测试的最少周期数量通常为 1 个生长周期。

3.2 测试地点

测试通常在 1 个地点进行。在 1 个以上地点进行测试时，TGP/9《特异性测试》提供了有关指导。

3.3 测试条件

3.3.1 测试的条件应能满足品种正常生长的需要，以确保品种相关性状充分表达和测试的顺利开展。特别需要指出的是，用于测试的植株不应该抹芽。

3.3.2 评估的生长阶段

性状评估的最佳生长阶段是盛花期。

3.3.3 目测颜色

由于日光变化的原因，在利用比色卡确定颜色时，应在一个合适的有人工光源照明的小室或中午无阳光直射的房间内进行。人工光源光谱分布应符合 CIE "理想日光标准 D6500"，且在《英国标准 950：第 1 部分》规定的允许范围之内。观测在白背景下进行。

3.4 试验设计

3.4.1 每个试验应保证至少有 12 个植株。

3.4.2 试验设计应保证当测量或计数等需要，从小区取走部分植株或植株部位后，不影响生长周期结束前的所有观测。

3.5 植株或植株某部位的观测数量

除非另有说明，对于单株的观测，应观测 10 个植株或分别从 10 个植株取下的植株部位；对于其他观测，应观测试验中的所有植株。

3.6 附加测试

为测试有关性状，可以进行附加测试。

4　特异性、一致性和稳定性评价

4.1　特异性

4.1.1　一般建议

对于本指南的使用者而言，在判定特异性前参照总则特异性判定的一般原则十分重要。但为了进一步说明和强调特异性判定，本指南特列出特异性判定的要点。

4.1.2　一致的差异

当观测到的品种之间的差异非常明显时，则没有必要种植 1 个以上生长周期。此外，在某些情况下，环境的影响并不意味着需要 1 个以上的生长周期来保证品种间观察到的差异是足够一致的。为确保在种植试验中所观测到的性状差异是足够一致的，可以对性状进行至少 2 个独立生长周期的测试。

4.1.3　明显的差异

两个品种间的差异是否明显取决于很多因素，特别应考虑所测性状的表达类型，即该性状是质量性状、数量性状还是假质量性状。因此，在作出关于特异性的判定前，本测试指南的使用者应熟悉总则中的建议。

4.2　一致性

4.2.1　对于本指南的使用者而言，在判定一致性前参照总则一致性判定的一般原则十分重要。但为进一步说明和强调一致性判定，本指南特列出一致性判定的要点。

4.2.2　对无性繁殖材料一致性评价时，应采用 1% 的群体标准和至少 95% 的接受概率。当样本量为12 个时，允许有 1 个异型株。

4.3　稳定性

4.3.1　在实际操作中，通常不像测试特异性和一致性那样对稳定性进行测试以得到明确结果。经验表明，对许多类型的品种来说，当一个品种表现一致时，可认为其是稳定的。

4.3.2　适当情况下或者有疑问时，稳定性的测试可以通过种植该品种的下一代或测试一批新的砧木，确保其与最初提供的材料表现出一致的性状。

5　品种分组和试验组织

5.1　使用分组性状可以帮助选择与申请品种一起进行田间种植试验的已知品种，以及对这些品种进行合适分组以便进行特异性评价。

5.2　分组性状表达状态的数据即使来自不同地点，也可以单独或者与其他此类性状联合使用。

（a）用于特异性测试中筛选排除那些不需要安排在种植试验中的已知品种。

（b）用于组织安排种植试验，使近似品种种植在一起。

5.3　以下性状已被确认用作分组性状。

（a）叶：颜色（性状 9）。

（b）头状花序：类型（性状 21）。

（c）头状花序：花心类型（仅适用于单瓣或半重瓣品种，见性状 21）（性状 22）。

（d）头状花序：直径（性状 25）。

（e）舌状小花：内侧颜色数量（性状 43）。

（f）舌状小花：内侧主色（性状 44），有以下 12 组。

第一组：白色。

第二组：米白色。

第三组：黄色。

第四组：青铜色。

第五组：橙色。

第六组：橙红色。

第七组：粉橙色。

第八组：粉色。

第九组：红色。

第十组：紫红色。

第十一组：紫色。

第十二组：紫罗兰色。

（g）舌状小花：内侧次色（性状45），有以下12组。

第一组：白色。

第二组：米白色。

第三组：黄色。

第四组：青铜色。

第五组：橙色。

第六组：橙红色。

第七组：粉橙色。

第八组：粉色。

第九组：红色。

第十组：紫红色。

第十一组：紫色。

第十二组：紫罗兰色。

5.4 总则中提供了在特异性审查过程中使用分组性状的指导。

6 性状表介绍

6.1 性状类型

6.1.1 标准指南性状

标准指南性状是UPOV已同意用于DUS审查的性状，UPOV成员可以从中选择与其特定环境相适应的性状。

6.1.2 星号性状

星号性状（用"*"标记）是测试指南中对于形成国际统一的品种描述十分重要的性状，所有UPOV成员都应将其用于DUS测试并包含在品种描述中，除非前序性状的表达或区域环境条件所限使其无法测试。

6.2 表达状态及相应代码

为定义性状和统一描述，将每个性状划分为一系列表达状态。每个表达状态赋予一个相应的数字代码，以便于数据记录，以及品种性状描述的建立和交流。

6.3 表达类型

总则中对性状表达类型（质量性状、数量性状和假质量性状）进行了解释。

6.4 标准品种

适当时，测试指南中提供了标准品种用于校正性状的表达状态。

6.5 注释

（*）星号性状（6.1.2）。

QL：质量性状（6.3）。

QN：数量性状（6.3）。

PQ：假质量性状（6.3）。

（a）～（d）性状表解释（8.1）。

（+）性状表解释（8.2）。

7　性状表

性状编号	观测方法	英文	中文	标准品种	代码
1. （+） PQ		**Plant：growth habit**	**植株：生长习性**		
		upright	直立	RedFox	1
		semi-upright	半直立	DarkDesire	2
		semi-spreading	半平展	CarolinaOrange	3
		spreading	平展	Papagaya	4
2. （*） QN		**Plant：height**	**植株：高度**		
		short	矮	Gallery Rubens	3
		medium	中	Dark Desire	5
		tall	高	Hot Chocolate	7
3. （+） PQ		**Stem：color**	**茎：颜色**		
		green	绿色	Jaimaica	1
		green tinged with brownish red or purple	绿带泛棕红色或紫色	Carolina Orange	2
		brownish red	泛棕红色	Dark Desire	3
		purple	紫色	Hot Chocolate	4
4. （+） PQ	（a）	**Leaf：type**	**叶：类型**		
		predominantly simple	主要为单叶	Papagaya	1
		simple and pinnate（no predomi-nance）	单叶和一回羽状复叶（数量相当）	Carolina Orange	2
		predominantly pinnate	主要为一回羽状复叶	Hot Chocolate	3
		pinnate and bipinnate（no predomi-nance）	一回羽状复叶和二回羽状复叶（数量相当）	Ragged Robin	4
		predominantly bipinnate	主要为二回羽状复叶	Bishop of Llandaff	5
5. （*） （+） QN	（a）	**Leaf：wing**	**叶：翼**		
		absent or weak	无或弱	Carolina Orange	3
		moderate	中	Jaimaica	5
		strong	强	Ragged Robin	7
6. （*） （+） QN	（a）	**Leaf：length including petiole**	**叶：长度（包括叶柄）**		
		short	短	Carolina Orange	3
		medium	中	Jaimaica	5
		long	长	Ragged Robin	7
7. （*） （+） QN	（a）	**Leaf：width**	**叶：宽度**		
		narrow	窄	CarolinaOrange	3
		medium	中	GalleryRubens	5
		broad	宽	RaggedRobin	7
8. （*） QN	（a）	**Leaf：length/ width ratio**	**叶：长宽比**		
		low	小	RaggedRobin	3
		medium	中	Olinda	5
		high	大	CarolinaOrange	7

性状编号	观测方法	英文	中文	标准品种	代码
9. (*) PQ	(a)	**Leaf：color**	**叶：颜色**		
		light green	浅绿色	Rio	1
		medium green	中等绿色	RedFox	2
		dark green	深绿色	FrivolousGlow	3
		greentinged with brownishred	绿色带泛棕红色	CityofRotterdam	4
		greentinged with purple	绿色带紫色	Passion	5
		brownishred	泛棕红色	Nippon	6
		purple	紫色	Tresor	7
10. QN	(a)	**Leaf：glossiness**	**叶：光泽度**		
		weak	弱	RedFox	3
		medium	中	Papagaya	5
		strong	强		7
11. QN	(a)	**Leaf：texture of surface**	**叶：表面质地**		
		smooth or very weakly rugose	平滑或极弱皱缩	HotChocolate	1
		weakly rugose	弱皱缩	KarmaVentura	2
		strongly rugose	强皱缩	CarolinaOrange	3
12. QN	(a)	**Leaf：veins**	**叶：脉**		
		depressed	凹		1
		flat	平		2
		raised	凸	CarolinaOrange	3
13. (+) PQ		**Leaflet：shape**	**小叶：形状**		
		ovate	卵圆形	CarolinaOrange	1
		elliptic	椭圆形	Olinda	2
		oblanceolate	倒披针形	FrivolousGlow	3
14. (+) PQ		**Leaflet：shape of base**	**小叶：基部形状**		
		acute	锐尖	FrivolousGlow	1
		obtuse	钝尖	Olinda	2
		rounded	圆形	CarolinaOrange	3
		truncate	平截		4
		cordate	心形		5
		asymmetric	不对称		6
15. (+) QN		**Leaflet margin：number of incisions（excluding lobes）**	**小叶边缘：缺刻数量（裂片除外）**		
		few	少	Passion	3
		medium	中	CarolinaOrange	5
		many	多	FrivolousGlow	7
16. (+) QN		**Leaflet margin：depth of incisions（excluding lobes）**	**小叶边缘：缺刻深度（裂片除外）**		
		shallow	浅	HotChocolate	3
		medium	中	FrivolousGlow	5
		deep	深	Baronesse	7
17. QN		**Peduncle：length**	**花序梗：长度**		
		short	短	Bounty	3
		medium	中	Dark Desire	5
		long	长	Red Fox	7

性状编号	观测方法	英文	中文	标准品种	代码
18. PQ		**Peduncle：color**	花序梗：颜色		
		green	绿色	Jaimaica	1
		greentinged with brownishred or purple	绿色带泛棕红色或紫色	CarolinaOrange	2
		brownishred	泛棕红色	DarkDesire	3
		purple	紫色	HotChocolate	4
19. （＊） QN		**Flower heads：position in relation to foliage**	头状花序：与叶的相对位置		
		below foliage	低于		1
		atsame level	持平	GalleryRubens	2
		moderately above foliage	略高于	FrivolousGlow	3
		high above foliage	高于	RedFox	4
20. （＋） QN		**Flower head：attitude**	头状花序：姿态		
		upright	直立	GalleryRubens	1
		semi upright	半直立	Passion	3
		horizontal	水平	CarolinaOrange	5
		moderately downward	向下		7
21. （＊） （＋） PQ		**Flower head：type**	头状花序：类型		
		single	单瓣	DarkDesire	1
		semidouble	半重瓣	TheBishopof Llandaff	2
		daisy-eyed double	重瓣（后期露心）	CarolinaOrange	3
		double	重瓣（后期不露心）	Passion	4
22. （＊） （＋） QL		**Only single and semi double varieties（see char. 21）：Flower head：disc type**	头状花序：花心类型（仅适用于单瓣和半重瓣品种，见性状21）		
		daisy	非托桂型	DarkDesire	1
		anemone	托桂型	ScarletComet	2
23. （＊） （＋） QL		**Flower head：collar segments**	头状花序：颈圈区		
		absent	无	DarkDesire	1
		present（collerette type）	有	Famoso	9
24. QN		**Flower head：length of collar segments relative to ray florets**	头状花序：颈圈区长度与舌状小花的关系		
		about quarter the length	约1/4长	Cher Ami	3
		about half the length	约1/2长	Famoso	5
		about three quarters the length	约3/4长	Bumble Rumble	7
25. （＊） QN		**Flower head：diameter**	头状花序：直径		
		small	小	Jaimaica	3
		medium	中	Passion	5
		large	大		7
26. （＋） QN		**Only double and daisy-eyed double varieties（see char. 21）：Flower head：height**	头状花序：高度（仅适用于重瓣品种，见性状21）		
		short	矮	FrivolousGlow	3
		medium	中	HotChocolate	5
		tall	高	KarmaBonBini	7

性状编号	观测方法	英文	中文	标准品种	代码
27. (*) QN		**Only single，semi double and daisy-eyed double varieties（see char. 21）：Flower head：number of ray florets**	头状花序：舌状小花数量（仅适用于单瓣、半重瓣和后期露心重瓣品种，见性状 21）		
		few	少	The Bishop of Llandaff	3
		medium	中	Carolina Orange	5
		many	多	Bahamas	7
28. (*) QN		**Only double varieties（see char. 21）：Flower head：density of ray florets**	头状花序：舌状小花密度（仅适用于重瓣品种，见性状 21）		
		sparse	疏	Karma Ventura	3
		medium	中	Karma Bob Bini	5
		dense	密	Red Fox	7
29. (*) QN	（b）	**Ray floret：length**	舌状小花：长度		
		short	短	RedFox	3
		medium	中	Kiedahboa	5
		long	长	GalleryBellini	7
30. (*) QN	（b）	**Ray floret：width**	舌状小花：宽度		
		narrow	窄	FrivolousGlow	3
		medium	中	GalleryRubens	5
		broad	宽	Passion	7
31. (*) QN	（b）	**Ray floret：length/ width ratio**	舌状花：长宽比		
		low	小	Bounty	3
		medium	中	DarkDesire	5
		high	大	GalleryBellini	7
32. (+) PQ	（c）	**Ray floret：upper surface**	舌状小花：上表面		
		smooth	光滑		1
		ribbed	有棱		2
		keeled	有龙骨	Moonshine	3
33. (+) PQ	（c）	**Ray floret：number of keels on keeled florets**	舌状小花：具龙骨小花龙骨数量		
		one	1 个		1
		two	2 个	Moonshine	2
		more than two	>2 个		3
34. (*) QN	（c）	**Ray floret：profile in cross section at mid point**	舌状小花：中间横切面形状		
		strongly concave with margins overlapping	边缘重叠型强凹陷		1
		strongly concave with margins touching	边缘接近型强凹陷		2
		strongly concave	强凹陷	Red Fox	3
		moderately concave	凹陷	Jaimaica	4
		weakly concave	略凹	Salvador	5
		flat	平	Dark Desire	6
		weakly convex	略凸	Karma Ventura	7
		moderately convex	凸	Mick's Peppermint	8
		strongly convex	强凸		9
		strongly convex with margins touching	边缘接近型强凸		10
		strongly convex with margins overlapping	边缘重叠型强凸	Alfred Grille	11

性状编号	观测方法	英文	中文	标准品种	代码
35. (+) QN	(c)	**Ray floret：profile in cross section at 3/4 point from base，if different from mid-point**	舌状小花：距基部 3/4 处横切面形状（如果不同于中间位置）		
		strongly concave with margins overlapping	边缘重叠型强凹陷		1
		strongly concave with margins touching	边缘接近型强凹陷		2
		strongly concave	强凹陷		3
		moderately concave	凹陷		4
		weakly concave	略凹		5
		flat	平		6
		weakly convex	略凸		7
		moderately convex	凸		8
		strongly convex	强凸		9
		strongly convex with margins touching	边缘接近型强凸		10
		strongly convex with margins overlapping	边缘重叠型强凸		11
36. (+) QN	(c)	**Ray floret：rolling of margin**	舌状小花：边缘卷曲		
		strongly involute	强内卷		1
		moderately involute	中等内卷	HotChocolate	2
		weakly involute	弱内卷	CarolinaOrange	3
		flat（notrolled）	平（不卷）	FrivolousGlow	4
		weakly revolute	弱外卷	BlueAngel	5
		moderately revolute	中等外卷		6
		strongly revolute	强外卷	Mick's Peppermint	7
37. PQ	(c)	**Ray floret：position of part with rolled margin**	舌状小花：边缘卷曲部位		
		basal quarter	基部 1/4		1
		basal half	基部 1/2	HotChocolate	2
		basal three quarters	基部 3/4		3
		middle half	中部 1/2		4
		distal three quarters	远基端 3/4		5
		distal half	远基端 1/2	Mick'sPeppermint	6
		distal quarter	远基端 1/4		7
		throughout	全部		8
38. (*) (+) QN	(c)	**Ray floret：longitudinal axis**	舌状小花：纵轴		
		incurving	内弯	KarmaBonBini	1
		straight	直伸	Kiedahboa	2
		reflexing	外弯	Baronesse	3
39. QN	(c)	**Ray floret：part of axis curved**	舌状小花：轴弯部分		
		distal quarter	远基端 1/4	Baronesse	1
		distal half	远基端 1/2		2
		distal three quarters	远基端 3/4	KarmaBonBini	3
40. QN	(c)	**Ray floret：strength of curvature**	舌状小花：弯曲程度		
		weak	弱	FrivolousGlow	3
		medium	中	KarmaBonBini	5
		strong	强		7

性状 编号	观测 方法	英文	中文	标准品种	代码
41. (+) QN	(c)	**Ray floret: twisting**	舌状小花：扭曲程度		
		absent or very weak	无或极弱	Gallery Rubens	1
		weak or moderate	弱或中等	Ragged Robin	2
		strong	强		3
42. (+) (*) PQ	(c)	**Ray floret: shape of apex**	舌状小花：先端形状		
		pointed	尖	Carolina Orange	1
		rounded	圆形	Bounty	2
		retuse	微凹	Gallery Rubens	3
		dentate	齿状	Karma Bon Bini	4
		mamillate	乳突状	Passion	5
		fringed	流苏状	Jacy	6
		laciniate	条裂状	My Beverly	7
		horned	角状		8
43. (*) PQ	(c) (d)	**Ray floret: number of colors of inner side**	舌状小花：内侧颜色数量		
		one	1 种	Red Fox	1
		two	2 种	Papagaya	2
		more than two	>2 种	Secret Glow	3
44. (*) PQ	(c) (d)	**Ray floret: main color of inner side**	舌状小花：内侧主色		
		RHS Colour Chart (indicate reference number)	RHS 比色卡（注明参考色号）		
45. (*) PQ	(c) (d)	**Ray floret: second color of inner side**	舌状小花：内侧次色		
		RHS Colour Chart (indicate reference number)	RHS 比色卡（注明参考色号）		
46. (*) (+) PQ	(c) (d)	**Ray floret: distribution of second color of inner side**	舌状小花：内侧次色分布部位		
		at tip	尖端		1
		distal quarter	远基端 1/4	Salvador	2
		distal half	远基端 1/2		3
		distal three quarters	远基端 3/4	Kiedahbasar	4
		basal three quarters	基部 3/4		5
		basal half	基部 1/2	Papagaya	6
		basal quarter	基部 1/4	SecretGlow	7
		at base	基部		8
		on margin	边缘		9
		marginal zone	边缘带		10
		central bar	中脉带	Famoso	11
		transverse zone[band]	横条带	Fabula	12
		throughout	全部	Mick's Peppermint	13
47. (*) (+) PQ	(c) (d)	**Ray floret: pattern of second color of inner side**	舌状小花：内侧次色分布类型		
		solid or nearly solid	连续或近连续	Fabula, Papagaya, Secret Glow	1
		flushed	细沙点晕斑	Famoso, Salvador	2
		diffuse stripes	模糊条纹		3
		clearly defined stripes	清晰条纹		4
		flecked	斑点		5
		flecked and striped	斑点和条纹	Mick's Peppermint	6
		mottled	斑块		7

续表

性状编号	观测方法	英文	中文	标准品种	代码
48. (＊) PQ	(c) (d)	**Ray floret：third color of inner side**	舌状小花：内侧第三颜色		
		RHS Colour Chart（indicate reference number）	RHS 比色卡（注明参考色号）		
49. (＊) (＋) PQ	(c) (d)	**Ray floret：distribution of third color of inner side**	舌状小花：内侧第三种颜色分布部位		
		at tip	尖端		1
		distal quarter	远基端 1/4	Secret Glow	2
		distal half	远基端 1/2		3
		distal three quarters	远基端 3/4		4
		basal three quarters	基部 3/4		5
		basal half	基部 1/2		6
		basal quarter	基部 1/4		7
		at base	基部	Fabula	8
		on margin	边缘	Oriental Dream	9
		marginal zone	边缘带		10
		central bar	中脉带		11
		transverse zone [band]	横条带		12
		through out	全部	D'Alaïs	13
50. (＊) (＋) PQ	(c) (d)	**Ray floret：pattern of third color of inner side**	舌状小花：内侧第三色类型		
		solid or nearly solid	连续或近连续		1
		flushed	点状晕斑	Secret Glow	2
		diffuse stripes	模糊条纹		3
		clearly defined stripes	清晰条纹		4
		flecked	斑点	D'Alaïs	5
		flecked and striped	斑点和条纹		6
		mottled	斑块		7
51. (＊) QL	(c)	**Ray floret：color of the outer side compared to main color of inner side**	舌状小花：外侧颜色与内侧主色颜色相比		
		similar	相似	Secret Glow	1
		markedly different	明显不同	Giraffe	2
52. PQ	(c)	**Ray floret：color of outer side, where markedly different to inner side**	舌状小花：外侧颜色与内侧明显不同时的外侧颜色		
		RHS Colour Chart（indicate reference number）	RHS 比色卡（注明参考色号）		
53. (＊) QN		**Only single and semi double varieties（see char. 21）：Disc：diameter relative to flower head diameter**	花心：相对于头状花序的直径大小（仅适用于单瓣和半重瓣品种，见性状 21）		
		small	小	DarkDesire	3
		medium	中	BumbleRumble	5
		large	大	ScarletComet	7

性状 编号	观测 方法	英文	中文	标准品种	代码
54. （*） PQ		**Only single and semi double variet-ies（see char. 21）which are daisy type（see char. 22）: Disc: color before anther dehiscence**	花心：花药开裂前颜色（仅适用于单瓣和半重瓣，见性状 21；非托桂型品种，见性状 22）		
		whitish	泛白色		1
		green	绿色		2
		yellow green	黄绿色	Salvador	3
		yellow	黄色		4
		orange	橙色	Kiedahlem	5
		yellow green	红棕色	DarkDesire	6
		purple brown	紫棕色		7
		brown	棕色		8
		purple black	紫黑色		9
		purple black	棕黑色		10
55. PQ		**Only single and semi double variet-ies（see char. 21）which aredaisy type（see char. 22）: Disc: color at anther dehiscence**	花心：花药开裂时颜色（仅适用于单瓣和半重瓣，见性状 21；非托柱型品种，见性状 22）		
		whitish	泛白色		1
		green	绿色		2
		yellow green	黄绿色		3
		yellow	黄色	Salvador	4
		orange	橙色	Kiedahlem	5
		red brown	红棕色		6
		red brown	紫棕色		7
		brown	棕色		8
		red brown	紫黑色		9
		red brown	棕黑色		10
56. （*） PQ		**Only anemone-type varieties（see char. 22）: Disc florets: color**	花心小花：颜色（仅适用于托桂型品种，见性状 22）		
		RHS Colour Chart（indicate refer-ence number）	RHS 比色卡（注明参考色号）		
57. （*） PQ		**Only collerette-type varieties（see char. 23）: Collar segments: color**	颈圈区颜色（仅适用于非托桂型品种，见性状 23）		
		RHS Colour Chart（indicate refer-ence number）	RHS 比色卡（注明参考色号）		

8　性状表的解释

8.1　对多个性状的解释

除非另有说明，所有性状应在完全开花前记录。

在性状表第二列中包含以下性状特征的应按以下说明进行测试。

（a）涉及叶片的性状，应选择茎中部 1/3 处典型叶片进行观测而不考虑整片叶的数量，观察叶片上表面。

（b）管状小花的长度和宽度应观测最外轮管状小花。

（c）在除单瓣品种外的所有品种中，管状小花的性状，除长度和宽度需要观测最典型小花，其余应观测最内轮和最外轮外的小花，除非另有解释说明。

（d）主色是占最大表面积的颜色，次色是第二大的表面积的颜色，第三种颜色是第三大的表面积的颜色。

8.2 对单个性状的解释

性状1：植株生长习性

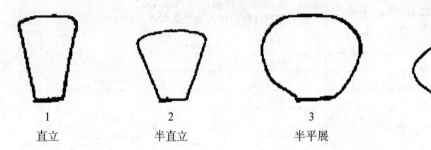

1	2	3	4
直立	半直立	半平展	平展

性状3：茎颜色

茎的颜色应该在茎的中间1/3处进行观测，不包括花梗。

性状4：叶类型

单叶   一回羽状复叶   二回羽状复叶

在大丽花品种中发现不同的叶片类型是很常见的，但是植株中每种类型的比例应该是一致的。

性状5：叶翼

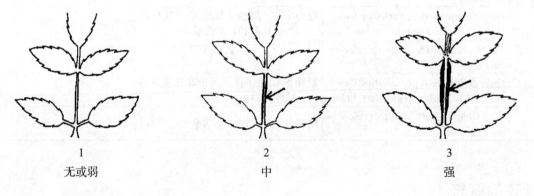

1	2	3
无或弱	中	强

性状6：叶长度（包括叶柄）

性状7：叶宽度

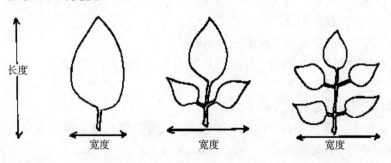

性状 13：小叶形状

性状 14：小叶基部形状

性状 15：小叶边缘缺刻数量（裂片除外）

性状 16：小叶边缘缺刻深度（裂片除外）

这些性状应该在复叶完全伸展开时进行记录。在单叶的情况下，应观测整个叶片。

性状 14：小叶基部形状

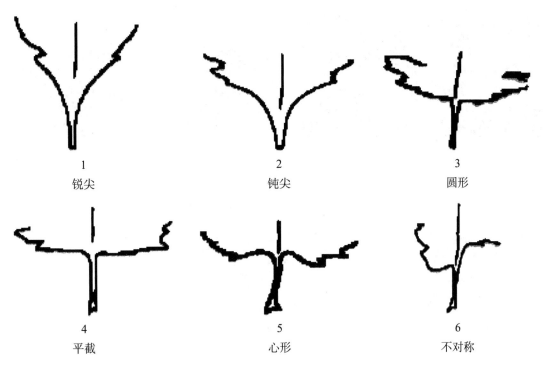

| 1 | 2 | 3 |
| 锐尖 | 钝尖 | 圆形 |

| 4 | 5 | 6 |
| 平截 | 心形 | 不对称 |

所有具有不对称基部形状的品种都应按这 6 种特征状态来观测，尽管基部不对称品种的形状可能不同。

性状 20：头状花序姿态

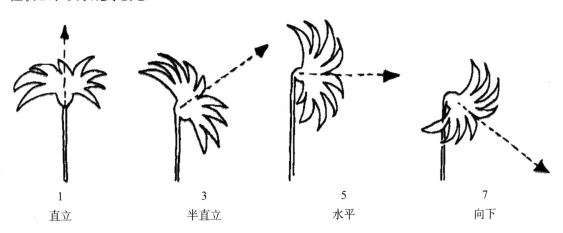

| 1 | 3 | 5 | 7 |
| 直立 | 半直立 | 水平 | 向下 |

性状 21：头状花序类型

单瓣：头状花序舌状小花只有一轮，花心始终可见并且明显。

半重瓣：头状花序舌状小花多轮，中央的花心清晰可见。

重瓣（后期露心）：头状花序重瓣型，花心在开花初期不可见，但花冠完全开放时可见花心（花心并不总是清晰可见）。

重瓣（后期不露心）：头状花序重瓣型，在开花的任何阶段都看不到花心。

1	2	3	4
单瓣	半重瓣	重瓣（后期露心）	重瓣（后期不露心）

性状 22：头状花序花心类型（仅适用于单瓣和半重瓣品种，见性状 21）

1	2
非托桂型	托桂型

性状 23：头状花序颈圈区

劲圈区

1	9
无	有

性状 26：头状花序高度（仅适用于重瓣品种，见性状 21）

性状 32：舌状小花上表面

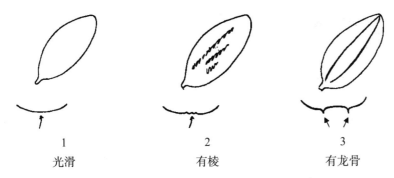

1	2	3
光滑	有棱	有龙骨

性状 33：舌状小花具龙骨小花龙骨数量

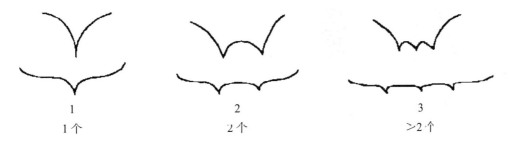

1	2	3
1 个	2 个	＞2 个

性状 35：舌状小花距基部 3/4 处横切面形状（如果不同于中间位置）

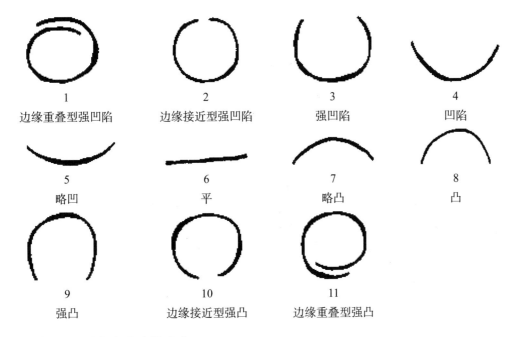

1	2	3	4
边缘重叠型强凹陷	边缘接近型强凹陷	强凹陷	凹陷

5	6	7	8
略凹	平	略凸	凸

9	10	11
强凸	边缘接近型强凸	边缘重叠型强凸

性状 36：舌状小花边缘卷曲

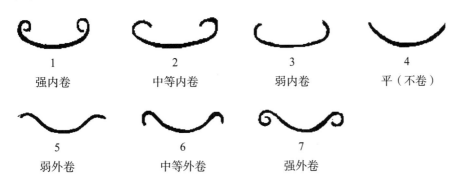

1	2	3	4
强内卷	中等内卷	弱内卷	平（不卷）

5	6	7
弱外卷	中等外卷	强外卷

性状 38：舌状小花纵轴

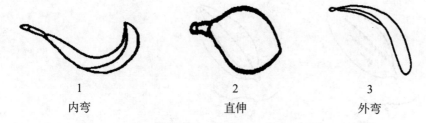

1	2	3
内弯	直伸	外弯

性状 41：舌状小花扭曲程度

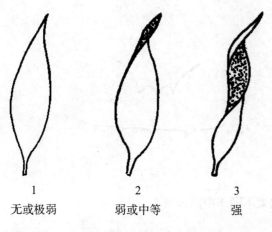

1	2	3
无或极弱	弱或中等	强

性状 42：舌状小花先端形状

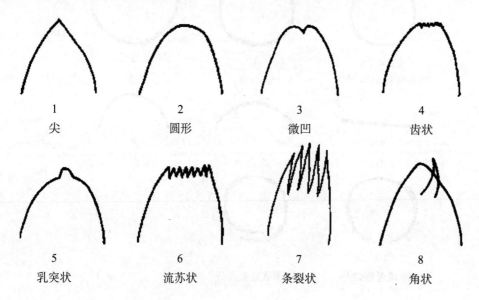

1	2	3	4
尖	圆形	微凹	齿状

5	6	7	8
乳突状	流苏状	条裂状	角状

性状46：舌状小花内侧次色分布部位
性状49：舌状小花内侧第三种颜色分布部位

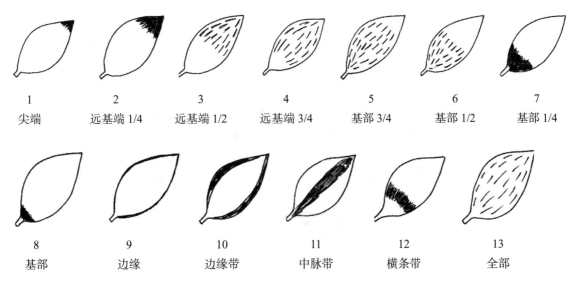

1	2	3	4	5	6	7
尖端	远基端 1/4	远基端 1/2	远基端 3/4	基部 3/4	基部 1/2	基部 1/4

8	9	10	11	12	13
基部	边缘	边缘带	中脉带	横条带	全部

性状47：舌状小花内侧次色分类类型
性状50：舌状小花内侧第三色类型

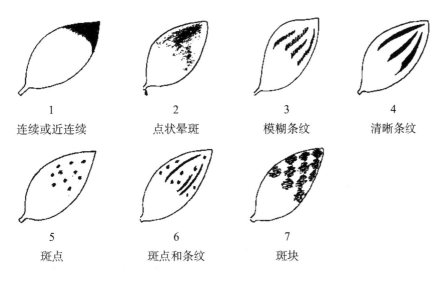

1	2	3	4
连续或近连续	点状晕斑	模糊条纹	清晰条纹

5	6	7
斑点	斑点和条纹	斑块

扫码下载原文

如扫描二维码无法下载指南原文，可
能是指南版本有更新，可扫描本书封
底二维码查看与本文对应的指南版本

国际植物新品种保护联盟
植物品种特异性、一致性和稳定性
测试指南

玄参

UPOV 代码：SUTER
JAMES

（ *Sutera* Roth；*Jamesbrittenia* O. Kuntze ）

互用名称 *

植物学名称	英文	法文	德文	西班牙文
Sutera Roth	Sutera	Sutera	Sutera	Sutera
Jamesbrittenia O. Kuntze	Jamesbrittenia	Jamesbrittenia	Jamesbrittenia	Jamesbrittenia

---

* 这些名称在指南开始使用时是正确的，但随后可能会修改更新。读者可登录 UPOV 网站（www.upov.int），获取最新资料。

1 指南适用范围

本指南适用于玄参科（Scrophulariaceae）的雪朵花属（*Sutera* Roth）和雨地花属（*Jamesbrittenia* O. Kuntze）以及它们之间的杂交种。

2 繁殖材料要求

2.1 待测品种繁殖材料的数量和质量要求以及提交的时间和地点由主管机构决定。申请人从测试所在国境外提交繁殖材料的，还应符合海关规定并满足相关植物检疫的要求。

2.2 繁殖材料以根插条的形式提交。

2.3 申请人提交繁殖材料的最小数量为 15 个根插条。

2.4 提供的繁殖材料应外观健康有活力，未受到任何严重病虫害的影响。

2.5 提交的繁殖材料不得进行任何可能影响品种性状表达的处理，除非主管机构允许或要求进行这种处理。如果材料已经处理，必须提供相关处理的详细情况。

3 测试方法

3.1 测试周期
测试的最少周期数量通常为 1 个生长周期。

3.2 测试地点
测试通常在 1 个地点进行。在 1 个以上地点进行测试时，TGP/9《特异性测试》提供了有关指导。

3.3 测试条件

3.3.1 测试的条件应能满足品种正常生长的需要，以确保品种相关性状充分表达和测试的顺利开展。除非另有说明，性状的最佳观测时期为盛花期。

3.3.2 由于日光变化，颜色应在一个合适的柜子里观测，在一个朝北的房间里提供人工光源。人工光源光谱分布应符合 CIE "理想日光标准 D6500"，且在《英国标准 950：第 1 部分》规定的允许范围之内。应将观测植株部位置于白色背景下观测。

3.4 试验设计

3.4.1 每个试验设计至少包括 15 个植株。

3.4.2 试验设计应保证因测量或计数等需要，从小区取走部分植株或植株部位后，不影响生长周期结束前的所有观测。

3.5 测试株数
除非另有说明，应对 10 个植株或植株的 10 个部位进行全部观察。

3.6 附加测试
为测试有关性状，可以进行附加测试。

4 特异性、一致性和稳定性评价

4.1 特异性

4.1.1 一般建议
对于本指南的使用者而言，在判定特异性前参照总则特异性判定的一般原则十分重要。但为进一步说明和强调特异性判定，本指南特列出特异性判定的要点。

4.1.2　一致的差异

品种间的观测差异可能在 1 个生长周期内就非常明显。此外，在某些情况下，相比环境的影响，1 个生长周期更能保证品种间的观测差异足够一致。一种方法是确保更多的测试中观测到一致的性状差异，而这需要至少 2 个独立生长周期。

4.1.3　明显的差异

两个品种间的差异是否明显取决于很多因素，特别应考虑所测性状的表达类型，即该性状是质量性状、数量性状还是假质量性状。因此，在作出关于特异性的判定前，本测试指南的使用者应熟悉总则中的建议。

4.2　一致性

4.2.1　对于本指南的使用者而言，在判定一致性前参照总则一致性判定的一般原则十分重要。但为进一步说明和强调一致性判定，本指南特列出一致性判定的要点。

4.2.2　评价一致性时，应采用 1% 的群体标准和至少 95% 的接受概率。当样本量为 15 个时，允许 1 个异型株。

4.3　稳定性

4.3.1　在实际操作中，通常不像测试特异性和一致性那样对稳定性进行测试以得到明确结果。经验表明，对许多类型的品种来说，当一个品种表现一致时，可认为其是稳定的。

4.3.2　适当情况下或者有疑问时，稳定性可以采用如下方法测试：种植申请品种的下一代或者测试一批新植株库存，看其性状表现是否与之前提交的材料表现相同。

5　品种分组和试验组织

5.1　使用分组性状可以帮助选择与申请品种一起进行田间种植试验的已知品种，以及对这些品种进行合适分组以便进行特异性评价。

5.2　分组性状表达状态的数据即使来自不同地点，也可以单独或者与其他此类性状联合使用。

（a）用于特异性测试中筛选排除那些不需要安排在种植试验中的已知品种。

（b）用于组织安排种植试验，使近似品种种植在一起。

5.3　以下性状已被确认为有用的分组性状。

（a）叶片：斑点（性状 13）。

（b）花：类型（性状 15）。

（c）花冠：颜色数量（花冠管口除外）（性状 18）。

（d）花冠：主色（性状 19），分组如下。

第一组：白色。

第二组：粉色。

第三组：红色。

第四组：紫色。

第五组：紫罗兰色。

5.4　总则中提供了在特异性审查过程中使用分组性状的指导。

6　性状表介绍

6.1　性状类型

6.1.1　标准指南性状

标准指南性状是 UPOV 已同意用于 DUS 审查的性状，UPOV 成员可以从中选择与其特定环境相适应的性状。

6.1.2 星号性状

星号性状（用"*"标记）是测试指南中对于形成国际统一的品种描述十分重要的性状，所有 UPOV 成员都应将其用于 DUS 测试并包含在品种描述中，除非前序性状的表达或区域环境条件所限使其无法测试。

6.2 表达状态及相应代码

为定义性状和统一描述，将每个性状划分为一系列表达状态。每个表达状态赋予一个相应的数字代码，以便于数据记录，以及品种性状描述的建立和交流。

6.3 表达类型

总则中对性状表达类型（质量性状、数量性状和假质量性状）进行了解释。

6.4 标准品种

适当时，测试指南中提供了标准品种用于校正性状的表达状态。

6.5 注释

（*）星号性状（6.1.2）。

QL：质量性状（6.3）。

QN：数量性状（6.3）。

PQ：假质量性状（6.3）。

（a）～（c）性状表解释（8.1）。

（+）性状表解释（8.2）。

7 性状表

性状编号	观测方法	英文	中文	标准品种	代码
1. （*） QN		**Plant：height**	**植株：高度**		
		very short	极矮	Giwhisto 12	1
		short	矮		3
		medium	中	Yasflos	5
		tall	高	Sumsut 02	7
2. （*） QN		**Shoot：length**	**新枝：长度**		
		short	短	Wesbadream	3
		medium	中	Giwhisto 12	5
		long	长	Dancoplace	7
3. （+） QN		**Shoot：length of internodes**	**新枝：节间长度**		
		short	短	Gicomwhi 14	3
		medium	中	Giwhisto 12	5
		long	长	Yaspea	7
4. （+） QN		**Shoot：anthocyanin coloration**	**新枝：花青苷显色强度**		
		absent or very weak	无或极弱		1
		weak	弱	Sumsut 03	3
		medium	中		5
		strong	强	Novasnow	7
		very strong	极强		9
5. QN	（a）	**Petiole：length**	**叶柄：长度**		
		absent or very short	无或极短		1
		short	短	Sumsut 03	3
		medium	中		5
		long	长	Dancop 18	7

续表

性状编号	观测方法	英文	中文	标准品种	代码
6. (*) (+) QL	(a)	**Leaf: type**	**叶: 类型**		
		simple	简单叶		1
		pinnate	羽状叶		2
7. (*) (+) QN	(a)	**Leaf blade: length**	**叶片: 长度**		
		short	短	Wesbadream	3
		medium	中	Eskimo	5
		long	长	Giwhisto 12	7
8. (*) (+) QN	(a)	**Leaf blade: width**	**叶片: 宽度**		
		narrow	窄	Wesbadream	3
		medium	中	Eskimo	5
		broad	宽	Giwhisto 12	7
9. QN	(a)	**Leaf blade: ratio length/width**	**叶片: 长宽比**		
		small	小		3
		medium	中		5
		large	大		7
10. (+) QN	(a)	**Leaf blade: position of broadest part**	**叶片: 最宽处位置**		
		in middle	中部		1
		between middle and base	中部与基部之间		2
		at base	基部		3
11. (+) QN	(a)	**Only varieties with simple leaves: Leaf blade: depth of incisions of margin**	**叶片: 边缘切口深度 (仅适用于简单叶品种)**		
		absent or very shallow	无或极浅		1
		shallow	浅		3
		medium	中		5
		deep	深		7
12. QL	(b)	**Young leaf blade: main color (if clearly different from color of fully developed leaf blade)**	**嫩叶: 主色 (若与成熟叶片明显区别)**		
		white	白色		1
		yellow	黄色	Dancop 15	2
13. (*) QL	(a)	**Leaf blade: variegation**	**叶片: 斑点**		
		absent	无	Wesbadream	1
		present	有	Olympic Gold	9
14. PQ	(a) (b)	**Leaf blade: main color**	**叶片: 主色**		
		yellow	黄色		1
		light green	浅绿色	Dancop 15	2
		medium green	中等绿色	Eskimo	3
		dark green	深绿色		4
15. (*) (+) QL		**Flower: type**	**花: 类型**		
		single	单瓣花	Wesbadream	1
		double	双花	Sumsut 03	2
16. (*) (+) QN		**Flower: length**	**花: 长度**		
		short	短		3
		medium	中		5
		long	长		7

性状编号	观测方法	英文	中文	标准品种	代码
17. （*） （+） QN		**Flower：width**	花：宽度		
		very narrow	极窄		1
		narrow	窄	Wesbadream	3
		medium	中	Wesbavio	5
		broad	宽	Giwhisto 12	7
		very broad	极宽		9
18. （*） （+） QL		**Corolla：number of colors（excluding mouth of corolla tube）**	花冠：颜色数量（花冠管口除外）		
		one	1 种	Wesbadream	1
		two	2 种	Dancop 18	2
		more than two	多于 2 种		3
19. （*） （+）		**Corolla：main color**	花冠：主色		
		RHS Colour Chart（indicate reference number）	RHS 比色卡（注明参考色号）		
20. （*） （+） PQ		**Corolla：secondary color**	花冠：次色		
		white	白色	Dancop 18	1
		yellow	黄色		2
		dark pink	深粉色		3
		dark purple	深紫色	Yagemag	4
		dark violet	深紫罗兰色	Dancop 17	5
21. （+） QN	（c）	**Corolla lobe：width**	花冠裂片：宽度		
		narrow	窄	Wesbadream	3
		medium	中	Wesbavio	5
		broad	宽	Gicomwhi 14	7
22. （+） PQ	（c）	**Corolla lobe：shape of apex**	花冠裂片：先端形状		
		pointed	尖		1
		rounded	圆形		2
		truncate	平截		3
		retuse	微凹		4
23. （+） QN		**Corolla tube：length**	花冠筒：长度		
		short	短		3
		long	中		5
		long	长		7
24. （+） PQ		**Only varieties with single flowers：Corolla tube：main color at mouth**	花冠筒：口部主色（仅适用于单瓣花品种）		
		yellow	黄色		1
		yellow orange	橙黄色		2
		orange	橙色		3

8 性状表解释

8.1 对多个性状的解释

性状表第二列包含以下标注的性状应按照下述要求观测。

（a）叶片应在发育完全的基生叶（位于新枝基部的叶）上进行观测。

（b）主色是指覆盖面积最大的颜色。若所占面积相同，则深色为主色。

（c）双花的花冠裂片应对最大的裂片进行观测。

8.2　对单个性状的解释

性状 3：新枝节间长度

节间长度应对新枝的中部 1/3 部位进行观测。

性状 4：新枝花青苷显色强度

花青苷显色的观测应对新枝的上部 1/3 处进行观测。

性状 6：叶类型

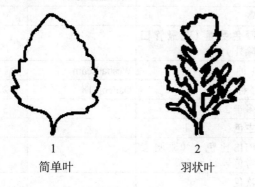

1	2
简单叶	羽状叶

性状 7：叶片长度

性状 8：叶片宽度

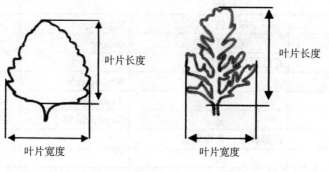

性状 10：叶片最宽处位置

1	2	3
中部	中部和基部之间	基部

性状 11：叶片边缘切口深度（仅适用于简单叶品种）

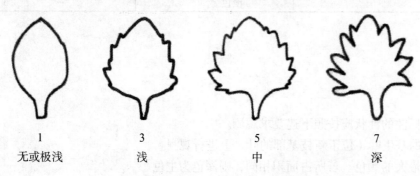

1	3	5	7
无或极浅	浅	中	深

性状 15：花类型

单瓣花有 5 个花冠裂片。双花的花冠裂片多于 5 个。

性状 16：花长度

性状 17：花宽度

性状 21：花冠裂片宽度

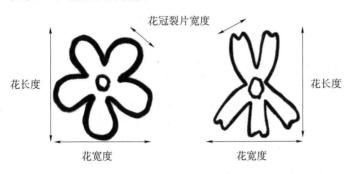

性状 18：花冠颜色数量（花冠管口除外）

性状 19：花冠主色

性状 20：花冠次色

性状 24：化冠筒口部主色（仅适用丁单瓣花品种）

性状 22：花冠裂片先端形状

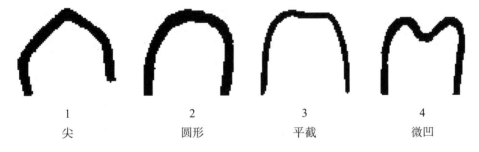

1	2	3	4
尖	圆形	平截	微凹

性状 23：花冠筒长度

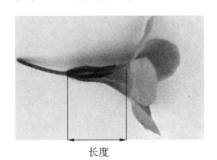

扫码下载原文

如扫描二维码无法下载指南原文，可
能是指南版本有更新，可扫描本书封
底二维码查看与本文对应的指南版本

TG/233/1
原文：英文
日期：2007-03-28

国际植物新品种保护联盟
植物品种特异性、一致性和稳定性
测试指南

<table>
<tr><td>双距花属</td></tr>
<tr><td>UPOV 代码：DIASC</td></tr>
<tr><td>（ *Diascia* Link & Otto）</td></tr>
</table>

互用名称 *

植物学名称	英文	法文	德文	西班牙文
Diascia Link & Otto	Diascia, Twinspur	Diascia, Diascie	Diascie, Doppelhörnchen	Diascia

---

* 这些名称在指南开始使用时是正确的，但随后可能会修改更新。读者可登录 UPOV 网站（www.upov.int），获取最新资料。

1　指南适用范围

本指南适用于玄参科（Scrophulariaceae）双距花属（*Diascia* Link & Otto）的所有品种。

2　繁殖材料要求

2.1　待测品种繁殖材料的数量和质量要求以及提交的时间和地点由主管机构决定。申请人从测试所在国境外提交繁殖材料的，还应符合海关规定并满足相关植物检疫的要求。

2.2　待测品种材料以种子或带根扦插条的形式提供。

2.3　申请人提交繁殖材料的最小数量为 10 个带根扦插条（无性繁殖品种）或种子数量足以保证长成 20 个植株（种子繁殖品种）。

提交的种子应满足主管机构规定的发芽率、纯度、健康程度和含水量的最低要求。当种子用于保藏时，申请者应尽可能提供发芽率高的种子并注明发芽率。

2.4　提供的繁殖材料应外观健康有活力，未受到任何严重病虫害的影响。

2.5　提交的繁殖材料不得进行任何可能影响品种性状表达的处理，除非主管机构允许或要求进行这种处理。如果材料已经处理，必须提供相关处理的详细情况。

3　测试方法

3.1　测试周期

测试的最少周期数量通常为 1 个生长周期。

3.2　测试地点

测试通常在 1 个地点进行。在 1 个以上地点进行测试时，TGP/9《特异性测试》提供了有关指导。

3.3　测试条件

3.3.1　测试的条件应能满足品种正常生长的需要，以确保品种相关性状充分表达和测试的顺利开展。植株应种植在容器中以观测植株生长习性（性状 1）。

3.3.2　在性状表的第二列由数字表示了每个性状评估的最适发育阶段。第 8 部分的最后描述了每个数字表示的发育期。

3.3.3　由于日光变化的原因，在利用比色卡确定颜色时，应在一个合适的有人工光源照明的小室或中午无阳光直射的房间内进行。人工光源光谱分布应符合 CIE "理想日光标准 D6500"，且在《英国标准 950：第 1 部分》规定的允许范围之内。观测在白背景下进行。

3.4　实验设计

3.4.1　无性繁殖材料：每个试验应该保证至少有 10 个植株。

3.4.2　种子繁殖材料：每个试验应该保证至少有 20 个植株。

3.4.3　试验设计应保证因测量或计数等需要，从小区取走部分植株或植株部位后，不影响生长周期结束前的所有观测。

3.5　植株 / 植株部位的观测数量

3.5.1　无性繁殖材料：除非另有说明，对于单株的观测，应观测 10 个植株或分别从 10 个植株取下的植株部位；对于其他观测，应观测试验中的所有植株。

3.5.2　种子繁殖材料：除非另有说明，对于单株的观测，应观测 20 个植株或分别从 20 个植株取下的植株部位；对于其他观测，应观测试验中的所有植株。

3.6　附加测试

为测试有关性状，可以进行附加测试。

4　特异性、一致性和稳定性评价

4.1　特异性

4.1.1　一般建议

对于本指南的使用者而言，在判定特异性前参照总则特异性判定的一般原则十分重要。但为了进一步说明和强调特异性判定，本指南特列出特异性判定的要点。

4.1.2　一致的差异

当观测到的品种之间的差异非常明显时，则没有必要种植 1 个以上生长周期。此外，在某些情况下，环境的影响并不意味着需要 1 个以上的生长周期来保证品种间观察到的差异是足够一致的。为确保在种植试验中所观测到的性状差异是足够一致的，可以对性状进行至少 2 个独立生长周期的测试。

4.1.3　明显的差异

两个品种间的差异是否明显取决于很多因素，特别应考虑所测性状的表达类型，即该性状是质量性状、数量性状还是假质量性状。因此，在作出关于特异性的判定前，本测试指南的使用者应熟悉总则中的建议。

4.2　一致性

4.2.1　对于本指南的使用者而言，在判定一致性前参照总则一致性判定的一般原则十分重要。但为进一步说明和强调一致性判定，本指南特列出一致性判定的要点。

4.2.2　对于无性繁殖材料一致性的评估，应采用 1% 的群体标准和至少 95% 的接受概率，当样本量为 10 个时，最多允许 1 个异型株。

4.2.3　对于自花授粉的种子繁殖材料一致性的评估，应采用 1% 的群体标准和 95% 的接受概率，当样本量为 20 个时，最多允许 1 个异型株。

4.2.4　对于异花授粉或杂交的种子繁殖材料一致性的评估，应该适当遵循总则中对异花授粉品种的建议。

4.3　稳定性

4.3.1　在实际操作中，通常不像测试特异性和一致性那样对稳定性进行测试以得到明确结果。经验表明，对许多类型的品种来说，当一个品种表现一致时，可认为其是稳定的。

4.3.2　适当情况下或者有疑问时，稳定性的测试通过种植该品种的下一代或者测试一个新的砧木，看其性状表现是否与之前提交的材料表现相同。

4.3.3　适当情况下或有疑问时，杂交种的稳定性除直接对杂交种本身进行测试外，还可以通过对其亲本系的一致性和稳定性进行测试来评价。

5　品种分组和试验组织

5.1　使用分组性状可以帮助选择与申请品种一起进行田间种植试验的已知品种，以及对这些品种进行合适分组以便进行特异性评价。

5.2　分组性状表达状态的数据即使来自不同地点，也可以单独或者与其他此类性状联合使用。

（a）用于特异性测试中筛选排除那些不需要安排在种植试验中的已知品种。

（b）用于组织安排种植试验，使近似品种种植在一起。

5.3　以下性状已被确认为有用的分组性状。

（a）植株：生长习性（性状 1）。

（b）花冠：主色（性状 20），有以下 10 个分组。

第一组：白色。

第二组：浅粉色。

第三组：中等粉色。

第四组：深粉色。

第五组：橙粉色。

第六组：橙色。

第七组：橙红色。

第八组：红色。

第九组：紫红色。

第十组：浅紫罗兰色。

5.4　总则中提供了在特异性审查过程中使用分组性状的指导。

6　性状表介绍

6.1　性状类型

6.1.1　标准指南性状

标准指南性状是 UPOV 已同意用于 DUS 审查的性状，UPOV 成员可以从中选择与其特定环境相适应的性状。

6.1.2　星号性状

星号性状（用"*"标记）是测试指南中对于形成国际统一的品种描述十分重要的性状，所有 UPOV 成员都应将其用于 DUS 测试并包含在品种描述中，除非前序性状的表达或区域环境条件所限使其无法测试。

6.2　表达状态及相应代码

为定义性状和统一描述，将每个性状划分为一系列表达状态。每个表达状态赋予一个相应的数字代码，以便于数据记录，以及品种性状描述的建立和交流。

6.3　表达类型

总则中对性状表达类型（质量性状、数量性状和假质量性状）进行了解释。

6.4　标准品种

适当时，测试指南中提供了标准品种用于校正性状的表达状态。

6.5　注释

（*）星号性状（6.1.2）。

QL：质量性状（6.3）。

QN：数量性状（6.3）。

PQ：假质量性状（6.3）。

（a）～（e）见 8.1 性状表解释。

（+）见 8.2 性状表解释。

7　性状表

性状编号	观测方法	英文	中文	标准品种	代码
1. （*） （+） **PQ**		**Plant：growth habit**	**植株：生长习性**		
		upright	直立	Codiap，Heccharm，PrinceofOrange	1
		semi-upright	半直立	Coditer，IceCream	2
		spreading	平展	Diastara	3
		semi-trailing	半蔓生	Hecrace	4

性状编号	观测方法	英文	中文	标准品种	代码
2. (+) QN		**Plant: height**	**植株：高度**		
		short	矮	Codiap, Codilav, Pendan	3
		medium	中	Diastonia, Diastu	5
		tall	高	Balwhiswhit, Ice Cream	7
3. QN		**Plant: width at broadest part**	**植株：最大宽度**		
		narrow	窄	Codilav, IceCream	3
		medium	中	Codiusre	5
		broad	宽	Balwhiswhit	7
4. QN		**Plant: density**	**植株：密度**		
		sparse	疏	Hecrace, IceCracker	3
		medium	中	Codiap	5
		dense	密	Diastrosis, Diastu, Heccharm	7
5. QN		**Stem: anthocyanin Coloration below inflorescence**	**茎：花序下部茎花青苷显色**		
		absent or weak	无或弱	Heccharm	1
		medium	中	Hecrace	2
		strong	强		3
6. (*) QN	(a)	**Leaf blade: length**	**叶片：长度**		
		short	短	Coditer, Strawberry Sundae	3
		medium	中	Codiusre	5
		long	长	Balwhislapi, Balwhiswhit	7
7. (*) QN	(a)	**Leaf blade: width**	**叶片：宽度**		
		narrow	窄	Balwhiswhit, Coditer Strawberry Sundae	3
		medium	中	Codipeim, Diastonia	5
		broad	宽	Balwhislapi	7
8. (+) PQ	(a)	**Leaf blade: shape of apex**	**叶片：先端形状**		
		acute	锐尖	Balwhiswhit, Diastu, Diastured, Heccharm	1
		obtuse	钝尖	Balwinimstr	2
		rounded	圆形	Diasroroc	3
9. (+) PQ	(a)	**Leaf blade: shape of base**	**叶片：基部形状**		
		rounded	圆形	Balwhiswhit	1
		truncate	平截	Diastara, Icepole	2
		cordate	心形	Codiap, Diastina, Heccharm	3
10. QN	(a) (b)	**Leaf blade: glossiness**	**叶片：光泽度**		
		absent or weak	无或弱	Diasroroc	1
		medium	中	Diastonia	2
		strong	强	Diastusca	3
11. (*) QL	(a) (b)	**Leaf blade: variegation**	**叶片：斑**		
		absent	无	Diastu	1
		present	有	BelmoreBeauty, Golden Dancer, KatherineSharman	9
12. (*) QN	(a) (b)	**Leaf blade: green color**	**叶片：绿色程度**		
		light	浅	Balwhislapi, Iceberg	1
		medium	中	Codiap, Coditer, Hecrace	2
		dark	深	Balwhiscran, Codiusre, Strawberry Sundae	3

性状编号	观测方法	英文	中文	标准品种	代码
13. （*） PQ	（a） （b）	**Leaf blade：color of variegation**	叶片：斑颜色		
		light yellow	浅黄色	KatherineSharman	1
		Medium yellow	中等黄色	Belmore Beauty	2
		yellow green	黄绿色	Golden Dancer	3
14. QN	（c）	**Inflorescence：density**	花序：密度		
		sparse	疏	Balwhislapi，Ice Cream	3
		medium	中	Codilav，Diastu	5
		dense	密	Balwinlapi，Coditer，Strawberry Sundae	7
15. QN	（c）	**Pedicel：length**	花梗：长度		
		short	短	Diastis，LilacBelle	1
		medium	中	Diasttralav，Diastu	2
		long	长	Balwinwite，Hecrace	3
16. QN	（c）	**Pedicel：angle relative to peduncle**	花梗：相对于花序梗的角度		
		small	小	Diasroroc，Diastu	3
		medium	中	Diastusca，Kledi04015	5
		large	大	Pendan，WinkPink Improved	7
17. QN	（c）	**Pedicel：anthocyanin coloration**	花梗：花青苷显色		
		absent or weak	无或弱	Diastis	1
		medium	中	Diastonia，Diastu	2
		strong	强	Diastara，Hecrace	3
18. （*） （+） QN	（d）	**Corolla：length**	花冠：长度		
		short	短	Codiusre，Diastonia，Lilac Belle	3
		medium	中	Diastu	5
		long	长	Balwhistang，Balwhiswhit，Hecrace	7
19. （*） （+） QN	（d）	**Corolla：width**	花冠：宽度		
		narrow	窄	Diastonia，Lilac Belle	3
		medium	中	Codilav，Diastu	5
		broad	宽	Balwhiswhit，Codipeim，Diatrosis	7
20. （*） PQ	（d） （e）	**Corolla：main color** RHS Colour Chart（indicate reference number）	花冠：主色 RHS 比色卡（注明参考色号）		
21. （+） QN	（d）	**Corolla：reflexing of lateral lobes**	花冠：侧裂片外翻		
		absent or weak	无或弱	Balwhiswhit，Diastara，Pendan	1
		medium	中	Codipeim，Diastis，Penther	2
		strong	强	Diaspetis，IceCream	3
22. （*） （+） QN	（d）	**Corolla：lower lobe：length in relation to width**	花冠：下裂片长度相对于宽度大小		
		longer than broad	长大于宽	Coditer，Rupert Lambert	1
		as long as broad	长宽相等	Balwinlapi，Diastu	2
		Broader than long	宽大于长	Balwhiswhit，Hecrace，Ice Cream	3
23. （+） QN	（d）	**Corolla：lower lobe：incurving**	花冠：下裂片内弯程度		
		absent or weak	无或弱	Balwhisdarco	1
		medium	中	Diastara	2
		strong	强	Diastusca	3

续表

性状编号	观测方法	英文	中文	标准品种	代码
24. QN	（d）	**Corolla：lower lobe：Undulation of margin**	花冠：下裂片边缘波状程度		
		weak	弱	Balwhiswhit，Heccharm，Penther	3
		medium	中	Diastu，Sumdia02	5
		strong	强	Diaspetis，Rupert Lambert	7
25. （*） （+） QL	（d） （e）	**Corolla：lower lobe：Presence of Trichomal elaiophores**	花冠：下裂片毛油质性		
		absent	无	Balwinlapi，Codipeim，Diastina，Diaspetis	1
		present	有	Diastis，Diastu，Hecrace，Ice Cream	9
26. （*） QN	（d） （e）	**Trichomal elaiophores：density**	毛：密度		
		sparse	疏	Balwhiscran，Codilav，Diastonia，Hecrace	1
		medium	中	Balwhiswhit，Diastu	2
		dense	密	Codiusre，Diastis，Ice Cream	3
27. （+） PQ	（d） （e）	**Corolla window：color**	花冠窗：颜色		
		Green yellow	黄绿色	Diastu	1
		light yellow	浅黄色	Diastuca	2
		Medium yellow	中等黄色	Balwhisdarco，Codipeim，Diaspetis	3
		Dark yellow	深黄色	Coditer，Diastina，Diastis，Diastured	4
28. （*） （+） QN	（d）	**Spur：length**	花距：长度		
		short	短	Codilav，Codiusre，Sumdia 03	3
		medium	中	Balwinlapi，Codipeim	5
		long	长	Balwincor，Diastara，Strawberry Sundae	7
29. （+） PQ	（d）	**Spur：color**	花距：颜色		
		RHS Colour Chart（indicate reference number）	RHS 比色卡（注明参考色号）		
30. （+） QN	（d）	**Spur：curvature**	花距：弯曲程度		
		absent or weak	无或弱	Penther	1
		medium	中	Balwinlapi，Codipeim，Diastara	2
		strong	强	Balwinimstr，Diastis，Diastonia	3
31. （+） PQ	（d）	**Spur：attitude of tip**	花距：尖端姿态		
		pointing inwards	向内		1
		pointing downwards	向下		2
		pointing outwards	向外		3

8 性状表的解释

8.1 涉及多个性状的解释

除非另有说明，所有性状应在完全开花前记录。

在性状表的第二列中包含以下性状特征的应按以下说明进行测试。

（a）涉及叶片的观测，应选择中部 1/3 处典型叶片进行。

（b）涉及叶片的观测，应选取叶片上表面进行。

（c）涉及茎和托叶的观测，应在茎的 1/3 处进行。

（d）涉及花冠的观测，应在花完全开放的情况下进行。

（e）观察花冠时，应在花的内侧进行。

8.2 涉及单个性状的解释

性状 1：植株生长习性

植株应该在花盆中种植，以便观测其生长习性。

性状 2：植株高度

植株的高度应从土壤表面开始测量。

性状 8：叶片先端形状

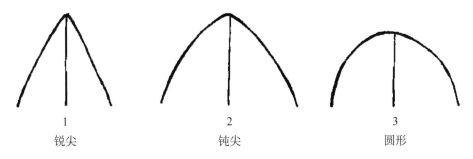

1	2	3
锐尖	钝尖	圆形

性状 9：叶片基部形状

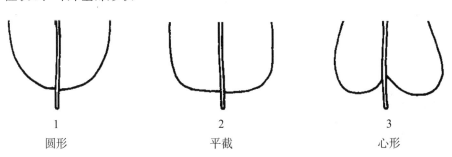

1	2	3
圆形	平截	心形

性状 18：花冠长度

性状 19：花冠宽度

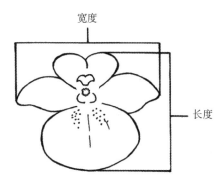

宽度

长度

性状 21：花冠侧裂片外翻

性状 22：花冠下裂片长度相对于宽度大小

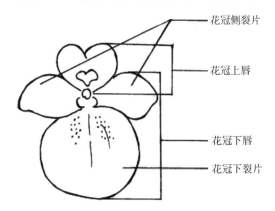

花冠侧裂片

花冠上唇

花冠下唇

花冠下裂片

性状 23：花冠下裂片外弯程度

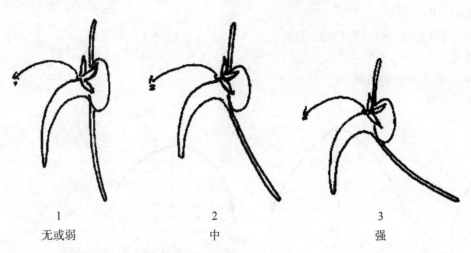

| 1 | 2 | 3 |
| 无或弱 | 中 | 强 |

性状 25：花冠下裂片毛油质性

毛是花上腺体，分泌油脂以吸引授粉蜜蜂。毛由许多腺毛构成或者由花表皮凸起物构成。在双距花中，毛位于双距中，有可能出现在花冠下唇内侧。

该性状的观测只在下唇上进行，不需要观测花冠其他部位。

性状 27：花冠窗颜色

花冠窗

性状 28：花距长度

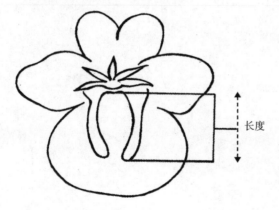

长度

性状 29：花距颜色

性状 30：花距弯曲程度

应在花距的中部 1/3 处进行观测

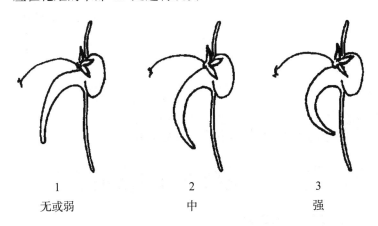

1	2	3
无或弱	中	强

性状 31：花距尖端姿势

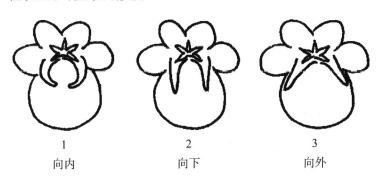

1	2	3
向内	向下	向外

扫码下载原文

如扫描二维码无法下载指南原文，可能是指南版本有更新，可扫描本书封底二维码查看与本文对应的指南版本

国际植物新品种保护联盟
植物品种特异性、一致性和稳定性
测试指南

香彩雀及其杂交种

UPOV 代码：ANGLN_ANG

及其相关杂交种代码

互用名称 *

植物学名称	英文	法文	德文	西班牙文
Angelonia angustifolia Benth.				

---

* 这些名称在指南开始使用时是正确的，但随后可能会修改更新。读者可登录 UPOV 网站（www.upov.int），获取最新资料。

1 指南适用范围

本测试指南适用于香彩雀（*Angelonia angustifolia* Benth.）和香彩雀（*Angelonia angustifolia* Benth.）间的杂交种，以及香彩雀属（Angelonia Bonpl.）和玄参科（Scrophulariaceae）的其他种。

2 繁殖材料要求

2.1 待测品种繁殖材料的数量和质量要求以及提交的时间和地点由主管机构决定。申请人从测试所在国境外提交繁殖材料的，还应符合海关规定并满足相关植物检疫的要求。

2.2 繁殖材料以带根扦插条或种子的形式提供。

2.3 申请人提交繁殖材料的最小数量为 15 个带根扦插条（无性繁殖品种）或种子数量足以保证长成 30 个植株（种子繁殖品种）。

2.4 提供的繁殖材料应外观健康有活力，未受到任何严重病虫害的影响。

2.5 提交的繁殖材料不得进行任何可能影响品种性状表达的处理，除非主管机构允许或要求进行这种处理。如果材料已经处理，必须提供相关处理的详细情况。

3 测试方法

3.1 测试周期

测试的最少周期数量通常为 1 个生长周期。

3.2 测试地点

测试通常在 1 个地点进行。在 1 个以上地点进行测试时，TGP/9《特异性测试》提供了有关指导。

3.3 测试条件

3.3.1 测试的条件应能满足品种正常生长的需要，以确保品种相关性状充分表达和测试的顺利开展。

3.3.2 颜色目测

由于日光变化的原因，在利用比色卡确定颜色时，应在一个合适的有人工光源照明的小室或中午无阳光直射的房间内进行。人工光源的光谱分布应符合 CIE"理想日光标准 D6500"，且在《英国标准 950：第 1 部分》规定的允许范围内。观测在白背景下进行。

3.4 试验设计

3.4.1 无性繁殖品种：每个试验应保证至少有 15 个植株。

3.4.2 种子繁殖品种：每个试验应保证至少有 30 个植株。

3.4.3 试验设计应保证因测量或计数等需要，从小区取走部分植株或植株部位后，不影响生长周期结束前的所有观测。

3.5 植株或植株部位的观测数量

3.5.1 无性繁殖品种：除非另有说明，对于单株的观测，应观测 15 个植株或分别从 15 个植株取下的植株部位；对于其他观测，应观测试验中的所有植株。

3.5.2 种子繁殖品种：除非另有说明，对于单株的观测，应观测 30 个植株或分别从 30 个植株取下的植株部位；对于其他观测，应观测试验中的所有植株。

3.6 附加测试

为测试有关性状，可以进行附加测试。

4 特异性、一致性和稳定性评价

4.1 特异性

4.1.1 一般建议

对于本指南的使用者而言，在判定特异性前参照总则特异性判定的一般原则十分重要。但为进一步说明和强调特异性判定，本指南特列出特异性判定的如下。

4.1.2 一致的差异

当观测到的品种之间的差异非常明显时，则没有必要种植 1 个以上生长周期。此外，在某些情况下，环境的影响并不意味着需要 1 个以上的生长周期来保证品种间观察到的差异是足够一致的。为确保在种植试验中所观测到的性状差异是足够一致的，可以对性状进行至少 2 个独立生长周期的测试。

4.1.3 明显的差异

两个品种间的差异是否明显取决于很多因素，特别应考虑所测性状的表达类型，即该性状是质量性状、数量性状还是假质量性状。因此，在作出关于特异性的判定前，本测试指南的使用者应熟悉总则中的建议。

4.2 一致性

4.2.1 对于本指南的使用者而言，在判定一致性前参照总则一致性判定的一般原则十分重要。但为进一步说明和强调一致性判定，本指南特列出一致性判定的要点。

4.2.2 对无性繁殖品种一致性评价时，应采用 1% 的群体标准和至少 95% 的接受概率。当样本量为 15 个时，允许有 1 个异型株。

4.2.3 对自花授粉的种子繁殖品种一致性评价时，应采用 1% 的群体标准和至少 95% 的接受概率。当样本量为 30 个时，允许有 1 个异型株。

4.2.4 对异花授粉的种子繁殖品种或杂交品种一致性评价时，适当情况下，应根据总则中有关异花授粉或杂交品种的建议。

4.3 稳定性

4.3.1 在实际操作中，通常不像测试特异性和一致性那样对稳定性进行测试以得到明确结果。经验表明，对许多类型的品种来说，当一个品种表现一致时，可认为其是稳定的。

4.3.2 适当情况下或者有疑问时，可通过种植下一代或者一批新的植株判定稳定性，观测其性状表达是否与以前提供的繁殖材料的性状表达一致。

5 品种分组和试验组织

5.1 使用分组性状可以帮助选择与申请品种一起进行田间种植试验的已知品种，以及对这些品种进行合适分组以便进行特异性评价。

5.2 分组性状表达状态的数据即使来自不同地点，也可以单独或者与其他此类性状联合使用。

（a）用于特异性测试中筛选排除那些不需要安排在种植试验中的已知品种。

（b）用于组织安排种植试验，使近似品种种植在一起。

5.3 以下性状已被确认为有用的分组性状。

（a）植株：生长习性（性状 1）。

（b）花冠裂片：条纹（性状 11）。

（c）上唇：花冠裂片主色（仅适用于无条纹的品种）（性状 12），分组如下。

第一组：白色。

第二组：粉色。

第三组：紫罗兰色。

（d）下唇：花冠裂片主色（性状 13）（仅适用于无条纹的品种），分组如下。

第一组：白色。

第二组：粉色。

第三组：紫罗兰色。

5.4　总则和 TGP/9《特异性测试》中提供了在特异性审查过程中使用分组性状的指导。

6　性状表介绍

6.1　性状类型

6.1.1　标准指南性状

标准指南性状是 UPOV 已同意用于 DUS 审查的性状，UPOV 成员可以从中选择与其特定环境相适应的性状。

6.1.2　星号性状

星号性状（用 "*" 标记）是测试指南中对于形成国际统一的品种描述十分重要的性状，所有 UPOV 成员都应将其用于 DUS 测试并包含在品种描述中，除非前序性状的表达或区域环境条件所限使其无法测试。

6.2　表达状态及相应代码

为定义性状和统一描述，将每个性状划分为一系列表达状态。每个表达状态赋予一个相应的数字代码，以便于数据记录，以及品种性状描述的建立和交流。

6.3　表达类型

总则中对性状表达类型（质量性状、数量性状和假质量性状）进行了解释。

6.4　标准品种

适当时，测试指南中提供了标准品种用于校正性状的表达状态。

6.5　注释

（*）星号性状（6.1.2）。

QL：质量性状（6.3）。

QN：数量性状（6.3）。

PQ：假质量性状（6.3）。

（a）～（c）性状表解释（8.1）。

（+）性状表解释（8.2）。

7　性状表

性状编号	观测方法	英文	中文	标准品种	代码
1. **(*)** **QL**	（a）	**Plant: growth habit**	**植株：生长习性**		
		upright	直立	Balangdepi，Balangimla	1
		spreading	平展	Balangbeke，Balangbawi	2
2. **QN**	（a）	**Shoot: length**	**茎：长度**		
		short	短	Balangloud	3
		medium	中	Balangwitim	5
		long	长	Anpink	7

续表

性状 编号	观测 方法	英文	中文	标准品种	代码
3. QN	（a）	Shoot：anthocyanin coloration below the inflorescence	茎：花序以下花青苷显色		
		absent or very weak	无或极弱	Balangloud，Balangbeke	1
		weak	弱	Balangimpu，Balangimla	3
		medium	中	Balangdepi	5
		strong	强	Balangpurup，Cartbas Depur	7
4. （*） QN	（b）	leaf：length	叶：长度		
		short	短	Balangloud	3
		medium	中	Balangwitim	5
		long	长	Anwhit	7
5. （*） QN	（b）	leaf：width	叶：宽度		
		narrow	窄	Balangbawi，Balangbeke	3
		medium	中	Balangdepi	5
		broad	宽	Balangimpu	7
6. QN	（b）	Leaf：intensity of green color on upper side	叶：上表面绿色程度		
		light	浅		3
		medium	中	Balangloud	5
		dark	深	Balangbeke	7
7. QN	（b）	Leaf：glossiness on upper side	叶：上表面光泽度		
		absent or very weak	无或极弱	Balangloud	1
		weak	弱	Balangpili	3
		medium	中	Balanglapi	5
		strong	强	Balangbeke	7
8. （*） （+） QN	（c）	Flower：length	花：长度		
		short	短	Balangimla	3
		medium	中	Balangbawi	5
		long	长	Cartbas Whit	7
9. （*） （+） QN	（c）	Flower：width	花：宽度		
		narrow	窄	Balangimla	3
		medium	中	Balangbawi	5
		broad	宽	Cartbas Whit	7
10. （+） QN	（c） （d）	Flower：reflexing of corolla lobes	花：花冠裂片外翻		
		absent or weak	无或弱		1
		medium	中		2
		strong	强		3
11. （*） QL	（c） （d）	Corolla lobes：presence of stripes	花冠裂片：条纹		
		absent	无	Balangimla	1
		present	有	Balanglast	9
12. （*） PQ	（c） （d）	Only varieties with stripes absent：Upper lip：main color on corolla lobes	上唇瓣：花冠裂片主色（仅适用于无条纹的品种）		
		RHS Colour Chart（indicate reference number）	RHS 比色卡（注明参考色号）		
13. （*） PQ	（c） （d）	Only varieties with stripes absent：Lower lip：main color on corolla lobes	下唇瓣：花冠裂片主色（仅适用于无条纹的品种）		
		（RHS Colour Chart（indicate reference number）	RHS 比色卡（注明参考色号）		

性状编号	观测方法	英文	中文	标准品种	代码
14. (*) PQ	(c) (d)	**Only varieties with stripes present:** **Corolla lobes: ground color**	花冠裂片：基色（仅适用于带条纹的品种）		
		RHS Colour Chart（indicate reference number）	RHS 比色卡（注明参考色号）		
15. (*) PQ	(c) (d)	**Only varieties with stripes present:** **Corolla lobes: color of stripes**	花冠裂片：条纹颜色（仅适用于带条纹的品种）		
		RHS Colour Chart（indicate reference number）	RHS 比色卡（注明参考色号）		
16. (*) QN	(c) (d)	**Only varieties with stripes present:** **Lower lip: width of stripes**	下唇：条纹宽度（仅适用于带条纹的品种）		
		narrow	窄		3
		medium	中	Anstern	5
		broad	长	AngelMist Purple Stripe	7
17. (+) QN	(c) (d)	**Lower lip: undulation of margin**	下唇瓣：边缘波状程度		
		absent or very weak	无或极弱		1
		weak	弱		3
		medium	中		5
		strong	强		7
18. (+) QN	(c) (d)	**Chamber: length**	室：长度		
		short	短		3
		medium	中	Balangimla	5
		long	长		7
19. (+) QN	(c) (d)	**Chamber: width**	室：宽度		
		narrow	窄		3
		medium	中	Balangimla	5
		broad	宽		7
20. (+) QN	(c) (d)	**Chamber: length in relation to width**	室：长相对于宽		
		longer than broad	比宽长		1
		as long as broad	等宽		2
		broader than long	比长宽		3
21. PQ	(c) (d)	**Chamber: color of markings**	室：斑点颜色		
		yellow green	黄绿色		1
		purple red	紫红色		2
		violet	紫罗兰色		3
22. QN	(c) (d)	**Chamber: intensity of markings**	室：斑点强度		
		absent or very weak	无或极弱	Balangbawi, Cart White	1
		weak	弱		3
		medium	中		5
		strong	强	Balangimla, Balangimpu	7
23. (*) (+) QN	(c) (d)	**Chamber: density of markings**	室：斑点密度		
		sparse	疏		3
		medium	中		5
		dense	密		7
24. (+) PQ	(c) (d)	**Pouch: main color**	囊：主色		
		white	白色		1
		yellow green	黄绿色		2
		purple red	紫红色		3
		violet	紫罗兰色		4

续表

性状编号	观测方法	英文	中文	标准品种	代码
25. （*） （+） **PQ**	（c） （d）	**Nectary bulge：main color**	**蜜腺凸起：主色**		
		white	白色		1
		purple red	紫色		2
		violet	紫罗兰色		3

8　性状表解释

8.1　对多个性状的解释

性状表第二列包含以下标注的性状应按照下述要求观测。

（a）植株和茎性状的观测应在盛花期植株上进行。

（b）叶性状的观测应在茎中部叶上进行。

（c）花和花部位性状的观测应在花完全开放时进行。

（d）花部位。

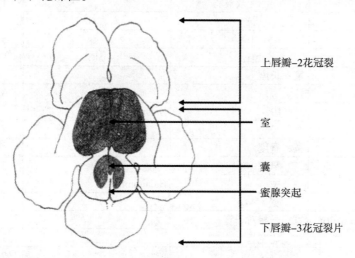

上唇瓣–2花冠裂

室

囊

蜜腺突起

下唇瓣–3花冠裂片

8.2　对单个性状的解释

性状 8：花长度

性状 9：花宽度

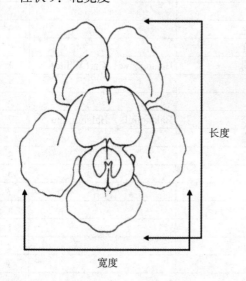

长度

宽度

性状 10：花冠裂片外翻

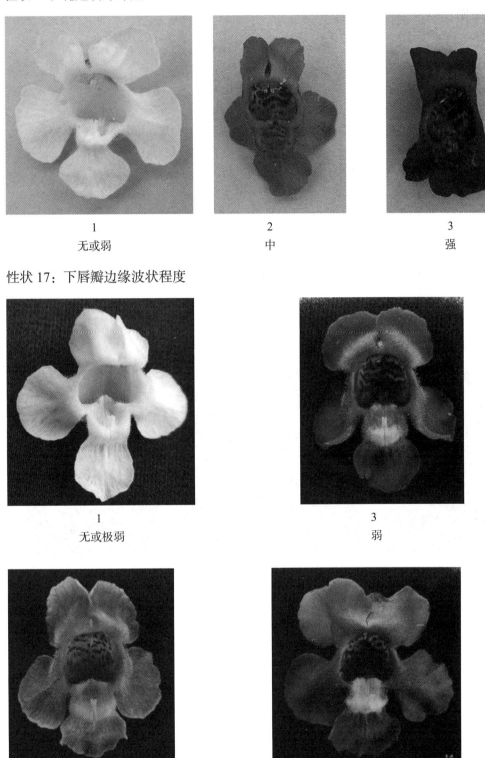

1	2	3
无或弱	中	强

性状 17：下唇瓣边缘波状程度

1	3
无或极弱	弱

5	7
中	强

性状 18：室长度

性状 19：室宽度

性状 20：室长相对于宽

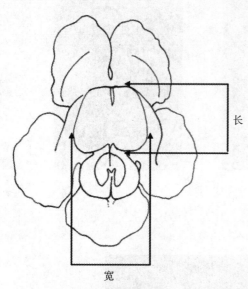

性状 23：室斑点的密度

3	5	7
疏	中	密

性状 24：囊主色

1

白色

2

黄绿色

3

紫红色

4

紫罗兰色

性状 25：蜜腺凸起主色

1

白色

2

紫红色

3

紫罗兰色

扫码下载原文

如扫描二维码无法下载指南原文，可
能是指南版本有更新，可扫描本书封
底二维码查看与本文对应的指南版本

TG/241/1 Corr.

原文：英文

日期：2008-04-09，
2009-02-27

国际植物新品种保护联盟
植物品种特异性、一致性和稳定性
测试指南

龙面花属

UPOV 代码：NEMES

（*Nemesia* Vent.）

互用名称 *

植物学名称	英文	法文	德文	西班牙文
Nemesia Vent.	Nemesia	Nemesia	Nemesia	Nemesia

---

* 这些名称在指南开始使用时是正确的，但随后可能会修改更新。读者可登录 UPOV 网站（www.upov.int），获取最新资料。

1 指南适用范围

本指南适用于玄参科（*Scrophulariaceae*）龙面花属（*Nemesia* Vent.）的所有品种。

2 繁殖材料要求

2.1 待测品种繁殖材料的数量和质量要求以及提交的时间和地点由主管机构决定。申请人从测试所在国境外提交繁殖材料的，还应符合海关规定并满足相关植物检疫的要求。

2.2 繁殖材料以种子或带根扦插条的形式提供。

2.3 申请人提交繁殖材料的最小数量要求为 10 个带根扦插条（无性繁殖品种）或种子数量足以保证长成 40 个植株（种子繁殖品种）。

提交的种子应满足主管机构规定的发芽率、纯度、健康状况和含水量的最低要求。申请者应尽可能提供发芽率高的种子并注明发芽率。

2.4 提供的繁殖材料应外观健康有活力，未受到任何严重病虫害的影响。

2.5 提交的繁殖材料不得进行任何可能影响品种性状表达的处理，除非主管机构允许或要求进行这种处理。如果材料已经处理，必须提供相关处理的详细情况。

3 测试方法

3.1 测试周期
测试的最少周期数量通常为 1 个生长周期。

3.2 测试地点
测试通常在 1 个地点进行。在 1 个以上地点进行测试时，TGP/9《特异性测试》提供了有关指导。

3.3 测试条件
3.3.1 测试的条件应能满足品种正常生长的需要，以确保品种相关性状充分表达和测试的顺利开展。植株应种植于容器中以观测植物生长习性（性状 1）。

3.3.2 由于日光变化的原因，在 利用比色卡确定颜色时，应在一个合适的有人工光源照明的小室或中午无阳光直射的房间内进行。人工光源的光谱分布应符合 CIE "理想日光标准 D6500"，且在《英国标准 950：第 1 部分》规定的允许范围内。在鉴定颜色时，应将植株部位置于白色背景上。

3.4 试验设计
3.4.1 无性繁殖品种：每个试验应保证至少有 10 个植株。

3.4.2 种子繁殖品种：每个试验应保证至少有 40 个植株。

3.4.3 试验设计应保证因测量或计数等需要，从小区取走部分植株或植株部位后，不影响生长周期结束前的所有观测。

3.5 植株／植株部位的观测数量
3.5.1 无性繁殖品种：除非另有说明，对于单株的观测，应观测 10 个植株或分别从 10 个植株取下的植株部位；对于其他观测，应观测试验中的所有植株。

3.5.2 种子繁殖品种：除非另有说明，对于单株的观测，应观测 20 个植株或分别从 20 个植株取下的植株部位；对于其他观测，应观测试验中的所有植株。

3.6 附加测试
为测试有关性状，可以进行附加测试。

4　特异性、一致性和稳定性评价

4.1　特异性

4.1.1　一般建议

对于本指南的使用者而言，在判定特异性前参照总则特异性判定的一般原则十分重要。但为进一步说明和强调特异性判定，本指南特列出特异性判定的要点。

4.1.2　一致的差异

当观测到的品种之间的差异非常明显时，则没有必要种植1个以上生长周期。此外，在某些情况下，环境的影响并不意味着需要1个以上的生长周期来保证品种间观察到的差异是足够一致的。为确保在种植试验中所观测到的性状差异是足够一致的，可以对性状进行至少2个独立生长周期的测试。

4.1.3　明显的差异

两个品种间的差异是否明显取决于很多因素，特别应考虑所测性状的表达类型，即该性状是质量性状、数量性状还是假质量性状。因此，在作出关于特异性的判定前，本测试指南的使用者应熟悉总则中的建议。

4.2　一致性

4.2.1　对于本指南的使用者而言，在判定一致性前参照总则一致性判定的一般原则十分重要。但为进一步说明和强调一致性判定，本指南特列出一致性判定的要点。

4.2.2　对无性繁殖品种一致性评价时，应采用1%的群体标准和至少95%的接受概率。当样本量为10个时，允许有1个异型株。

4.2.3　对自花授粉的种子繁殖品种一致性评价时，应采用1%的群体标准和至少95%的接受概率。当样本量为40个时，允许有2个异型株。

4.2.4　对异花授粉的种子繁殖品种或杂交品种一致性评价时，适当情况下，应根据总则中有关异花授粉或杂交品种的建议。

4.3　稳定性

4.3.1　在实际操作中，通常不像测试特异性和一致性那样对稳定性进行测试以得到明确结果。经验表明，对许多类型的品种来说，当一个品种表现一致时，可认为其是稳定的。

4.3.2　适当情况下或者有疑问时，可通过一批新的种子或植株进一步判定稳定性，观测其性状表达是否与以前提供的繁殖材料的性状表达一致。

4.3.3　适当情况下或者有疑问时，杂交品种的稳定性除了测试杂交品种本身，还可以通过测试亲本一致性和稳定性来进行判定。

5　品种分组和试验组织

5.1　使用分组性状可以帮助选择与申请品种一起进行田间种植试验的已知品种，以及对这些品种进行合适分组以便进行特异性评价。

5.2　分组性状表达状态的数据即使来自不同地点，也可以单独或者与其他此类性状联合使用。

（a）用于特异性测试中筛选排除那些不需要安排在种植试验中的已知品种。

（b）用于组织安排种植试验，使近似品种种植在一起。

5.3　以下性状已被确认为有用的分组性状。

（a）植株：生长习性（性状1）。

（b）叶片：斑（性状11）。

（c）花冠上裂片：主色（性状24），分组如下。

第一组：白色。

第二组：黄色。

第三组：橙色。

第四组：粉色。

第五组：红色。

第六组：红紫色。

第七组：紫罗兰色。

第八组：蓝色。

（d）花冠下裂片（喉凸除外）：内侧主色（性状 36），分组如下。

第一组：白色。

第二组：黄色。

第三组：橙色。

第四组：粉色。

第五组：红色。

第六组：红紫色。

第七组：紫罗兰色。

第八组：蓝色。

（e）喉凸：颜色（性状 41）。

5.4　总则和 TGP/9《特异性测试》中提供了在特异性审查过程中使用分组性状的指导。

6　性状表介绍

6.1　性状类型
6.1.1　标准指南性状
标准指南性状是 UPOV 已同意用于 DUS 审查的性状，UPOV 成员可以从中选择与其特定环境相适应的性状。

6.1.2　星号性状
星号性状（用"*"标记）是测试指南中对于形成国际统一的品种描述十分重要的性状，所有 UPOV 成员都应将其用于 DUS 测试并包含在品种描述中，除非前序性状的表达或区域环境条件所限使其无法测试。

6.2　表达状态及相应代码
为定义性状和统一描述，将每个性状划分为一系列表达状态。每个表达状态赋予一个相应的数字代码，以便于数据记录，以及品种性状描述的建立和交流。

6.3　表达类型
总则中对性状表达类型（质量性状、数量性状和假质量性状）进行了解释。

6.4　标准品种
适当时，测试指南中提供了标准品种用于校正性状的表达状态。

6.5　注释
（*）星号性状（6.1.2）。

QL：质量性状（6.3）。

QN：数量性状（6.3）。

PQ：假质量性状（6.3）。

（a）～（c）性状表解释（8.1）。

（+）性状表解释（8.2）。

7　性状表

性状编号	观测方法	英文	中文	标准品种	代码
1. （*） （+） QN		**Plant：growth habit**	**植株：生长习性**		
		upright	直立	Inuppink	1
		semi-upright	半直立	D0158-1	2
		spreading	平展	Sumnem 03	3
		semi-trailing	半蔓生	Inupsaf	4
		trailing	蔓生	Organza	5
2. （+） QN		**Plant：height**	**植株：高度**		
		short	矮	Yateye	3
		medium	中	D0158-1	5
		tall	高	Inuppink	7
3. QN		**Plant：width**	**植株：宽度**		
		narrow	窄	Yateye	3
		medium	中	D0158-1	5
		broad	宽	Inuppink	7
4. QN		**Plant：density**	**植株：密度**		
		sparse	疏	Yateye	3
		medium	中	Balarropi	5
		dense	密	D0158-1	7
5. QN		**Stem（excluding inflorescence）：thickness in middle third**	**茎（花序除外）：中部1/3处粗度**		
		thin	细	Innocence	1
		medium	中	Balarropi	2
		thick	粗	D0158-1	3
6. （*） QN	（a）	**Lesf blade：length**	**叶片：长度**		
		short	短	Balarcomwhit	3
		medium	中	Inuppink	5
		long	长	Imprinno	7
7. （*） QN	（a）	**Leaf blade：width**	**叶片：宽度**		
		narrow	窄	Innocence	3
		medium	中	Imprinno	5
		broad	宽	D0158-1	7
8. QN	（a）	**Leaf blade：length/width ratio**	**叶片：长宽比**		
		low	小	D0158-1	3
		medium	中		5
		high	大	Innocence	7
9. QN	（a）	**Leaf blade：number of indentations of margin**	**叶片：边缘锯齿数量**		
		few	少	Imprinno	3
		medium	中	Sugar Girl	5
		many	多	Snowstorm	7
10. QN	（a）	**Leaf blade：depth of indentations of margin**	**叶片：边缘锯齿深度**		
		shallow	浅	Organza	3
		medium	中	Honey Girl	5
		deep	深	Nemhabar	7

性状编号	观测方法	英文	中文	标准品种	代码
11. （*） QL	（a） （b）	**Leaf blade：variegation**	叶片：斑		
		absent	无	Inuppink	1
		present	有	Tanith's Treasure	9
12. （*） （+） QN	（a） （b）	**Leaf blade：main color**	叶片：主色		
		light green	浅绿色		1
		medium green	中等绿色	Organza	2
		dark green	深绿色	Nemhabar	3
13. （+） PQ	（a） （b）	**Leaf blade：secondary color**	叶片：次色		
		light yellow	浅黄色	Tanith's Treasure	1
		medium yellow	中等黄色		2
		yellow green	黄绿色		3
14. （+） QN		**Inflorescence：density**	花序：密度		
		sparse	疏	Organza	3
		medium	中	Innocence	5
		dense	密	Nemhswhi	7
15. QN		**Flower：fragrance**	花：香味		
		absent or weak	无或弱	Organza	1
		medium	中		2
		strong	强	Claudette	3
16. （*） （+） QN	（c）	**Corolla：length**	花冠：长度		
		short	短	Sumnem 07	3
		medium	中	Nemhabar	5
		long	长	Inupsaf	7
17. （*） （+） QN	（c）	**Corolla：width**	花冠：宽度		
		narrow	窄	Sumnem 07	3
		medium	中	Nemhabar	5
		broad	宽	Inupsaf	7
18. QN	（c）	**Corolla：length/width ratio**	花冠：长宽比		
		low	小		3
		medium	中		5
		high	大		7
19. （*） QN	（c）	**Corolla：length of lateral lobes relative to length of lower lobe**	花冠：侧裂片相对于下裂片的长度		
		much shorter	极短		1
		moderately shorter	短	Inupspink8	3
		equal	等长	Sumnem 03	5
		moderately longer	长	Lemon Drops	7
		much longer	极长	Masquerade	9
20. （+） QN	（c）	**Corolla：relative position of central lobes**	花冠：与中裂片的相对位置		
		free	分离	Nemhawit	1
		touching	相接	Innocence	2
		overlapping	重叠	Nemhswhi	3
21. （+） QN	（c）	**Corolla：attitude of lateral lobes （viewed from front）**	花冠：侧裂片姿态（正面观）		
		upright	直立	Masquerade	1
		slightly outwards	微向外	Nemhapin	2
		moderately outwards	中等向外	Honey Girl	3
		horizontal	水平	Nemhabar	4

性状编号	观测方法	英文	中文	标准品种	代码
22. （+） QN	（c）	**Corolla：position of lateral lobes relative to central lobes（viewed from side）**	花冠：侧裂片相对中裂片的位置（侧面观）		
		in front	在前	Snowstorm	1
		in line	成直线	Innocence	2
		slightly behind	微在后	Nemhapin	3
		strongly behind	强在后	Nemhabar，New Mystic Girl	4
23. （+） PQ	（c）	**Lateral lobe：shape of apex**	侧裂片：先端形状		
		acute	锐尖	Masquerade，Pendrop	1
		obtuse	钝尖	Nemapi	2
		rounded	圆形	Intraikum	3
		truncate	平截	Fragrant Gem	4
24. （*） （+） PQ	（c）	**Upper lobes of corolla：main color**	花冠上裂片：主色		
		RHS Colour Chart（indicate reference number）	RHS 比色卡（注明参考色号）		
25. QN	（c）	**Upper lobes of corolla：length of veins**	花冠上裂片：脉长度		
		short	短	Imprinno	3
		medium	中		5
		long	长	Sumnem 03	7
26. （+） QN	（c）	**Upper lobes of corolla：conspicuousness of veins**	花冠上裂片：脉明显程度		
		very weak	极弱	Innocence	1
		weak	弱	Imprinno	2
		medium	中		3
		strong	强	Sumnem 03	4
27. PQ	（c）	**Upper lobes of corolla：color of veins**	花冠上裂片：脉纹颜色		
		pink	粉色		1
		orang	橙色		2
		orang red	橙红色		3
		red pink	红粉色		4
		red	红色		5
		purple	紫色		6
		violet	紫罗兰色		7
		violet blue	紫罗兰蓝色	Sumnem 03	8
28. （+） QN	（c）	**Upper lobes of corolla：size of basal blotch**	花冠上裂片：基部斑块大小		
		absent or very small	无或极小		1
		small	小	Nemhorfla	3
		medium	中		5
		large	大	Inuppink	7
29. （+） QN	（c）	**Upper lobes of corolla：conspicuousness of basal blotch**	花冠上裂片：基部斑块明显程度		
		weak	弱		3
		medium	中	Inupsaf	5
		strong	强	Organza	7

性状编号	观测方法	英文	中文	标准品种	代码
30. PQ	（c）	**Upper lobes of corolla：color of basal blotch**	花冠上裂片：基部斑块颜色		
		white	白色		1
		yellow	黄色	Lemon Drops	2
		orange	橙色		3
		red	红色	Nemhorfla	4
		purple	紫色	Organza	5
		light violet	浅紫罗兰色		6
		medium violet	中等紫罗兰色	Inupsaf	7
		dark violet	深紫罗兰色	Sunnyside	8
		violet blue	紫罗兰蓝色		9
31. PQ	（c）	**Upper lobes of corolla：color of outer side**	花冠上裂片：外侧颜色		
		RHS Colour Chart（indicate reference number）	RHS 比色卡（注明参考色号）		
32. （Ⅰ） QN	（c）	**Lower lobe of corolla：incurving**	花冠下裂片：内弯程度		
		abscnt or weak	无或弱	Sumnem 03	1
		medium	中		2
		strong	强	Innocence	3
33. （+） QN	（c）	**Lower lobe of corolla：curvature in cross section**	花冠下裂片：横切面弯曲程度		
		absent or weak	无或弱	Danish Flag	1
		medium	中	Balarropi	2
		strong	强		3
34. QN	（c）	**Lower lobe of corolla：undulation**	花冠下裂片：波状程度		
		absent or very weak	无或极弱	Organza	1
		weak	弱	Sumnem 03	3
		medium	中		5
		strong	强	Inuppink	7
35. QN	（c）	**Lower lobe of corolla：indentation of margin**	花冠下裂片：边缘裂刻		
		absent or very weak	无或极弱	Organza	1
		weak	弱	Nemhswhi	3
		medium	中		5
		strong	强	Inupspink8	7
36. （*） （+） PQ	（c）	**Lower lobe of corolla（excluding palate）：main color on inner side**	花冠下裂片（喉凸除外）：内侧主色		
		RHS Colour Chart（indicate reference number）	RHS 比色卡（注明参考色号）		
37. （*） （+） PQ	（c）	**Lower lobe of corolla（excluding palate）：secondary color on inner side**	花冠下裂片（喉凸除外）：内侧次色		
		RHS Colour Chart（indicate reference number）	RHS 比色卡（注明参考色号）		
38. （+） PQ	（c）	**Lower lobe of corolla（excluding palate）：distribution of secondary color**	花冠下裂片（喉凸除外）：次色分布		
		central zone	中心	SUMNEM08	1
		around palate	喉凸周围	Inupsnow	2
		apical and lateral zone	顶和外侧	SUMNEM06	3
		apical zone	顶部	Masquerade	4

性状 编号	观测 方法	英文	中文	标准品种	代码
39. PQ	（c）	**Lower lobe of corolla：color of outer side**	**花冠下裂片：外侧颜色**		
		RHS Colour Chart（indicate reference number）	RHS 比色卡（注明参考色号）		
40. （*） （+） QN	（c）	**Palate：size relative to size of lower lobe of corolla**	**喉凸：相对花冠下裂片的大小**		
		small	小	Nemhswhi	3
		medium	中	Nemhabar	5
		large	大	Inuppink	7
41. （*） （+） PQ	（c）	**Palate：color**	**喉凸：颜色**		
		whitish	泛白色	Pure Lagoon	1
		light yellow	浅黄色	Nemhapin	2
		medium yellow	中等黄色	Balarropi	3
		dark yellow	深黄色	Iupguava	4
		yellow orange	黄橙色	Yateye	5
		orange	橙色	E0157-1	6
		orange red	橙红色	Kirine-15	7
		red	红色		8
		purple	紫色		9
		purple violet	紫罗兰色	Blue Button	10
		brownish	泛棕色	Balarlilabi	11
42. QL	（c）	**Palate：hairs**	**喉凸：茸毛**		
		absent	无	Balarropi	1
		present	有	Organza	9
43. QN	（c）	**Palate：density of hairs**	**喉凸：茸毛的密度**		
		aparse	疏		3
		medium	中		5
		dense	密		7
44. （*） QN	（c）	**Spur：length in relation to lower lobe of corolla**	**距：相对于花冠下裂片长度**		
		absent or very short	无或极短	Organza	1
		short	短	Sugar Girl	3
		medium	中	Balarropi	5
		long	长	Sumnem 03	7
45. （*） （+） QN	（c）	**Corolla：color change with age**	**花冠：随生长时期颜色变化**		
		absent or weak	无或弱	Innocence	1
		medium	中	Celine	2
		strong	强	Claudette	3
46. （*） （+） QN	（c）	**Inflorescence：seed capsules**	**花序：种荚**		
		absent or very sparse	无或极疏	Nemhswhi	1
		sparse	疏		3
		medium	中	Honey Girl	5
		dense	密	Sumnem 03	7

8　性状表解释

8.1　对多个性状的解释

　　除非另有说明，所有性状的观测都是在盛花期进行。

　　性状表第二列包含以下标注的性状应按照下述要求观测。

（a）叶片性状的观测应在花茎（花序除外）中部 1/3 处完全展开的叶片上进行。

（b）观测在叶片上表面上进行。

（c）花冠性状的观测应在刚刚完全开放的花上进行。

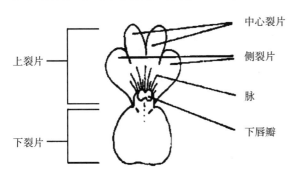
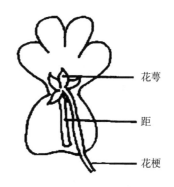

中心裂片
侧裂片
脉
下唇瓣
上裂片
下裂片
花萼
距
花梗

8.2 对单个性状的解释

性状 1：植株生长习性

生长习性的观测应将植物种植于在容器中进行。

性状 2：植株高度

植株高度应从生长基质 / 容器表面测量至植株顶端。

性状 12：叶片主色

性状 13：叶片次色

主色是面积最大的颜色。次色是面积第二大的颜色。

性状 14：花序密度

观测应在花序中部 1/3 处上进行。

性状 16：花冠长度

性状 17：花冠宽度

应测量自然长度和宽度。

性状 20：花冠与中裂片的相对位置

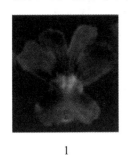

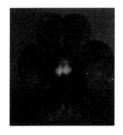

1	2	3
分离	相接	重叠

性状 21：花冠侧裂片姿态（正面观）

1	2	3	4
直立	微向外	中等向外	水平

性状 22：花冠侧裂片相对中裂片的位置（侧面观）

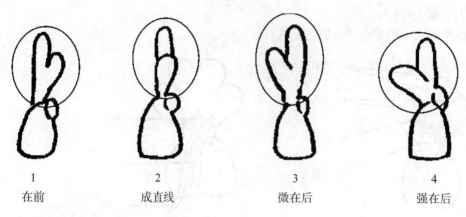

1	2	3	4
在前	成直线	微在后	强在后

性状 23：侧裂片先端形状

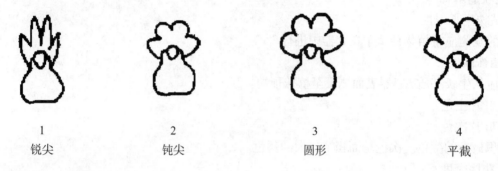

1	2	3	4
锐尖	钝尖	圆形	平截

性状 24：花冠上裂片主色

主色是指表面积最大的颜色，叶脉和基部斑块除外。

性状 26：花冠上裂片脉明显程度

1	2	3	4
极弱	弱	中	强

性状 28：花冠上裂片基部斑块大小

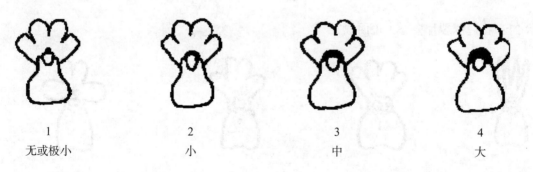

1	2	3	4
无或极小	小	中	大

性状 29：花冠上裂片基部斑块明显程度

3	5	7
弱	中	强

性状 32：花冠下裂片内弯程度

1	2	3
无或弱	中	强

应观测完全开放的花。

性状 33：花冠下裂片横切面弯曲程度

 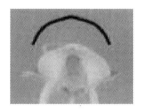 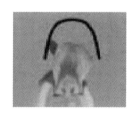

1	2	3
无或弱	中	强

性状 36：花冠下裂片（喉凸除外）内侧主色
性状 37：花冠下裂片（喉凸除外）内侧次色
主色是指表面积最大的颜色，次色是指表面积第二大的颜色。
性状 38：花冠下裂片（喉凸除外）次色分布

1	2	3	4
中心	喉凸周围	顶和外侧	顶部

性状 40：喉凸相对花冠下裂片的大小

| 3 | 5 | 7 |
| 小 | 中 | 大 |

性状 41：喉凸颜色

应该观测喉凸的整体颜色，包括绒毛的颜色（如果有）。

性状 45：花冠随生长时期颜色变化

观测单个花序上所有花是否在脱落前都保持相同颜色，或者是否有一定比例较老的花保留在花序基部上，但颜色出现明显变化，使植物产生"双色调"效应。

性状 46：花序种荚

应该在盛花期观测这一性状，因为结籽的品种会很快开始结籽。

扫码下载原文

如扫描二维码无法下载指南原文，可能是指南版本有更新，可扫描本书封底二维码查看与本文对应的指南版本